Oracle
数据库应用与实践

方巍 文学志 等编著

清华大学出版社

北　京

内 容 简 介

本书是作者在多年从事 Oracle 数据库教学和开发的基础上编写而成的。本书从应用与实践的角度出发，全面介绍了 Oracle 数据库应用与开发技术。书中通过大量的示例代码和案例分析，并配以习题和上机练习，强化基本概念，着重训练学生的动手能力。通过阅读本书，读者能够快速掌握 Oracle 开发的方方面面。**另外，本书免费提供教学课件、案例源代码和习题答案等教学资源（需要下载）。**

本书共 14 章，分为 3 篇。第 1 篇为基础篇，涵盖的主要内容有数据库基础、Oracle 数据库体系结构、Oracle 数据库常用工具、表空间和数据文件管理、Oracle 模式对象、SQL 语言基础。第 2 篇为进阶篇，涵盖的主要内容有 SELECT 高级查询、PL/SQL 编程基础、存储过程与函数的创建、触发器和包的创建与应用、Oracle 安全性管理、数据库备份和恢复。第 3 篇为高级篇，涵盖的主要内容有系统性能及语句优化、Oracle 数据库挖掘技术等，最后还通过数据库综合实例学习了 Oracle 开发的经验和技巧。附录中提供了实验指导和实习、常用 Oracle 使用技巧及 Oracle 认证考试等内容。

本书内容丰富，注重实践，适合 Oracle 初学者阅读，尤其适合作为大中专院校教材和教学参考书使用。对于 Oracle 数据库管理和开发人员及相关专业人士，本书也是不可多得的参考书。

图书在版编目（CIP）数据

Oracle 数据库应用与实践 / 方巍等编著. —北京：清华大学出版社，2014（2021.12重印）
ISBN 978-7-302-37708-5

Ⅰ. ①O…　Ⅱ. ①方…　Ⅲ. ①关系数据库系统　Ⅳ. ①TP311.138

中国版本图书馆 CIP 数据核字（2014）第 190247 号

责任编辑：夏兆彦
封面设计：欧振旭
责任校对：胡伟民
责任印制：宋　林

出版发行：清华大学出版社
　　　　　网　　　址：http://www.tup.com.cn，http://www.wqbook.com
　　　　　地　　　址：北京清华大学学研大厦 A 座　　　邮　　编：100084
　　　　　社　总　机：010-62770175　　　　　　　　邮　　购：010-83470235
　　　　　投稿与读者服务：010-62776969，c-service@tup.tsinghua.edu.cn
　　　　　质　量　反　馈：010-62772015，zhiliang@tup.tsinghua.edu.cn
印　装　者：三河市龙大印装有限公司
经　　　销：全国新华书店
开　　　本：185mm×260mm　　　印　　张：28.5　　　字　　数：715 千字
版　　　次：2014 年 9 月第 1 版　　　　　　　印　　次：2021 年 12 月第 8 次印刷
定　　　价：59.00 元

产品编号：056331-01

前　言

数据库在如今信息社会的各行各业中都有着举足轻重的地位，而 Oracle 数据库系统则是目前最优秀的大型数据库管理系统之一，一直是各大企事业单位后台存储的首选。Oracle 数据库系统的灵活体系结构以及跨平台的特性，适用面广，市场占有率高，各种高级语言都能很好地与之合作，其安全性、完整性、一致性等优点深受广大用户的青睐，已广泛地应用于政府和各类企事业部门。

目前市场上关于 Oracle 数据库相关的图书虽然比较多，质量也比较高，但是偏重于技术的深度，对于初学者来说会觉得过于专业，有点难懂，而且对一些具有较高应用价值的内容如 Oracle 数据库挖掘技术鲜有介绍。本书是作者在多年从事数据库教学、开发和参考多本同类教材的基础上编写而成的，根据教学过程中教师和学生的使用心得体会，采用理论与实践相结合的方式，以简洁轻松的文字，简短精练的示例代码，力求让不同层次的开发人员尽快掌握 Oracle 数据库开发。本书章节编排合理，循序渐进，由浅入深地介绍 Oracle 数据库系统的使用方法、技术原理、标准 SQL 语句、PL/SQL 应用、Oracle 备份与恢复、Oracle 应用技巧等内容，尽可能做到内容简洁、新颖而又全面。内容基本上包括当前 Oracle 11g 和 Oracle 12c 的最新内容，同时也覆盖了最新的 Oracle 11g 认证考试相关内容。不仅包含 Oracle 程序设计人员、DBA 所必须掌握的知识，而且还涵盖了系统分析人员所要求的内容。

本书特色

1. 提供丰富的案例分析和实习指导，提高教与学的效率

为了便于读者理解本书内容，提高教师讲授和学生学习的效率，每章都有详细的案例介绍和实践练习。书后附录提供了课程的实验指导，方便师生进行课堂实验，将每章的理论知识结合实践开发加以灵活运用，而且每章习题都提供答案下载。

2. 涵盖 Oracle 最新技术细节和 Oracle 认证考试内容，提供系统化的学习思路

本书内容涵盖 Oracle 11g 的体系结构、应用技术及 PL/SQL 语言在实际项目中需要重点掌握的方面。同时对最新 Oracle 12c 内容也有所涉及。还提供了 Oracle 认证考试相关内容，以方便广大读者在掌握 Oracle 理论与应用的基础上，获得高含金量的 Oracle 认证证书。

3. 提供 Oracle 应用与管理过程中的常用技巧

本书对 Oracle 使用过程中经常出现的问题和一些常用技巧进行了介绍。同时还配以大

量的示例对技术要点在实际工作中的应用进行了讲解。另外还对初学者经常出现的一些问题进行了总结归纳，让读者能尽快上手。

4. 应用驱动，实用性强

本书对每个示例代码都进行了仔细讲解，并提供了各种实际应用场景，力求让应用开发人员将这些知识点尽快应用到实际的开发过程中。

5. 项目案例典型，实战性强，有较高的应用价值

本书最后提供了一个项目实战案例。该案例来源于作者所开发的实际项目，具有很高的应用价值和参考性。而且该案例采用了最新的 JavaEE 框架实现，便于读者融会贯通地理解本书中所介绍的技术。这些案例稍加修改，便可用于实际项目开发中。

6. 提供完善的技术支持和售后服务

本书提供了专门的技术支持邮箱：hsfunson@163.com 或 736383157@qq.com。读者在阅读本书过程中有任何疑问都可以通过该邮箱获得帮助。本书涉及的源代码及教学 PPT 等资料请读者在 www.tup.com.cn 上搜索到本书页面后按提示下载。

本书内容及知识体系

第 1 篇　基础篇（第 1~6 章）

本篇介绍了与 Oracle 数据库相关的基本概念、发展历程、Oracle 12c 特性、Oracle 数据库体系结构和 SQL 语言基础。并以 Windows 和 Linux 为平台，对 Oracle 11g 的安装、配置、服务管理和可能出现的问题进行了详细的介绍。涵盖的内容有：Oracle 概述、安装和创建 Oracle 数据库；启动和连接 Oracle；SQL 常用工具使用；表空间和数据文件管理；SQL 常用语句的使用；Oracle 模式和模式对象的创建与应用。

第 2 篇　进阶篇（第 7~11 章）

本篇介绍了 SELECT 高级查询、PL/SQL 编程基础、存储过程、函数、触发器和包及数据库的备份与恢复等内容。涵盖的内容有：SELECT 连接查询；SELECT 查询的集合操作；PL/SQL 程序开发与应用；存储过程、函数、触发器和包的创建和使用；Oracle 的安全措施；Oracle 逻辑备份与恢复的概念和方法；Oracle 物理备份与恢复的概念和方法。

第 3 篇　高级篇（第 12~14 章）

本篇介绍了 Oracle 系统性能优化、Oracle 数据挖掘技术和数据库综合开发实例。涵盖的内容有：不同情况下 SQL 语句的优化方式和技巧；Oracle 常用系统调优工具；ODM 数据挖掘步骤及数据挖掘开发过程和两种使用方式；一个完整的基于 JavaEE 的 Oracle 数据库应用开发实战案例。

附录

附录提供了 7 次课程实验指导和 1 次课程综合实训安排。师生可以结合具体教学课时

情况选择性地安排实验。还介绍了一些 Oracle 常用语句和使用技巧，以方便初学者学习和参考。最后针对 Oracle 认证考试情况进行了详细解读，并提供了一些考试样题作参考学习。

本书读者对象

- ❑ Oracle 数据库管理人员；
- ❑ 高校 Oracle 课程教学人员；
- ❑ 学习 Oracle PL/SQL 开发技术的人员；
- ❑ 广大数据库开发程序员；
- ❑ 应用程序开发人员；
- ❑ 希望提高项目开发水平的人员；
- ❑ 专业数据库培训机构的学员；
- ❑ 参加 Oracle 认证考试的人员；
- ❑ 软件开发项目经理；
- ❑ 需要一本案头必备查询手册的人员。

本书作者

本书由方巍和文学志主笔编写。顾韵华教授为本书的编写提供了宝贵的意见和大力帮助。其他参与编写的人员有郑玉、徐江、方春德、黄青青、王秀芬、殷超凡、单滢滢、张俊杰、杨求龙、于思洋、刘木沐、华圆、李丽苑、肖楠、王健、顾云康。

本书的顺利出版，要感谢南京信息工程大学教材基金的资助，还要感谢清华大学出版社各位编辑的辛勤劳动和付出，另外对网络上提供有益资料的众多作者也在此表示感谢。

虽然我们对本书中所述内容都尽量核实，并多次进行文字校对，但因时间所限，加之 Oracle 的产品与内容的浩瀚，可能还存在疏漏和不足之处，恳请读者批评指正。

编者著

目 录

第 1 篇 基础篇

第 2 篇 进阶篇

第 3 篇　高级篇

第 1 篇 基础篇

第 1 章　Oracle 数据库概述

数据库技术产生于 20 世纪 60 年代末、70 年代初，到现在比较知名的大型数据库系统有 Oracle、Sybase、Informix、DB2、Ingress、RDB 和 SQL Server 等。

Oracle 数据库是 Oracle（中文名称叫甲骨文）公司的核心产品，Oracle 数据库是一个适合于大中型企业的数据库管理系统。在所有的数据库管理系统中（比如：微软的 SQL Server、IBM 的 DB2 等），Oracle 的主要用户涉及面非常广，包括：银行、电信、移动通信、航空、保险、金融、电子商务和跨国公司等。Oracle 提供免费学习版，可以在 Oracle 官方网站上下载到安装包。

Oracle 公司成立以来，从最初的数据库版本到 Oracle7、Oracle8i、Oracle9i、Oracle10g、Oracle11g 到 Oracle12c，虽然每一个版本之间的操作都存在一定的差别，但是 Oracle 对数据的操作基本上都遵循 SQL 标准。因此对 Oracle 开发来说版本之间的差别不大。

很多人没有学习 Oracle 就开始发怵，因为人们在误解 Oracle，认为 Oracle 太难学了，认为 Oracle 不是一般人用的数据库，其实任何数据库对应用程序研发人员来说，都是大同小异，因为目前多数数据库都支持标准的 SQL。在本章中，我们能学习到：

本章要点：
- ❑　Oracle 的安装；
- ❑　Oracle 数据管理；
- ❑　常用子查询及常用函数；
- ❑　PL/SQL 编程；
- ❑　Oracle 基本管理；
- ❑　Oracle 备份与恢复；
- ❑　Oracle 安全管理；
- ❑　Oracle 数据挖掘；
- ❑　Oracle 应用开发。

接下来我们先从数据库基本概念入手，然后了解 Oracle 发展历程和产品介绍，再从 Oracle 的安装开始，进一步学习 Oracle 中一些基本概念。

1.1　数据库基本概念

为了更好地学习 Oracle，首先需要简要介绍一下数据库的基本概念，如果在前期数据库课程学习过程中，我们已经接触过关系型数据库 SQL Server，对数据库、表、记录和表的增删改查操作等这些基本的概念已经了解，本节内容仅仅作为参考。Oracle 是基于对象的关系型数据库，Oracle 也是用表的形式对数据进行存储和管理，并且在 Oracle 的操作中添加了一些面向对象的思想。

Oracle 的 SQL*PLUS 是设计所有应用系统的基础工具。要想将应用系统设计成一个健壮的、性能优越的系统，最关键的是要理解 RDBMS 的真正含义和结构，理解 Oracle SQL*PLUS 的特点和核心，弄清关系数据库与桌面数据库的差别。比如理解数据的完整性、一致性、索引和视图等。只有这样才能设计出符合 Oracle 特点的应用系统。从而保证系统在提供使用后不会出现一致性、性能等问题。

1.1.1　数据库与数据库管理系统

数据库（DataBase，DB）是长期存储在计算机内的、有组织的、可共享的数据集合。数据库中的数据按一定的数据模型组织、描述和存储，具有较小的冗余度、较高的数据独立性和易扩展性，并可为各种用户共享。

数据库管理系统（DataBase Management System，DBMS）是一种操纵和管理数据库的大型软件，用于建立、使用和维护数据库。它对数据库进行统一的管理和控制，以保证数据库的安全性和完整性。用户通过 DBMS 访问数据库中的数据，数据库管理员也通过 DBMS 进行数据库的维护工作。它可使多个应用程序和用户用不同的方法在同时或不同时刻去建立、修改和询问数据库。DBMS 提供数据定义语言 DDL（Data Definition Language）与数据操作语言 DML（Data Manipulation Language），供用户定义数据库的模式结构与权限约束，实现对数据的追加和删除等操作。

数据库系统（DataBase System，DBS）是指在计算机系统中引入数据库后的系统构成，一般由数据库、数据库管理系统（及其开发工具）、应用系统、数据库系统管理员（DBA，DataBase Administrator）构成。如图 1-1 所示描述了数据库系统的构成。

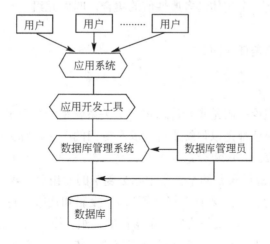

图 1-1　数据库系统的构成

数据库管理系统是位于用户与操作系统之间的一层数据管理软件，用于科学地组织和存储数据，高效地获取和维护数据。DBMS 的主要功能包括数据定义功能、数据操纵功能、数据库的运行管理功能以及数据库的建立和维护功能。

📖　知识点：
- ❑　数据库系统的核心是数据库管理系统。
- ❑　数据库系统有大小之分，大型数据库系统有 SQL Server、Oracle、DB2 等，中小型数据库系统有 FoxPro、Access 等。

1.1.2　关系数据模型

数据库管理系统根据数据模型对数据进行存储和管理。数据库管理系统采用的数据模型主要有层次模型、网状模型和关系模型。关系数据库系统是目前应用最为广泛的数据库系统，它采用关系模型作为数据的组织方式。

1．关系模型基本概念

关系模型是由若干个关系模型组成的集合，关系模式的实例称为关系。它建立在集合论和谓词演算公式的基础上。关系数据库系统由许多不同的关系构成，其中每个关系体就是一个实体，可以用一张二维表表示。在关系模型中，不但实体用关系表示，而且实体之间的联系也用关系来表示。模型要求关系是规范化的，也就是要求每个关系必须满足一定的条件，其中最基本的一条就是，关系中每个分量必须满足一定条件，其中最基础的一条就是，关系中每个分量必须是不可再分的基础项，换句话说就是一张表中不可能嵌套另一张表。作为一个关系模型的基础约束条件，具有如下性质：

（1）表格中每一个数据项不可再分，是基础项。

（2）每一列数据有相同的类型，叫做属性，各列都有唯一的属性名和不同的属性值，列数可根据需要而设定。

（3）每列的顺序是任意的。

（4）每一行数据是一个实体诸多属性值的集合，叫做元组。一个表格中不允许有完全相同的行出现。

（5）各行顺序可以是任意的。

2．关系操作

关系数据模型的理论基础是集合论，每一个关系就是一个笛卡尔积的子集，在关系数据库中对数据的各种处理都是以传统集合运算和专门的关系运算为依据的。

（1）传统集合运算。传统集合运算有并、交、差三种。交运算结果是两个关系中所有重复元组的集合。差运算结果是两个关系中除去复杂的元组后，第一个关系中的所有元组。

（2）专门的关系运算。主要有选择（筛选）、投影和连接三种。选择运算是对关系表中元组（行）的操作，操作结果是找出满足条件的元组，投影运算是对关系表中属性（列）的操作，操作结果是找出关系中指定属性全部值的子集。选择运算和投影运算可以同时用一条命令来实现。连接运算是对两个关系的运算，操作结果是找出满足连接条件的所有元组，并且拼接成一个新的关系。完善的关系数据库管理系统总是以数据操作运算及结构化查询语言（SQL）来实现各种关系运算。

3．关系的完整性

关系模型的另一个是完整性规则，是对数据的约束。它包括实体完整性规则（Entity integrity rule）、参照完整性原则（Referential Integrity rule）和用户定义完整性原则（User-defined integrity rule），如：

（1）主键（Primary key）是能唯一标识行的一列或一组列的集合。

（2）由多个列构成的主键称为连接键（Concatenated key）、组合键（Compound key），或称作为复合键（Composity key）。

另外就是外部键（Foreign key），是一个表中的一列或一组列，它们在其他表中作为主键而存在。一个表中的外部键被认为是对另外一个表中主键的引用。实体完整性原则简洁地表明主键不能全部或部分地空缺或为空，引用完整性原则简洁地表明一个外键必须为空或者它所引用的主键当前存在值相一致。

4．Codd 十二法则

Oracle 数据库系统是一个完美的完全符合数据库技术的关系数据库系统。要想你的应用设计按照数据库原理来进行，最重要的就是理解 Oracle 的结构、语句和命令。Codd 提出的十二条法则在 Oracle 系统中都可以找到：

（1）信息法则。

（2）授权存储法则，每一个数据项都通过"表名+行主键+列名"的组合形成访问。

（3）必须以一致的方法使用空值。

（4）一个活跃的、在线数据字典应作为关系型表被储存。

（5）必须提供数据存取语言进行存取访问。

（6）所有能被更新的视图应当是可被更新的。

（7）必须有集合级的插入、更新和删除。

（8）物理数据的独立性。即应用不依赖物理结构。

（9）逻辑数据的独立性。如果一个表被分成两个部分，则应用视图连接在一起，以便不会对应用产生影响。

（10）完整性的独立性。完整性规则应该储存在数据字典中。

（11）分布独立性。一个数据库即使被分布，也应该能工作。

（12）非破坏性原则。如果允许低级存取，一定不能绕过安全性和完整性原则。

📖　知识点：关系数据模型主要由 3 部分组成。

- ❑ 数据结构。在关系数据库中，只有一种数据结构——关系。简单地说，关系就是一张二维表，而关系数据库就是许多表的集合。
- ❑ 关系操作。关系操作的特点就是集合操作方式，即操作的对象和结果都是集合。
- ❑ 完整性规则。完整性规则用于限制能够对数据和数据对象进行的关系操作，提供对数据和数据结构的保护。

1.1.3　关系数据库系统的组成

关系数据库管理系统（RDBMS）由两部分组成，即数据库系统内核（软件）和数据字典（内核用于管理数据库系统的数据结构）两部分。

1. RDBMS 内核

RDBMS 就是用来控制数据访问的操作系统。它的任务是按照一定的规则存储数据、检索数据及保护数据。

2. 数据字典概念

数据自动存放数据库中所有对象（如表、索引、视图等）所需的信息。Oracle 8i 的数据字典是存放数据库系统信息的一组表，从数据字典中的信息可以确定数据库中数据对象的基本信息及存放位置。

1.2　了解常用的数据库产品

目前，商品化的数据库管理系统以关系型数据库为主导产品，技术比较成熟。面向对象的数据库管理系统虽然技术先进，数据库易于开发和维护，但尚未有成熟的产品。国际及国内的主导关系型数据库管理系统有 ORACLE、SYBASE、INFORMIX 和 INGRES。这些产品都支持多平台，如 UNIX、VMS 和 WINDOWS，但支持的程度不一样。下面介绍一下常用数据库产品。

1. Oracle

提起数据库，第一个想到的公司，一般都会是 Oracle（甲骨文）。Oracle 公司是最早开发关系数据库的厂商之一，其产品支持最广泛的操作系统平台。目前主流产品是 Oracle 11g。2013 年 6 月，Oracle 全面推出首款针对云设计的数据库 Oracle 12c 最新版本，作为下一代数据库的领军者。Oracle 数据库 12c 旨在全面满足企业的云计算需求，力图在高速度、高可扩展、高可靠性和高安全性的数据库平台之上，为客户提供一个全新的多租户架构。目前，Oracle 产品覆盖了大、中、小型机等几十种机型，Oracle 数据库成为世界上使用最广泛的关系数据系统之一。

2. IBM的DB2

作为关系数据库领域的开拓者和领航人，IBM 在 1997 年完成了 System R 系统的原型，1980 年开始提供集成的数据库服务器——System/38，随后是 SQL/DS for VSE 和 VM，其初始版本与 System R 研究原型密切相关。1988 年 DB2 for MVS 提供了强大的在线事务处理（OLTP）支持，1989 年和 1993 年分别以远程工作单元和分布式工作单元实现了分布式数据库支持。最近推出的 DB2 Universal Database 6.1 则是通用数据库的典范，是第一个具备网上功能的多媒体关系数据库管理系统，支持包括 Linux 在内的一系列平台。

DB2 是内嵌于 IBM 的 AS/400 系统上的数据库管理系统，直接由硬件支持。它支持标准的 SQL 语言，具有与异种数据库相连的 GATEWAY。因此它具有速度快、可靠性好的优点。但是，只有硬件平台选择了 IBM 的 AS/400，才能选择使用 DB2 数据库管理系统。

3. Informix

Informix 在 1980 年成立，目的是为 Unix 等开放操作系统提供专业的关系型数据库产品。公司的名称 Informix 便是取自 Information 和 Unix 的结合。Informix 第一个真正支持 SQL 语言的关系数据库产品是 Informix SE（Standard Engine）。InformixSE 是在当时的微机 Unix 环境下主要的数据库产品。它也是第一个被移植到 Linux 上的商业数据库产品。

4. Sybase

Sybase 公司成立于 1984 年，公司名称 Sybase 取自 system 和 database 相结合的含义。Sybase 公司的创始人之一 Bob Epstein 是 Ingres 大学版（与 System/R 同时期的关系数据库模型产品）的主要设计人员。公司的第一个关系数据库产品是 1987 年 5 月推出的 Sybase SQL Server 1.0。Sybase 首先提出 Client/Server 数据库体系结构的思想，并率先在 Sybase SQL Server 中实现。

5. SQL Server

1987 年，微软和 IBM 合作开发完成 OS/2，IBM 在其销售的 OS/2 Extended Edition 系统中绑定了 OS/2Database Manager，而微软产品线中尚缺少数据库产品。为此，微软将目光投向 Sybase，同 Sybase 签订了合作协议，使用 Sybase 的技术开发基于 OS/2 平台的关系型数据库。1989 年，微软发布了 SQL Server 1.0 版。2012 年 3 月，微软于正式发布最新的 SQL Server 2012 RTM（Release-to-Manufacturing）版本。微软此次版本发布的口号是以"大数据"来替代"云"的概念，微软对 SQL Server 2012 的定位是帮助企业处理每年大量的数据（Z 级别）增长。

6. Teradata

Teradata 天睿公司（纽交所代码：TDC），是美国前十大上市软件公司之一。经过逾 30 年的发展，Teradata 天睿公司已经成为全球最大的专注于大数据分析、数据仓库和整合营销管理解决方案的供应商。Teradata 数据仓库配备性能最高、最可靠的大规模并行处理（MPP）平台，能够高速处理海量数据。它使得企业可以专注于业务，无需花费大量精力管理技术，因而可以更加快速地做出明智的决策，实现 ROI 最大化。

7. MySQL

MySQL 是一个小型关系型数据库管理系统，是最受欢迎的开源 SQL 数据库管理系统，开发者为瑞典 MySQL AB 公司，在 2008 年 1 月 16 日被 Sun 公司收购。目前 MySQL 被广泛地应用在 Internet 上的中小型网站中。由于其体积小、速度快、总体拥有成本低，尤其是开放源码这一特点，许多中小型网站为了降低网站总体拥有成本而选择了 MySQL 作为网站数据库。

另据美国 Gartner 公司 2011 年调查分析，目前常用数据库产品市场占有率情况如图 1-2 所示。从图中可以看出，Oracle 市场占有率当年是最高的。

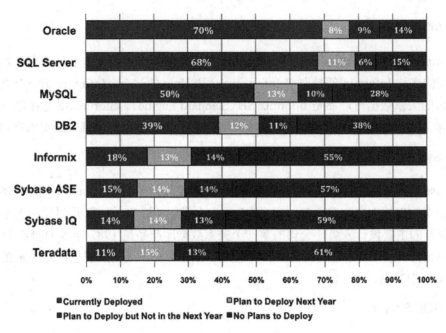

图 1-2　常用数据库产品市场占有率

1.3　Oracle 简介

Oracle 是一种 RDBMS（Relational Database Management System，关系数据库管理系统），是 Oracle 公司的核心产品，目前在市场上占有大量份额。Oracle 数据库产品为财富排行榜上的前 1000 家公司所采用，许多大型网站也选用了 Oracle 系统。作为一种大型网络数据库管理系统，Oracle 数据库功能强大，能够处理大批量数据，主要应用于政府部门和商业机构。

1.3.1　Oracle 的发展历程

1977 年，Larry Ellison、Bob Miner 和 Ed Oates 共同建立了软件开发实验室咨询公司（SDL，Software Development Laboratories），总部位于美国加州 Redwood shore。

1979 年，首先推出基于 SQL 标准的关系数据库产品 Oracle V2。

1986 年，Oracle 推出具有分布式结构的版本 5，可将数据和应用驻留在多台计算机上，而相互间的通信是透明的。

1988 年，推出版本 6（V6.0）可带事务处理选项，提高了事务处理的速度。

1992 年推出了版本 7，可带过程数据库选项、分布式数据库选项和并行服务器选项，称为 ORACLE 7 数据库管理系统。

1999 年，Oracle 8i 交付使用，这是第一个互联网数据库，实现了数据库的低成本架构，为互联网应用产品带来巨大效益。

2001 年，新一代 Internet 电子商务基础架构的 Oracle 9i 数据库面世。

2004 年，具有网格计算功能的 Oracle 10g 发布，版本中 g 代表网格计算。

2007 年，Oracle 11g 推出，扩展了 Oracle 独家具有的提供网格计算优势的功能，可以利用它来提高用户的服务水平、减少停机时间以及更加有效地利用 IT 资源，同时还可以增强全天候业务应用程序的性能、可伸缩性和安全性。

2008 年，SUN 以 10 亿美元收购了 MySQL，2009 年 4 月，Oracle 以 74 亿美元收购了 SUN。

2013 年 Oracle 公司宣布推出其最新云应用基础 Oracle 12c 版本，c 代表云计算。它将应用服务器和内存数据网格功能，集成到用于云计算的基础。Oracle 云应用基础由 Oracle WebLogic 服务器 12.1.2 组成，并涵盖在 Oracle Coherence 12.1.2 内。

Oracle 云应用基础和生产力工具，可帮助客户推出下一代应用，并通过关键任务云平台，延伸到移动设备；同时通过现代化开发平台和集成工具，简化跨本地云管理的操作，以加速产品上市。

1.3.2　Oracle 的特点

Oracle 数据库系统具有许多优秀的优点和特点，具体如下。

❑ 高可靠性。能够尽可能地防止服务器故障、站点故障和人为错误的发生，并减少了计划内的宕机时间。

❑ 高安全性。可以利用行级安全性、细粒度审计、透明的数据加密和数据的全面回忆，确保数据安全和遵守法规。

❑ 更好的数据管理。轻松管理最大型数据库信息的整个生命周期。11g 扩展了 Oracle 独家具有的提供网格计算优势的功能，来提高用户服务水平、减少停机时间以及更加有效地利用 IT 资源。同时还增强全天候业务应用程序的性能、可伸缩性和安全性，利用真正应用测试尽量降低更改的风险。

❑ 领先一步的商务智能。具有高性能数据仓库、在线分析处理和数据挖掘功能。

❑ 多平台自动管理。Oracle 基本上可以在所有平台下运行，操作系统如 Windows、Linux、HP-UX 和 AIX 等，CPU 支持 Intel X86、HP 安腾、IBM POWER 和 SUN SPARC 等，甚至是 IBM 的 Z 系列大型机都有对应的版本。不过目前 BSD 操作系统没有对应的版本。

1.3.3　Oracle 的工作模式

Oracle 数据库服务器工作模式主要有两种：专用服务器操作模式和共享服务器模式。

1. 专用服务器操作模式

专用服务器模式是指 Oracle 为每个用户进程启动一个专门的服务器进程，该服务器进程仅为该用户进程提供服务，直到用户进程断开连接时，对应的服务器进程才终止。如图 1-3 所示。

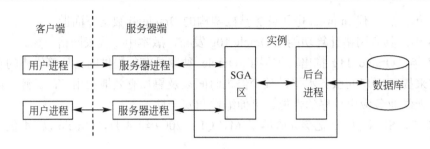

图 1-3 专用服务器模式

服务器进程与客户进程是一对一的关系。

各个专用服务器进程之间是完全独立的，它们之间没有数据共享。

下列情况下应该采用专用服务器模式：

□ 批处理和大任务操作时。批处理和大任务操作使服务器进程一直处于忙碌状态，减少服务器进程的空闲，减少系统资源的浪费。

□ 使用 RMAN 进行数据库备份、恢复及执行数据库启动与关闭等操作时。

2. 共享服务器模式

所谓多线程共享服务器模式是指在数据库中创建并启动一定数目的服务器进程，在调度进程的帮助下，这些服务器进程可以为任意数量的用户进程提供服务，即一个服务器进程可以被多个用户进程共享。如图 1-4 所示。

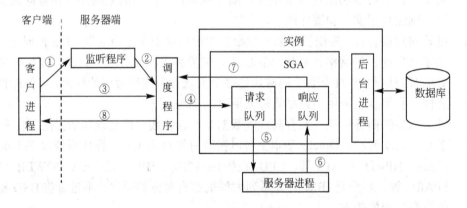

图 1-4 共享服务器模式

在创建数据库实例时，每个调度进程将自己的监听地址告诉 Oracle 监听程序。当监听器监听到一个用户进程后，首先检查该请求是否可以使用共享服务器进程。如果可以使用共享服务器进程，则监听器将符合条件的负载最小的调度进程的地址返回给用户进程，然后用户进程直接与该调度进程通信；如果没有找到合适的调度进程，或者用户进程请求的是专用服务器进程，则监听器将创建一个专用服务器进程为用户进程服务。在共享服务器模式中，用户请求被调度进程放入 SGA 中的一个先进先出（First In First Out）请求队列中。当有空闲的服务器进程时，该服务器进程从请求队列中取出一个"请求"进行处理，并将处理后的结果放入 SGA 的一个响应队列中（一个调度进程对应一个响应队列）。最后，调度进程从自己的响应队列中取出处理结果返回给用户进程。

1.3.4　Oracle 应用结构

在安装、部署 Oracle 11g 数据库时，需要根据硬件平台和操作系统的不同采取不同的结构，下面介绍几种常用的应用结构。

1. 多数据库的独立宿主结构

这种应用结构在物理上只有一台服务器，服务器上有一个或多个硬盘。但是在功能上是多个逻辑数据库服务器和多个数据库，如图 1-5 所示。

图 1-5　多数据库的独立宿主结构

这种应用结构由多个数据库服务器和多个数据库文件组成，也就是在一台计算机上装两个版本的 Oracle 数据库（如 Oracle 10g 和 Oracle 11g）。尽管它们在同一台计算机上，但无论是内存结构、服务器进程和数据库文件等都不是共享的，它们各自都有自己的内存结构、服务器进程和数据库文件。

对于这种情况，数据库的文件要尽可能地存储在不同硬盘的不同路径下，由于每个逻辑服务器都要求分配全局系统区内存和服务器后台进程，因此对硬件要求较高。

2. 客户/服务器结构

在客户/服务器结构中，数据库服务器的管理和应用分布在两台计算机上，客户机上安装应用程序和连接工具，通过 Oracle 专用的网络协议 SQL*Net 建立和服务器的连接，发出数据请求；服务器上运行数据库，通过网络协议接收连接请求，将执行结果回送给客户机。客户/服务器结构如图 1-6 所示。

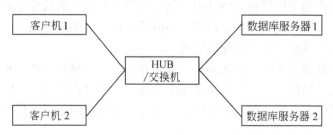

图 1-6　客户/服务器结构

同一个网络中可以有多台物理数据库服务器和多台物理客户机。在一台物理数据库服务器上可以安装多种数据库服务器，或者一种数据库服务器的多个数据库例程。Oracle 支持多主目录，允许在一台物理数据库服务器上同时安装 Oracle 10g 和 Oracle 11g，它们可以独立存在于两个不同的主目录中。

客户/服务器结构的主要优点如下。

- ❏ 客户机、服务器可以选用不同的硬件平台，服务器（一个或几个）配置要高，客户机（可能是几个、几十个、上百个）配置可低些，从而可以降低成本。
- ❏ 客户机、服务器可以选用不同的操作系统，因此可伸缩性好。
- ❏ 应用程序和服务器程序分别在不同的计算机上运行，从而减轻了服务器的负担。
- ❏ 具有较好的安全性。
- ❏ 可以进行远程管理，只要有通信网络（包括局域网和 WWW 网），就可以对数据库进行管理，这也是 Oracle 数据库的管理器 OEM 所要实现的功能。

3. 分布式结构

分布式结构是客户机/服务器结构的一种特殊类型。在这种结构中，分布式数据库系统在逻辑上是一个整体，但在物理上分布在不同的计算机网络里，通过网络连接在一起。网络中的每个节点可以独立处理本地数据库服务器中的数据，执行局部应用，同时也可处理多个异地数据库服务器中的数据，执行全局应用。

各数据库相对独立，总体上又是完整的，数据库之间通过 SQL*Net 协议连接。因此异种网络之间也可以互连，操作系统和硬件平台可伸缩性好，可以执行对数据的分布式查询和处理，网络可扩展性好，可以实现局部自治与全局应用的统一。分布式结构如图 1-7 所示。

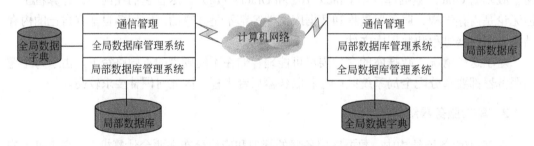

图 1-7　分布式数据库系统结构

其中，局部数据库管理系统负责创建和管理局部数据，执行局部应用和全局应用的子查询；而全局数据库管理系统则负责协调各个局部数据库管理系统，共同完成全局事务的执行，并保证全局数据库执行的正确性和全局数据的完整性；通信管理则负责实现分布在网络中各个数据库之间的通信；局部数据库存放了全局数据的部分信息；全局数据字典则存放了全局数据库在各服务器上的存放情况。

分布式数据库管理系统的数据在物理上分布存储，即数据存放在计算机网络上不同的局部数据库中；而在逻辑上分布式数据库系统中数据之间存在语义上的联系，即仍属于一个系统。访问数据的用户既可以是本地用户，也可以是通过网络连接的远程用户。

1.3.5　Oracle 基本概念

在学习使用 Oracle 数据库之前，先了解以下基本术语，后继章节将详细介绍。

Oracle 数据库都将数据存储在文件中，在其内部，数据库结构提供了数据对文件的逻辑映射，允许不同类型的数据分开存放。这些逻辑划分称为表空间。关于表空间的概念将在下文中介绍。

- ❑ 表空间（Tablespace）：是数据库的逻辑划分，每个数据库至少有一个表空间（system 表空间）。
- ❑ 数据文件（DataFile）：每个表空间由同一磁盘上的一个或多个文件组成，这些文件叫数据文件。建立新表空间需要建立新的数据文件。
- ❑ 实例（Instance）：也称为服务器（Server），是存取和控制数据库的软件机制，它由系统全局区 SGA 和后台进程组成。

Oracle 数据库启动时，实际是启动 Oracle 实例（安装并打开数据库）。一个数据库可以被多个实例访问（这是 Oracle 的并行服务器选项）。决定实例的大小及组成的参数存储在 init.ora 文件中，实例启动时需要读这个文件，并且在运行时可以由数据库管理员修改，但要在下次启动实例时才会起作用。

💭说明：

- ❑ 实例名字可以由环境变量 ORACLE_SID 来定义。
- ❑ 实例的 init.ora 文件名通常包含该实例的名字，格式为 initSID.ora。如一个实例的名字（SID）为 ora11g，则 init.ora 文件名通常为 initora11g.ora。

1.4　Oracle 11g 环境

Oracle 数据库具有良好的跨平台性，可以在多种操作系统下运行。它的安装程序采用基于 Java 的图形界面向导，可以使用户在 Windows 或 Unix/Linux 等操作系统环境下方便地完成安装过程。Oracle 数据库在实际应用环境中多在 Unix/Linux 操作系统环境下安装使用，而在教学过程中多在 Windows 环境下安装使用。为此，本节两种操作系统环境下安装 Oracle 11g 的过程都将一一介绍。

Oracle 11g 是一个大型数据库，在安装之前应该检查计算机的软硬件环境是否达到要求，同时也要为将来数据库的扩展预留足够的存储空间。

1.4.1　在 Windows 环境下安装 Oracle 11g

Oracle 数据库产品是免费的，我们可以从 Oracle 的官方网站（http://www.oracle.com）下载到程序安装包。Oracle 在 Windows 下的安装非常方便，安装开始后，一直单击安装程序的"下一步"按钮即可。

Oracle 11g 数据库服务器有两种安装方式：高级安装和基本安装。由于基本安装比较简单，配置参数较少，只需要按照 Oracle 11g 的安装步骤要求一步一步往下安装就可以了，而高级安装较为复杂。下面以高级安装为例进行介绍，其安装步骤如下。

（1）运行安装文件夹中的 Setup.exe，将启动 Universal Installer，出现 Oracle Universal Installer 自动运行窗口，即快速检查计算机的软、硬件安装环境，如果不满足最小需求，则返回一个错误并异常终止，如图 1-8 所示。

（2）当 OUI 检查完软、硬件环境之后，出现"选择安装方法"窗口，如图 1-9 所示。

如果想快速安装 Oracle 11g 数据库，可以选择"基本安装"单选按钮，再输入数据库登录密码，然后单击"下一步"按钮开始基本安装。由于这种方法比较简单，只需要输入少量信息，读者可自己按照步骤要求去进行安装。

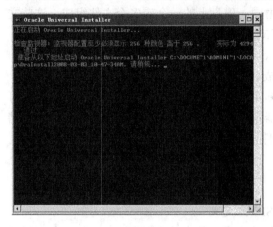 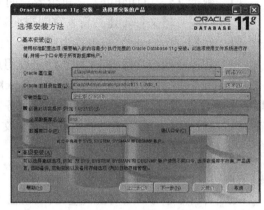

图 1-8　Oracle Universal Installer 窗口　　　　图 1-9　选择安装方法

（3）选择"高级安装"单选按钮，再单击"下一步"按钮，出现"选择安装类型"窗口，如图 1-10 所示。

在该窗口中可以选择如下安装类型。

❑ 企业版：该类型适用于面向企业级应用，用于对安全性要求较高并且任务至上的联机事务处理（OLTP）和数据仓库环境。在标准版的基础上安装所有许可的企业版选项。

❑ 标准版：该类型适用于工作组或部门级别的应用，也适用于中小企业。提供核心的关系数据库管理服务和选项。

❑ 个人版：个人版数据库只提供基本的数据库管理服务，它适用于单用户开发环境，对系统配置的要求也比较低，主要面向技术开发人员。

❑ 定制：允许用户从可安装的组件列表中选择安装单独的组件。还可以在现有的安装中安装附加的产品选项，如要安装某些特殊的产品或选项就必须选择此选项。定制安装要求用户是一个经验丰富的 Oracle DBA。

（4）选择"企业版"单选按钮后单击"下一步"按钮，开始安装企业版 Oracle 数据库，出现"安装位置"窗口，如图 1-11 所示。

在该窗口中可以指定存储所有与 Oracle 软件以及与配置相关的文件的 Oracle 基目录。

（5）设置好安装位置后，单击"下一步"按钮，进入"产品特定的先决条件检查"窗口，将检查安装环境是否符合最低的要求，以便及早发现系统设置方面的问题。例如，磁盘空间不足、缺少补丁程序、硬件不合适等问题，如图 1-12 所示。

（6）当检查安装环境总体为通过时，单击"下一步"按钮，打开"选择配置选项"窗口。在该窗口中可以选择创建数据库，配置自动存储管理实例，或只安装 Oracle 软件，如图 1-13 所示。

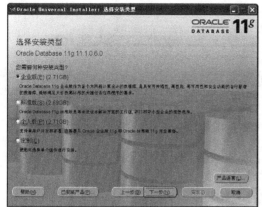

图 1-10　选择安装类型

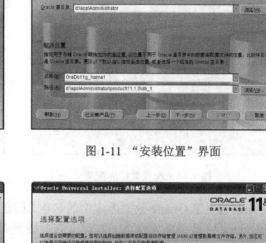

图 1-11　"安装位置"界面

图 1-12　产品特定的先决条件检查

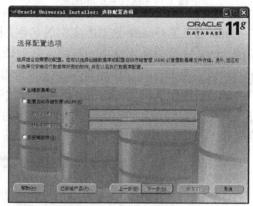

图 1-13　选择配置选项

（7）采用默认设置（即在安装数据库服务器软件时创建数据库），单击"下一步"按钮，打开如图 1-14 所示的"选择数据库配置"窗口。

在该窗口中，用户可以根据自己的需求选择以下数据库配置之一。

❑　一般用途/事务处理。选择此配置类型可以创建适合各种用途的预配置数据库。

❑　数据仓库。选择此配置类型可以创建适用于针对特定主题的复杂查询环境。数据仓库通常用于存储历史记录数据。

❑　高级。选择此配置类型可以在安装结束后运行 Oracle 数据库配置助手（Oracle Database Configuration Assistant，ODCA），进行手工配置数据库。如果选择此选项，Oracle Universal Installer 在运行该助手之前不会提示输入数据库信息。该助手启动后，便可以指定如何配置新的数据库。Oracle 建议只有经验丰富的 Oracle DBA 才可使用此配置类型。

（8）选择创建"一般用途/事务处理"类型的数据库，单击"下一步"按钮，出现"指定数据库配置选项"窗口，如图 1-15 所示。

全局数据库名采用如下形式：database_name.database_domain。例如：cs.nuist.edu.cn，其中 cs 为数据库名，nuist.edu.cn 为数据库域。指定全局数据库名时，尽量为数据库选择能够反映其用途的名称，例如 cs。数据库域用于将数据库与分布式环境中的其他数据库区分开来。

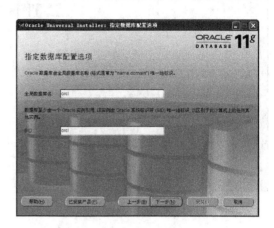

图 1-14　选择数据库配置　　　　　　　　　　图 1-15　指定数据库配置选项

　　SID 定义了 Oracle 数据库实例的名称，因此 SID 主要用于区分同一台计算机上不同的实例。Oracle 数据库实例由一组用于管理数据库的进程和内存结构组成，对于单实例数据库，默认情况下，其 SID 通常与数据库名相同。

　　（9）采用默认设置，单击"下一步"按钮，出现如图 1-16 所示的"指定数据库配置详细资料"窗口。可以在该窗口中对数据库的内存、字符集、安全性和示例方案配置进行设置。

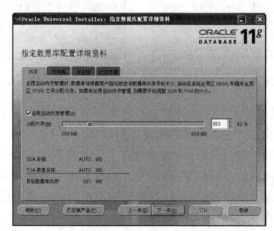

图 1-16　指定数据库配置详细资料

　　在"内存"选项卡中，可以设置要分配给数据库的物理内存（RAM）。可以通过滑块和微调按钮调整可用物理内存的最大值和最小值限制。如果选中"启用自动内存管理"复选框，则系统将会在共享全局区（SGA）与程序全局区（PGA）之间采用动态分配。

　　在"字符集"选项卡中，可以设置在数据库中要使用哪些语言组，采用默认设置即可。

　　在"安全性"选项卡中，可以选择是否要在数据库中禁用默认安全设置，Oracle 11g 增强了数据库的安全设置。

　　在"示例方案"选项卡中，可以设置是否要在数据库中包含示例方案。Oracle 提供了与产品和文档示例一起使用的示例方案。如果选择安装示例方案，则会在数据库中创建

EXAM-PLES 表空间。

（10）单击"下一步"按钮，出现"选择数据库管理选项"窗口，在该窗口中可以选择要用于管理数据库的 Oracle Enterprise Manager 界面，如图 1-17 所示。

在选择数据库管理选项时，由于 Oracle 数据库从 10g 开始已经支持网格运算，因此除了使用 Oracle Enterprise Manager Database Control 管理数据库外，用户还可以选择使用 Oracle Enterprise Manager Grid Control。无论是使用 Grid Control 还是使用 Database Control，用户都可以执行相同的数据库管理任务，但使用 Database Control 只能管理一个数据库。

（11）选择默认设置即使用 Database Console 管理数据库，就可以在本地进行数据库管理了，单击"下一步"按钮，打开"指定数据库存储选项"窗口，如图 1-18 所示。

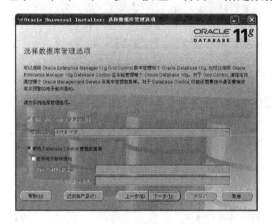
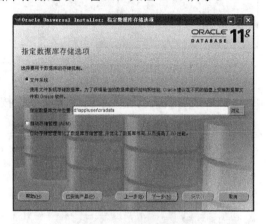

图 1-17　选择数据库管理选项　　　　　图 1-18　指定数据库存储选项

在该窗口中可以选择用于存储数据库文件的方法，Oracle 11g 提供两种存储方法。

❑　文件系统：选择该选项后，Oracle 将使用操作系统的文件系统存储数据库文件。

❑　自动存储管理：如果要将数据库文件存储在自动存储管理磁盘组中，则选择此选项。通过指定一个或多个由单独的 Oracle 自动存储管理实例管理的磁盘设备，可以创建自动存储管理磁盘组，自动存储管理可以最大化提高 I/O 性能。

（12）选择"文件系统"单选按钮，存储位置采用默认设置，单击"下一步"按钮，出现"指定备份和恢复选项"窗口，在该窗口中可以指定是否要为数据库启用自动备份功能，如图 1-19 所示。

如果选择启用自动备份功能，Oracle 会在每天的同一时间对数据库进行备份。默认情况下，备份作业安排在凌晨 2:00 运行。要配置自动备份，必须在磁盘上为备份文件指定一个名为"快速恢复区"的存储区域，可以将文件系统或自动存储管理磁盘组用于快速恢复区。备份文件所需的磁盘空间取决于用户选择的存储机制，一般原则上必须指定至少 2GB 的磁盘空间的存储位置。也可以在创建数据库后再启用自动备份功能。

（13）采用默认设置（即不启用自动备份功能），单击"下一步"按钮，出现"指定数据库方案的口令"窗口，如图 1-20 所示。

Oracle 从 10g 开始已经不再采用默认的口令，而建议为每个账户（尤其是管理账户，如 SYS、SYSTEM、SYSMAN 和 DBSNMP）指定不同的密码。这里为了方便，设置所有账户使用同一个密码。

（14）单击"下一步"按钮，经过短暂的处理后会出现如图 1-21 所示的"Oracle

Configuration Manager 注册"窗口。

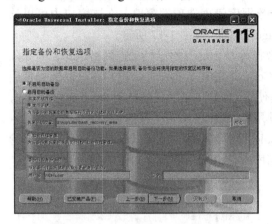 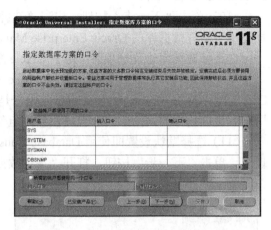

图 1-19　指定备份和恢复选项　　　　　图 1-20　指定数据库方案的口令

（15）采用默认设置，单击"下一步"按钮，出现"概要"窗口，如图 1-22 所示。

图 1-21　Oracle Configuration Manager 注册　　　　图 1-22　"概要"界面

　　用户可以在"概要"窗口中检查前面对数据库的设置是否满意，如不满意可以单击"上一步"按钮，返回到前一个步骤进行修改。

　　（16）单击"安装"按钮，OUI 将正式开始安装 Oracle 系统，如果前面选择了创建数据库选项，OUI 则会在安装的过程中打开数据库配置助手创建数据库，如图 1-23 所示。

　　（17）创建数据库完毕后，就会显示如图 1-24 所示的数据库配置助手窗口。单击"口令管理"按钮，弹出"口令管理"窗口，在此窗口中可以锁定、解除数据库用户账户，设置用户账户的密码。在这里解除了 SCOTT 和 HR 用户账户，设置其密码分别为 tiger 和 hr。

　　（18）单击"确定"按钮，结束创建数据库，OUI 将显示"安装结束"窗口。需要注意该窗口中会显示基于 web 的 OEM 连接地址，另外，该 URL 地址及其端口号还被记录到文件 D:\app\user\product\11.1.0\db_1\install.int 中。

　　Oracle 中的数据库主要是指存放数据的文件，这些文件在 Oracle 安装完成后，在计算机硬盘上都能找到，包括数据文件、控制文件和数据库日志文件。

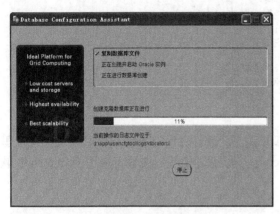

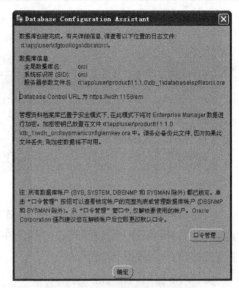

图 1-23　DBCA 创建数据库　　　　　　图 1-24　设定数据库用户密码

数据库创建后会有一系列为该数据库提供服务的内存空间和后台进程，称为该数据库的实例。每一个数据库至少会有一个实例为其服务。实例中的内存结构称为系统全局区（SGA），系统会根据当前计算机系统的性能给 SGA 分配非常可观的内存空间。

Oracle 创建数据库不能像 SQL Server 那样用一个简单的 CREATE DATABASE 命令就能完成，在创建数据库的过程中还需要配置各种参数。虽然有 DBCA 工具向导，但是仍然需要进行比较麻烦的配置。

提示：虽然一个 Oracle 数据库服务器中可以安装多个数据库，但是一个数据库需要占用非常大的内存空间，因此一般一个服务器只安装一个数据库。每一个数据库可以有很多用户，不同的用户拥有自己的数据库对象（比如：数据库表），一个用户如果访问其他用户的数据库对象，必须由对方用户授予一定的权限。不同的用户创建的表，只能被当前用户访问。因此在 Oracle 开发中，不同的应用程序只需使用不同的用户访问即可。

1.4.2　在 Linux 环境下安装 Oracle 11g

1. 用unzip解压 Oracle 11g文件

执行文件：unzip linux_x86_11gR1_database.zip。

2. 安装包检测及安装

在终端中执行：rpm -q gcc make binutils setarch compat-db compat-gcc compat-gcc-c++ compat-libstdc++ compat-libstdc++-devel unixODBC unixODBC-devel libaio-devel sysstat，显示结果如下：

```
vel sysstat
gcc-4.1.2-42.el5
```

```
make-3.81-3.el5
binutils-2.17.50.0.6-6.el5
setarch-2.0-1.1
package compat-db is not installed
package compat-gcc is not installed
package compat-gcc-c++ is not installed
package compat-libstdc++ is not installed
package compat-libstdc++-devel is not installed
unixODBC-2.2.11-7.1
package unixODBC-devel is not installed
package libaio-devel is not installed
package sysstat is not installed
```

分析：

上面 package 软件包 is not installed 部分说明此软件包没有安装，可以在安装光盘里查找，再用 rpm -ivh 安装即可，这些包在 centos 安装盘中都有；或者直接用 yum install 软件包来安装，具体操作如下：

```
yum install compat-db
```

安装成功 Installed: compat-db.i386 0:4.2.52-5.1 Complete!

yum install compat*　（这个包比较多，要稍等一会）

安装成功 Installed: compat*......... Complete!

yum install unixODBC-devel

安装成功 Installed: unixODBC-devel.i386 0:2.2.11-7.1 Complete!

yum install　libaio-devel

安装成功 Installed: libaio-devel.i386 0:0.3.106-3.2 Complete!

yum install　sysstat

安装成功 Installed: sysstat.i386 0:7.0.2-1.el5 Complete!

说明：可以再执行一次 rpm -q 软件包组合，具体如下：

```
gcc-4.1.2-42.el5
make-3.81-3.el5
binutils-2.17.50.0.6-6.el5
setarch-2.0-1.1
compat-db-4.2.52-5.1
package compat-gcc is not installed
package compat-gcc-c++ is not installed
package compat-libstdc++ is not installed
package compat-libstdc++-devel is not installed
unixODBC-2.2.11-7.1
unixODBC-devel-2.2.11-7.1
libaio-devel-0.3.106-3.2
sysstat-7.0.2-1.el5
```

如上所述，还是有 4 个软件包没有安装，这个不用理会，其实我们刚才安装的 compat 包已经包含了。可以继续下一步了。

3. 系统参数和用户及目录设置

（1）系统参数设置如下：

```
vi /etc/sysctl.conf
```

以下为此文件更改后的内容：

```
# Kernel sysctl configuration file for Red Hat Linux
## For binary values, 0 is disabled, 1 is enabled.See sysctl(8) and
# sysctl.conf(5) for more details.
# Controls IP packet forwarding
net.ipv4.ip_forward = 0
# Controls source route verification
net.ipv4.conf.default.rp_filter = 1
# Do not accept source routing
net.ipv4.conf.default.accept_source_route = 0
# Controls the System Request debugging functionality of the kernel
kernel.sysrq = 0
# Controls whether core dumps will append the PID to the core filename
# Useful for debugging multi-threaded applications
  kernel.core_uses_pid = 1
# Controls the use of TCP syncookies
net.ipv4.tcp_syncookies = 1
# Controls the maximum size of a message, in bytes
#kernel.msgmnb = 65536
# Controls the default maxmimum size of a mesage queue
#kernel.msgmax = 65536
# Controls the maximum shared segment size, in bytes
#kernel.shmmax = 4294967295
# Controls the maximum number of shared memory segments, in pages
#kernel.shmall = 268435456
#Below for oracle11g
kernel.core_uses_pid = 1
kernel.shmmax = 536870912
kernel.shmmni = 4096
kernel.shmall = 2097152
kernel.sem = 250 32000 100 128
net.core.rmem_default = 4194304
net.core.rmem_max = 4194304
net.core.wmem_default = 262144
net.core.wmem_max = 262144
fs.file-max = 6553600
net.ipv4.ip_local_port_range = 1024 65000
```

（2）添加用户组及用户。执行如下命令：

```
#groupadd dba
#groupadd oinstall
#useradd oracle -g oinstall -G dba
#passwd oracle
```

（3）新建目录权限。执行如下命令：

```
#mkdir -p /u01
#chown -R oracle:dba /u01
#chmod -R 755 /u01
```

（4）用户环境变量。先切换用户到 oracle：

```
su - oracle
```

修改.bash_profile 文件：

```
vi .bash_profile
```

以下是此文件内容：

```
# .bash_profile
# Get the aliases and functions
if [ -f ~/.bashrc ]; then
    . ~/.bashrc
fi
# User specific environment and startup programs
PATH=$PATH:HOME/bin
export ORACLE_BASE=/u01/app/oracle
export ORACLE_HOME=$ORACLE_BASE/product/11.1.0.6
export ORACLE_SID=sales
export PATH=$PATH:$ORACLE_HOME/bin:$ORACLE_HOME/Apache/Apache/bin
export TNS_ADMIN=$ORACLE_HOME/network/admin
export LD_LIBRARY_PATH=$LD_LIBRARY_PATH:ORACLE_HOME/lib
export NLS_LANG=AMERICAN_AMERICA.ZHS16GBK
export ORA_NLS10=$ORACLE_HOME/nls/data
unset USERNAME
umask 022
```

4. 安装oracle

注销 root，用 oracle 账号进入，进入 Oracle 所在的目录，如：/disk/Oracle11g-linux_x86。

```
[oracle@root-bs Oracle11g-linux_x86]$ ls
doc install response runInstaller stage welcome.html
```

执行./runInsaller 进行安装：

```
[oracle@root-bs Oracle11g-linux_x86]$./runInstaller
```

安装过程界面基本同 Windows 环境相似，如图 1-25 所示为安装概要界面，图 1-26 所示为执行配置脚本安装界面，其他类似界面此处就不一一介绍。与 Windows 环境下安装不同之处主要在于安装前的配置和准备工作。

图 1-25　安装概要

图 1-26　执行配置脚本

5. 测试Oracle

执行如下命令：

```
[oracle@root-fw Oracle11g-linux_x86]$ dbstart
Processing Database instance "sales": logfile /u01/app/oracle/product/
11.1.0.6/
```

```
startup.log
[oracle@root-fw Oracle11g-linux_x86]$ sqlplus /nolog
SQL*Plus: Release 11.1.0.6.0 - Production on Wed Sep 24 13:57:51 2013
Copyright (c) 1982, 2007, Oracle. All rights reserved.
SQL> conn / as sysdba
已连接。

SQL> startup
ORA-01081: cannot start already-running ORACLE - shut it down first
```

此提示说明服务已经运行不必再重新启动了。如果出现如下错误：

```
ORA-01078: failure in processing system parameters
LRM-00109: could not open parameter file '/u01/app/oracle/product/11.1.0.6/
dbs/initsales.ora'
```

说明没有找到 Oracle 实例，请重新创建实例：

```
[oracle@root-fw Oracle11g-linux_x86]$ netca
```

后续具体步骤同于 Windows 安装环境，此处不再赘述。

1.4.3　Oracle 网络服务

Oracle 网络服务为分布式异构计算环境提供了企业级连接解决方案。此外，它在连接、网络安全性、诊断能力等方面降低了网络配置和管理的复杂性，同时还增强了网络安全性和诊断功能。有关 Oracle 的网络服务通常涉及如下几个方面的问题：

- ❑　网络会话连接。
- ❑　可管理性。
- ❑　提高性能和可伸缩性。
- ❑　用防火墙访问控制和协议访问控制保障网络安全。
- ❑　可配置和管理网络组件，包括位置透明性、集中配置和管理、快速安装和配置。
- ❑　使用日志和跟踪文件提高诊断能力。

1. Oracle服务

Oracle 本身就是一个很占资源的软件，光一个实例服务所占的内存，根据其安装时分配的内存就至少要达到 256MB 以上，再加上其他附属服务，光内存就要占用物理内存的 30%左右。至于 CPU，Oracle 也需要占用 30%左右。因此，我们考虑在有需要使用 Oracle 时启用其相关服务，平时则停止该服务。Oracle 在 Windows 中安装完成后，会安装很多服务，如图 1-27 所示。下面介绍几个主要的服务。

- ❑　OracleDBConsole+服务名：Oracle 数据库控制台服务，服务名是 Oracle 的实例标识。在运行 Enterprise Manager（企业管理器 OEM）的时候，需要启动这个服务。从 Oracle 10g 开始，Oracle 提供了一个基于 B/S 的企业管理器，在操作系统的命令行中输入命令：emctl start dbconsole，就可以启动 OracleDbConsole 服务（非必须启动）。
- ❑　OracleJobScheduler+服务名：Oracle 作业调度（定时器）服务，服务名是 Oracle 实例标识（非必须启动）。
- ❑　OracleOraDb11g_home1TNSListener：该服务是服务器端为客户端提供的监听服务，只有该服务在服务器上正常启动，客户端才能连接到服务器。该监听服务接收客户端发出的请求，然后将请求传递给数据库服务器。一旦建立了连接，客户端和数据库服务器就能直接通信了（非必须启动）。

❏ OracleService+服务名：数据库服务（数据库实例），是 Oracle 核心服务和数据库启动的基础，只有该服务启动，Oracle 数据库才能正常启动（必须启动）。

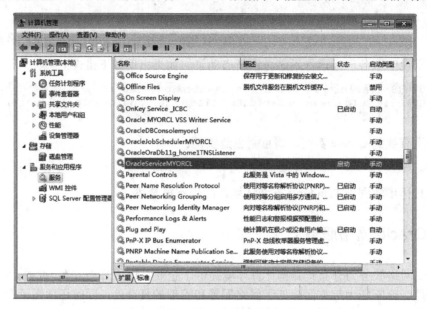

图 1-27　Oracle 服务

2. 企业管理器的使用

上述服务中启动 OracleDbConsole 服务后就可以使用企业管理器了。具体操作如下：打开 IE 浏览器，在地址栏中输入"https://localhost:1158/em"，出现 Oracle Enterprise Manager。其中，1158 是 Oracle Enterprise Manager 的 HTTP 端口号，em 是 Enterprise Manager 的简称。在"用户名"文本框中输入 SYSTEM，在"口令"文本框中输入 system，在"连接身份"下拉列表框中选择 SYSDBA，如图 1-28 所示。设置完成后单击"登录"按钮。

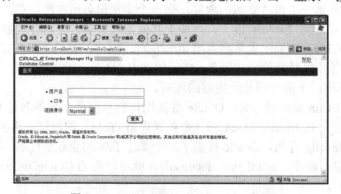

图 1-28　Oracle Enterprise Manager 窗口

💬提示：使用网络服务管理（Net Services Administration）页面，可以管理监听器、目录命名、本地命名和指定文件位置。

　　OEM 以图形的方式提供用户对数据库的操作，虽然操作起来比较方便简单，不需要使用大量的命令，但这对于初学者来说减少了学习操作 Oracle 数据库命令的机会，而且不利于读者深刻地理解 Oracle 数据库。因此建议读者强制自己使用 SQL*Plus 工具，另外，本书实例的讲解也都主要在 SQL*Plus 中完成，以帮助读者更好地学习 SQL*Plus 命令。

3. 启动监听器

　　监听器的启用有如下 3 种方法：

❑　利用 Enterprise Manager 启动监听器。

❑　用监听器控制实用程序来启动监听器。

❑　利用 Net Manager 提供的"监听程序"来启动监听器。

　　下面以第 3 种方法的操作过程为例进行介绍。

　　（1）选择"开始"→"程序"→Oracle-OraDb11g_home1→"配置与管理工具"→Net Manager，打开 Oracle Net Manager 窗口，如图 1-29 所示。

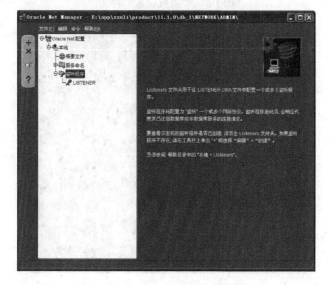

图 1-29　Oracle Net Manager 窗口

　　（2）选择"监听程序"，单击左边的"+"号工具，出现"选择监听程序名称"对话框，如图 1-30 所示。

　　（3）单击"确定"按钮，然后就可以通过添加地址来选择监听位置，以进行监听了，如图 1-31 所示。

4. 利用Net Manager配置本地命名

图 1-30　"选择监听程序名称"对话框

　　首先必须配置客户端计算机，以便能与 Oracle 数据库连接。所以必须先安装 Oracle Database 客户端软件，其中包括 Oracle Net 软件。一旦安装了 Oracle Net，就可以使用 Oracle Net Manager 通过本地命名方法来配置网络服务名称。具体操作步骤如下。

　　（1）选择"开始"→"程序"→Oracle-OraDb11g_home1→"配置与管理工具"→Net Manager，打开 Oracle Net Manager 窗口，如图 1-32 所示。

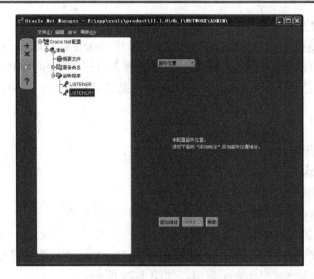

图 1-31 "监听位置"界面

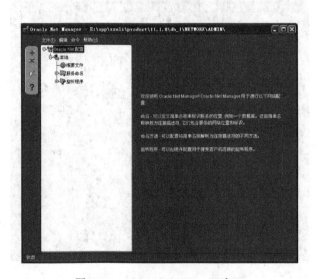

图 1-32 Oracle Net Manager 窗口

（2）展开"本地"选项，从中选择"服务命名"目录。单击页面左边的"+"号，出现"Net 服务名向导"对话框，如图 1-33 所示。在此输入一个网络服务名，如 center。

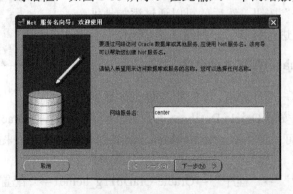

图 1-33 "Net 服务名向导"对话框的"欢迎使用"界面

（3）单击"下一步"按钮，进入"协议"界面，从中选择一种网络协议，用于连接数据库。在此使用默认的"TCP/IP（Internet 协议）"，如图 1-34 所示。

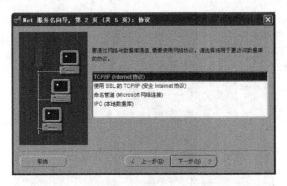

图 1-34 "协议"界面

（4）单击"下一步"按钮，进入"协议设置"界面，如图 1-35 所示。在此输入数据库计算机的主机名和端口号，如分别输入 teacher 和 1521。

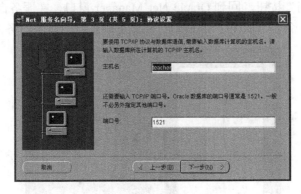

图 1-35 "协议设置"界面

（5）单击"下一步"按钮，进入"服务"界面，如图 1-36 所示。在此输入数据库服务名 MYORCL。设置其类型为"共享服务器"。如果不确定或希望使用默认的数据库连接类型，可以选择数据库的默认设置。

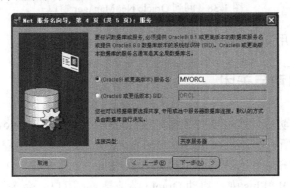

图 1-36 "服务"界面

（6）单击"下一步"按钮，进入"连接测试"对话框，如图 1-37 所示。从中可以单击

"更改登录"按钮，输入用户名和口令来修改默认登录，在此修改用户名为 scott，口令为 scott。然后单击"测试"按钮来测试，测试向导将进行连接测试，并显示测试是否成功。

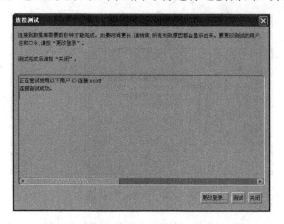

图 1-37　"连接测试"对话框

（7）单击"关闭"按钮，回到 Oracle Net Manager 窗口，在服务命名目录下就有了刚才创建的 center 服务命名，如图 1-38 所示。在此可以查看或修改服务标识和地址配置。

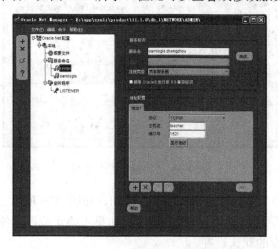

图 1-38　回到 Oracle Net Manager 窗口

此外，也可以利用 Enterprise Manager 配置本地命名。

1.4.4　Oracle 启动与关闭

OracleService 启动后，就可以对数据库进行管理。直接在 Windows "开始"菜单中查找 SQL*Plus 工具："所有程序"→Oracle - OraDb11g_home1→"应用程序开发"→SQL Plus，输入安装数据库的用户名和密码后即可进入 SQL*Plus 工具界面。Oracle 的启动和关闭是最基本的命令，在 SQL*Plus 中，启动 Oracle 必须是 sys 用户，命令格式是：

```
SQL>startup open
```

图 1-39 所示为 Oracle 服务启动过程。

Oracle 服务关闭用命令：

```
SQL>shutdown immediate
```

Oracle 服务关闭结果如图 1-40 所示。

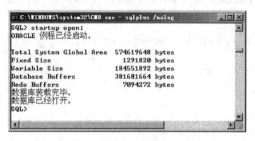

图 1-39　Oracle 服务启动

图 1-40　Oracle 服务关闭

1.5　Oracle 安装与使用常见问题

1. Oracle认证

与其他数据库比较，安装 Oracle 安装会自动地生成 sys 用户和 system 用户：（1）sys 用户是超级用户，具有最高权限，具有 sysdba 角色，有 create database 的权限，该用户默认的密码是 change_on_install；（2）system 用户是管理操作员，权限也很大。具有 sysoper 角色，没有 create database 的权限，默认的密码是 manager；（3）一般来讲，对数据库维护，使用 system 用户登录就可以了。也就是说 sys 和 system 这两个用户最大的区别在于有没有 create database 的权限。

🔔注意：

（1）安装的时候，一定要关掉防火墙。否则可能造成安装不成功。

（2）全局数据库名 SID，类似于 MYSQL 中常用的 localhost。

（3）字符集一定要选择正确。一旦选错，除非更改成该字符集的父类。否则只能重装。

（4）数据库安装完毕，系统主要的用户和密码为：

❑　普通用户：Scott/tiger（练习常用）

❑　普通管理员：System/system

❑　超级管理员：Sys/sys

（5）安装完后的服务配置（运行中输入：services.msc）。

2. Oracle数据库启动与连接

目前各类学校机房安装软件通常通过教师机 Ghost 克隆安装后分发到学生机，只需在一台机器上安装好必备软件后，通过网络分发到机房中各台学生机上，这样大大减轻了机房管理员的工作量和维护成本。但是在实际使用过程中我们发现，通过该方式在学生机上安装的 Oracle 数据库软件由于保留教师机上的机器名和主机 IP 地址等重要参数信息，这样就会造成学生机 Oracle 有些服务无法正常启动或 OEM 管理器无法启动等常见问题。解决方法如下。

找到 Oracle 安装目录下的 Network 子目录，然后进入 ADMIN 子目录，找到 listener.ora 和 tnsnames.ora 两个文本文件修改主机名保存后，重新启动 Oracle 服务即可。

（1）修改 listener.ora 文件，用记事本打开直接修改里面的 HOST 主机名为本机主机名。如下所示：

```
# listener.ora Network Configuration File: C:\app\user\product\11.1.0\
db_1\network\admin\listener.ora
# Generated by Oracle configuration tools.
LISTENER =
  (DESCRIPTION_LIST =
    (DESCRIPTION =
      (ADDRESS = (PROTOCOL = TCP)(HOST = funson)(PORT = 1521))
      (ADDRESS = (PROTOCOL = IPC)(KEY = EXTPROC1521))
    )
  )
```

（2）修改 tnsnames.ora，用记事本打开直接修改里面的 HOST 主机名为本机主机名。

```
# tnsnames.ora Network Configuration File: C:\app\user\product\11.1.0\
db_1\network\admin\tnsnames.ora
# Generated by Oracle configuration tools.
MYORCL =
  (DESCRIPTION =
    (ADDRESS = (PROTOCOL = TCP)(HOST = funson)(PORT = 1521))
    (CONNECT_DATA =
      (SERVER = DEDICATED)
      (SERVICE_NAME = myorcl)
    )
  )
```

3. Oracle数据库提示 "ORA-28002: 7 天之后口令将过期"

由于 Oracle 11g 中默认在 default 概要文件中设置了 "PASSWORD_LIFE_TIME=180 天" 所导致。整改步骤如下。

（1）查看用户的 proifle 是哪个，一般是 default：

```
SQL>SELECT username,PROFILE FROM dba_users;
```

（2）查看指定概要文件（如 default）的密码有效期设置：

```
SQL >SELECT * FROM dba_profiles s WHERE s.profile='DEFAULT' AND resource_
name='PASSWORD_LIFE_TIME';
```

（3）将密码有效期由默认的 180 天修改成 "无限制"：

```
ALTER PROFILE DEFAULT LIMIT PASSWORD_LIFE_TIME UNLIMITED;
```

（4）修改后，还没有被提示 ORA-28002 警告的用户不会再碰到同样的提示；已经被提示的用户必须再改一次密码，举例如下：

```
$sqlplus / as sysdba
SQL > alter user wapgw identified by <原来的密码>
```

不用换新密码，Oracle 11g 启动参数 resource_limit 无论设置为 false 还是 true，密码有效期都是生效的，所以以上的规避方法都必须实施。

1.6　本 章 小 结

本章首先介绍了数据库相关的基本概念，然后介绍了 Oracle 数据库的发展历程，最后以 Windows 和 Linux 为平台，对 Oracle 11g 的安装、配置、服务管理和可能出现的问题进行了详细的介绍。通过本章的学习，可以使读者掌握到 Oracle 11g 的详细安装、服务启动、关闭以及配置步骤，让读者从最初安装前的准备、系统的安装配置，到后期的运行操作和可能出现的问题均有一个全面的理解和掌握，为后续课程的学习奠定良好的前提基础。

1.7　习题与实践练习

一、选择题

1. 若关系中的某一属性组的值能唯一地标识一个元组，我们称之为（　　）。
　　A．主码　　　　　　B．候选码　　　　　C．外码　　　　　　D．联系
2. 以下不属于数据模型的三要素的是（　　）。
　　A．数据结构　　　　B．数据操纵　　　　C．数据控制　　　　D．完整性约束
3. 以下对关系性质的描述中，哪个是错误的？（　　）
　　A．关系中每个属性值都是不可分解的
　　B．关系中允许出现相同的元组
　　C．定义关系模式时可随意指定属性的排列次序
　　D．关系中元组的排列次序可任意交换
4. 下列操作系统中，不能运行 Oracle 11g 的是（　　）。
　　A．Windows　　　B．Linux　　　　C．Macintosh　　　D．Unix
5. 以下不属于 Oracle 安装前的准备工作的是（　　）。
　　A．对服务器进行正确的网络配置，并记录 IP 地址、域名等网络配置信息，如果采用动态 IP，必须先将 Microsoft LoopBack Adapter 配置为系统的主网络适配
　　B．卸载其他的数据库管理系统
　　C．如果服务器上运行有其他 Oracle 服务，必须在安装前将它们全部停止
　　D．关闭 Windows 防火墙和某些杀毒软件

二、简答题

1. 什么是数据库系统与数据库管理系统？
2. 介绍关系数据模型的主要组成部分。
3. Oracle 主要服务的作用有什么？
4. Oracle 工作模式和应用结构是什么？
5. 描述 Oracle 启动与关闭过程。

三、上机操作题

1. 尝试在 Windows 和 Linux 环境下安装 Oracle 11g 数据库。
2. 尝试启动数据库服务，然后通过 OEM 和 SQL*Plus 两种方式连接到数据库。

第 2 章　Oracle 数据库体系结构

数据库的体系结构用来从某一角度分析数据库的组成和工作过程，以及数据库如何管理和组织数据。Oracle 数据库体系结构，就是指 Oracle 数据库是如何使用计算机资源的。因此，在开始对 Oracle 进行操作之前，用户需要理解 Oracle 数据库的体系结构。了解 Oracle 的体系结构不仅可以使用户对 Oracle 数据库有一个从外到内的整体认识，而且还对以后的具体操作具有指导意义。

Oracle 体系结构如图 2-1 所示。从功能上可以划分为三大部分：存储结构、内存结构和进程结构。存储结构又可以分为物理存储结构和逻辑存储结构，包括控制文件、数据文件和日志文件等；内存结构包括系统全局区（System Global Area，SGA）和程序全局区（Program Global Area，PGA）；进程结构包括前台进程和后台进程。

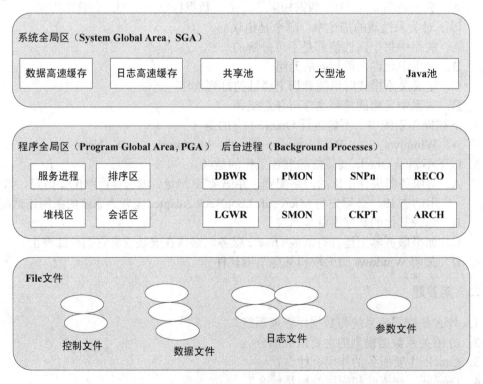

图 2-1　Oracle 体系结构

本章先介绍存储结构与实例结构，然后简单介绍 Oracle 中的数据字典。学习完本章，读者能对 Oracle 数据库有一个整体的认识。

本章要点：

❑　了解 Oracle 体系结构；

- ❑ 熟悉体系结构中各部分的组成；
- ❑ 熟练掌握物理存储结构中的数据文件的功能及其信息查询方法；
- ❑ 熟练掌握物理存储结构中的控制文件的功能及其信息查询方法；
- ❑ 熟练掌握物理存储结构中的日志文件的功能及其信息查询方法；
- ❑ 熟练掌握内存结构中系统全局区的功能及其信息查询方法；
- ❑ 熟悉系统全局区中共享池的功能及其信息查询方法；
- ❑ 熟悉系统全局区中数据缓冲区的功能及其信息查询方法；
- ❑ 熟悉系统全局区中日志缓冲区的功能及其信息查询方法；
- ❑ 了解系统全局区中 Java 池和大型池的功能及其信息查询方法；
- ❑ 了解程序全局区的功能及其信息查询方法；
- ❑ 了解 Oracle 进程结构的分类及主要功能；
- ❑ 了解 Oracle 数据字典的分类及主要功能。

2.1　物理存储结构

物理存储结构是由存储在磁盘中的操作系统文件所组成的，Oracle 在运行时需要使用这些文件。一般 Oracle 数据库在物理上主要由三种类型的文件组成：数据文件（*.dbf）、控制文件（*.ctl）和日志文件（*.log）。这三大核心文件中如果任何一个核心文件不正确，Oracle 都不能正常启动。另外 Oracle 数据库还包括一些参数文件。

2.1.1　数据文件

数据文件（Data File）是用于存储数据库数据的文件，如表中的记录、索引、数据字典信息等都存储于数据文件中。一个数据库可以包含若干数据文件，每个数据文件只能属于一个数据库，数据库与数据文件的关系见图 2-2。在存取数据时，Oracle 数据库系统首先从数据文件中读取数据，并存储在内存中的数据缓冲区中。当用户查询数据时，如果所要查询的数据不在数据缓冲区中，则这时 Oracle 数据库启动相应的进程从数据文件中读取数据，并保存到数据缓冲区中。当用户修改数据时，用户对数据的修改保存在数据缓冲区中，然后由 Oracle 的相应后台进程将数据写入到数据文件中。这样的存取方式减少了磁盘的 I/O 操作，提高了系统的响应性能。

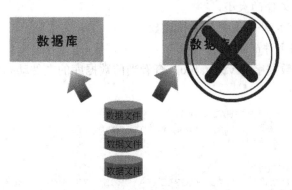

图 2-2　数据文件与数据库的关系

数据文件又分为永久性数据文件和临时性数据文件。Oracle 11g 数据库在创建的时候，会默认创建 5 个永久性的和 1 个临时性的文件。

如果想要了解数据文件的信息，可以查询数据字典 dba_data_files 和 v$datafile。其中，dba_data_files 包含有如下字段。

- ❑ file_name：数据文件的名称以及存储路径。
- ❑ file_id：数据文件在数据库中的 ID 号。
- ❑ tablespace_name：数据文件对应的表空间名。
- ❑ bytes：数据文件的大小。
- ❑ blocks：数据文件所占用的数据块数。
- ❑ status：数据文件的状态。
- ❑ autoextensible：数据文件是否可扩展。

【例 2-1】 使用数据字典 dba_data_files，查看表空间 SYSTEM 所对应的数据文件的部分信息。

其操作方法如下：

```
SQL> COLUMN  file_name  FORMAT  A60;
SQL> COLUMN  tablespace_name  FORMAT  A20;
SQL> SELECT  file_name, tablespace_name  FROM  dba_data_files
  2  WHERE tablespace_name = 'SYSTEM';
FILE_NAME   TABLESPACE_NAME
D:\APP\ADMINISTRATOR\ORADATA\ORCL\SYSTEM01.DBF       SYSTEM
```

🔔说明：

- ❑ 有关数据字典的详细内容，将在本章后面介绍。
- ❑ 可以使用 DESCRIBE 命令查看数据字典的结构，如 DESCRIBE dba_data_files （回车）。
- ❑ 以上命令行中凡单词为大写字母的，代表 Oracle 命令的关键字。
- ❑ WHERE tablespace_name = 'SYSTEM'中一对单引号里面的表空间名称必须大写。

另一个数据字典 v$datafile 则记录了数据文件的动态信息，主要包括以下字段。

- ❑ name：数据文件的名称以及存储路径。
- ❑ file#：数据文件的编号。
- ❑ checkpoint_change#：数据文件的同步号，随着系统的运行自动修改，以维持所有数据文件的同步。
- ❑ bytes：数据文件的大小。
- ❑ blocks：数据文件所占用的数据块数。
- ❑ status：数据文件的状态。

【例 2-2】 使用数据字典 v$datafile，查看当前数据库的文件动态信息。

其操作方法如下：

```
SQL> COLUMN  name  FORMAT  A60;
SQL> SELECT  file#, name, checkpoint_change#
  2  FROM  v$datafile;
FILE#   NAME
CHECKPOINT_CHANGE#
1     D:\APP\ADMINISTRATOR\ORADATA\ORCL\SYSTEM01.DBF       987560
2     D:\APP\ADMINISTRATOR\ORADATA\ORCL\SYSAUX01.DBF       987560
```

```
3        D:\APP\ADMINISTRATOR\ORADATA\ORCL\UNDOTBS01.DBF        987560
4        D:\APP\ADMINISTRATOR\ORADATA\ORCL\USERS01.DBF          987560
```

2.1.2　控制文件

控制文件（Control Files）是一个很小的二进制文件，它用于描述数据库的物理结构。控制文件一般在安装 Oracle 系统时自动创建，并且其存放路径由服务器参数文件 SPFILEsid.ora 的 CONTROL_FILES 参数值来确定。

每个 Oracle 数据库最少需要一个有效的控制文件，如果系统有多个控制文件，则它们是相互备份的。

存储信息包括：数据库名字、创建的时间戳、数据文件的名称和位置、日志文件的名称和位置以及当前日志序列号等。

Oracle 11g 数据库在创建的，默认创建两个包含相同信息的控制文件，目的是为了当其中一个受损时，可调用另一个控制文件继续工作。

如果想要了解控制文件的信息，可以查询数据字典 v$controlfile。

【例 2-3】使用数据字典 v$controlfile，查看当前数据库的控制文件的名称及存储路径。操作如下：

```
SQL> COLUMN  name  FORMAT  A60;
SQL> SELECT  name
  2  FROM  v$controlfile;
     NAME
     -----------------------------------------------------------------
1        D:\APP\ADMINISTRATOR\ORADATA\ORCL\CONTROL01.CTL
2        D:\APP\ADMINISTRATOR\ORADATA\ORCL\CONTROL02.CTL
3        D:\APP\ADMINISTRATOR\ORADATA\ORCL\CONTROL03.CTL
```

说明：控制文件的名称也可用 show parameter control_files 来显示，其中 show parameter 是显示参数的命令，而 control_files 是参数名。

2.1.3　日志文件

在 Oracle 中，日志文件也叫做重做日志文件或重演日志文件（Redo Log Files）。日志文件用于记录对数据库的修改信息，对数据库所作的修改信息都被记录在日志中。这包括用户对数据库中数据的修改和数据库管理员对数据库结构的修改。如果只是对数据库中的信息进行查询操作，则不会产生日志信息。由于日志文件记录的是对数据库的修改信息，如果用户对数据的操作出现了故障，使得修改的数据没有保存到数据文件中，那么就可以利用日志文件找到数据的修改，这样以前所做的工作就不会因为故障而丢失。

当用户对表中的数据进行修改，则修改信息首先记录在日志缓冲区中，出现下列情况时，日志写进程 LGWR 将日志缓冲区的信息写进日志文件：

❑ 用户提交；
❑ 日志缓冲区信息满 1/3；
❑ 超过 3 秒。

在 Oracle 中，日志文件是以组为单位使用的。日志文件的组织单位叫做日志文件组，组中的日志文件叫做日志成员，一般有一个以上日志成员，成员之间是相互备份的，即文件大小、数据都是完全一致的。当 Oracle 运行时，始终有一个日志文件组为当前日志组，记录当前数据的修改信息，一旦当前日志组中的日志文件写满时，Oracle 自动设置另外一个日志文件组为当前日志组，所以 Oracle 的文件组最少需要两组以上。

如果想要了解日志文件的信息，可以查询数据字典 v$logfile 和 v$log。

2.1.4 其他文件

除了构成 Oracle 数据库物理结构的三类主要文件外，Oracle 数据库还有参数文件、口令文件、跟踪文件和报警文件等。

参数文件记录了 Oracle 数据库的基本参数信息，主要包括数据库名、控制文件所在路径、进程等。参数文件分为文本参数文件（Parameter File，简称 PFILE）和服务器参数文件（Server Parameter File，简称 SPFILE）。文本参数文件名形式为 init<SID>.ora，服务器参数文件名形式为 spfile<SID>.ora 或 spfile.ora，其中<SID>为所创建的数据库实例名。

参数文件作用如下：
- ❑ 设置 SGA 的大小；
- ❑ 设置数据库的全部默认值；
- ❑ 设置数据库的范围；
- ❑ 在数据库建立时定义数据库的物理属性；
- ❑ 指定控制文件名和路径；
- ❑ 通过调整内存结构，优化数据库性能。

口令文件：是用于保存数据中具有 SYSDBA 或 SYSOPER 系统权限的用户名及 SYS 用户口令的二进制文件。

跟踪文件：是数据中重要的诊断文件，是获取数据库信息的重要工具，对管理数据库实例起着至关重要的作用。它里面包含了数据库系统运行过程中所遇到的重大事件的有关信息，可以为数据库运行故障的解决提供重要信息。

报警文件：也是数据库中重要的诊断文件，记录数据库在启动、关闭和运行期间后台进程的活动情况。

2.2 逻辑存储结构

数据库的逻辑存储结构是从逻辑的角度分析数据库的构成，即创建数据库后形成的逻辑概念之间的关系。Oracle 在逻辑上将保存的数据划分成一个个小单元进行存储和管理，高一级的存储单元由一个或多个低一级的存储单元组成。

Oracle 逻辑存储结构如图 2-3 所示，从大到小依次为：表空间（Table Space）、段（Segment）、区（Extent）和块（Data Block）。它们之间的关系为：一个数据库包含一个或多个表空间；一个表空间包含一个或多个段；一个段包含一个或多个区；一个区包含一个或多个块。图中连线两端的"1"和"n"所表示的含义为：以表空间和段为例，表示 1 个表空间可由 1 个或多个段组成，其他依此类推。

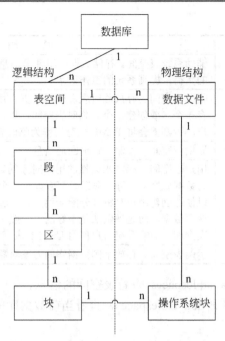

图 2-3　Oracle 数据库的逻辑存储结构和物理结构

2.2.1　表空间

　　表空间是在 Oracle 中用户可以使用的最大的逻辑存储结构，用户在数据库中建立的所有内容都被存储在表空间中，所有表空间大小的和就是数据库的大小。Oracle 使用表空间将相关的逻辑结构组合在一起，表空间在物理上与数据文件相对应，每一个表空间由一个或多个数据文件组成，一个数据文件只可以属于一个表空间，这是逻辑与物理的统一。表空间的大小是它所对应的数据文件大小的总和。

　　所以存储空间在物理上表现为数据文件，而在逻辑上表现为表空间。在 Oracle 数据库中，存储结构管理主要就是对表空间的管理来实现的。

　　表空间根据存储数据不同，分为系统表空间和非系统表空间两类。系统表空间主要存放数据的系统信息，如数据字典信息、数据库对象定义信息和数据库组件信息等。非系统表空间有撤销表空间、临时表空间和用户表空间。

　　在安装 Oracle 时，Oracle 数据库系统一般会自动创建一系列表空间，比如 Oracle 11g 会自动创建 6 个表空间，这 6 个表空间的说明如表 2-1 所示。

表 2-1　Oracle数据库自动创建的表空间

分　　类	表　空　间	说　　明
系统表空间	SYSTEM	系统表空间。存放关于表空间名称、控制文件、数据文件等管理信息，存放着方案对象（如表、索引、同义词、序列）的定义信息，存放着所有 PL/SQL 程序（如过程、函数、包、触发器）的源代码，是 Oracle 数据库中最重要的表空间。它属于 SYS 和 SYSTEM 这两个用户，仅被 SYS 和 SYSTEM 或其他具有足够权限的用户使用。即使是 SYS 和 SYSTEM 用户也不能删除或重命名该空间。它是用户的默认表空间，即当用户在创建一个对象时，如果没有指定特定的表空间，该对象的数据也会被保存在 SYSTEM 表空间中

续表

分　类	表　空　间	说　　明
系统表空间	SYSAUX	辅助系统表空间。存储数据库组件等信息,用于减少 SYSTEM 表空间的负荷,提高系统的工作效率
	TEMP	临时表空间。存放临时表和临时数据,用于排序。每个数据库都应该有一个(或创建一个)临时表空间,以便在创建用户时将其分配给用户,否则就会将 TEMP 表空间作为临时表空间
非系统表空间	UNDOTBS1	撤销表空间。存储、管理回退信息
	USERS	用户表空间。存放永久性的用户对象的数据和私有信息,因此也被称为数据表空间。每个数据库都应该有一个(或创建一个)用户表空间,以便在创建用户时将其分配给用户,否则将会使用 SYSTEM 表空间来保存数据,而这种做法是不好的。一般来讲,系统用户使用 SYSTEM 表空间,而非系统用户使用 USERS 表空间
	EXAMPLE	示例表空间。存放示例数据库的方案对象信息及其培训资料

可以通过数据字典 dba_tablespaces 查看表空间的信息。

【例 2-4】　通过数据字典 dba_tablespaces,查看当前数据库的所有表空间的名称。操作如下:

```
SQL> SELECT  tablespace_name  FROM  dba_tablespace;
TABLESPACE_NAME
------------------------------
SYSTEM
SYSAUX
TEMP
UNDOTBS1
USERS
EXAMPLE
已选择 5 行。
```

2.2.2　段

段是由一个或多个连续或不连续的区组成的逻辑存储单元,是表空间的组成单位。段不再是存储空间的分配单位,而是一个独立的逻辑存储结构。段存于表空间中并且由区组成。按照段中储存数据的特征,可以将段分为 4 种类型:数据段、索引段、临时段和回滚段。

在这里要讲一个比较重要的概念:回滚段。回滚段是当某事务修改一个数据块时,用以存放数据以前映像信息的数据段。回滚段中的信息用以保存读连续性,并进行事务回滚和事务恢复。例如,如果事务通过把一列的关键值从 10 改为 20 来修改数据块,则原值 10 要存放于回滚段中,而数据块将具有新值 20。如果事务被回滚,则值 10 从回滚段拷回数据块。事务产生的重做记录保证在事务提交或回滚之前保持在回滚段中,而一个事务只能用一个回滚段存放其所有的重做记录。因此,如果回滚段大小配置不恰当,当 Oracle 执行一个大的事务时,就会出现回滚段溢出的错误。所以设置回滚段大小是一个比较重要的问题,这取决于数据库应用的主要事务模式(稳定的平均事务速度、频繁大型事务和不频繁大型事务),并可通过一些测试来确定。

这里还有另外一个概念:临时段。用于以下 SQL 操作:

❑　CREATE INDEX;

❑　带 DISTINCT、ORDER BY、GROUP BY、UNION、INTERSECT 和 MINUS 子句

的 SELECT 语句；
- 无索引的 JION 语句；
- 某些相互关联的子查询。

2.2.3　区

数据库存储空间分配的逻辑单位，一个区由一组数据块组成，区是由段分配的，分配的第一个区称为初始区，以后分配的区称为增量区。

区是段中分配空间的逻辑单元。它有如下特性：
- 一个或多个区构成一个段；
- 当段增长时，区自动添加到段中；
- DBA 可以手工把区加到一个段中；
- 一个区不能跨数据文件，即一个扩展只属于一个数据文件；
- 一个区由一片连续的 Oracle block 构成。

每个段在定义时有许多存储参数来控制区的分配，主要是 STORGAE 参数，它主要包括如下几项。
- INITIAL：分配给段的第一个区的字节数，默认为 5 个数据块。
- NEXT：分配给段的下一个增量区的字节数，默认为 5 个数据块。
- MAXEXTENTS ：最大扩展次数。
- PCTINCREASE：每一个增量区都在最新分配的增量区上增长，这个百分数默认为 50%，建表时通常设置为 0，建表空间时为 1%。

区在分配时，遵循如下分配方式：
- 初始创建时，分配 INITIAL 指定大小的区。
- 空间不够时，按 NEXT 大小分配第二个区。
- 再不够时，按 NEXT + NEXT *PCTINCREASE 分配。

可以对表、聚集、索引、回滚段、表空间等实体设置存储参数。

2.2.4　块

数据库块（Database block）是 Oracle 逻辑分配空间的最底层，又称逻辑块、页或 Oracle 块。

数据库块是数据库使用和分配空间的最小单元，也可以说是使用的最小 I/O 单元，一个数据块与磁盘上指定的物理空间大小相一致，一个数据库块对应一个或多个物理块，块的大小由参数 db_block_size 确定。

PCTFREE 和 PCTUSED 是开发人员用来控制数据块中可用插入和更新数据的空闲空间大小的参数。
- PCTFREE：设置数据块中保持空闲的百分比。
- PCTUSED：当数据块空闲空间达到 PCTFREE 时，此块不允许插入数据，只能修改或删除块中的行，更新时可能使数据块空闲空间变大，已用数据空间变小，当已用空间低于 PCTUSED 时，则可以重新插入数据。
- PCTFREE 及 PCTUSED 的选择：

经常做查询（select）操作的表，应使 PCTFREE 小些，尽量减少存储空间浪费。

经常做插入（insert）操作的表，应使 PCTUSED 大一些。

经常做更新（update）操作的表，应使 PCTFREE 大一些，给更新留出更大的空间，减少行移动。

🔔说明：这两个参数只能在创建、修改表和聚簇（数据段）时指定。另外，在创建、修改索引（索引段）时只能指定 PCTFREE 参数。

2.3　内存结构

内存结构是 Oracle 数据库体系结构中最为重要的部分之一，内存也是影响数据库性能的主要因素。在 Oracle 数据库中，服务器内存的大小将直接影响数据库的运行速度，特别是多个用户连接数据库时，服务器必须有足够的内存支持，否则有的用户可能连接不到服务器，或查询速度明显下降。

在 Oracle 数据库系统中内存结构主要分为系统全局区（SGA）和程序全局区（PGA），SGA 随着数据库实例的启动向操作系统申请分配一块内存结构，随着数据库实例的关闭而释放，每一个 Oracle 数据库实例有且只有一个 SGA。PGA 是 Oracle 服务进程启动的时候申请分配的一块内存结构。如果在共享服务结构中 PGA 存在 SGA 中。

图 2-4 展示了 Oracle 的内存结构，以下将详细描述各个部件。

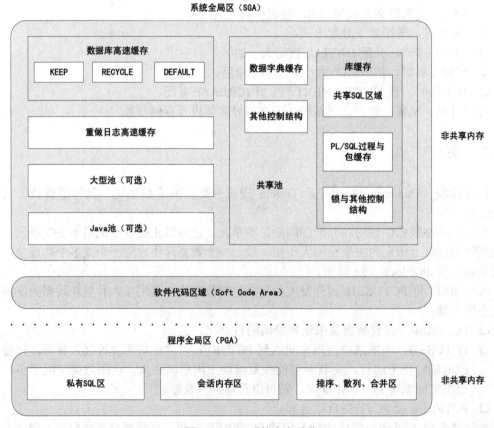

图 2-4　Oracle 的内存结构

2.3.1　系统全局区（SGA）

SGA（System Global Area）是 Oracle 系统为实例分配的一组共享缓冲存储区，用于存放数据库数据和控制信息，以实现对数据库数据的管理和操作。

如果多个用户连接到同一个数据库实例，则在实例的 SGA 中数据可为多个用户共享。在数据库实例启动时，SGA 的内存被自动分配；当数据库实例关闭时，SGA 被回收。从图2-4 可以看出，SGA 由许多不同的区域组成，在为 SGA 分配内存时，控制 SGA 不同区域的参数是动态变化的，但 SGA 区域的总内存大小由参数 sga_max_size 决定，可使用 SHOW PARAMETER 语句查看该参数的信息，其操作如下：

```
SQL> SHOW  PARAMETER  sga_max_size;
NAME                        TYPW                VALUE
-------------------         ----------------    ----------------
sga_max_size                big integer         512M
```

SGA 按其作用不同，可以分为以下几个主要部分：

- ❑ 共享池（Shared Pool）；
- ❑ 数据缓冲区（Database Buffer Cache）；
- ❑ 日志缓冲区（RedoLog Buffer Cache）；
- ❑ Java 池（可选）（Java Pool）；
- ❑ 大型池（可选）（Lager Pool）。

🔔说明：

SGA 的尺寸应小于物理内存的一半。

在 Oracle 系统中，所有用户与 Oracle 数据库系统的数据交换都要经过 SGA 区。

下面分别介绍。

1．共享池（Shared Pool）

共享池保存了最近执行的 SQL 语句、PL/SQL 程序和数据字典信息，是对 SQL 语句和PL/SQL 程序进行语法分析、编译和执行的内存区。它包含库高速缓存器和数据字典缓存器这两个与性能相关的内存结构。

（1）库高速缓存器，它又包含共享 SQL 区和共享 PL/SQL 区这两个组件区。为了提高SQL 语句的性能，在提交 SQL 语句或 PL/SQL 程序块时，Oracle 服务器将先利用最近最少使用（LRU）算法检查库高速缓存中是否存在相同的 SQL 语句或 PL/SQL 程序块，若有则使用原有的分析树和执行路径。

（2）数据字典缓存器，它收集最近使用的数据库中的数据定义信息。它包含数据文件、表、索引、列、用户、访问权限和其他数据库对象等信息。在分析阶段决定数据库对象的可访问信息。利用数据字典缓存器有效地改善了响应时间。它的大小由共享池的大小决定。

共享池的大小可以通过初始化参数文件（通常为 init.ora）中的 shared_pool_size 决定。共享池是活动非常频繁的内存结构，会产生大量的内存碎片，所以要确保它尽可能足够大。查看共享池大小可通过 SHOW PARAMETER 语句来实现，操作如下：

```
SQL> SHOW  PARAMETER  shared_pool_size;
   NAME                        TYPW                    VALUE
   shared_pool_size            big integer             20M
SQL> ALTER  SYSTEM  SET  shared_pool_size = 15M;
   System altered.
```

2. 数据缓冲区（Database Buffer Cache）

它存储数据文件中数据块的拷贝。利用这种结构可使数据的更新操作性能大大的提高。数据高速缓存中的数据交换采用最近最少使用算法（LRU）。它的大小主要由参数 db_cache_size 决定，可以通过 SHOW PARAMETER 语句查看该参数的信息，还可以通过 ALTER SYSTEM SET 修改数据缓冲区容量大小。操作如下：

```
SQL> SHOW  PARAMETER  db_cache_size;
   NAME                        TYPW                    VALUE
   db_cache_size               big integer             20M
SQL> ALTER  SYSTEM  SET  db_cache_size = 15M;
   System altered.
```

3. 日志缓冲区（RedoLog Buffer Cache）

日志缓冲区是个环状的缓存器，用于存储数据库的修改操作信息，主要目的用于恢复数据库信息。当日志缓冲区中的日志量达到总容量的 1/3，或每隔 3 秒，或日志量达到 1MB 时，日志写入进程 LGWR 就会将日志缓冲区中的日志信息写入日志文件中。

日志缓冲区的大小由参数 log_buffer 决定，可以通过 SHOW PARAMETER 语句查看该参数的信息。操作如下：

```
SQL> SHOW  PARAMETER  log_buffer;
NAME                          TYPW                  VALUE
log_buffer                    integer               5654016
```

4. Java池

Java 池是在安装使用 Java 后，才在 SGA 中出现的一个组件，为执行 Java 命令提供分析与执行的内存空间。它的大小由参数 java_pool_size 决定。可以通过 SHOW PARAMETER 语句查看该参数的信息，还可以通过 ALTER SYSTEM SET 修改 Java 池容量大小。操作如下：

```
SQL> SHOW  PARAMETER  java_pool_size;
NAME                          TYPW                  VALUE
java_pool_size                big integer           20M
SQL> ALTER  SYSTEM  SET  java_pool_size = 15M;
System altered
```

5. 大型池

大型池主要用于 Oracle 数据库的备份与恢复操作、并行的消息缓存等。

大型池是可选的内存结构，数据库管理员可以决定是否在系统全局区中创建大型池，值得一提的是大型池不像其他内存组件中存在 LRU 列表。它的大小由参数 large_pool_size 决定。可以通过 SHOW PARAMETER 语句查看该参数的信息，还可以通过 ALTER

SYSTEM SET 修改大型池容量大小。操作如下：

```
SQL> SHOW  PARAMETER large_pool_size;
NAME                       TYPW                   VALUE
large_pool_size            big integer            15728640
SQL> ALTER  SYSTEM  SET  large_pool_size = 10M;
System altered .
```

2.3.2　程序全局区（PGA）

程序全局区（PGA）是包含单独用户或服务器数据和控制信息的内存区域。PGA 是在用户连接到 Oracle 数据库，并创建一个会话时，由 Oracle 自动分配的。与 SGA 不同，PGA 是非共享区，只有服务进程本身才能访问它自己的 PGA 区，每个服务进程都有它自己的 PGA 区。各个服务进程在各自的 PGA 区中保存自身所使用到的各种数据。PGA 的内容与结构和数据库的操作模式有关，在专用服务器模式下和共享服务器模式下，PGA 有着不同的结构和内容。

程序全局区的大小由参数 pga_aggregate_target 决定。可以通过 SHOW PARAMETER 语句查看该参数的信息。操作如下：

```
SQL> SHOW  PARAMETER  pga_aggregate_target;
NAME                        TYPW                   VALUE
pga_aggregate_target        big integer            20M
```

2.4　Oracle 进程结构

Oracle 进程结构包括用户进程和 Oracle 进程两类，而 Oracle 进程中又分为服务器进程和后台进程，每个系统进程的大部分操作都是相互独立的，互不干扰。数据库进程与内存的关系如图 2-5 所示。

1. 用户进程

用户进程是当用户连接数据库执行一个应用程序时创建的，用来完成用户所指定的任务。在 Oracle 数据库中有两个与用户进程相关的概念：连接与会话。连接是指用户进程与数据库实例之间的一条通信路径。该路径由硬件线路、网络协议和操作系统进程通信机制构成。会话是指用户到数据库的指定连接。在用户连接数据库的过程中，会话始终存在，直到用户断开连接终止应用程序为止。而且会话是通过连接实现的，同一个用户可以创建多个连接来实现多个会话。

2. 服务器进程

服务器进程由 Oracle 自身创建，用于处理连接到数据库实例的用户进程所提出的请求。在应用程序和 Oracle 运行在一台机器的情况下，可以将用户进程和对应的服务器进程进行合并来降低系统开销。但是，当应用程序和 Oracle 在不同的计算机上运行时，用户进程总是通过不同的服务器进程来连接 Oracle。

服务器进程主要完成以下任务。

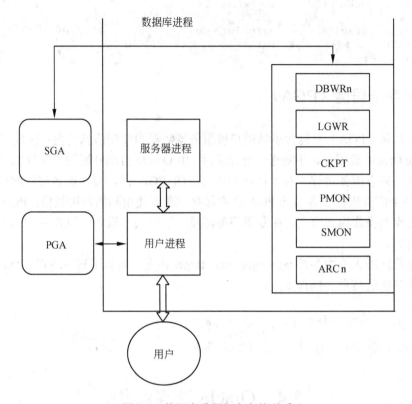

图 2-5 数据库进程与内存的联系

❑ 解析并执行用户提交的 SQL 语句和 PL/SQL 语句。
❑ 在 SGA 的高速缓冲区中搜索用户进程所需要访问的数据，如果数据不在缓冲区中，则需要从硬盘数据文件中读取所需的数据，再将它们复制到缓冲区中。
❑ 将查询或执行后的结果数据返回给用户进程。
用户进程与服务器进程之间的关系如图 2-6 所示。

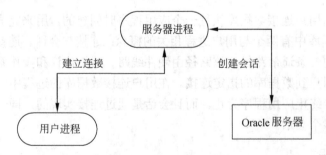

图 2-6 数据库访问示意图

3. 后台进程

为了保证 Oracle 数据库在任意一个时刻都可以处理多用户的并发请求，进行复杂的数据操作，而且还要优化系统性能，Oracle 数据库启用了一些相互独立的附加进程，来完成一类指定的工作，称之为后台进程。服务器进程在执行用户进程请求时，会调用后台进程来实现对数据库的操作。

后台进程主要完成以下任务：

- ❑ 在内存与磁盘之间进行 I/O 操作；
- ❑ 监视各个服务器的进程状态；
- ❑ 协调各个服务器进程的任务；
- ❑ 维护系统性能和可靠性。

后台进程又分为必备进程和可选进程。必备进程是当 Oracle 开启时所必须要有的 5 个基本进程，缺一不可，如果进程崩溃数据库也会崩溃。这 5 个必备进程分别是 DBWRn、PMON、CKRT、LGWR 和 SMON。而可选进程是当有需要开启特殊功能时才会启动的进程。这些可选进程包含 ARCn、REDO 等。下面分别介绍这些必备进程和可选进程。

1）DBWRn 进程

DBWRn（Database Writer，数据库写入）进程的主要工作是将数据缓冲区中被修改过的数据写回到数据文件里。Oracle 数据库为了执行效率，并不会直接将数据存取于硬盘里，而是先会到共享内存中的数据缓冲区里查找，如果没有，才会去读取硬盘。而 DBWRn 的工作就是负责 Oracle 内存和硬盘上数据的一致性，它负责不定时将内存中已修改的数据写到数据库中。

当数据库高速缓存的一段缓存修改时，它就被标识为"脏"的。一个"冷"缓存是根据 LRU（Least Recently Used，最近最少使用）机制最近没有使用的一段缓存。DBWn 进程将冷的、脏的缓存写入磁盘，所以用户进程能够找到可以使用的冷的、清理的缓存来读取新的块到高速缓存中。随着用户进程不停地弄"脏"缓存，空闲缓存的数量会减少。如果空闲缓存的数量下降得太多，用户进程就不能找到新的空闲缓存来从磁盘上读取块到高速缓存中。DBWRn 管理高速缓存，所以用户进程总能找到空闲的缓存。通过写入"冷"、"脏"缓存到磁盘，DBWRn 提高了查找空闲缓存的性能，并在内存中保持了最近使用的缓存。例如，经常访问的小表或索引的一部分块都保存在高速缓存中，所以它们不需要从磁盘重新读入。

在有些平台上，一个实例可有多个 DBWRn。在这样的实例中，一些块可写入磁盘，另一些块可写入其他磁盘。允许启动的 DBWRn 进程个数由参数 db_writer_processes 决定，可以通过 SHOW PARAMETER 语句查看该参数的信息。操作如下：

```
SQL> SHOW  PARAMETER  db_writer_processes;
NAME                          TYPW              VALUE
db_writer_processes           integer           1
```

在 DBWRn 进程执行的过程中，有两个机制将会发生作用。

（1）日志写优先机制，它是为了维护数据的一致性。当用户提交 commit 时，是将重做日志缓冲区里的 redo entry 通过 LGWR 写入在线重做日志文件，以确保数据库损坏或连接中断时，已 commit 的数据都可以恢复。当 checkpoint 发生时，将资料库缓冲区里的 dirty buffer 回写到数据文件，但当 DBWRn 执行之前，会先检查重做日志缓冲区内相关的 redo entry 是否都已完成写入动作，如果发现某些尚未写入在线重做日志文件，将会通知 LGWR 前来处理，之后 DBWRn 才会真正将 dirty buffer 写入数据文件中。

（2）最近最少使用机制，其实现的功能是当数据缓冲区已无空间时，DBWRn 会利用

LRU 机制，将最近最少使用的数据回写到数据文件中，这样可减少数据缓冲区的损失，以及对性能的消耗。LRU 算法的基本概念是当内存的剩余空间不足时，数据缓冲区将会保留最常使用的数据，即清除不常使用的数据，以保持内存中的数据块是最近使用的，使 I/O 最小。

2）LGWR 进程

LGWR（Log Writer，日志写入）进程记录有关全部提交事务所做的修改信息。该进程将日志缓冲区写入磁盘上的一个日志文件，它是负责管理日志缓冲区的一个 Oracle 后台进程。LGWR 进程将自上次写入磁盘以来的全部日志项输出。LGWR 输出的内容有：

（1）当用户进程提交一个事务时写入一个提交记录。

（2）每 3 秒将日志缓冲区输出。

（3）当日志缓冲区的 1/3 已满时将日志缓冲区输出。

（4）当 DBWRn 将修改缓冲区写入磁盘时，将日志缓冲区输出。

LGWR 进程同步地写入到活动的镜像在线日志文件组。如果组中一个文件被删除或不可用，LGWR 可继续地写入该组的其他文件。

日志缓冲区是个循环缓冲区。当 LGWR 将日志缓冲区的日志项写入日志文件后，服务器进程可将新的日志项写入到该日志缓冲区。LGWR 通常写得非常快，可确保日志缓冲区总有空间可写入新的日志项。

说明：有时候当需要更多的日志缓冲区时，LWGR 在一个事务提交前就将日志项写出，而这些日志项仅在以后事务提交后才永久化。

3）PMON 进程

PMON（Process Monitor，进程监控）进程会监视数据库的用户进程。若用户的进程被中断，则 PMON 会负责清理任何遗留下来的资源（如内存），并释放失效的进程所保留的锁，然后从 Process List 中移除，以终止 Process ID。例如，它要重置活动事务表的状态，释放封锁，将该故障的进程的 ID 从活动进程表中移去。PMON 还周期地检查调度进程（DISPATCHER）和服务器进程的状态，如果已死，则重新启动（不包括有意删除的进程）。PMON 有规律地被呼醒，检查是否需要，或者其他进程发现需要时可以被调用。

举个例子：当有一笔交易前端程序突然当掉了，但这笔交易并不会结束，因为没有人下 commit 指令，Oracle server 是听 server process 做动作的，而 server process 则是听 user process 的，如果 user process 断掉了，server process 并不会知道，而会一直等待，这时 process monitor 就是负责检查有没有 server process 所对应的 user process 挂掉了，如果有，就把那笔交易做恢复的动作。

其主要工作有：

（1）当前段的程序宕掉时，由 PMON 来恢复未 Commit 的数据。

（2）释放不当中断连接而被锁定的所有对象。

（3）释放不当中断连接而被占用的资源（如内存）。

（4）重新启动死掉的共享模式的连接。

4）CKRT 进程

CKPT（Check Point，检查点）进程主要负责更新数据库的最新状态，对象是数据文件和控制文件。它的动作很简单，只是要求数据缓冲区里的 dirty buffer 回写到数据库，因为真正做动作的是 DBWRn，当动作完成之后 CKPT 就会在控制文件中作记录。

该进程在检查点出现时，对全部数据文件的标题进行修改，指示该检查点。在通常的情况下，该任务由 LGWR 执行。然而，如果检查点明显地降低系统性能时，可使 CKPT 进程运行，将原来由 LGWR 进程执行的检查点的工作分离出来，由 CKPT 进程实现。对于许多应用情况，CKPT 进程是不必要的。只有当数据库有许多数据文件，LGWR 在检查点时明显地降低性能才使 CKPT 运行。CKPT 进程不将块写入磁盘，该工作是由 DBWR 完成的。

5）SMON 进程

系统监控（System Monitor）进程在实例开始时执行必要的恢复。SMON 还负责清理不再使用的临时段并在字典管理的表空间中合并临近的空闲区段。如果在实例恢复中因为文件读或者离线错误导致跳过一些结束的事务，在表空间或文件重新在线时 SMON 会恢复它们。SMON 通常自己检查是否需要启动。其他的进程也可以在它们认为需要的时候调用 SMON。

在真正应用集群中，一个实例的 SMON 进程可以针对 CPU 失败或者实例失败执行实例恢复。

Oracle 数据库的恢复可分为两大类：Instance recovery 和 media recovery。前者是由 SMON 自动执行的，当其无法完成恢复就必须进行后者，而后者必须人为介入手动恢复。

SMON 的主要功能如下。

（1）执行 Instance Recovery：当数据库不正常中断后再度开启时，SMON 会自动执行该项，也就是将在线重做日志里边的数据写到数据文件里边。

（2）收集空间：将表空间内相邻的空间进行合并，但该表空间必须是数据库字典管理模式。

6）ARCn 进程

ARCn（Archiver，归档）进程自动地在 LGWR 进程将事务日志文件填写重做项后备份这些事务日志文件。如果一个数据库经历了一个严重的错误（例如磁盘错误），Oracle 使用数据库备份和归档事务日志来恢复数据库和全部提交任务。

该进程将已填满的在线日志文件复制到指定的存储设备。当日志为 ARCHIVELOG 使用方式，并可自动地归档时 ARCn 进程才存在。

一个 Oracle 实例可以用 10 个 ARCn 进程（ARC0～ARC9）。LGWR 进程在当前数量的 ARCn进程无法处理当前负载时会启动一个新的 ARCn进程。LGWR 启动一个新的 ARCn 进程会在警告日志中保存一个记录。

如果归档负载很重，比如批量装载数据，可以使用初始化参数 LOG_ARCHIVE_MAX_ PROCESSES 来指定多个归档进程。通过 ALTER SYSTEM 语句修改这个参数值可以动态地增加和减少 ARCn 的数量。但是，不必修改这个参数的默认值（为 1），因为系统会根据需要确定 ARCn进程的数量，LGWR 在数据库负载需要时会自动启动更多的 ARCn 进程。

ARCn 是一个可选特性，只有当使用该特性时，归档进程才会出现。

7）RECO 进程

RECO（Recovery，恢复）进程负责在分布式数据库环境下，自动恢复失败的分布式事务。当某个分布式事务由于网络连接故障或其他原因失败时，RECO 进程将会尝试与该事务相关的所有数据库进行联系，以完成对失败事务的清理工作。

该进程是在具有分布式选项时所使用的一个进程，自动地解决在分布式事务中的故障。一个节点 RECO 后台进程自动地连接到包含有悬而未决的分布式事务的其他数据库中，RECO 自动地解决所有的悬而未决的事务。所有对应于已处理的悬而未决的事务的行将从每一个数据库的悬挂事务表中删去。

当一数据库服务器的 RECO 后台进程试图建立同一远程服务器的通信，如果远程服务器是不可用或网络连接不能建立时，RECO 自动地在一个时间间隔之后再次连接。但是，RECO 在重新连接之前等待的时间间隔以指数级增长。RECO 进程只有在实例允许分布式事务时才存在。

2.5　数 据 字 典

数据字典是 Oracle 数据库的最重要的部分之一，是由一组只读的表及其视图所组成。这些表和视图是数据库被建立同时由数据库系统建立起来的，起着系统状态的目录表的作用。数据字典描述表、列、索引、用户、访问权以及数据库中的其他实体，当其中的一个实体被建立、修改或取消时，数据库将自动修改数据字典。因此，数据字典总是包含着数据库的当前描述。数据字典提供有关该数据库的信息，可提供的信息如下：

- ❑ Oracle 用户的名字；
- ❑ 每一个用户所授予的特权和角色；
- ❑ 模式对象的名字（表、视图、索引、同义词等）；
- ❑ 关于完整性约束的信息；
- ❑ 列的默认值；
- ❑ 有关数据库中对象的空间分布信息及当前使用情况；
- ❑ 审计信息（如谁存取或修改各种对象）；
- ❑ 其他一般的数据库信息。

Oracle 中的数据字典有静态和动态之分。静态数据字典主要是在用户访问数据字典时不会发生改变的，但动态数据字典是依赖数据库运行的性能的，反映数据库运行的一些内在信息，所以在访问这类数据字典时往往不是一成不变的。以下分别介绍这两类数据字典。

2.5.1　静态数据字典

这类数据字典主要是由表和视图组成，应该注意的是，数据字典中的表是不能直接被访问的，但是可以访问数据字典中的视图。静态数据字典中的视图分为 3 类，它们分别由 3 个前缀构成：user_*、all_* 和 dba_*。

1. user_*

该视图存储了关于当前用户所拥有的对象的信息（即所有在该用户模式下的对象）。

2. all_*

该视图存储了当前用户能够访问的对象的信息（与 user_* 相比，all_* 并不需要拥有该对象，只需要具有访问该对象的权限即可）。

3. dba_*

该视图存储了数据库中所有对象的信息（前提是当前用户具有访问这些数据库的权限，一般来说必须具有管理员权限）。

从上面的描述可以看出，三者之间存储的数据肯定会有重叠，其实它们除了访问范围的不同以外（因为权限不一样，所以访问对象的范围不一样），其他均具有一致性。具体来说，由于数据字典视图是由 SYS（系统用户）所拥有的，所以在默认情况下，只有 SYS 和拥有 DBA 系统权限的用户可以看到所有的视图。没有 DBA 权限的用户只能看到 user_* 和 all_* 视图。如果没有被授予相关的 SELECT 权限的话，他们是不能看到 dba_* 视图的。

由于三者具有相似性，下面以 user_ 为例介绍几个常用的静态视图。

1）user_users 视图

主要描述当前用户的信息，包括当前用户名、账户 id、账户状态、表空间名和创建时间等。例如执行下列命令即可返回这些信息：

```
select * from user_users;
```

2）user_tables 视图

主要描述当前用户拥有的所有表的信息，主要包括表名、表空间名和簇名等。通过此视图可以清楚了解当前用户可以操作的表有哪些。执行命令为：

```
select * from user_tables;
```

3）user_objects 视图

主要描述当前用户拥有的所有对象的信息，对象包括表、视图、存储过程、触发器、包、索引和序列等。该视图比 user_tables 视图更加全面。例如，需要获取一个名为"package1"的对象类型和其状态的信息，可以执行下面命令：

```
select object_type, status
from user_objects
where object_name = upper ('package1');
```

这里需注意 upper 的使用，数据字典里的所有对象均为大写形式，而 PL/SQL 里不是大小写敏感的，所以在实际操作中一定要注意大小写匹配。

4）user_tab_privs 视图

该视图主要是存储当前用户下对所有表的权限信息。比如，为了了解当前用户对 table1 的权限信息，可以执行如下命令：

```
select * from user_tab_privs where table_name = upper ('table1');
```

了解了当前用户对该表的权限之后就可以清楚地知道，哪些操作可以执行，哪些操作不能执行。

前面的视图均为 user_开头的，其实 all_开头的也完全是一样的，只是列出来的信息是当前用户可以访问的对象而不是当前用户拥有的对象。对于 dba_开头的需要管理员权限，其他用法也完全一样，这里就不再赘述了。

2.5.2　动态数据字典

Oracle 包含了一些潜在的由系统管理员如 SYS 维护的表和视图，由于当数据库运行的时候它们会不断进行更新，所以称它们为动态数据字典（或者是动态性能视图）。这些视图提供了关于内存和磁盘的运行情况，所以我们只能对其进行只读访问而不能修改它们。

　　Oracle 中这些动态性能视图都是以 v$ 开头的视图，比如 v$access。表 2-2 中列出了 Oralce 中常用的动态数据字典。

表 2-2　Oralce 中常用动态数据字典

视 图 名 称	说 　 明
V$ACCESS	显示数据库中的对象信息
V$ARCHIVE	数据库系统中每个索引的归档日志方面的信息
V$BACKUP	所有在线数据文件的状态
V$BGPROCESS	描述后台进程
V$CIRCUIT	有关虚拟电路信息
V$DATABASE	控制文件中的数据库信息
V$DATAFILE	控制文件中的数据文件信息
V$DBFILE	构成数据库所有数据文件
V$DB_OBJECT_CACHE	表示库高速缓存中被缓存的数据库对象
V$DISPATCHER	调度进程信息
V$ENABLEDPRIVS	显示被授予的权限
V$FILESTAT	文件读/写统计信息
V$FIXED_TABLE	显示数据库中所有固定表、视图和派生表
V$INSTANCE	当前实例状态
V$LATCH	为非双亲简易锁列出统计表，同时为双亲简易锁列出总计统计。就是说，每一个双亲简易锁的统计量包括它的每一个子简易锁的计算值
V$LATCHHOLDER	包含当前简易锁持有者的信息
V$LATCHNAME	包含关于显示在 V$LATCH 中的简易锁的解码简易锁名字的信息
V$LIBRARYCACHE	库高速缓冲存储管理统计
V$LICENSE	许可限制信息
V$LOADCSTAT	SQL*Loader 在直接装入执行过程中的编译统计
V$LOCK	有关封锁和资源信息，不包含 DDL 封锁
V$LOG	控制文件中的日志文件信息
V$LOGFILE	有关日志文件信息
V$LOGHIST	控制文件中的日志历史信息
V$LOGHISTORY	日志历史中所有日志的归档日志名
V$NLS_PARAMETERS	NLS 参数的当前值
V$OPEN_CURSOR	列出每一个用户会话期当前已打开的和解析的游标
V$PARAMETER	当前参数值的信息
V$PROCESS	当前活动进程的信息
V$QUEUE	多线索信息队列的信息
V$REVOVERY_LOG	需要完成介质恢复的归档日志
V$RECOVERY_FILE	需要介质恢复的文件状态
V$REQDIST	请求时间直方图，分为 12 个范围
V$RESOURCE	有关资源信息
V$ROLLNAME	所有在线回滚段的名字
V$ROLLSTAT	所有在线回滚段的统计信息

续表

视 图 名 称	说　　明
V$ROWCACHE	数据字典活动的统计信息（每一个包含一个数据字典高速缓存的统计信息）
V$SESSION	每一个当前会话期的会话信息
V$SESSION_WAIT	列出活动会话等待的资源或事件
V$SESSTAT	对于每一个当前会话的当前统计值
V$SESS_IO	每一个用户会话的 I/O 统计
V$SGA	系统全局区统计信息
V$SGASTAT	系统全局区的详细信息
V$SHARED_SERVER	共享服务器进程信息
V$SQLAREA	每条记录显示了一条共享 SQL 区中的统计信息。它提供了所有在内存中解析过的和准备运行的 SQL 语句的统计信息
V$SQLTEXT	包含了库缓存中所有共享游标对应的 SQL 语句。它将 SQL 语句分片显示
V$STATNAME	在 V$SESSTAT 表中表示的统计信息的译码统计名
V$SYSSTAT	表 V$SESSETA 中当前每个统计的全面的系统值
V$THREAD	从控制文件中得到线索信息
V$TIMER	以百分之一秒为单位的当前时间
V$TRANSACTION	有关事务的信息
V$TYPE_SIZE	各种数据库成分的大小
V$VERSION	Oracle Server 中核心库成员的版本号，每个成员一行
V$WAITSTAT	块竞争统计，当时间统计可能时，才能更新该表

下面就几个主要的动态性能视图进行介绍。

1. V$ACCESS

该视图显示数据库中锁定的数据库对象以及访问这些对象的会话对象（session 对象）。运行如下命令：

```
select * from v$access;
```

结果如下（因记录较多，故这里只是节选了部分记录）：

```
SID     OWNER   OBJECT                    TYPE
27      DKH     V$ACCESS                  CURSOR
27      PUBLIC  V$ACCESS                  SYNONYM
27      SYS     DBMS_APPLICATION_INFO     PACKAGE
27      SYS     GV$ACCESS                 VIEW
```

2. V$SESSION

该视图列出当前会话的详细信息。由于该视图字段较多，这里就不列举详细字段，为了解详细信息，可以直接在 SQL*Plus 命令行下输入：desc　v$session 即可。

3. V$ACTIVE_INSTANCE

该视图主要描述当前数据库下的活动的实例的信息。依然可以使用 select 语句来观察该信息。

4. V$CONTEXT

该视图列出当前会话的属性信息，比如命名空间、属性值等。

以上是 Oracle 的数据字典方面的基本内容，还有很多有用的视图，因为篇幅原因这里不能一一讲解，希望大家在平时使用时多留心。总之，运用好数据字典技术，可以让数据库开发人员能够更好地了解数据库的全貌，这样对于数据库优化、管理等有极大的帮助。

2.6　本章小结

本章先介绍了体系结构以及 Oracle 体系结构的基本含义，然后介绍了 Oracle 体系结构的分类方式：按存储结构可分为物理存储结构和逻辑存储结构；按实例结构可分为内存结构和进程结构。接着分别介绍了物理存储结构和逻辑存储结构、内存结构和进程结构的含义、基本组成及其基本功能。最后简要介绍了 Oracle 中的数据字典的含义及常用的数据字典中所包含的信息。通过本章的学习，使读者对 Oracle 体系结构有一个整体的认识，从而为后续章节的深入学习打下框架基础。

2.7　习题与实践练习

一、填空题

1. Oracle 数据库系统的物理存储结构主要由 3 类文件组成，分别为_____、_____和_____。

2. 用户对数据库的操作如果产生日志信息，则该日志信息首先被存储在_____中，随后由_____进程保存到_____。

3. 一个表空间物理上对应一个或多个_____文件。

4. 在 Oracle 的逻辑存储结构中，根据存储数据的类型，可以将段分为_____、_____、_____、_____和临时段。

5. 在 Oracle 的逻辑存储结构中，_____是最小的 I/O 单元。

6. 在多进程 Oracle 实例系统中，进程分为_____、_____和_____。当一个用户运行应用程序，如 PRO*C 程序或一个 Oracle 工具（如 SQL*Plus），系统将为用户运行的应用程序建立一个_____。

二、选择题

1. 下列选项中，哪一部分不是 Oracle 实例的组成部分？（　　）
   A. 系统全局区 SGA　　　　　　　B. PMON 后台进程
   C. 控制　　　　　　　　　　　　D. Dnnn 调度进程
2. 在全局存储区 SGA 中，哪部分内存区域是循环使用的？（　　）

A. 数据缓冲区　　　　　　　　　　　B. 日志缓冲区

C. 共享池　　　　　　　　　　　　　D. 大池

3. 解析后的 SQL 语句在 SGA 的哪个区域中进行缓存？（　　　）

A. 数据缓冲区　　　B. 日志缓冲区　　　C. 共享池　　　D. 大池

4. 如果一个服务进程非正常终止，Oracle 系统将使用下列哪一个进程来释放它所占用的资源？（　　　）

A. DBWR　　　　　B. LGWR　　　　　C. SMON　　　　　D. PMON

5. 如果服务器进程无法在数据缓冲区中找到空闲缓存块，以添加从数据文件中读取的数据块，则将启动如下哪一个进程？（　　　）

A. CKPT　　　　　B. SMON　　　　　C. LGWR　　　　　D. DBWR

6. 下列关于共享服务器模式的叙述哪一项不正确？（　　　）

A. 在共享服务器操作模式下，每一个用户进程必须对应一个服务器进程

B. 一个数据库实例可以启动多个调度进程

C. 在共享服务器操作模式下，Oracle 实例将启动调度进程 Dnnn 为用户进程分配服务进程

D. 共享服务器操作模式可以实现少量服务器进程为大量用户进程提供服务

7. 当数据库运行在归档模式下时，如果发生日志切换，为了保证不覆盖旧的日志信息，系统将启动如下哪一个进程？（　　　）

A. DBWR　　　　　B. LGWR　　　　　C. SMON　　　　　D. ARCH

8. 下列哪一个进程和数据库部件可以保证用户对数据库所做的修改在没有保存的情况下，不会丢失修改数据？（　　　）

A. DBWR 和数据文件　　　　　　　　B. LGWR 和日志文件组

C. CKPT 和控制文件　　　　　　　　D. ARCH 和归档日志文件

9. 下列哪一个进程用于将修改过的数据从内存保存到磁盘数据文件中？（　　　）

A. DBWR　　　　　B. LGWR　　　　　C. RECO　　　　　D. ARCH

10. 如果要查询数据库中所有表的信息，应当使用下列哪种数据字典视图？（　　　）

A. DBA 视图　　　B. ALL 视图　　　C. USER 视图　　　D. 动态性能视图

11. 下列哪一项是 Oracle 数据库中最小的存储分配单元？（　　　）

A. 表空间　　　　　B. 段　　　　　　C. 盘区　　　　　D. 数据块

12. 下面的各项中哪一个正确描述了 Oracle 数据库的逻辑存储结构？（　　　）

A. 表空间由段组成，段由盘区组成，盘区由数据块组成

B. 段由表空间组成，表空间由盘区组成，盘区由数据块组成

C. 盘区由数据块组成，数据块由段组成，段由表空间组成

D. 数据块由段组成，段由盘区组成，盘区由表空间组成

三、简答题

1. 简述 Oracle 数据库从存储结构上可以分为哪两类？从实例结构上又可分为哪两类？

2. 简述 Oracle 数据库中数据文件、控制文件和日志文件的基本功能。

3. 简述 Oracle 数据库中表空间、段、区和数据块的基本含义和彼此之间的关系。

4. 分别介绍 DBWRn、PMON、CKRT、LGWR 和 SMON 进程的作用。

5. 什么是数据字典？共分为哪两类？

四、上机操作题

1. 试显示当前数据库允许启动的 DBWRn 进程数目。

2. 试查看当前用户拥有的所有表的信息。

第 3 章 Oracle 数据库常用工具

在数据库系统中，可以使用两种方式执行命令，一种方式是通过图形化工具，另一种方式是直接使用各种命令。图形化工具的特点是直观、简单、容易记忆，而直接使用命令则需要记忆具体命令的语法形式。但是，图形工具灵活性比较差，不利于用户对命令及其选项的理解；而命令则非常灵活，有利于加深用户对复杂命令选项的理解，并且可以完成某些图形工具无法完成的任务。在 Oracle 11g 系统中，提供了用于执行 SQL 语句和 PL/SQL 程序的工具 SQL*Plus。本章先简要地从整体上介绍 SQL*Plus 工具，然后再介绍一些 SQL*Plus 工具中常用的操作命令。

本章知识要点：

- ❑ 了解 SQL*Plus 的运行环境；
- ❑ 熟悉 SQL*Plus 基本的运行环境设置；
- ❑ 熟悉 HELP 命令；
- ❑ 熟练掌握 DESCRIBE 命令的使用；
- ❑ 掌握 PROMPT 命令的使用；
- ❑ 掌握 SPOOL 命令的使用；
- ❑ 熟练掌握 COLUMN 命令的应用；
- ❑ 熟练掌握缓存区命令的使用；
- ❑ 熟练掌握在 SQL*Plus 中编写、运行脚本文件；
- ❑ 了解企业管理器的配置方法；
- ❑ 掌握企业管理器的启动和停止方法；
- ❑ 了解企业管理器的功能及基本使用方法；
- ❑ 综合使用 SQL*Plus 命令解决实际问题。

3.1 SQL*Plus 概述

Oracle 的 SQL*Plus 是与 Oracle 进行交互的客户端工具。在 SQL*Plus 中，可以运行 SQL*Plus 命令与 SQL 语句。

我们通常所说的 DML（Data Manipulation Language）、DDL（Data Define Language）和 DCL（Data Control Language）语句都是 SQL 语句，它们执行完后，都可以保存在一个被称为 SQL Buffer 的内存区域中，并且只能保存一条最近执行的 SQL 语句。我们可以对保存在 SQL Buffer 中的 SQL 语句进行修改，然后再次执行，SQL*Plus 一般都与数据库打交道。

除了 SQL 语句，在 SQL*Plus 中执行的其他语句我们称之为 SQL*Plus 命令。它们执行完后，不保存在 SQL Buffer 的内存区域中，它们一般用来对输出的结果进行格式化显示，以便于制作报表。

SQL*Plus 是 Oracle 数据库管理系统提供的一个工具软件，它提供一个人机接口，通过 SQL*Plus 管理和维护数据库，如常用的查询数据表信息、系统信息和数据文件等。它提供了一系列指令，通过这些指令可以简化用户的指令或者格式化输出信息。它还提供了编写脚本文件的功能，可以极大地提高 DBA 管理数据库的效率。SQL*Plus 作为数据库管理工具可以设置友好的环境变量，以方便 DBA 的管理和维护需求。

SQL*Plus 作为与 Oracle 进行交互的常用工具，具有很强的功能，主要有：

- ❑ 数据库的维护，如启动、关闭等，这些一般在服务器上操作。
- ❑ 执行 SQL 语句执行 PL/SQL。
- ❑ 执行 SQL 脚本。
- ❑ 数据的导出，报表。
- ❑ 应用程序开发、测试。
- ❑ 生成新的 SQL 脚本。
- ❑ 供应用程序调用，如安装程序中进行脚本的安装。
- ❑ 用户管理及权限维护等。

3.2　启动、退出 SQL*Plus

SQL*Plus 是与 Oracle 数据库进行交互的一个非常重要、在服务器端或客户端都可以使用的工具，同时也是一个通用的、在各种平台上几乎都完全一致的工具。所以 SQL*Plus 的应用非常广泛。而且初学者基本上都是使用 SQL*Plus 和 Oracle 数据库进行交互的。

如果要使用 SQL*Plus 与数据库服务器进行交互，首先要登录到数据库服务器上，这时在 SQL*Plus 进程和数据库服务器之间将建立一条连接，它们以客户/服务器模式工作。

下面介绍几种 Oracle 11g 中 SQL*Plus 的启动和退出方法。

方法一：在程序组中启动、退出。

（1）依次选择"开始"→"所有程序"→Oracle-OraDb11g_home1→"应用程序开发"→SQL Plus 命令，如图 3-1 所示。

图 3-1　"开始"菜单中的"SQL*Plus"菜单项

（2）在打开的 SQL Plus 窗口中出现了"请输入用户名"的提示字样，在"请输入用户名"后输入数据库的 username，并按 Enter 键。在"输入口令"后输入数据库的登录口令，并按 Enter 键。当出现"连接到"字样和"SQL>"提示符后表示已经成功连接数据库，如图 3-2 所示，SQL* Plus 已经准备好接收命令或者语句了。

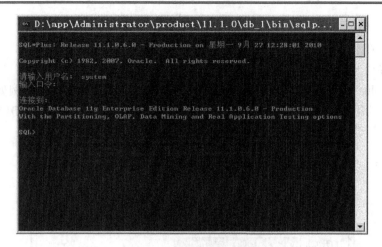

图 3-2 连接到默认数据库

或者在"请输入用户名"后直接输入 username/password[@connect_identifier]而直接登录连接到数据库。其中[@connect_identifier]可选(connect_identifier 是数据库的连接标识符,其简写的别名就是网络服务名)。

亦可在"请输入用户名"后输入 username,在"输入口令"后输入 password[@connect_identifier]。

(3)在"SQL>"提示符后输入命令或者语句,然后回车,就可以实现和数据库的交互了。命令和语句不分大小写,但建议将命令和语句保留字大写。命令后面不需要(但可以)输入分号";",而 SQL 语句的后面需要输入分号来结束。

(4)在"SQL>"提示符后输入 exit 或者 quit 后按 Enter 键即可退出 SQL* Plus。

如果要在不退出 SQL*Plus 的情况下断开与数据库服务器的连接,则输入 DISCONNECT 命令。如果要重新连接,或者在已经连接的情况下以另一个用户的身份连接,则使用 CONNECT 命令。这条命令的格式为:

CONNECT 用户名/口令 as sysdba

如图 3-3 所示。

```
SQL> CONNECT sys/1qaz2wsx as sysdba;
已连接。
SQL> DISCONNECT;
从 Oracle Database 11g Enterprise Edition Release 11.2.0.1.0 - Production
With the Partitioning, OLAP, Data Mining and Real Application Testing options 断
开
SQL> CONNECT ztuser/1qaz2wsx;
已连接。
SQL>
```

图 3-3 connect 连接另一个数据库方式

如果是 SYS 用户,则使用 as sysdba 或者 as sysoper 参数。如果是远程登录,还要在用户名和口令之后输入网络服务名。

方法二:在安装目录中找到 sqlplus.exe 启动、退出。

在 Oracle 的 BIN 目录中找到 sqlplus.exe 双击后启动即可,如果是按默认的方式安装的,则 sqlplus.exe 的路径为 D:\app\Administrator\product\11.2.0\dbhome_1\BIN。其他操作同方

法一。

方法三：在运行中启动、退出 SQL*Plus。

依次选择"开始"→"运行…"命令，在"运行"窗口中的"打开(O)："右边的文本框中输入 sqlplus 用户名/口令@数据库名，然后单击"确定"按钮即可。例如要连接到数据库 magical 的用户名为 scott，口令是 tiger，则在"运行"窗口中启动 SQL*Plus 的方法如图 3-4 所示。退出操作同方法一。

图 3-4　在运行窗口中启动 SQL*Plus

方法四：在命令行中启动、退出。

这种方法的前提是在安装 Oracle 11g 时已经在环境变量 Path 添加了 sqlplus.exe 程序的完整路径 D:\app\Administrator\product\11.2.0\dbhome_1\BIN。在安装时这个环境变量是会自动添加的，所以无需做调整，为了证实，你可以在 Path 变量中找找上述路径是否存在。

（1）依次选择"开始"→"所有程序"→"附件"→"命令提示符"命令。打开命令提示符窗口。

（2）输入 sqlplus 或者 sqlpuls.exe 后按 Enter 键。会出现"请输入用户名"字样，后续的操作就同方法一了。或者直接输入 sqlplus username/password[@connect_identifier]连接到数据库，连接数据库成功后的界面如图 3-5 所示。后续的操作同方法一。

图 3-5　命令方式启动 SQL*Plus

方法五：快捷方式的启动、退出。

（1）在 D:\app\Administrator\product\11.2.0\dbhome_1\BIN（默认安装情况下，视自己的安装情况而定）目录下找到 sqlplus.exe。

（2）在 sqlplus.exe 图标上单击右键，在菜单中选择"发送到"→"桌面快捷方式"命令。

（3）在桌面上找到 sqlplus.exe 的快捷方式，在其图标上单击右键，从快捷菜单中选择"属性"命令，在弹出的窗口中有个"目标"，将目标中的内容改为 D:\app\Administrator\product\11.2.0\dbhome_1\BIN\sqlplus.exe username/password@网络服务名。然后依次单击窗口下面的"应用"和"确定"按钮，如图 3-6 所示。

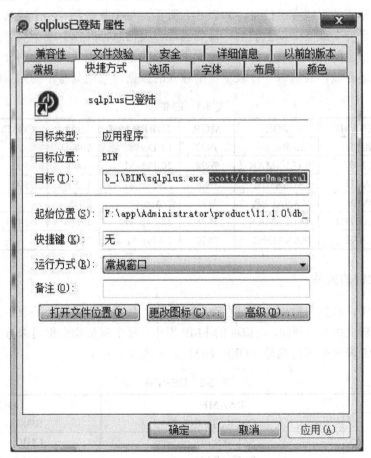

图 3-6　快捷方式启动 SQL*Plus

（4）双击桌面上 SQL*Plus 的快捷方式即可自动连接到指定的数据库。后续的操作同方法一。

几种连接方式的优缺点如下：

❑ 命令行方式的优点是可以使用复制、粘贴等功能；缺点是在命令行中带参数启动 SQL*Plus 程序就会在标题栏显示该参数，不利于保密。

❑ 快捷方式的优点是无需每次都输入用户名、口令和连接字符串；缺点是容易暴露用户名和口令，不安全。

3.3　预备知识

1. 基表

Oracle 是一种关系型数据库系统，它以关系的方式组织数据，这里所说的关系，我们称之为基表，也称为表。一个数据库可以由若干个基表组成，用户对数据库的操作也就是对表的操作。

Oracle 用基表的形式存储信息，如表 3-1 所示。每个基表都有一个表名，以便识别。每个基表都包含一个或一个以上的列，每列包含一类信息，并都有一个列名，以描述保存在那一列中的信息的种类。表名和列名构成了基表的框架，也就是基表的分类信息。具体信息一行一行地存放，表的每一行表示一组独立的数据，它由具有不同列值的各列组成。

表 3-1　EMP 表

EMPNO	ENAME	JOB	MGR	HIREDATE	SAL	COMM	DEPTNO
7369	SMITH	CLERK	7902	17-Dec-80	800		20
7499	ALLEN	SALESMAN	7698	20-Feb-81	1600	300	30
7521	WARD	SALESMAN	7698	22-Feb-81	1250	500	30
7566	JONES	MANAGER	7839	2-Apr-81	2975		20
7654	MARTIN	SALESMAN	7698	28-Sep-81	1250	1400	30
7698	BLAKE	MANAGER	7839	1-May-81	2850		30

2. 基表之间的关系

在数据库中，数据与数据之间是存在着联系的，我们可以将某个基表中的信息与其他基表中的信息建立关系，例如，在前面的 EMP 表中，每个雇员均有部门编号（DEPTNO），它对应于 DEPT 表中的部门编号（DEPTNO），见表 3-2。

表 3-2　DEPT 表

DEPTNO	DNAME	LOC
40	OPERATIONS	BOSTON
30	SALSE	CHICAGO
20	RSESARCH	DALLAS
10	ACCOUNTING	NEW YORK

这样可便于信息的独立组织，因为我们可以在 EMP 表中存放雇员信息，而无需在基表中存放 DEPT 表中有关部门的信息。当然，我们还可以在多个基表之间建立联系。

3.4　SQL*Plus 运行环境

SQL*Plus 在运行时受到一些环境变量的限制，可以通过对这些环境变量进行更改来设置运行的环境。在 SQL*Plus 中有两类相关的设置信息,一类是 SQL*Plus 本身的设置信息,这类信息主要控制 SQL*Plus 的输出格式;另一类是数据库服务器的设置信息,这类信息主要来自实例的参数文件。

1. 显示设置信息命令show

使用 show 命令可以显示当前 SQL*PLUS 的环境变量的值。

【例 3-1】 显示当前登录数据库用户的名字。

执行如下命令:

```
SQL> show user
```

假设登录用户为 SCOTT,则 USER 为 SCOTT。

【例 3-2】 显示 SQL*Plus 的所有设置信息。

执行 show all 命令,命令执行的结果类似于以下形式:

```
SQL> show all
appinfo 为 OFF 并且已设置为"SQL*Plus"
arraysize 15
autocommit OFF
autoprint OFF
autorecovery OFF
...
```

如果要显示某个具体的设置信息,可以在 show 命令之后跟上相关的关键字。

【例 3-3】 显示控制是否统计每个 SQL 命令的运行时间的参数 timing 的状态(ON 表示统计,OFF 表示不统计)。

```
SQL> show timing
timing  OFF
```

如果要显示数据库服务器的参数设置信息,可以使用 show parameter 命令,并在命令之后指定要显示的参数名称。由于这些信息是从参数文件中读取的,因此只有特权用户才可以查看这样的信息。

【例 3-4】 显示当前数据库的名称。

执行如下命令:

```
SQL> show parameter db_name
NAME                                 TYPE        VALUE
db_name                              string      ORCL
```

在命令执行的结果中包含参数的名称、类型和参数值。

由于参数名都是字符串,在显示参数时,可以只指定参数名称的一部分,这样,系统将显示所有包含这个字符串的参数。

【例 3-5】 显示所有包含字符串"db_block"的参数设置信息。

执行如下命令:

```
SQL> show parameter db_block
NAME                         TYPE        VALUE
db_block_buffers             integer     0
db_block_checking            boolean     FALSE
db_block_checksum            boolean     TRUE
db_block_size                integer     8192
```

2. 设置或修改设置信息命令set

使用 set 命令设置或者修改环境变量的值，这样可以灵活控制 SQL*Plus 的显示格式。命令语法格式如下：

```
set system_option value
```

其中 system_option 和 value 的设置方式如表 3-3 所示。

【例 3-6】 设置每页打印的行数为 30 行（包括 NEWPAGE 设置的空行数）。

执行如下命令：

```
SQL>set PAGESIZE 30
```

🔔**注意**：通过 set 命令设置的环境变量是临时的，当用户退出 SQL*Plus 后，用户设置的参数将全部丢失。

🔔**注意**：

- ❏ 改变后的设置信息只对 SQL*Plus 的当前启动起作用。
- ❏ 如果要经常修改这些设置信息，通常的做法是编写一个脚本文件，在脚本文件中指定这些设置信息，然后在 SQL*Plus 中执行脚本文件。

常见的环境变量设置如表 3-3 所示。

表 3-3　SQL*Plus运行环境设置

选　项	说　明
set　arraysize　{15|N}	设置 SQL*Plus 一次从数据库中取出的行数，其取值范围为任意正整数
set autocommit{on|off|immediate|n}	该参数的值决定 Oracle 何时提交对数据库所做的修改。当设置为 ON 和 IMMEDIATE 时，当 SQL 命令执行完毕后，立即提交用户做的更改；而当设置为 OFF 时，则必须用户使用 COMMIT 命令提交。关于事务处理请参考相关章节
set autoprint {on|off}	自动打印变量值，如果 autoprint 设置为 on，则在过程的执行过程中可以看到屏幕上打印的变量值；设置为 off 时表示只显示"过程执行完毕"这样的提示
set autorecovery {on|off}	设定为 on 时，将以默认的文件名来记录重做记录，当需要恢复时，可以使用 recover automatic database 语句恢复，否则只能使用 recover database 语句恢复
set autotrace{on|off|trace [only]}[explain] [statistics]	对正常执行完毕的 sql dml 语句自动生成报表信息
set blockterminator {c|on|off}	定义表示结束 PL/SQL 块结束的字符
set cmdsep{;|c|on|off}	定义 SQL*Plus 的命令行区分字符，默认值为 off，也就是说回车键表示下一条命令并开始执行；假如设置为 on，则命令行区分字符会被自动设定成"；"，这样就可以在一行内用"；"分隔多条 SQL 命令
set colsep{ _|text}	设置列和列之间的分隔字符。默认情况下，在执行 select 输出的结果中，列和列之间是以空格分隔的。这个分隔符可以通过使用 SET COLSEP 命令来定义
set define	用于指定一个除字符&之外的字符作为定义变量的字符

续表

选　　项	说　　明
set echo {on|off}	on: 显示文件中的每条命令及其执行结果； off: 不显示文件中的命令，只显示其执行结果
set linesize {80|n}	设置 SQL*Plus 在一行中能够显示的总字符数，默认值为 80。可以的取值为任意正整数
set long {80|n}	为 LONG 型数值设置最大显示宽度，默认值为 80
set newpage {1|n|none}	设置每页打印标题前的空行数，默认值为 1
set null text	设置当 SELECT 语句返回 NULL 值时显示的字符串
set numformat format	设置数字的默认显示格式
set pagesize {14|n}	设置每页打印的行数，该值包括 NEWPAGE 设置的空行数
set pause{off|on|text}	设置 SQL*Plus 输出结果时是否滚动显示。当取值为 on 时表示输出结果的每一页都暂停，用户按下回车键后继续显示；取为字符串时，每次暂停都将显示该字符串
set recsep {wrapped | each | off}	显示或打印记录分隔符。其取值为 wrapped 时，只有在折叠的行后面打印记录分隔符；取值为 each 则表示每行之后都打印记录分隔符；off 表示不必打印分隔符
set space{1 | n}	设置输出结果中列与列之间的空格数，默认值为 10
set sqlcase{mixed | lower | upper}	设置在执行 SQL 命令之前是否转换大小。取值可以为 mixed（不进行转换）、lower（转换为小写）和 upper（转换为大写）
set sqlcontinue{>| test}	设置 SQL*Plus 的命令提示符
set time {off | on}	控制当前时间的显示。取值为 on 时，表示在每个命令提示符前显示当前系统时间；取值为 off 则不显示系统当前时间
set timing {off | on}	控制是否统计每个 SQL 命令的运行时间。取值为 on 表示为统计，off 则不统计
set underline{-| c | on | off}	设置 SQL*Plus 是否在列标题下面添加分隔线，取值为 on 或 off 时分别表示为打开或关闭该功能；还可以设置列标题下面分隔线的样式
set verify [on|off]	用来指定是否输出原值和新值的信息
set wrap {on | off}	设置当一个数据项比当前行宽时，SQL*Plus 是否截断数据项的显示。取值为 off 时表示截断，on 表示为超出部分折叠到下一行显示

3.5　使用 SQL*Plus 命令

　　SQL*PLUS 命令用于设置查询结果的输出格式，形成复杂的报表，编辑 SQL 命令，设置系统变量并可提供帮助信息。SQL*PLus 命令不存在缓冲区中，不以分号结束，在输入 SQL*PLUS 命令的过程中，按 Enter 键表示输入完成，而不必输入分号（；）。如果命令输入占满一行，光标会自动移到下一行，可以继续输入，直到按 Enter 键结束输入。以下详细介绍几种典型 SQL*Plus 命令的使用。

3.5.1　HELP 命令

　　SQL*Plus 提供了许多操作命令，例如常用的有 HELP、HOST、SHOW 以及 DESCRIBE 等，如表 3-4 所示。而且每个命令都有大量的选项，要记住每一个命令的所有选项是很困难的。不过 SQL*Plus 提供了内建的帮助系统，用户可以在需要的时候，随时使用 HELP 命令查询相关的命令信息。

表 3-4　常用SQL*Plus命令

命　　令	功　　能
HELP[topic]	查看命令的使用方法，topic 表示需要查看的命令名称。例如：HELP DESC
HOST	使用该命令可以从 SQL*Plus 环境切换到操作系统环境，一边执行操作系统命令
HOST 操作系统命令	执行操作系统命令，例如：HOST notepad.exe，可打开一个记事本
CLEAR SCR[EEN]	清屏操作
SHOW[ALL|USER|SGA|ERRORS|REL[EASE]|PARAMETERS]	查看 SQL*Plus 的所有系统变量值信息、当前是哪个用户在使用 SQL*Plus、显示 SGA 大小、查看错误信息、数据库版本信息以及系统初始化参数信息
DESC[RIBE]	查看对象的结构，这里的对象可以是表、视图、存储过程、函数和包等。例如：DESC dual

SQL*Plus 帮助系统可以向用户提供下面一些信息：
- 命令标题；
- 命令作用描述的文件；
- 命令的缩写形式；
- 命令中使用的强制参数和可选参数。

语法格式：

```
HELP [TOPIC]
```

语法说明：

（1）一对方括号[…]：表示里面的部分为可选项。

（2）TOPIC：表示需要查看的命令名称。

【例 3-7】　试获取所有 SQL 语句和 SQL*Plus 命令的帮助信息。

只需在命令提示符下直接输入 help 命令，其操作过程及执行结果如下：

```
SQL> HELP
 HELP
 ----
 Accesses this command line help system. Enter HELP INDEX or ? INDEX
 for a list of topics.
 You can view SQL*Plus resources at
   http://www.oracle.com/technology/tech/sql_plus/
 and the Oracle Database Library at
   http://www.oracle.com/technology/documentation/
 HELP|? [topic]
```

可以通过 HELP 命令获得帮助索引，操作如图 3-7 所示。

如果希望获取某一个命令的详细帮助信息，可以在 HELP 之后输入该命令的名字。

【例 3-8】试获取所有 DESCRIBE 命令的详细帮助信息。

操作方法及执行结果如下：

```
SQL> HELP describe
 DESCRIBE
```

```
---------
Lists the column definitions for a table, view, or synonym,
or the specifications for a function or procedure.
DESC[RIBE] {[schema.]object[@connect_identifier]}
```

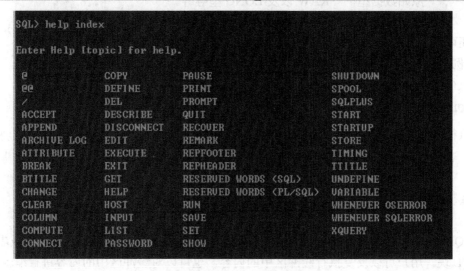

图 3-7　通过 HELP 命令获得帮助索引

3.5.2　DESCRIBE 命令

DESCRIBE 命令可以返回数据库中所存储的对象的描述。对于表、视图等对象而言，DESCRIBE 命令都可以列出其各个列的名称以及各个列的属性。除此之外，DESCRIBE 还会输出过程、函数和程序包的规范。

语法格式：

```
DESCRIBE object_name
```

其中 object_name 表示表、视图等对象的名字。

【例 3-9】　试显示表 DEPT 的结构信息。

执行如下命令：

```
SQL>DESCRIBE dept
```

命令执行结果如下：

```
NAME       NULL?       TYPE
DEPTNO     NOT NULL    NUMBER (2)
DNAME                  CHAR (14)
LOC                    CHAR (13)
```

基表 DEPT 的结构信息包括如下。

NAME：列名。

NULL：标识该列是否允许为空值，如缺省则表示允许为空值。

TYPE：说明该列的数据类型，可以是

　　　　字符型——CHAR(w)，VARCHAR2(w)；

数字型——NUMBER(w,d)；

日期型——DATE；

原始数据型——RAW 以及 LONG 型等等。

其中 w 表示列的宽度，d 表示小数点之后的位数。

还可以使用 DESCRIBE 命令获取有关函数、过程以及包描述。

【例 3-10】　显示有关函数 afunc 的信息。

执行如下命令：

```
SQL>DESCRIBE afunc
```

执行结果如下：

```
function afunc(F1 CHAR, F2 NUMBER) return NUMBER;
```

3.5.3　编辑 SQL*Plus 命令

SQL*Plus 提供了一个命令缓冲区，用来保存最近执行的一条 SQL 语句，或者一个 PL/SQL 块。用户可以反复执行缓冲区中的内容，也可以对缓冲区中的内容进行编辑。

常见的编辑 SQL*PLUS 命令如表 3-5 所示。

表 3-5　常用编辑SQL*Plus命令

命　　令	缩　　写	意　　义
APPEND text	A text	text 行尾增加
CHANGE/old/new	C/old/new	在当前行中将 old 改为 new
CHANGE/text	C/text	从当前行中删除 text
CLEAR BUFFER	CL BUFF	删除 SQL 缓冲区的所有行
DEL	无	删除当前行
INPUT	I	增加一行或多行
INPUT text	I text	增加一个由 text 组成的行
LIST	L	显示 SQL 缓冲区的所有行，并将最后一行作为当前行
LIST　n	L n 或 n	显示一行
LIST　*	L *	显示当前行
LIST　LAST	LAST	显示最后一行
LIST　m　n	L m n	显示多行（从 m 到 n）

1. 执行缓冲区内容

执行缓冲区中内容的命令有两个："/" 和 run。

"/"命令的作用是执行缓冲区中刚刚输入的或者已经执行的内容。如果是一条 SQL 语句，它的结束标志是 "；"，遇到分号 "；"，这条 SQL 语句就会执行。如果在 SQL 语句执行后输入 "/" 命令，这条 SQL 语句将再执行一次。如果是 PL/SQL 块，结束标志仍然是 "；"，只是在输入结束后还必须输入 "/" 命令，这个块才能执行。如果再次输入 "/" 命令，这个块将再次执行。

【例 3-11】　假设先执行了创建表 t2 的 SQL 语句：

```
SQL> CREATE TABLE t2(id number);
表已创建。
```

现要求用 "/" 命令将以上创建表 t2 的命令再执行一次。

```
SQL> /
create table t2(id number)
              *
ERROR 位于第 1 行:
ORA-00955: 名称已由现有对象使用
```

上面的例子中，首先在 SQL*Plus 中执行 CREATE 命令创建表 t2，然后输入 "/" 命令再次执行这条 SQL 语句。由于这个表已经创建，所以出现了错误信息。

run 命令与 "/" 命令一样，也是再次执行缓冲区中的内容，只是在执行之前首先显示缓冲区中的内容。

【例 3-12】　在刚才执行了 CREATE 语句后，使用 run 命令再执行一次。

```
SQL> run
  1* create table t2(id number)
create table t2(id number)
              *
ERROR 位于第 1 行:
ORA-00955: 名称已由现有对象使用
```

2. 编辑缓冲区内容

缓冲区真正的意义在于用户可以编辑其中的内容，这样如果语句执行出错，用户可以很方便地进行修改，特别是长的、复杂的 SQL 语句或者 PL/SQL 块。

使用最频繁的编辑命令是 edit（或 ed），这条命令的作用是打开默认的编辑器（在 Windows 环境中为记事本），并将缓冲区中的内容放在编辑器中，文件内容以斜杠（/）结束。

其语法格式如下：

```
ED[IT] [file_name]
```

其中，file_name 默认为 afiedt.buf，也可以指定一个其他的文件。

【例 3-13】　假设在 SQL*Plus 中先执行了 SQL 语句 "select eename from emp;"：

```
SQL> select eename from emp;
select eename from emp
       *
ERROR 位于第 1 行:
ORA-00904: "EENAME": 无效的标识符
```

试用 EDIT 命令将缓冲区内容写入默认的。

操作如下：

```
SQL>edit
已写入文件 afiedt.buf
```

用户可以在编辑器中修改缓冲区中的内容，修改完后保存并退出编辑器，然后在 SQL*Plus 中输入 "/" 命令，修改后的内容将在 SQL*Plus 中执行。

💬说明：在这个临时文件 afiedt.buf 中并不保存所有已经执行的 SQL 语句或者 PL/SQL 块，
仅当执行 edit 命令时，才将当前缓冲区中的内容写入这个文件，文件中以前的内
容将被覆盖。

3. 显示缓冲区内容

如果要显示缓冲区中的内容，可以执行 list（或者 l）命令，其用法见表 3-5。list 命令
以分行的形式显示缓冲区的内容，并在每一行前面显示行号。如果要显示某一行的内容，
可以在 list 命令之后指定行号，这样只显示指定的一行，并使这一行成为当前行，而不是
显示所有内容。

【例 3-14】　假设在缓冲区中已经有一条 SQL 语句，我们可以以不同的形式执行 list 命
令，其含义可见表 3-5 的说明。

```
SQL> list
  1   SELECT ename
  2   FROM emp
  3* WHERE deptno=10;
SQL> l 2
  2* FROM emp
SQL> l 3
  3*  WHERE deptno=10;
```

💬说明：使用编辑命令时，如果输入的 SQL 语句超过一行，SQL*Plus 会自动增加行号，
并在屏幕上显示行号。根据行号，就可以使用编辑命令对指定的行进行相关操作。

还有一种简单的方法用来显示某一行的内容。在 SQL*Plus 提示符下直接输入一行的
行号，结果与将行号作为参数的 list 命令是等价的。

4. 追加缓冲区内容

向缓冲区追加内容有两种命令方式：append 和 input。下面具体介绍这两种命令的功能
及用法。

1）append 命令

append 命令（或者 a）的作用是在缓冲区中当前行的末尾追加文本。在默认情况下，
最后一行是当前行。如果以某一行的行号作为参数执行了 list 命令，那么指定的行将成为
当前行。append 命令的格式为：

```
append  文本
```

append 将把指定的文本追加到当前行的末尾。

💬说明：注意追加的文本不需要用引号限定，否则引号将作为文本的一部分一起被追加。

【例 3-15】　在前面的 SELECT 语句的基础上，在第一行的末尾追加文本 ", sal"。
追加的步骤为：

```
SQL> l 1
  1* SELECT ename
SQL> append , sal
  1* SELECT ename, sal
```

这样，缓冲区中第一行的内容由原来的"SELECT ename"变为"SELECT ename,sal"，SELECT 语句执行的结果将检索 ename 和 sal 两个列的值。

2）input 命令

append 命令的作用是在当前行的末尾追加文本。如果要在缓冲区中增加一行，就要使用 input 命令。input 命令（或者 i）的作用是在当前行之后追加一行或者多行。在默认情况下，input 命令在最后一行之后追加文本。如果要在某一行之后追加，应该先执行 list 命令使该行成为当前行，然后再追加。

使用 input 命令追加文本时，可以只追加一行，这时 input 命令的格式为：

```
input　文本
```

如果要追加多行，则需要输入不带参数的 input 命令并回车，这时行号将变成 ni 的形式，其中 n 是从当前行号的下一个数字开始的整数，表示该行内容是追加到缓冲区中的。追加结束后以一个空行和回车符结束。

【例 3-16】　假设当前缓冲区中有一条不完整的 SQL 语句：

```
SQL> list
 1  SELECT ename
 2* AND sal>1000;
```

现在要求显示职工表 EMP 中职工所在部门编号为"10"且月工资在 1000 以上（不包括 1000）的职工信息。请补充完整以上缓冲区中的 SQL 语句。

在第一行之后增加 from 子句和 where 子句，操作步骤如下：

```
SQL> list 1
1* SELECT ename
SQL> input
2i  FROM emp
3i  WHERE deptno=10
4i
SQL>
```

当前缓冲区中的内容为：

```
SQL> list
1 SELECT ename
2 FROM emp
3 WHERE deptno=10
4* AND sal>1000;
```

注意，在追加多行时，input 命令为追加的新行重新显示了行号，即上面的 2i、3i 等。输入结束后，在下一行直接回车，这时重新显示 SQL*Plus 提示符，追加操作便告结束。

3）change 命令

如果发现缓冲区中的内容有错误，可以用 edit 命令打开编辑器，在编辑器中进行修改。还有一种修改方法，就是 change 命令。change（或者 c）命令的作用是在缓冲区中当前行上用新的字符串代替旧的字符串。这条命令的格式为：

```
change　/新字符串/旧字符串
```

【例 3-17】　把上面修改后的 SELECT 语句中的最后一个条件"sal>1000"改为"comm is not null"。

操作的步骤为：

```
SQL> list 4
4* and sal>1000;
SQL> change  /sal>1000/comm is not null
4* and comm is not null;
```

重新显示的结果表明这一行的内容已经被修改。

5. 清除缓冲区内容

如果要清空缓冲区中的内容，可以执行 del 命令。当缓冲区被清空后，就不能再执行 edit 命令进行编辑，也不能再执行 list 命令进行显示了。如果只删除缓冲区中的一部分内容，则通过 edit 和 list 命令可以显示剩下的内容。

在默认情况下，del 命令删除缓冲区中当前行的全部内容。但是通过指定参数，del 命令可以删除指定的一行或者多行。

del 命令的格式有以下形式。

（1）del 开始行号结束行号：删除开始行号和结束行号之间的行。

（2）del 开始行号*：删除开始行号和当前行之间的行。

（3）del*结束行号：删除当前行和结束行号之间的行。

（4）del last：删除最后一行。

其中开始行号和结束行号是指定的行号，开始行号必须小于结束行号。符号"*"用来代表当前行，标识符 last 代表最后一行。

【例 3-18】删除缓冲区中上面修改后的 SELECT 语句中的所有行。

```
SQL>del 1 4
```

6. 如何对操作系统文件进行读写

在 SQL*Plus 中可以对操作系统中的文本文件进行简单的读写访问。例如，事先将 SQL 语句或者 PL/SQL 块的代码存放在文本文件中，再把文本文件调入缓冲区中，使之执行。或者把当前缓冲区中的内容保存到一个文件中，或者把 SQL 语句、PL/SQL 块的执行结果保存到文件中。以下分别介绍对文本文件进行读和写的命令。

1）读文件命令

读文件涉及的命令包括@、get 和 start 等命令。

（1）@命令

@命令的作用是将指定的文本文件的内容读到缓冲区中，并执行它。文本文件可以是本地文件，也可以是远程服务器上的文件。如果是本地文件，@命令的执行格式为：

```
@ 文件名
```

这里的文件名要指定完整的路径，默认的扩展名是.sql，如果脚本文件使用了默认的扩展名，则在@命令中可以省略扩展名。如果是远程文件，必须将它存放到一个 web 服务器上，并以 HTTP 或 FTP 方式访问。这时@命令的执行格式为（以 HTTP 为例）：

```
@ http://web 服务器/文件名
```

使用@命令读取文件时，文件中可以包含多条 SQL 语句，每条语句以分号结束；或者可以包含一个 PL/SQL 块。文件被读入缓冲区中以后，SQL*Plus 将按顺序执行文件中的代码，并将执行结果输出到显示器上。

【例 3-19】 假设在 D:\temp 目录下创建（可用记事本创建）了一个脚本文件 my_1.sql，文件的内容为：

```
SELECT ename FROM emp WHERE empno=7902;
SELECT dname FROM dept WHERE deptno=10;
```

试用@命令将这个文件读到缓冲区中。

命令执行的格式如下：

```
SQL> @  D:\temp\my_1
ENAME
-------------
SMITH
DNAME
-------------
ACCOUNTING
```

说明：如果在 Windows 文件夹中创建的脚本文件名带有空格（例如 D:\Oracle Demo\my_1.sql），则需要将@命令之后的内容加上一对英文输入状态下的双引号，例如@"D:\Oracle Demo\my_1.sql"。

@命令还有一个用法，就是在启动 SQL*Plus 的同时，将指定的文件读入缓冲区并执行它。这时@命令和文件名一起作为 SQL*Plus 的命令行参数，格式如下：

```
sqlplus 用户名/口令 @ 文件名
```

注意，这种格式与以前提到的使用网络服务的格式是很相似的，但是仍然有区别，请注意观察：

```
sqlplus 用户名/口令@ 网络服务名
```

由于文件名和网络服务名都表现为字符串，所以单纯从名字上无法区分到底使用了文件名还是网络服务名。二者的区别在于第一种格式中在用户名/口令之后有一个空格，这时将把后面的参数解释为一个文件，并把这个文件加载到缓冲区中。在第二种格式中，用户名/口令之后没有空格，这时将后面的参数解释为网络服务名。

（2）get 命令

get 命令的作用与@命令相似，但是它只是把文件加载到缓冲区中，并不直接执行。get 命令的执行格式为：

```
get  文件名   选项
```

其中文件名的默认扩展名为.sql，在 get 命令中可以省略。目前 get 命令只支持本地的操作系统文件。可以使用的选项有两个：LIST 和 NOLIST。其中 LIST 选项指定将文件的内容读到缓冲区的同时，还要在显示器上输出，这是默认选项；选项 NOLIST 使得文件的内容不在显示器上输出。

使用 get 命令时还要注意，在文本文件中只能包含一条 SQL 语句，而且不能以分号结束。也可以只包含一个 PL/SQL 块，块以分号结束。在使用@和 get 命令时要注意这些格式上的差别。

【例 3-20】 假设在 D:\temp 目录下创建（可用记事本创建）了一个脚本文件 my_2.sql，文件的内容为：

```
SELECT ename FROM emp WHERE empno=7902;
```

要求通过 get 命令把它读入缓冲区，然后使用"/"命令使之执行。

命令执行的格式如下：

```
SQL> get D:\temp\my_2
1* SELECT ename FROM emp WHERE empno=7902;
SQL> /
ENAME
----------
SMITH
```

start 命令与@命令是等价的，这里不再赘述。

2）写文件命令

写文件涉及的命令包括 save 和 spool。

（1）save 命令

save 命令用于将当前缓冲区中的内容写入一个操作系统文件，其语法格式为：

```
SQL>save   文件名   选项
```

这里的文件名要指定完整的路径，默认的扩展名是.sql；如果不指定完整的路径，则在当前目录下产生这个文件。

选项指定以什么样的方式写文件。可以使用的选项有以下 3 个。

CREATE：如果文件不存在，则创建。否则，命令执行失败。该选项为默认值。

APPEND：如果文件不存在，则创建。否则，在文件末尾追加。

REPLACE：如果文件不存在，则创建。否则删除原文件，重新创建。

【例 3-21】 假设当前缓冲区中有一条 SELECT 语句，使用 save 命令将这条语句写入文件 D:\temp\my_3.sql 中。

操作如下：

```
SQL> list
 1* SELECT * FROM emp;
SQL> save D:\temp\my_3
已创建file my_3.sql
```

如果该文件已经存在,若不指定 APPEND 或 REPLACE 选项,将会显示错误提示信息。例如：

```
SQL> save D:\temp\my_3
SP2-0540：文件"my_3.sql"已经存在。
使用"SAVE filename REPLACE"。
```

指定 APPEND 或 REPLACE 选项，则再次保存数据成功，操作如下：

```
SQL> save D:\temp\my_3 APPEND
已将file附件到my_3.sql
```

（2）spool 命令

spool 命令用于将命令的执行结果输出到一个操作系统文件。它有以下几种用法。

- □ spool：得到当前 spool 的状态，默认为不可用。
- □ spool 文件名：启动 spool，并打开指定的文件。
- □ spool off：关闭 spool，并将 SQL*Plus 的输出写入文件中。
- □ spool out：关闭 spool，将 SQL*Plus 的输出写入文件中，并同时送往打印机。

如果在 SQL*Plus 中以命令行的方式执行 spool 命令，那么从执行 spool 命令并打开文件开始，此后的所有输出，包括错误信息，以及用户的键盘输入，都将写入指定的文件，直到遇到 spool off 或者 spool out。但是这些信息的写入是一次性完成，即在执行 spool off 或者 spool out 的一瞬间，这些信息才一次全部写入文件，包括最后执行的 spool off 或者 spool out 命令本身。文件的默认扩展名为.lst，默认的路径是当前目录。

spool 命令通常的用法是生成报表。首先将精心设计的 SQL 语句存放在一个文件中，在产生输出的语句前后加上 spool 命令，然后将这个文件读到缓冲区中执行。这样在写入的文件中只有命令执行的结果，而不包括 SQL 语句本身。

【例 3-22】　假设 D:\temp 下有一个脚本文件，名为 my_4.sql，它的内容为：

```
spool cc
SELECT ename, sal FROM emp WHERE deptno=20;
spool off
```

现在将这个文件读到缓冲区中，并使之执行。

```
SQL> @ my_4
ENAME          SAL
-----------    ---------
SMITH          800
JONES          2975
```

文件中 SQL 语句的执行结果显示在屏幕上，同时在当前目录下生成了文件 cc.lst，文件的内容与屏幕上显示的结果完全一致。

3.5.4　如何在 SQL*Plus 中使用变量

为了使数据处理更加灵活，在 SQL*Plus 中可以使用变量。SQL*Plus 中的变量在 SQL*Plus 中的整个启动期间一直有效，这些变量可以用在 SQL 语句、PL/SQL 块以及文本文件中。在执行这些代码时，需要先将变量替换为变量的值，然后再执行。

1. 用户自定义的变量

用户可以根据需要，自己定义变量。SQL*Plus 中有两种类型的自定义变量：第一类变量不需要定义，可以直接使用，在执行代码时，SQL*Plus 将提示用户输入变量的值；第二类变量需要事先定义，并且需要赋初值。

1）第一类自定义变量

第一类变量不需要事先定义，在 SQL 语句、PL/SQL 块以及脚本文件中可以直接使用。包括两种表达形式："&变量名"和"&&变量名"。

（1）&变量名

这类变量的特点是在变量名前面有一个"&"符号。当执行代码时，如果发现有这样的变量，SQL*Plus 将提示用户逐个输入变量的值，当用变量值代替变量后，才执行代码。

【例3-23】　假设用户构造了一条 SELECT 语句，在语句中使用了两个变量，如下：

```
SELECT ename, sal FROM &table_name WHERE ename='&name';
```

则这条语句的执行过程为：

```
输入table_name 的值: emp
输入name 的值: SMITH
原值1: SELECT ename, sal FROM &table_name
WHERE ename='&name';
新值1: SELECT ename, sal FROM emp WHERE ename='SMITH';
ENAME        SAL
-----------  ----------
SMITH        800
```

其中字符串 "emp" 和 "SMITH" 是用户输入的变量值。在 SQL*Plus 中首先用变量值代替变量，生成一个标准的 SQL 语句，然后再执行这条语句。当为所有的变量都提供了变量值后，这条语句才能执行。

💭说明：在构造这样的 SQL 语句时要注意，使用变量和不使用变量的语句在形式上是一致的。例如，ename 列的值为字符型，应该用一对单引号限定，使用了变量以后，仍然要用一对单引号限定。

（2）&&变量名

上述语句如果需要再次执行，系统将提示用户再次逐个输入变量的值。为了使用户在每次执行代码时不需要多次输入变量的值，可以在变量名前加上 "&&" 符号。使用这种形式的变量，只需要在第一次遇到这个变量时输入变量的值，变量值将保存下来，以后就不需要不断地输入了。

【例3-24】　假设把上述 SELECT 语句改为以下形式：

```
SELECT ename, sal FROM &&table_name WHERE ename='&&name';
```

那么在第一次执行时，像以前一样需要输入变量的值，而再次执行时，就不再需要输入变量的值了，直接使用以前提供的变量值。以下是第二次以后的执行情况：

```
SQL> /
原值1: SELECT ename,sal FROM &&table_name
WHERE ename='&&name';
新值1: SELECT ename, sal FROM emp WHERE ename='SMITH';
......
```

2）第二类自定义变量

在 SQL*Plus 中可以使用的第二类自定义变量需要事先定义，而且需要提供初值。定义变量的命令是 DEFINE。定义变量的格式是：

```
define 变量名=变量值
```

变量经定义后，就可以直接使用了。实际上，用 DEFINE 命令定义的变量和使用 "&" 的变量在本质上是一样的。用 DEFINE 命令定义变量以后，由于变量已经有值，所以在使用变量时不再提示用户输入变量的值。

如果执行不带参数的 DEFINE 命令，系统将列出所有已经定义的变量，包括系统定义的变量和用 "&" 定义的变量，以及即将提到的参数变量。

【例 3-25】　使用 DEFINE 命令查看所有已定义的变量。

```
SQL> define
DEFINE  _CONNECT_IDENTIFIER = "ORCL" (CHAR)
DEFINE  _SQLPLUS_RELEASE = " 1001000200" (CHAR)
DEFINE  _EDITOR = "NOTEPAD" (CHAR)
DEFINE    _O_VERSION = "Oracle   Database   11g   Enterprise   Edition
Release 11.1.0.6.0 - Production With the Partitioning, OLAP, Data Mining
and
Real Application Testing Options" (CHAR)
DEFINE  _O_RELEASE = " 1101000600" (CHAR)
DEFINE  TABLE_NAME = "emp" (CHAR)
DEFINE  NAME = "SMITH" (CHAR)
```

其中最后两个变量就是刚才我们用"&"定义的变量。

【例 3-26】　分别使用 DEFINE 命令定义变量 col_name 和 salary，并分别将"ename "和"2000"赋值给这两个变量。

```
SQL> define  col_name=ename
SQL> define  salary=2000
```

在这里定义了两个变量，然后在 SQL 语句中就可以直接使用这两个变量了。在使用变量时，仍然用"&变量名"的形式来引用变量的值。例如：

```
SQL> SELECT  &col_name  FROM  emp  WHERE  sal>&salary;
```

在执行这条语句时，用 ename 代替变量 col_name，用 2000 代替变量 salary，生成一条标准的 SQL 语句。这条语句的执行结果为：

```
原值1: SELECT  &col_name  FROM  emp  WHERE  sal>&salary;
新值1: SELECT  ename  FROM  emp  WHERE  sal>2000;
ENAME
-------------
JONES
BLAKE
```

当一个变量不再使用时，可以将其删除。undefine 命令用于取消一个变量的定义。删除一个变量的命令格式为：

```
undefine  变量名
```

【例 3-27】　分别使用 UNDEFINE 命令取消上例中定义的变量 col_name 和 salary。

```
SQL>undefine  col_name
SQL>undefine  salary
```

则原先定义的两个变量 col_name 和 salary 不再有效。

2. 参数变量

在 SQL*Plus 中，除了用户自定义的变量外，还有一类变量，这就是参数变量。参数变量在使用时不需要事先定义，可以直接使用。

前面我们讲述了 get 和@命令的用法。这两个命令的作用是将一个文本文件加载到缓冲区中，使之执行。因为文本文件的内容是固定的，在执行期间不能被修改，所以只能执行固定的代码，这就为灵活地数据操作带来了一定的困难。例如，要查询某部门中员工的工资情况。部门号事先不确定，而是根据实际情况临时确定的。这样在文本文件的 SELECT

语句中就不能将部门号指定为一个固定值。

　　解决这个问题的一个办法是使用参数变量。由于部门号是不确定的，所以在执行文本文件时可以将实际的部门号作为一个参数，在 SELECT 语句中通过参数变量引用这个参数。参数在 SQL*Plus 的命令行中指定的格式为：

```
@文件名　参数 1　参数 2　参数 3...
```

　　这样在文本文件中就可以用参数变量&1、&2、&3 分别引用参数 1、参数 2、参数 3...

　　例如，要查询某部门中工资大于某个数值的员工姓名，在构造 SELECT 语句时就不能将部门号和工资这两个列的值指定为固定值，而是分别用一个参数变量代替。

　　【例 3-28】　假设在目录 D:\temp 中建立了一个文本文件 my_5.sql，文件的内容为：

```
SELECT ename FROM emp WHERE deptno=&1 and sal>&2;
```

　　在执行这个文本文件时，需要为参数变量&1 和&2 指定实际的参数值。参数值是在用 get 或者@命令加载文本文件时指定的。例如，要查询部门 30 中工资大于 2000 的员工，执行文件 my_5.sql 的命令格式为：

```
SQL> @ D:\temp\ my_5 30 2000
```

　　这条命令执行的情况为：

```
原值 1: SELECT ename FROM emp WHERE
deptno=&1 and sal>&2;
新值 1: SELECT ename FROM emp WHERE
deptno=30 and sal>2000;
......
```

　　从命令的执行结果可以看出，在 SQL*Plus 中首先用实际参数 30 代替参数变量&1，用参数 2000 代替参数变量&2，生成一条标准的 SQL 语句，然后才执行这条 SQL 语句。

3. 与变量有关的交互式命令

　　SQL*Plus 还提供了几条交互式命令，主要包括 prompt、accept 和 pause。这几条命令主要用在文本文件中，用来完成灵活的输入输出。

　　（1）prompt 命令

　　prompt 命令用来在屏幕上显示指定的字符串。这条命令的格式为：

```
prompt 字符串
```

　　注意这里的字符串不需要单引号限定，即使是用空格分开的几个字符串。prompt 命令只是简单地把其后的所有内容在屏幕上显示。

　　【例 3-29】试用 prompt 命令在屏幕上显示"I'm a programmer"。

```
SQL> prompt I'm a programmer
I'm a programmer
```

　　（2）accept 命令

　　accept 命令的作用是接收用户的键盘输入，并把用户输入的数据存放到指定的变量中，它一般与 prompt 命令配合使用。accept 命令的格式为：

```
accept 变量名 变量类型 prompt 提示信息 选项
```

　　其中变量名是指存放数据的变量，这个变量不需要事先定义，可直接使用。变量类型是指输入的数据的类型,目前 SQL*Plus 只支持数字型、字符型和日期型数据的输入。prompt 用来指定在输入数据时向用户显示的提示信息。选项指定了一些附加的功能,可以使用的选项包括: hide 和 default。hide 的功能是使用户的键盘输入不在屏幕上显示,这在输入保密信息时非常有用; default 为变量指定默认值,在输入数据时如果直接回车,则使用该默认值。

【例 3-30】 从键盘输入一个数字型数据到变量 d,在输入之前显示指定的提示信息,并为变量指定默认值,这样如果在输入数据时直接回车,那么变量的值就是这个默认值。

对应的 accept 命令的形式为:

```
SQL> accept  d  number  prompt  请输入变量 d 的值:  default  0
请输入变量 d 的值: 100
```

这样变量 d 的值为 100。

(3) pause 命令

pause 命令的作用是使当前的执行暂时停止,在用户输入回车键后继续。一般情况下 pause 命令用在文本文件的两条命令之间,使第一条命令执行后出现暂停,待用户输入回车键后继续执行。pause 命令的格式为:

```
pause  文本
```

其中文本是在暂停时向用户显示的提示信息。

【例 3-31】 在目录 D:\temp 中建立了一个文本文件 my_6.sql,演示交互式命令的用法。文本文件 my_6.sql 的功能是统计某个部门的员工工资,部门号需要用户从键盘输入。文本文件的内容如下:

```
prompt   工资统计现在开始
accept   dno  number  prompt   请输入部门号:  default  0
pause   请输入回车键开始统计...
SELECT ename, sal  FROM  emp  WHERE  deptno=&dno;
```

试执行这个脚本文件。

```
SQL> @  D:\temp\ my_6
工资统计现在开始
请输入部门号: 30
请输入回车键开始统计...
原值 1: SELECT ename,sal FROM emp WHERE deptno=&dno
新值 1: SELECT ename,sal FROM emp WHERE deptno= 30
ENAME          SAL
----------     ----------
ALLEN          1600
WARD           1250
MARTIN         1250
BLAKE          2850
```

如果希望生成一个报表,那么可以在 SELECT 前后分别加上 spool 命令,将统计的结果写到一个文件中,或者发往打印机。

3.5.5　SQL*Plus 的报表功能

SQL*Plus 有一个强大的功能,就是能够根据用户的设计生成美观的报表。实际上,利用本章前面介绍的知识已经能够生成一个简单的报表了，但是如果要生成规范的、美观的报表，还要学习 SQL*Plus 的其他一些功能。

SQL*Plus 的报表功能是利用它的命令来实现的，与制作报表有关的 SQL*Plus 命令见表 3-6。首先，用户要根据自己的意图，设计报表的显示格式，包括报表的标题、各列的格式等。然后构造查询语句，决定要对哪些数据进行显示。最后还要决定把报表仅仅显示在屏幕上，还是存放在文本文件中，或者送往打印机。

表 3-6　常用制作报表命令

命　　令	定　　义
TTITLE	为报表的每一页设置头标题
BTITLE	为报表的每一页设置底标题
COLUMN	设置列的标题和格式
BREAK	将报表中的数据分组显示并设置组间间隔
COMPUTE	计算分组数据的汇总值
SET　LINESIZE	设置报表每行允许的最大字符数
SET　PAGESIZE	设置每页的最大行数
SET　NEWPAGE	设置页与页之间的空行数
SET　HEADSEP	设置标题分隔符

一般情况下，生成一个报表需要许多条命令，如果每次在生成报表时都输入这么多的命令，是件很麻烦的事情。通常的做法是把这些命令放到一个文本文件中，在需要时只把这个文本文件读到缓冲区中，并使其执行即可。

1. 报表的标题设计

报表的标题是利用 SQL*Plus 的两个命令来设计的，即 TTITLE 和 BTITLE。其中 TTITLE 命令用来设计报表的头部标题（页眉），而 BTITLE 用来设计报表的尾部标题（页脚）。它们的命令格式如下：

```
TTITLE  [位置说明 <表头>] [OFF|ON]
BTITLE  [位置说明 <表尾>] [OFF|ON]
```

其中说明如下。

1）位置说明：规定标题在一行中的位置，关于标题的位置说明可以使用表 3-7 所示的子句。

表 3-7　表标题位置说明

子　　句	举　　例	说　　明
COL n	COL 72	让标题信息从当前行左边的第 n 个位置开始显示
SKIP n	SKIP 2	打印 n 个空行，如果 n 未指明，则打印一个空行；如果 n 为 0，则不打印空行；如果 n 大于 1，则为两行文字间加入 n-1 个空行
LEFT	LEFT	标题信息靠左放置
CENTER	CENTER	标题信息居中放置
RIGHT	RIGHT	标题信息靠右放置

2）<表头>、<表尾>：指定了标题的内容。一般情况下，标题可以指定为以下内容。

❑ 指定的文本。

❑ SQL.LNO：当前的行号。

❑ SQL.PNO：当前的页号。

❑ SQL.RELEASE：当前 Oracle 的版本号。

❑ SQL.USER：当前登录的用户名称。

3）OFF|ON：OFF 表示关闭标题的显示；ON 表示打开标题的显示，默认为 ON。

【例 3-32】　查询 EMP 表，假设使用报表标题设置命令对 SQL 语句执行结果所做设置保存在脚本文件 D:\temp\ my_7.sql 中，脚本文件内容如下：

```
TTITLE   CENTER   '部门编号为 30 的职工基本信息'
BTITLE   CENTER   '单位内部信息'
SELECT  DEPTNO, ENAME, SAL  FROM  EMP  WHERE  DEPTNO=30;
TTITLE   OFF
BTITLE   OFF
```

试分析并执行以上脚本文件里面的命令及语句。

```
SQL> @ D:\temp\ my_7
```

查询结果显示如下：

```
部门编号为 30 的职工基本信息
. . . . . . . . . . . . . .    . . . . . . . . . . . . . .    . . . . . . . . . .
DEPTNO                ENAME                 SAL
------------          -----------           ------
30                    ALLEN                 1600
30                    WARD                  1250
30                    MARTIN                1250
30                    BLAKE                 2850
单位内部信息
已选择 4 行。
```

2. 设置报表尺寸

每页报表中都包含表头、列标题、查询的结果和表尾信息。报表尺寸的设置对于这些内容的正确显示都是十分必要的。系统默认的报表尺寸如下：每页报表表头空一行；每页输出内容为 14 行（包括表头和表尾之间的所有内容）；每行所能显示的字符数为 80。可以通过 SET 命令改变上述设置。

1）SET NEWPAGE 命令

该命令设置每一页的表头与每一页开始位置之间的空行数，实际上就是页与页之间的空行数，命令如下：

```
SET  NEWPAGE  行数
```

如果设置行数为 0，系统将在每页的日期前产生一个顶部格式字符（通常是 16 进制的13）。大部分打印机立即响应这个字符并将打印头移至下一页的开始，即报表打印的起始位置。

如果将 NEWPAGE 设置变大，SQL*PLUS 输出的信息行就会减小。而每页的总行数不变。

2）SET PAGESIZE 命令

该命令设置每页的输出行数，包括表头、表尾、列标题和查询出的信息。对于一般的打印纸，该值通常设置为 66。命令如下：

```
SET  PAGESIZE  行数
```

SET PAGESIZE 命令一般与 SET NEWPAGE 配合使用。

3）SET LINESIZE 命令

该命令控制出现在一行上的最大字符数。命令如下：

```
SET  LINESIZE  字符数
```

如果一行查询结果的总宽度超过了 LINESZIE 设置的行宽，SQL*Plus 将把多出的列折行输出。LINESIZE 的大小还会影响表头、日期和页码的放置位置，因为表头的居中显示和居右显示要根据 LINESIZE 的值确定。

【例 3-33】 设置新的报表尺寸：

```
SQL>SET PAGESIZE 66
SQL>SET NEWPAGE 0
SQL>SET LINESIZE 32
```

若要恢复系统默认设置，则执行下列命令：

```
SQL>SET PAGESIZE 14
SQL>SET NEWPAGE 1
SQL>SET LINESIZE 80
```

3. 设置列COLUMN

使用 SQL*Plus 的 COLUMN 命令可以改变列标题及各列数据的显示格式，语法格式如下：

```
column [{colunmn|alias}] [options]
```

语法说明如下。

（1）column：列名。

（2）alias：列的别名。

（3）options：指定用于格式化列或列的别名的一个或多个选项。常用选项如表 3-8 所示，表中第一行 FORMAT format 的常用 format 格式元素见表 3-9。

表 3-8　options选项常用设置

选　　项	说　　明
FOR[MAT] format	将列或列名的显示格式设置为由 format 字符串指定的格式，format 可以使用的格式见表 3-9
HEA[DING] text	设置由 text 字符串指定的列标题
JUS[TIFY][{LEFT|CENTER|RIGHT}]	将列的输出信息设置为左对齐、居中对齐或右对齐
WRA[PPED]	在输出结果中将一个字符串的末尾换行显示。该选项可能导致单个单词跨越多行
WOR[D_WRAPPED]	与 WRAPPED 选项类似，但是单个单词不会跨越多行
CLE[AR]	清除列的格式化
TRUNCATED	删除第一行的字符串

续表

选　　项	说　　明
NULL text	指定列为空值时显示的内容
PRINT	显示列标题
NOPRINT	隐藏列标题

表 3-9　format 格式元素

元　　素	说　　明	举　　例
An	为 [VAR]CHAR 类型的列内容设置宽度。如果内容超过指定的宽度，则内容自动换行	A5
9	设置 NUMBER 列的显示格式	999 999
$	浮动的货币符号	$9,999
L	本地货币符号	L9999
.	小数点位置	9999.99
,	千位分隔符	9,999

【例 3-34】　在 D:\temp\ my_8.sql 中有以下内容：

```
TTITLE  LEFT  '日期：'_DATE  CENTER  '员工基本信息表'  RIGHT  '页：
' FORMAT  999  SKIP  2  SQL.PNO
BTITLE  CENTER '谢谢使用报表！'
SET  ECHO  OFF//禁止 SQL*Plus 显示脚本中的 SQL 语句和命令
SET  VERIFY  OFF//用来禁止显示验证信息
SET  PAGESIZE  30
SET  LINESIZE  120
CLEAR  COLUMNS
COLUMN  empno  HEADING  '职工编号'  FORMAT  9999、
COLUMN  ename  HEADING  '职工姓名'  FORMAT  A10
COLUMN  hiredate  HEADING '受雇日期'  JUSTIFY  CENTER
COLUMN  sal  HEADING  '职工工资'  FORMAT  $99,999.99
SELECT  empno, ename, hiredate, sal  from  emp;
CLEAR  COLUMNS
TTITLE  OFF
BTITLE  OFF
```

试分析并执行以上脚本文件里面的命令及语句。

```
SQL> start  D:\temp\ my_8
```

查询结果显示如下：

```
日期：30- Dec -13              员工基本信息表
                                                        页：  1
    职工编号           职工姓名        '受雇日期           职工工资
 -----------       ------------    ------------       ------------
    7369           SMITH           17-Dec-80          $800.00
    7499           ALLEN           20-Feb-81          $1,600.00
    7521           WARD            22-Feb-81          $1,250.00
    7566           JONES           2-Apr-81           $2,975.00
    7654           MARTIN          28-Sep-81          $1,250.00
    7698           BLAKE           1-May-81           $2,850.00
已选择 6 行。
```

对于 COLUMN 命令，有以下几点说明。

（1）若想显示某一列的显示属性，可以使用命令：

```
COLUMN 列名
```

（2）若想显示所有列的显示属性，则使用命令：

```
COLUMN
```

（3）如果想将某列的显示属性重置成默认形式，可以使用 COLUMN 命令的 CLEAR 子句：

```
COLUMN 列名 CLEAR
```

（4）若希望将所有列的显示属性重新置成默认的形式，则使用下列命令：

```
SQL>CLEAR COLUMNS
columns cleared.
```

4. 计算小计

当在 SELECT 命令中使用 ORDER BY 子句时，会将数据按某一列的值排序，该列值相同的各行数据将会排列在一起输出。为了使输出的内容更为有用和清晰，可以使用 BREAK 和 COMPUTE 命令，使用 BREAK 命令，可以将报表中的信息分成若干组，然后就可以使用 COMPUTE 命令分别计算各组的汇总值。

BREAK 命令和 COMPUTE 命令的语法格式如下：

```
BREAK  [ON 列名]  SKIP n
COMPUTE  function  OF 列名 1 列名 2 …… ON 列名
```

语法说明如下。

（1）SKIP n：表示在指定列的变化之前插入 n 个空行。

（2）function：表示执行的汇总操作。常用的汇总操作函数如表 3-10 所示。使用 COMUTE 的函数，可以计算 COMPUTE 命令的 OF 和 ON 之间的所有列或列表达式的汇总值，计算结果分别显示在各个分组之后，计算的内容显示在第一列上。

表 3-10　COMPUTE命令中使用的函数

函　　数	说　　明
SUM	计算总和
MIN	计算最小值
MAX	计算最大值
AVG	计算平均值
STD	计算标准偏差
VAR	计算协方差
COUNT	计算非空值的总个数
NUMBER	计算行数

【例 3-35】列出 30 号部门的雇员及他们工资的平均值和总和，所有命令存放在 D:\temp\my_9.sql 中。

```
BREAK ON DEPTNO
COMPUTE AVG SUM OF SAL ON DEPTNO
```

```
SELECT DEPTNO, ENAME, SAL
FROM EMP
WHERE  DEPTNO=30
ORDER BY DEPTNO, SAL;
```

执行该脚本文件：

```
SQL>@ D:\temp\ my_9
    DEPTNO      ENAME       SAL
    .....................................
    30          ALLEN       1600
                WARD        1250
                MARTIN      1250
                BLAKE       2850
                .....................................
                avg         1737.50
                sum         6950
已选择 4 行。
```

对于 BREAK 命令和 COMPUTE 命令，有以下几点说明。

（1）若想显示 BREAK 命令的当前设置，可以输入下列命令：

```
SQL>BREAK
```

（2）如果希望清除 BREAK 命令的设置，可以输入命令：

```
SQL>CLEAR BREAKS
```

（3）如果需要查看已经定义的 COMPUTE 命令，可以输入命令：

```
SQL>COMPUTE
```

（4）可以使用带 COMPUTES 子句的 CLEAR 清除 COMPUTE 的设置：

```
SQL>CLEAR COMPUTES
Computes cleared
```

COMPUTE 命令与 BREAK 命令密切相关。COMPUTE 命令一般是计算由 BREAK ON 具体指定的那一部分内容的汇总值。COMPUTE 命令必须有相应的 BREAK 命令，且关键字 ON 后面的内容应该一致。反之，BREAK 命令却可以单独使用，不必有 COMPUTE 命令对应，但使用这两个命令必须遵循以下原则：

❑　每一个 BREAK ON 必须要有一个相关的 ORDER BY 子句。

❑　每一个 COMPUTE 必须要有一个相关的 BREAK ON。

正确地掌握这两条原则就可以顺利地使用这两条命令。

一旦定义了 COMPUTE 和 BREAK 命令，它们将一直有效，直到它们被重新定义或清除。

用户退出 SQL*plus，本次设置的这两条命令也将失败。

3.6　企业管理器（OEM）

Oracle 11g 企业管理器简称 OEM（Oracle Enterprise Manager）是一个功能全面的图形界面管理工具，可管理本地数据库环境和网络环境，其主要功能包括：

- ❏　数据中心管理；
- ❏　生命周期管理；
- ❏　存储管理；
- ❏　有效性管理；
- ❏　性能管理；
- ❏　故障管理。

Oracle 11g 企业管理器与之前 9i 版本的区别在于，11g 是 B/S 结构，9i 为 C/S 结构。以下简要介绍 OEM 的启动和使用方法。

3.6.1　OEM 的启动

在成功安装完 Oracle 11g 后，OEM 也就被安装完毕，启动 Oracle 11g 的 OEM 只需在浏览器中输入其 URL 地址——通常为 https://localhost:1518/em，然后连接主页即可；也可以在"开始"菜单的"Oracle 程序组"中选择 Database Control - orcl 菜单命令来启动 Oracle 11g 的 OEM 工具，如图 3-8 所示。

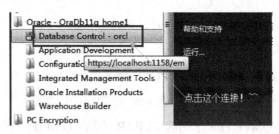

图 3-8　打开 OEM

如果是第一次使用 OEM，启动 Oracle 11g 的 OEM 后，需要安装"信任证书"或者直接选择"继续浏览此网站"即可。然后就会出现 OEM 的登录页面，用户需要输入登录用户名（如 SYSTEM、SYS 和 SCOTT 等）和登录口令，如图 3-9 所示。

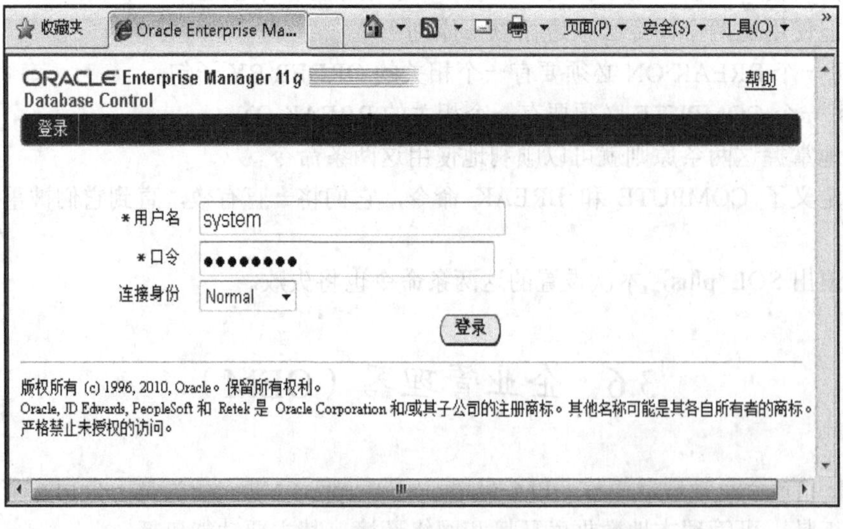

图 3-9　登录 OEM

　　在输入用户名和口令后，单击"登录"按钮，若用户名和口令都正确，就会出现"数据库实例"的"主目录"属性页，如图 3-10 和图 3-11 所示，用于从数据库层面监控表空间占用情况以及 Oracle 告警日志监控管理。

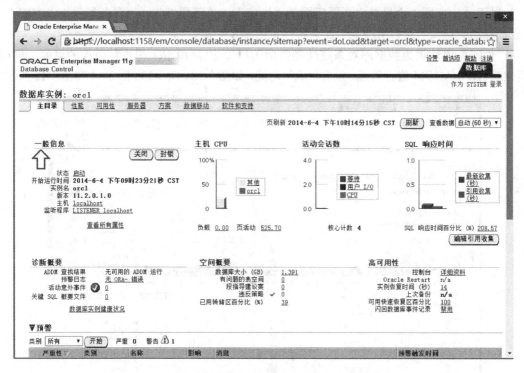

图 3-10 "主目录"页面

图 3-11 表空间信息

3.6.2 OEM 的使用

以下分别介绍"主目录"页面后面的"性能"、"可用性"、"服务器"、"方案"、"数据移动"以及"软件和支持"5 个属性页的基本功能。

"性能"属性页为数据库对系统性能包括 CPU、内存和 I/O 等进行监控的界面，同时提供对 AWR/ADDM 进行管理、报告生成等功能，如图 3-12、图 3-13、图 3-14 和图 3-15 所示。

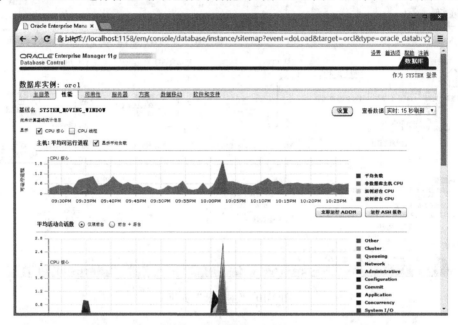

图 3-12 "性能"界面

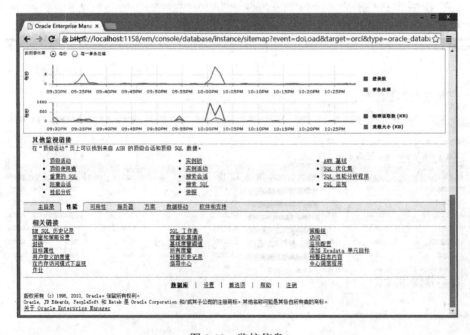

图 3-13 监控信息

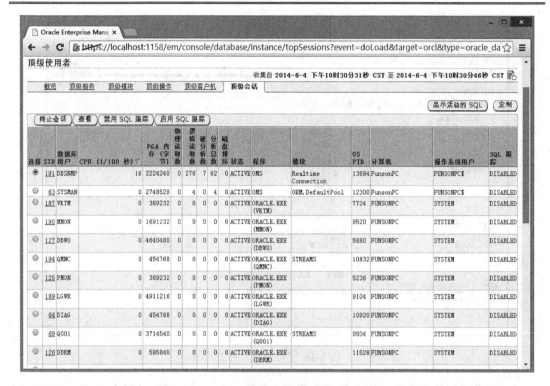

图 3-14　报告信息

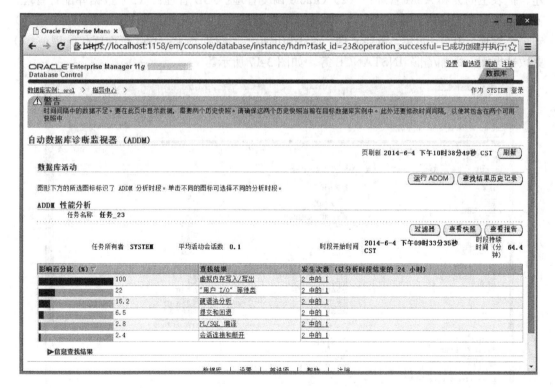

图 3-15　AWR/ADDM 管理信息

"可用性"属性页主要用于对系统备份策略、路径等进行设置,如图 3-16 所示。

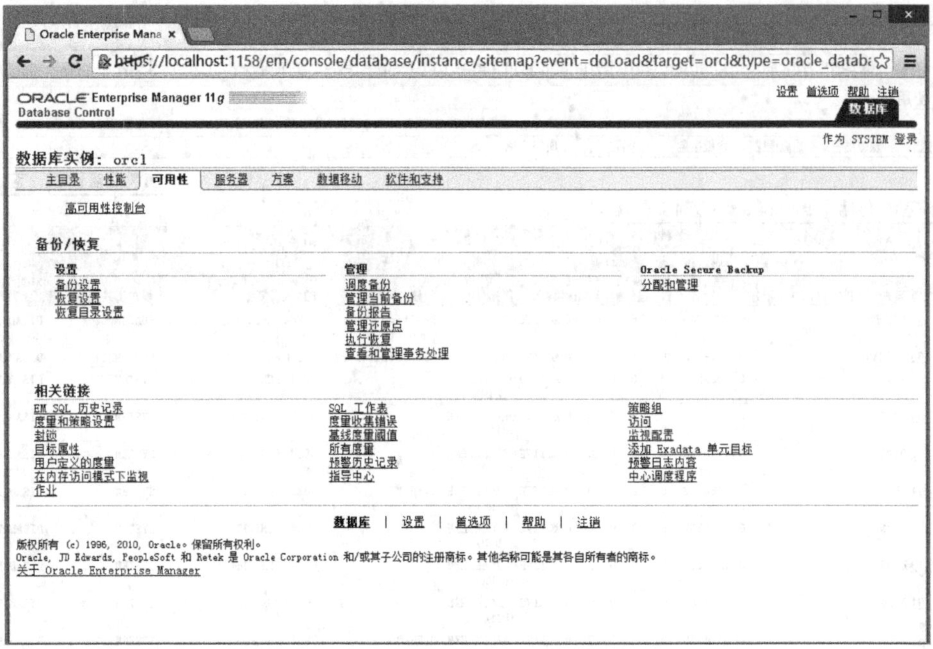

图 3-16　"可用性"界面

"服务器"属性页主要对服务器进行管理，包括：(1)存储管理：对表空间进行管理（创建、扩表空间）和 ASM 管理；（2）Oracle 调度管理：JOB 管理；　（3）数据库配置管理：初始化参数管理和内存指导等；（4）统计信息管理：AWR 管理和 AWR 基线管理；　（5）安全性管理：用户、角色、概要文件、审计和虚拟专用数据库等；（6）查询优化管理；（7）更改数据库：添加/删除 INSTANCE 等。如图 3-17 所示。

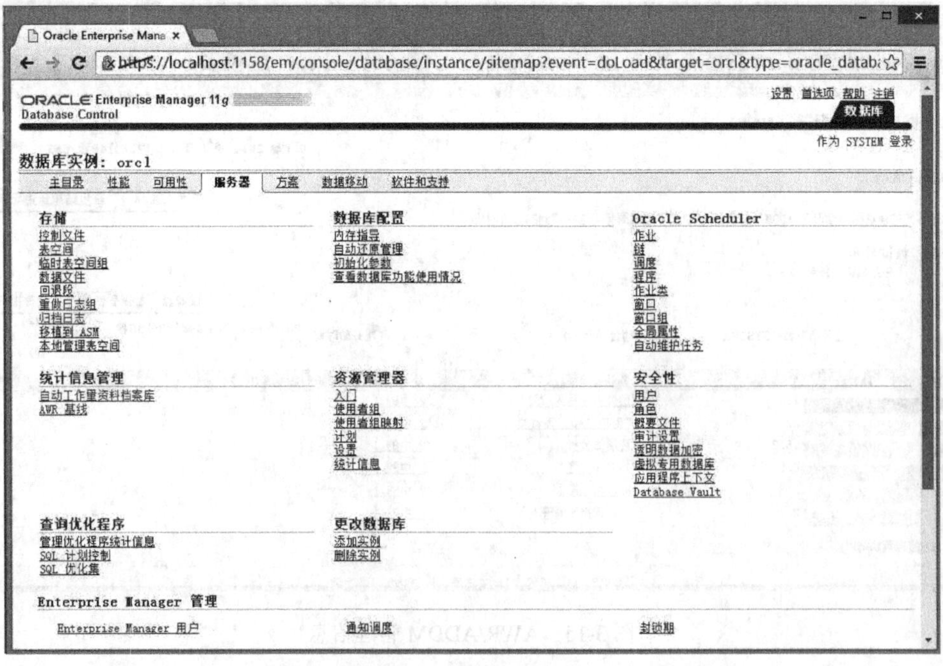

图 3-17　"服务器"界面

"方案"属性页主要涉及方案管理，包括对表、索引视图、同义词、序列、存储过程等数据库对象及程序进行管理，如图 3-18 所示。

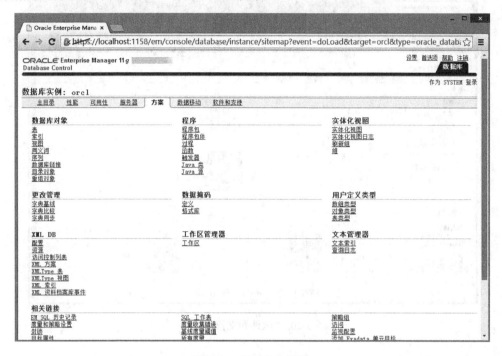

图 3-18　"方案"界面

"数据移动"属性页涉及管理数据移动，包括 EXP/IMP、AWR 数据倒出/加载、传输表空间和克隆数据库等，如图 3-19 所示。

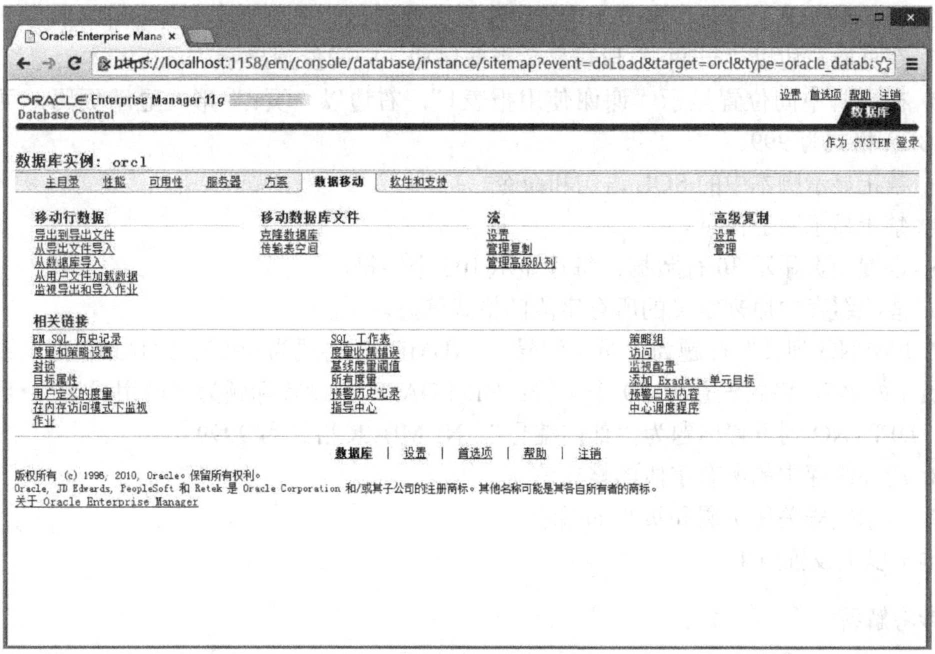

图 3-19　"数据移动"界面

"软件和支持"属性页说明 OEM 支持对数据库补丁的安装管理，如图 3-20 所示。

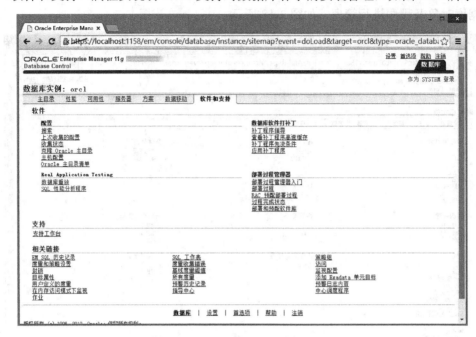

图 3-20　"软件和支持"界面

3.7　实 例 分 析

在 D 盘根目录下用记事本基于表 3-1 按以下要求创建报表脚本文件 emp.sql。

1. 在页眉左边以"日期:"形式显示当前日期，中间位置显示"员工基本信息"。

2. 在页脚中间位置显示"谢谢使用报表!"，右边以"页:"形式显示页码，页码的 NUMBER 格式为 999。

3. 禁止显示脚本中的 SQL 语句和命令。

4. 禁止显示验证信息。

5. 设置一页显示 30 行数据，每行显示 100 个字符。

6. 清除缓存中原来定义的所有字段的格式信息。

7. EMPNO 列设置标题为"员工编号"，NUMBER 格式为 9999；ENAME 列设置标题为"员工姓名"，格式设置为 30 个字符；HIREDATE 列设置标题为"聘用日期"，且居中显示；DEPTNO 列设置标题为"部门编号"，NUMBER 格式为 9999。

8. 清除缓存中的所有字段的格式信息。

9. 显示完毕关闭页眉和页脚的显示。

输出以上设置效果。

参考解答：

```
TTITLE    LEFT  '日期:' DATE  CENTER  '员工基本信息'
BTITLE  CENTER '谢谢使用报表!' RIGHT  '页:'  FORMAT  999  SQL.PNO
```

```
SET  ECHO  OFF//禁止 SQL*Plus 显示脚本中的 SQL 语句和命令
SET  VERIFY  OFF//用来禁止显示验证信息
SET  PAGESIZE  30
SET  LINESIZE  100
CLEAR  COLUMNS
COLUMN  empno  HEADING  '职工编号'  FORMAT  9999、
COLUMN  ename  HEADING  '职工姓名'  FORMAT  A30
COLUMN  hiredate  HEADING '受雇日期'  JUSTIFY  CENTER
COLUMN  sal  HEADING  '职工工资'  FORMAT  $99,999.99
SELECT  empno, ename, hiredate, deptno  from  emp;
CLEAR  COLUMNS
TTITLE  OFF
BTITLE  OFF
```

在 SQL*Plus 中使用 START 命令运行该脚本文件：

```
SQL> start D:\emp.sql
日期: 3- Feb -14                           员工基本信息
    职工编号        职工姓名          '受雇日期          部门编号
  -----------    -----------    -----------    -----------
      7369         SMITH          17-Dec-80         20
      7499         ALLEN          20-Feb-81         30
      7521         WARD           22-Feb-81         30
      7566         JONES          2-Apr-81          20
      7654         MARTIN         28-Sep-81         30
      7698         BLAKE          1-May-81          30
                      谢谢使用报表!                   页: 1
```

3.8 本 章 小 结

本章介绍了 SQL*Plus 工具的主要功能，启动和退出 SQL*Plus 的 5 种典型方法，如何显示和设置 SQL*Plus 的运行环境，重点介绍了常用 SQL*Plus 命令的使用方法，最后简要介绍了 Oracle 企业管理器（OEM）的环境配置和基本操作方法。通过本章的学习，使读者能够熟练掌握 SQL*Plus 的启动和退出方法，能够根据需要熟练应用 SQL*Plus 命令解决相关问题，了解基本报表样式设置方法。读者借助 SQL*Plus 命令解决相关问题时，应养成在脚本文件中书写 SQL*Plus 命令的好习惯，这样便于检查、修改和重复利用。熟悉借助 OEM 图形用户界面完成一些 SQL*Plus 命令的效果。此外，还要注意以下两组命令之间的区别：run 命令、"/"命令、@命令和 start 命令；append 命令和 input 命令。

3.9 习题与实践练习

一、填空题

1. SQL*Plus 工具中，可以运行_____和_____。

2. 在 SQL*Plus 工具中，可以使用_____命令编辑缓冲区或文件内容；还可以使用_____命令复制输出结果到文件。

3. 使用_____命令可以显示表的结构信息。

4. 使用 SQL*Plus 的_____命令可以将文件检索到缓冲区，并且不执行。

5. 当设置了多个列的显示属性后，如果清除设置的显示属性，可以使用命令_____，而当要清除某列具体的显示属性时，需要使用命令_____。

6. 使用_____命令可以将缓冲区中的 SQL 命令保存到一个文件中，并且可以使用该命令运行这个文件。

7. 要设置 SQL*Plus 显示数字时的格式可以使用_____命令，而设置某个数字列的显示格式要使用_____命令。

二、选择题

1. 关于 SQL*Plus 的叙述正确的是（　　　）。
   A. SQL*Plus 是 Oracle 数据库的专用访问工具
   B. SQL*Plus 是标准的 SQL 访问工具，可以访问各类关系型数据库
   C. SQL*Plus 是访问 Oracle 数据库的唯一对外接口
   D. 以上所述都不正确

2. SQL*Plus 在 Oracle 数据库系统中的作用，以下叙述正确的是（　　　）。
   A. 是 Oracle 数据库服务器的主要组成部分，是服务器运行的基础构件
   B. 是 Oracle 数据库系统底层网络通信协议，为所有的 Oracle 应用程序提供一个公共的通信平台
   C. 是 Oracle 客户端访问服务器的一个工具，通过它可以向服务器发送 SQL 命令
   D. 以上所述都不正确

3. 在 SQL*Plus 中显示 EMP 表结构的命令是（　　　）。
   A. LIST EMP
   B. DESC EMP
   C. SHOW DESC EMP
   D. SHOW STRUCTURE EMP

4. 将 SQL*Plus 的显示结果输出到 d:\data1.txt 文件中的命令是（　　　）。
   A. write to d:\data1.txt
   B. spool to d:\data1.txt
   C. spool on d:\data1.txt
   D. spool d:\data1.txt

5. 在 SQL*Plus 中执行刚输入的一条命令用（　　　）。
   A. 正斜杠（/）
   B. 反斜杠（\）
   C. 感叹号（!）
   D. 句号（.）

6. 如何设置 SQL*Plus 操作界面的行宽可以容纳 1000 个字符？（　　　）。
   A. set size 1000
   B. set line 1000
   C. set numformat 1000
   D. set page 1000

7. 当用 SQL*Plus 已经登录到某一数据库，此时想登录到另一数据库，应该用命令（　　）。

  A. CONN   B. DISC   C. LOGIN   D. LOGON

8. 使用 SQL*Plus 中的（　　），可以将文件中的内容检索到缓冲区，并且不执行。

  A. SAVE 命令   B. GET 命令 C. START 命令 D. SPOOL 命令

9. 如果要设置 SQL*Plus 每页打印的数量，则可以使用如下的哪个命令？（　　）。

  A. SET PAGE   B. PAGESIZE C. SET PAGESIZE D. SIZE

10. 如果希望控制列的显示格式，可以使用下面的（　　）命令。

  A. SHOW   B. DEFINE   C. SPOOL   D. COLUMN

三、简答题

1. 在数据库系统中，可以使用哪两种方式执行命令？各有何特点？

2. 简述 SQL*Plus 工具的主要功能。

3. 简述常用启动 SQL*Plus 工具的操作方法。

4. 基于表 3-1 的数据完成如下操作。

（1）试用 SQL*Plus 命令显示 EMP 表的结构。

（2）写出执行以下 SQL 语句的结果：

```
SQL>SELECT EMPNO, ENAME, JOB, SAL
2     FROM EMP WHERE SAL < 2500;
```

（3）试用 SQL*Plus 命令列出缓冲区的内容。

（4）假设将（1）中的 SQL 语句错误地输入为：

```
 SQL>SELECT EPNO, ENAME, JOB, SAL
2     FROM EMP WHERE SAL < 2500;
```

试用 SQL*Plus 命令修改以上错误。

（5）试用 RUN（或 /）命令运行当前 SQL 语句。

（6）将缓冲区中的内容使用 SQL*Plus 命令保存到 D:\SQL_PLUS\empinfo 文件中。

四、上机操作题

1. 在 SQL*Plus 环境中用普通用户 SCOTT 连接 Oracle 数据库。

2. 用 Show user 命令显示当前连接数据库的用户。

3. 基于表 3-1 的数据，完成如下操作。

（1）练习 SQL 语句：

```
SELECT * FROM EMP;
```

（2）用 LIST 显示缓冲区的内容。

（3）假设将（1）中的 SQL 语句误输入为：

```
SELECT * FROM EMPLOY;
```

试用 CHANGE 命令修改当前行。

（4）若要求在（1）中 SQL 语句后第一行后面增加一行"ORDER BY SAL"，请用 INPUT

命令完成。

（5）使用 RUN（或 /）命令执行添加一行后的 SQL 语句。

（6）试用 DEL 命令删除刚才 SQL 语句中添加的一行信息。

4. 对表 3-1 的输出信息进行以下格式设置。

（1）EMPNO 列设置标题为"员工编号"，NUMBER 格式为 9999；ENAME 列设置标题为"员工姓名"，格式设置为 20 个字符；HIREDATE 列设置标题为"聘用日期"，并且标题均居中显示。

（2）设置一页显示 30 行数据，每行显示 100 个字符。输出以上设置效果。

第 4 章　表空间和数据文件管理

在数据库系统中，存储空间是较为重要的资源，合理利用存储空间，不但能节省空间，还可以提高系统的效率和性能。Oracle 可以存放海量数据，所有数据都在数据文件中存储。而数据文件大小受操作系统限制，并且过大的数据文件对数据的存取性能影响非常大。同时 Oracle 是跨平台的数据库，Oracle 数据可以轻松地在不同平台上移植，那么如何才能提供统一存取格式的大容量呢？Oracle 采用表空间来解决。表空间是 Oracle 中最大的逻辑存储结构，它与物理上的一个或多个数据文件相对应，每个 Oracle 数据库都至少拥有一个表空间，表空间的大小等于构成该表空间的所有数据文件大小的总和。本章将主要介绍 Oracle 的永久表空间、临时表空间、撤销表空间、非标准块表空间和大文件表空间的创建以及表空间和数据文件的管理，并简要介绍查看表空间和数据文件基本信息的方法。

本章要点：

- ❑ 了解 Oracle 数据库逻辑结构；
- ❑ 了解表空间和数据文件的概念及关系；
- ❑ 了解表空间中的磁盘文件管理；
- ❑ 熟练掌握永久表空间、临时表空间和撤销表空间的创建方法；
- ❑ 掌握非标准块表空间和大文件表空间的创建方法；
- ❑ 熟练掌握表空间和数据文件的重命名方法；
- ❑ 熟练掌握改变表空间和数据文件状态的方法；
- ❑ 掌握设置默认表空间和扩展表空间的方法；
- ❑ 熟练掌握表空间扩展方法；
- ❑ 熟悉表空间和数据文件的删除方法；
- ❑ 综合使用表空间和数据文件解决实际问题。

4.1　Oracle 数据库逻辑结构

Oracle 数据库管理系统并没有像不少其他数据库管理系统那样直接地操作数据文件，而是引入一组逻辑结构。如图 4-1 所示。

图 4-1 的虚线左边为逻辑结构，右边为物理结构。与计算机原理或计算机操作系统中所讲的有些不同，在 Oracle 数据库中，逻辑结构为 Oracle 引入的结构，而物理结构为操作系统所拥有的结构。

其实图 4-1 类似于一个 Oracle 数据库的存储结构之间关系的实体-关系图。下面对 E-R 模型和图 4-1 给出一些简单的解释。

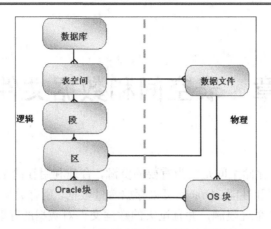

图 4-1　Oracle 数据库的物理结构和逻辑结构

在图 4-1 中，圆角型方框为实体，实线表示关系，单线表示一的关系，三条线（鹰爪）表示多的关系。于是可以得到：

- ❑ 每个数据库是由一个或多个表空间所组成（至少一个）；
- ❑ 每个表空间基于一个或多个操作系统的数据文件（至少一个）；
- ❑ 每个表空间中可以存放有一个或多个段（Segment）；
- ❑ 每个段是由一个或多个区（Extent）所组成；
- ❑ 每个区段是由一个或多个连续的 Oracle 数据块所组成；
- ❑ 每个 Oracle 数据块是由一个或多个连续的操作系统数据块所组成；
- ❑ 每个操作系统数据文件是由一个或多个区（Extent）所组成；
- ❑ 每个操作系统数据文件是由一个或多个操作系统数据块所组成。

那 Oracle 为什么要引入逻辑结构呢？

首先是为了增加 Oracle 的可移植性。Oracle 公司声称它的 Oracle 数据库是与 IT 平台无关的，即在某一厂家的某个操作系统上开发的 Oracle 数据库（包括应用程序等）可以几乎不加修改地移植到另一厂家的另外的操作系统上。要做到这一点就不能直接操作数据文件，因为数据文件是跟操作系统相关的。

其次是为了减少 Oracle 从业人员学习的难度。因为有了逻辑结构，Oracle 的从业人员就可以只对逻辑结构进行操作，而在所有的 IT 平台上逻辑结构的操作都几乎完全相同，至于从逻辑结构到物理结构的映射（转换），是由 Oracle 数据库管理系统来完成的。

4.2　表空间和数据文件概述

通过前面的讨论可知：Oracle 将数据逻辑地存放在表空间里，而物理地存放在数据文件里。表空间（Tablespaces）在任何一个时刻只能属于一个数据库，但是反过来并不成立，因为一个数据库一般都有多个表空间。每个表空间都是由一个或多个操作系统的数据文件所组成。表空间具有以下作用：

- ❑ 控制数据库所占用的磁盘空间。
- ❑ 控制用户所占用的空间配额。

❑ 通过将不同类型数据部署到不同的位置，可以提高数据库的 I/O 性能，并且有利于备份和恢复等管理操作。

❑ 可以将表空间设置成只读状态而保持大量的静态数据。

在安装 Oracle 时，Oracle 数据库系统一般会自动创建 6 个默认的表空间。

1．SYSTEM表空间

系统表空间，用于存放数据字典对象，包括表、视图、存储过程的定义等，默认的数据文件为 system01.dbf。

2．SYSAUX表空间

辅助系统表空间，是在 Oracle 10g 中引入的，作为 SYSTEM 表空间的一个辅助表空间，其主要作用是为了减少 SYSTEM 表空间的负荷，默认的数据文件是 sysaux01.dbf；这个表空间和 SYSTEM 表空间一样不能被删除、更名、传递或设置为只读。

3．TEMP表空间

临时表空间，用于存储数据库运行过程中由排序和汇总等操作产生的临时数据信息，默认的数据文件是 temp01.dbf。

4．UNDOTBS1表空间

撤销表空间，用于存储撤销信息，默认的数据文件为 undotbs01.dbf。

5．USERS表空间

用户表空间，存储数据库用户创建的数据库对象，默认的数据文件为 user01.dbf。

6．EXAMPLE表空间

示例表空间，用于安装 Oracle 数据库使用的示例数据库。

通过设置表空间的状态属性，可以对表空间的使用进行管理。表空间的状态属性主要有联机、读写、只读和脱机等 4 种状态，其中只读状态与读写状态属于联机状态的特殊情况。

1．联机状态（ONLINE）

表空间通常处于联机状态，以便数据库用户访问其中的数据。

2．读写状态（READ WRITE）

读写状态是表空间的默认状态，当表空间处于读写状态时，用户可以对表空间进行正常的数据查询、更新和删除等各种操作。读写状态实际上为联机状态的一种特殊情况，只有当表空间处于只读状态下才能转换到读写状态。

3．只读状态（READ ONLY）

当表空间处于只读状态时，任何用户都无法向表空间中写入数据，也无法修改表空间中已有的数据，用户只能以 SELECT 方式查询只读表空间中的数据。将表空间设置成只读状态可以避免数据库中的静态数据被修改。如果需要更新一个只读表空间，需要将该表空间转换到可读写状态，完成数据更新后再将表空间恢复到只读状态。

4．脱机状态（OFFLINE）

当一个表空间处于脱机状态时，Oracle 不允许任何访问该表空间中数据的操作。当数据库管理员需要对表空间执行备份或恢复等维护操作时，可以将表空间设置为脱机状态；如果某个表空间暂时不允许用户访问，DBA 也可以将这个表空间设置为脱机状态。

【例 4-1】　通过数据字典 dba_tablespaces，查看当前数据库中表空间的状态。

```
SQL> SELECT  TABLESPACE_NAME, STATUS
2 FROM  dba_tablespaces;

TABLESPACE_NAME              STATUS
-----------------            ---------------
SYSTEM                       ONLINE
SYSAUX                       ONLINE
UNDOTBS1                     ONLINE
TEMP                         ONLINE
USERS                        ONLINE
EXAMPLE                      ONLINE
ZCGL_TBS                     ONLINE
ZCGL_TEMP                    ONLINE
ZCGL_UNDO                    ONLINE
ZCGL_TBS1                    ONLINE
ZCGL_TEMP1                   ONLINE
ZCGL_UNDO1                   ONLINE
ZCGL_TBS_4K                  ONLINE
ZCGL_BIGTBS                  ONLINE
MYTS                         ONLINE
已选择 15 行。
```

数据文件是 Oracle 数据库中用来存储各种数据的地方，在创建表空间的同时将为表空间创建相应的数据文件。一个数据文件只能属于一个表空间，一个表空间可以有多个数据文件。在对数据文件进行管理时，数据库管理员可以修改数据文件的大小、名称、增长方式和存放位置，并能够删除数据文件。

4.3　表空间中的磁盘空间管理

在 Oracle 8.0 和更早的版本中，所有表空间中的磁盘空间都是由数据字典来管理的。在这种表空间的管理方法中，所有的空闲区由数据字典来统一管理。每当区段被分配或收回时，Oracle 服务器将修改数据字典中相应的（系统）表。

在数据字典（系统）管理的表空间中，所有的 EXTENTS 的管理都是在数据字典中进行的，而且每一个存储在同一个表空间中的段可以具有不同的存储子句。在这种表空间的管理方法中您可以根据需要修改存储参数，所以存储管理比较灵活但系统的效率较低。还有如果使用这种表空间的管理方法，有时需要合并碎片。由于 Oracle 8.0 对互联网的成功支持和它在其他方面的卓越表现，使得 Oracle 的市场占有率急速地增加，同时 Oracle 数据库的规模也开始变得越来越大。这样在一个大型和超大型数据库中就可能有成百乃至上千个表空间。由于每个表空间的管理信息都存在数据字典中，也就是存在系统表空间中。这样系统表空间就有可能成为一个瓶颈从而使数据库系统的效率大大地下降。

正是为了克服以上弊端，Oracle 公司从它的 Oracle 8i 开始引入了另一种表空间的管理方法，叫做本地管理的表空间。

本地管理的表空间其空闲 EXTENTS 是在表空间中管理的，它是使用位图（Bitmap）来记录空闲 EXTENTS，位图中的每一位对应于一块或一组块，而每位的值指示空闲或分配。当一个 EXTENT 被分配或释放时，Oracle 服务器就会修改位图中相应位的值以反映该EXTENT 的新的状态。位图存放在表空间所对应的数据文件的文件头中。

使用本地管理的表空间减少了数据字典表的竞争，而且当磁盘空间分配或收回时也不会产生回滚（还原），它也不需要合并碎片。在本地管理的表空间中无法按用户需要来随意地修改存储参数，所以存储管理不像数据字典（系统）管理的表空间那样灵活，但系统的效率较高。

因为在本地管理的表空间中，表空间的管理，如磁盘空间的分配与释放等已经不再需要操作数据字典了，所以系统表空间的瓶颈问题得到了很好的解决。因此 Oracle 公司建议用户创建的表空间应该尽可能地使用本地管理的表空间。

4.4　创建表空间

在创建 Oracle 数据库时会自动创建 SYSTEM、SYSAUX 和 USERS 等表空间，用户可以使用这些表空间进行各种数据操作。但在实际应用中，如果使用系统创建的这些表空间会加重它们的负担，严重影响系统的 I/O 性能，因此 Oracle 建议根据实际需求来创建不同的非系统表空间，用来存储所有的用户对象和数据。

创建表空间需要有 CREATE TABLESPACE 系统权限。在创建表空间时应该事先创建一个文件夹，用来放置新创建表空间的各个数据文件。当通过添加数据文件来创建一个新的表空间或修改一个表空间时，应该给出文件大小和带完整存取路径的文件名。

在表空间的创建过程中，Oracle 会完成以下工作：

（1）在数据字典和控制文件中记录下新创建的表空间。

（2）在操作系统中按指定的位置和文件名创建指定大小的操作系统文件，作为该表空间对应的数据文件。

（3）在预警文件中记录下创建表空间的信息。

创建表空间命令的语法结构如下：

```
CREATE   [TEMPORARY | UNDO]  TABLESPACE  tablespace_name
[DATAFILE | TEMPFILE  file_spec1 [,file_spec2] ......SIZE size K | M [REUSE]]
[MININUM  EXTENT  integer K | M]
[BLOCKSIZE  integer k]
[LOGGING | NOLOGGING]
[FORCE  LOGGING]
[DEFAULT  {data_segment_compression}  storage_clause]
[ONLINE | OFFLINE]
[PERMANENT | TEMPORARY]
[EXTENT  MANAGEMENT  DICTIONARY | LOCAL]
```

```
[AUTOALLOCATE | UNIFORM SIZE number]
[SEGMENT MANAGEMENT AUTO|MANUAL]
```

语法说明如下。

1．TEMPORARY | UNDO

说明系统创建表空间的类型。TEMPORARY 表示创建一个临时表空间。UNDO 表示创建一个撤销表空间。创建表空间时，如果没有使用关键字 TEMPORARY 或 UNDO，表示创建永久性表空间。

2．tablespace_name

指定表空间的名称。

3．DATAFILE　file_spec1

指定与表空间关联的数据文件。file_spec1 需要指定数据文件路径和文件名。如果要创建临时表空间，需要使用子句 TEMPFILE file_spec1。

4．SIZE　size K | M　[REUSE]

指定数据文件的大小。如果要创建的表空间的数据文件在指定的路径中已经存在，可以使用 REUSE 关键字将其删除并重新创建该数据文件。

5．MININUM　EXTENT　integer　K | M

指出在表空间中盘区的最小值。

6．BLOCKSIZE integer k

如果在创建永久性表空间时不采用参数 db_block_size 所指定的数据块的大小，可以使用此子句设定一个数据块的大小。

7．LOGGING | NOLOGGING

指定存储在表空间中的数据库对象的任何操作是否产生日志（默认是 LOGGING）。LOGGING 表示产生日志；NOLOGGING 表示不产生。

8．FORCE　LOGGING

使用这个子句指出表空间进入强制日志模式，这时表空间上对象的任何改变都将产生日志，并忽略 LOGGING | NOLOGGING 选项。在临时表空间和撤销表空间中不能使用这个选项。

9．DEFAULT　storage_clause

声明默认的存储子句。

10．ONLINE | OFFLINE

将表空间的状态设置为联机状态（ONLINE）或脱机状态（OFFLINE）。ONLINE 是默认值，表示表空间创建后立即可以使用；OFFLINE 表示不可以使用。

11. PERMANENT | TEMPORARY

指定表空间中数据对象的保存形式，PERMANENT 表示永久存放，TEMPORARY 表示临时存放。

12. EXTENT MANAGEMENT DICTIONARY | LOCAL

指定表空间的管理方式。如果希望本地管理表空间，则声明 LOCAL 选项，这是默认选项，本地管理表空间是通过位图进行管理的；如果希望以数据字典的形式管理表空间，则声明 DICTIONARY 选项。

13. AUTOALLOCATE | UNIFORM SIZE number

指定表空间的盘区大小。AUTOALLOCATE 表示盘区大小由 Oracle 自动分配；UNIFORM SIZE number 表示表空间中所有盘区大小统一为 number。

14. SEGMENT MANAGEMENT AUTO | MANUAL

指定段空间的管理方式，自动或者手动，默认为 AUTO。

4.4.1 创建永久表空间

如果在使用 CREATE TABLESPACE 语句创建表空间时，没有使用关键字 TEMPORARY 或 UNDO，或者使用了关键字 PERMANENT，则表示创建的表空间是永久保存数据库对象数据的永久表空间。

1. 创建本地管理方式的永久表空间

根据表空间对盘区的管理方式，表空间可以分为数据字典管理的表空间和本地管理的表空间。本地管理表空间使用位图的方法来管理表空间中的数据块，从而避免了使用 SQL 语句引起的系统性能下降。Oracle 建议在建立表空间时选择本地管理方式。

从 Oracle 9i R2 后，系统创建的表空间在默认情况下都是本地管理表空间。在使用 CREATE TABLESPACE 语句创建表空间时，如果省略了 EXTENT MANAGEMENT 子句，或者显式地使用了 EXTENT MANAGEMENT LOCAL 子句，表示所创建的是本地管理方式的表空间。

【例 4-2】 创建永久表空间 my_tbs_1，对应的数据文件名为 mytbs_1_01.dbf，大小为 20M，存放在 D:\my_tablespace 中，采用本地管理方式。

```
SQL> CREATE TABLESPACE my_tbs_1
2  DATAFILE ' D:\my_tablespace\my_tbs_1_01.dbf '
3  SIZE 20M
4  EXTENT MANAGEMENT LOCAL;
表空间已创建。
```

💭说明：如果在数据文件 DATAFILE 子句中没有指定文件路径，Oracle 会在默认的路径中创建这些数据文件，默认的路径取决于操作系统。如果在指定的路径中有同名的操作系统文件存在，则需要在数据文件子句中使用 REUSE 选项；如果数据库中已经存在同名的表空间，则必须先删除该表空间。

2．创建UNIFORM盘区分配方式的永久表空间

如果在 EXTENT MANAGEMENT 子句中指定了 UNIFORM 关键字，则说明表空间中所有的盘区都具有统一的大小。

【例 4-3】 创建永久表空间 my_tbs_2，对应的数据文件名为 my_tbs_2_01.dbf，大小为 20M，存放在 D:\my_tablespace 中，采用本地管理方式，表空间中所有分区大小都是 256KB。

```
SQL> CREATE TABLESPACE my_tbs_2
2  DATAFILE ' D:\my_tablespace\my_tbs_2_01.dbf '
3  SIZE 20M
4  EXTENT MANAGEMENT LOCAL UNIFORM SIZE 256K;
表空间已创建。
```

💬说明：如果在 UNIFORM 关键字后没有指定 SIZE 参数值，则 SIZE 参数值默认为 1MB。

3．创建ALLOCATE盘区分配方式的表空间

如果在 EXTENT MANAGEMENT 子句中指定了 AUTOALLOCATE 关键字，则说明盘区大小由 Oracle 进行自动分配，不需要指定大小，盘区大小的指定方式默认是 AUTOALLOCATE。

【例 4-4】 创建一个 AUTOALLOCATE 方式的永久表空间 my_tbs_3，对应的数据文件名为 my_tbs_3_01.dbf，初始大小为 20M，可以自动增长，每次增长 5M，最大可以达到 100M，存放在 D:\my_tablespace 中，采用本地管理方式。

```
SQL> CREATE TABLESPACE my_tbs_3
2  DATAFILE ' D:\my_tablespace\my_tbs_3_01.dbf '
3  SIZE 20M
4  AUTOEXTEND ON NEXT 5M
5  MAXSIZE 100M
6  EXTENT MANAGEMENT LOCAL
7  AUTOALLOCATE;
表空间已创建。
```

4.4.2　创建临时表空间

临时表空间主要用来存储用户在执行 ORDER BY 等语句进行排序或汇总时产生的临时数据信息。通过使用临时表空间，Oracle 能够使带有排序等操作的 SQL 语句获得更高的执行效率。在数据库中创建用户时必须为用户指定一个临时表空间来存储该用户生成的所有临时表数据。

创建临时表空间时需要使用 CREATE TEMPORARY TABLESPACE 命令。如果在数据库运行过程中经常发生大量的并发排序，那么应该创建多个临时表空间来提高排序性能。

【例 4-5】 创建一个名 my_temptbs_1 的临时表空间，对应的临时文件名为 mytemptbs_1_01.dbf，大小为 20M，存放在 D:\my_tablespace 中，并使用 UNIFORM 选项指定盘区大

小，统一为 256K。

```
SQL> CREATE  TEMPORARY  TABLESPACE  my_temptbs_1
2  TEMPFILE  ' D:\my_tablespace\ my_temptbs_1_01.dbf '
3  SIZE  20M
4  UNIFORM  SIZE  256K;
表空间已创建。
```

说明：临时表空间不使用数据文件，而使用临时文件，所以在创建临时表空间时，必须将表示数据文件的关键字 DATAFILE 改为表示临时文件的关键字 TEMPFILE。临时文件只能与临时表空间一起使用，不需要备份，也不会把数据修改记录到重做日志中。

4.4.3　创建撤销表空间

Oracle 使用撤销表空间来管理撤销数据。当用户对数据库中的数据进行 DML 操作时，Oracle 会将修改前的旧数据写入到撤销表空间中；当需要进行数据库恢复操作时，用户会根据撤销表空间中存储的这些撤销数据来对数据进行恢复，所以说撤销表空间用于确保数据的一致性。撤销表空间只能使用本地管理方式，在临时表空间、撤销表空间上都不能创建永久方案对象（表、索引和簇）。

可以通过执行 CREATE UNDO TABLESPACE 选项来创建 UNDO 表空间。

【例 4-6】　创建名称为 my_undo_1 的撤销表空间，该表空间的空间管理方式为本地管理，大小为 20M，盘区的大小由系统自动分配，对应的数据文件名为 my_undo_1_01.dbf，存放在 D:\my_tablespace 中。

```
SQL> CREATE  UNDO  TABLESPACE  my_undo_1
2  DATAFILE  ' D:\my_tablespace\my_undo_1_01.dbf '
3  SIZE  20M;
表空间已创建。
```

说明：创建表空间时，表空间盘区大小默认为 AUTOALLOCATE，所以如果在创建表空间的命令中省略了关键字 AUTOALLOCATE，那么盘区的大小就是由系统自动分配的方式。

4.4.4　创建非标准块表空间

Oracle 数据块是 Oracle 在数据文件上执行 I/O 操作的最小单位，其大小应该设置为操作系统物理块的整数倍。初始化参数 DB_BLOCK_SIZE 定义了标准数据块的大小，在创建数据库后就不能再修改该参数的值。当创建表空间时，如果不指定 BLOCKSIZE 选项，那么该表空间将采用由参数 DB_BLOCK_SIZE 决定的标准数据块大小。Oracle 允许用户创建非标准块表空间，在 CREATE TABLESPACE 命令中使用 BLOCKSIZE 选项来指定表空间数据块的大小。创建的非标准块表空间的数据块大小也应该是操作系统物理块的倍数。在建立非标准块表空间之前，必须为非标准块分配非标准数据高速缓冲区参数 db_nk_cache_size，并且数据高速缓存的尺寸可以动态修改。

【例 4-7】　为 4KB 数据块设置 10MB 的高速缓冲区，然后创建数据块大小为 4KB 的非标准数据块表空间 my_tbs_4k，对应的数据文件名为 my_tbs_4k_01.dbf，大小为 2M，存放在 D:\my_tablespace 中。

（1）查看 db_block_size 参数的信息。

```
SQL> SHOW  PARAMETER  db_block_size;
NAME                   TYPE         VALUE
-----------            ----------   -----------
db_block_size  integer      4096
```

💬说明：如果 db_block_size 的参数值为 8K，就不能再设置 db_8k_cache_size 参数的值，否则会出现如下错误。

```
SQL> ALTER  SYSTEM  SET  db_8k_cache_size=10M;
ALTER  SYSTEM  SET  db_8k_cache_size=10M
*
第 1 行出现错误:
ORA32017:
更新 SPFILE 时失败
ORA00380:
无法指定 db_8k_cache_size，因为 8K 是标准块大小
```

（2）为 4KB 数据块设置 10MB 的高速缓冲区参数 db_4k_cache_size。

```
SQL> ALTER  SYSTEM  SET  db_4k_cache_size=10M;
系统已更改。
```

BLOCKSIZE 参数与 db_nk_cache_size 参数值的对应关系如下：如果 BLOCKSIZE 参数的值设置为 4K，就必须设置 db_4k_cache_size 参数的值；如果 BLOCKSIZE 参数的值设置为 2K，就必须设置 db_2k_cache_size 参数的值。

（3）为非标准块分配了非标准数据高速缓存后，就可以创建非标准块表空间了。

```
SQL> CREATE  TABLESPACE  my_tbs_4k
2  DATAFILE  ' D:\my_tablespace\my_tbs_4k_01.dbf '
3  SIZE  2M
4  BLOCKSIZE  4K;
表空间已创建。
```

4.4.5　创建大文件表空间

从 Oracle 10g 开始，引入了大文件表空间，用于解决存储文件大小不够的问题。这种表空间只能包括一个数据文件或临时文件，其对应的文件可以包含 4G 个数据块。如果数据块大小为 8KB，大文件表空间的数据文件最大可以达到 32TB；如果块的大小是 32KB，那么大文件表空间的数据文件最大可以达到 128TB。因此能够显著提高 Oracle 数据库的存储能力。

【例 4-8】 创建名称为 my_bigtbs 的大文件表空间，其大小为 20MB，对应的数据文件名为 my_bigtbs.dbf，存放在 D:\my_tablespace 中。

```
SQL> CREATE  BIGFILE  TABLESPACE  my_bigtbs
2  DATAFILE  ' D:\my_tablespace \ my_bigtbs.dbf '
3  SIZE  20M;
表空间已创建。
```

4.5　维护表空间和数据文件

对数据库管理员而言，需要经常维护表空间。维护表空间的操作包括重命名表空间和数据文件，改变表空间和数据文件的状态，设置默认表空间，扩展表空间，删除表空间及数据文件，以及查看表空间和数据文件的信息等。用户可以使用 ALTER TABLESPACE 命令完成维护表空间和数据文件的各种操作，但该用户必须拥有 ALTER TABLESPACE 或 ALTER DATABASE 系统权限。

4.5.1　重命名表空间和数据文件

1. 重命名表空间

通过使用 ALTER TABLESPACE 的 RENAME 选项，就可以修改表空间的名称。需要注意的是，SYSTEM 表空间和 SYSAUX 表空间的名称不能被修改，如果表空间或其中的任何数据文件处于 OFFLINE 状态，该表空间的名称也不能被改变。重命名表空间的一般语法格式为：

```
ALTER TABLESPACE tablespace_name RENAME TO tablespace_new_name;
```

说明：tablespace_name 为重命名前表空间名称，tablespace_new_name 为新的表空间名称。

【例 4-9】　将【例 4-3】中创建的表空间 my_tbs_2 改名为 my_tbsnew_2。

```
SQL> ALTER TABLESPACE my_tbs_2 RENAME TO my_tbsnew_2;
表空间已更改。
```

说明：虽然表空间的名称被修改了，但表空间对应的数据文件、数据文件的位置和名称都没有变化，所有的 SQL 语句仍能正常运行。

2. 重命名数据文件

当创建数据文件后，可以改变数据文件的名称。以下以【例 4-2】中创建的表空间 my_tbs_1 的数据文件为例来详述改变数据文件的名称的具体步骤。

（1）使表空间处于 OFFLINE 状态。

```
SQL> ALTER TABLESPACE my_tbs_1 OFFLINE NORMAL;
表空间已更改。
```

（2）用操作系统命令重命名数据文件。

```
SQL> HOST RENAME D:\my_tablespace\my_tbs_1_01.dbf my_tbs_1_02.dbf
```

说明：HOST 表示需要在 SQL*Plus 中执行操作系统命令 RENAME。

（3）使用带 RENAME DATAFILE 子句的 ALTER TABLESPACE 语句改变数据文件

名称。

```
SQL> ALTER TABLESPACE my_tbs_1
2    RENAME DATAFILE ' D:\my_tablespace\my_tbs_1_01.dbf '
3    TO
4 ' D:\my_tablespace\my_tbs_1_02.dbf;
表空间已更改。
```

（4）将表空间重新设置为联机状态。

```
SQL> ALTER TABLESPACE my_tbs_1 ONLINE;
表空间已更改。
```

4.5.2　改变表空间和数据文件状态

表空间主要有联机、读写、只读和脱机等 4 种状态，因此修改表空间的状态包括使表空间只读、使表空间可读写，以及使表空间脱机或联机。

1．设置表空间为只读状态

当表空间只用于存放静态数据，或者该表空间需要被迁移到其他数据库时，应该将表空间的状态修改为只读，可以通过在 ALTER TABLESPACE 语句中使用 READ ONLY 子句来完成这一操作。将表空间设置为只读状态时，该表空间必须为 ONLINE，并且该表空间不能包含任何撤销段。系统表空间 SYSTEM 和 SYSAUX 不能设置为只读状态。

【例 4-10】 将已创建的表空间 my_tbs_1 设置为只读状态。

```
SQL> ALTER TABLESPACE my_tbs_1 READ ONLY;
表空间已更改。
```

🔔说明：当表空间设置为只读状态时，就不能执行 INSERT 操作向其中添加数据了，但仍然可以执行 DROP 操作，删除该表空间上的对象。

2．设置表空间为可读写

若想将表空间恢复为读写状态时，需要在 ALTER TABLESPACE 语句中使用 READ WRITE 子句。

【例 4-11】 将表空间 my_tbs_1 转变为 READ WRITE 状态，使表空间可读写。

```
SQL> ALTER TABLESPACE my_tbs_1 READ WRITE;
表空间已更改。
```

3．改变表空间可用性

当创建表空间时，表空间及其所有数据文件都处于 ONLINE 状态，此时表空间是可以被访问的。当表空间或数据文件处于 OFFLINE 状态时，表空间及其数据文件就不可以被访问了。

1）将表空间设置为脱机 OFFLINE 状态

下列情况需要将表空间设置为脱机状态：（1）需要对表空间进行备份或恢复等维护操作；（2）某个表空间暂时不允许用户访问；（3）需要移动特定表空间的数据文件，防止其中的数据文件被修改以确保数据文件的一致性。需要注意的是，SYSTEM 和 SYSAUX 表空间不能被设置为脱机状态。

【例 4-12】　将表空间 my_tbs_1 转变为 OFFLINE 状态，使其脱机。

```
SQL> ALTER TABLESPACE my_tbs_1 OFFLINE;
表空间已更改。
```

说明：当表空间处于 OFFLINE 状态时，该表空间将无法访问。

2）使表空间联机

完成了表空间的维护操作后，应该将表空间设置为 ONLINE 状态，这样该表空间就可以被访问了。

【例 4-13】将表空间 my_tbs_1 转变为 ONLINE 状态。

```
SQL> ALTER TABLESPACE my_tbs_1 ONLINE;
表空间已更改。
```

4．改变数据文件可用性

修改数据文件可用性的一般语法格式如下：

```
ALTER DATABASE DATAFILE file_name ONLINE | OFFLINE | OFFLINE DROP
```

说明：数据文件的状态有 3 种，ONLINE 表示数据文件可以使用；OFFLINE 表示当数据库运行在存档模式下时，数据文件不可以使用；OFFLINE DROP 表示当数据库运行在非存档模式下时，数据文件不可以使用。

【例 4-14】　将已创建表空间 my_tbs_1 中的数据文件 my_tbs_1_02.dbf 设置为脱机状态 OFFLINE。

（1）如果要将数据文件设置为脱机状态，需要将数据库启动到 MOUNT 状态下，设置数据库运行在存档模式下。

```
SQL> SHUTDOWN IMMEDIATE
数据库已经关闭。
已经卸载数据库。
ORACLE 例程已经关闭。
SQL> STARTUP MOUNT;
ORACLE 例程已经启动。
Total System Global Area 535662592 bytes
Fixed Size 1375792 bytes
Variable Size 276824528 bytes
Database Buffers 251658240 bytes
Redo Buffers 5804032 bytes
数据库装载完毕。
SQL> ALTER DATABASE ARCHIVELOG;
数据库已更改。
```

（2）使用 ALTER DATABASE 命令将数据文件 my_tbs_1_02.dbf 设置为脱机状态。

```
SQL> ALTER DATABASE
2   DATAFILE ' D:\my_tablespace\my_tbs_1_02.dbf '
3   OFFLINE;
数据库已更改。
```

💬说明：将数据文件设置为脱机状态时，不会影响到表空间的状态。相反，将表空间设置
为脱机状态时，属于该表空间的数据文件将会全部处于脱机状态。

4.5.3 设置默认表空间

在 Oracle 中，对于像 SCOTT 这样的普通用户来说，其初始默认表空间为 USERS，默认临时表空间为 TEMP；而对 SYSTEM 用户来说，其初始默认表空间为 SYSTEM，默认临时表空间为 TEMP。在创建新用户时，如果不为其指定默认表空间，系统会将上述初始的默认表空间作为这个用户的默认表空间，这将导致 TEMP、USERS 或 SYSTEM 等表空间迅速被用户数据占满，严重影响系统 IO 性能。使用 ALTER DATABASE DEFAULT TABLESPACE 命令可以设置数据库的默认表空间；使用 ALTER DATABASE DEFAULT TEMPORARY TABLESPACE 语句可以改变数据库的默认临时表空间。以下通过两个具体实例来介绍这两个命令的具体用法。

【例 4-15】 查看数据字典 database_properties，查看当前用户使用的永久表空间与默认表空间。

```
SQL> COLUMN  property_value  FORMAT  A15
SQL> COLUMN  description  FORMAT  A25
SQL> SELECT  property_name, property_value, description
2    FROM database_properties
3    WHERE property_name
4    IN(' DEFAULT_PERMANENT_TABLESPACE ', ' DEFAULT_TEMP_TABLESPACE ');
PROPERTY_NAME                    PROPERTY_VALUE        DESCRIPTION
-------------------              ---------------       ----------------
DEFAULT_TEMP_TABLESPACE          TEMP                  Name of default
                                                       temporary tablespace
DEFAULT_PERMANENT_TABLESPACE     USERS                 Name of default
                                                       permanent tablespace
```

【例 4-16】设置数据库的默认表空间为 my_tbs_1。

```
SQL> ALTER  DATABASE  DEFAULT  TABLESPACE  my_tbs_1;
数据库已更改。
```

【例 4-17】设置数据库的默认临时表空间为 my_temptbs_1。

```
SQL> ALTER  DATABASE  DEFAULT  TEMPORARY  TABLESPACE  my_temptbs_1;
数据库已更改。
```

4.5.4 扩展表空间

数据文件的大小实际上代表了该数据文件在磁盘上的可用空间。表空间的大小实际上就是其对应的数据文件大小的和。如果表空间中所有的数据文件都已经被写满，那么向该表空间上的表中插入数据时，会显示错误信息。这种情况下必须扩展表空间来增加更多的存储空间。通常扩展表空间的方法有添加新的数据文件、改变数据文件的大小以及允许数据文件自动扩展等。

1. 添加新的数据文件

添加新的数据文件的一般语法格式为：

```
ALTER  TABLESPACE  tablespace_name
ADD  DATAFILE  ' datafilepath '
SIZE  nM;
```

说明：tablespace_name 为表空间名称，datafilepath 为数据文件路径，n 为数据文件大小，单位为 M。

【例 4-18】 为表空间 my_tbs_1 在 D:\my_tablespace 下增加一个 5MB 的数据文件 my_tbs_1_02.dbf。

```
SQL> ALTER  TABLESPACE  my_tbs_1
2    ADD  DATAFILE  ' D:\my_tablespace\my_tbs_1_02.dbf '
3    SIZE  5M;
表空间已更改。
```

2．改变数据文件的大小

修改数据文件的大小需要使用 ALTER DATABASE 命令，其语法格式如下所示：

```
ALTER  DATABASE  tablespace_name
DATAFILE  filename
RESIZE  nM;
```

说明：tablespace_name 为表空间名称，filename 为要修改的数据文件的名称，n 为数据文件的大小，单位为 M。

【例 4-19】 将上例中添加的数据文件 D:\my_tablespace\my_tbs_1_02.dbf 的容量扩展为 100M。

（1）通过数据字典 DBA_DATA_FILES 查看表空间 my_tbs_1 中的数据文件信息。

```
SQL> SELECT  FILE_NAME, TABLESPACE_NAME
2    FROM  DBA_DATA_FILES
3    WHERE  TABLESPACE_NAME=' MY_TBS_1';
FILE_NAME                                    TABLESPACE_NAME
D:\my_tablespace\my_tbs_1_01.dbf             MY_TBS_1
D:\my_tablespace\my_tbs_1_02.dbf             MY_TBS_1
```

（2）通过 ALTER DATABASE … RESIZE 命令将数据文件 my_tbs_1_02.dbf 扩展为 100M。

```
SQL> ALTER  DATABASE
2    DATAFILE  ' D:\my_tablespace\my_tbs_1_02.dbf '
3    RESIZE  100M;
数据库已更改。
```

说明：可以利用 RESIZE 子句来缩小数据文件的大小，但必须保证缩小后的数据文件足够容纳其中现有的数据，否则会有错误提示。

3．允许数据文件自动扩展

在为表空间指定数据文件时，如果没有使用 AUTOEXTEND ON 选项，那么该数据文件将不允许自动扩展。为了使数据文件可以自动扩展，就必须指定 AUTOEXTEND ON 选项。当指定了 AUTOEXTEND ON 选项后，在表空间填满时，数据文件将自动扩展，从而扩展了表空间的存储空间。设置数据文件为自动扩展的一般语法格式为：

```
ALTER  DATABASE
DATAFILE  ' datafilepath '
AUTOEXTEND  ON  NEXT  mM  MAXSIZE  maxM;
```

说明：datafilepath 为数据文件路径，NEXT 语句指定数据文件每次增长的大小 mM。MAXSIZE 表示允许数据文件增长的最大限度 maxM。

【例 4-20】 将已创建的表空间 my_tbs_1 中的数据文件 my_tbs_1_01.dbf 设置为自动扩展。

```
SQL> ALTER  DATABASE
2    DATAFILE  ' D:\my_tablespace\my_tbs_1_01.dbf '
3    AUTOEXTEND  ON  NEXT  2M  MAXSIZE  30M;
数据库已更改。
```

说明：执行上述命令后，当该数据文件被填满时会自动扩展，每次增长的大小为 2MB，最大尺寸可达到 30MB。

【例 4-21】 取消上例中数据文件 my_tbs_1_01.dbf 的自动扩展性。

```
SQL> ALTER  DATABASE
2 DATAFILE  ' D:\my_tablespace\my_tbs_1_01.dbf '
3 AUTOEXTEND  OFF;
数据库已更改。
```

4.5.5　删除表空间和数据文件

1．删除表空间

当表空间中的所有数据都不再需要时，或者当表空间因损坏而无法恢复时，可以将表空间删除，这要求用户具有 DROP TABLESPACE 系统权限。默认情况下，Oracle 在删除表空间时只是从数据字典和控制文件中删除表空间信息，而不会物理地删除操作系统中相应的数据文件。删除表空间的一般语法格式为：

```
DROP  TABLESPACE  tablespace_name
INCLUDING  CONTENTS | INCLUDING  CONTENTS AND DATAFILES;
```

说明：tablespace_name 为要删除的表空间名称，INCLUDING CONTENTS 选项表示删除表空间的所有对象，INCLUDING CONTENTS AND DATAFILES 表示级联删除所有数据文件。

【例 4-22】 删除表空间 my_tbsnew_2。

```
SQL> DROP  TABLESPACE  my_tbsnew_2  INCLUDING  CONTENTS;
表空间已删除。
```

说明：如果要删除的表空间中有数据库对象，则必须使用 INCLUDING CONTENTS 选项。

【例 4-23】 在删除表空间 my_tbsnew_2 的同时删除它所对应的数据文件。

```
SQL> DROP  TABLESPACE  my_tbsnew_2
2    INCLUDING  CONTENTS  AND  DATAFILES;
```

表空间已删除。

💭 **说明**：删除表空间时，如果级联删除其所拥有的所有数据文件，此时需要显式地指定 INCLUDING CONTENTS AND DATAFILES。

2．删除数据文件

从表空间中删除数据文件时，当数据文件处于以下 3 种情况时是不能被删除的：

❑　数据文件中存在数据；

❑　数据文件是表空间中唯一的或第一个数据文件；

❑　数据文件或数据文件所在的表空间处于只读状态。

从表空间中删除数据文件，需要使用带 DROP DATAFILE 子句的 ALTER TABLESPACE 命令来完成，其一般语法格式为：

```
ALTER TABLESPACE tablespace_name
DROP DATAFILE ' datafilepath ';
```

💭 **说明**：tablespace_name 为要删除的数据文件所在的表空间名称，datafilepath 为数据文件路径。

【例 4-24】　删除表空间 my_tbs_1 中的数据文件 D:\my_tablespace\my_tbs_1_02.dbf。

```
SQL> ALTER TABLESPACE my_tbs_1
2 DROP DATAFILE ' D:\my_tablespace\my_tbs_1_02.dbf ';
表空间已更改。
```

4.6　查看表空间和数据文件信息

1．查看表空间信息

为了便于对表空间进行管理，Oracle 提供了一系列与表空间相关的数据字典，如表 4-1 所示，通过这些数据字典，数据库管理员可以了解表空间的相关信息。

表 4-1　与表空间有关的数据字典

表　　名	注　　释
V$TABLESPACE	从控制文件中获取的表空间名称和编号
DBA_TABLESPACE	所有用户可访问的表空间信息
USER_TABLESPACE	用户可访问的表空间的信息
DBA_SEGMENTS	所有表空间中的段的描述信息
USER_SEGMENTS	用户可访问的表空间中的段的描述信息
DBA_EXTENTS	所有用户可访问的表空间中的数据盘区的信息
USER_EXTENTS	用户可访问的表空间中的数据盘区的信息
V$DATAFILE	所有数据文件的信息，包括所属表空间的名称和编号
V$TEMPFILE	所有临时文件的信息，包括所属表空间的名称和编号
DBA_DATA_FILES	所有数据文件及其所属的表空间的信息
DBA_TEMP_FILES	所有临时文件及其所属的临时表空间的信息
V$TEMP_EXTENT_POOL	本地管理的临时表空间的缓存信息，使用的临时表空间的状态信息

续表

表　名	注　释
V$TEMP_EXTENT_MAP	本地管理的临时表空间中的所有盘区的信息
V$SORT_USER	用户使用的临时排序段的信息
V$SORT_SEGMENT	例程的每个排序段的信息

2．查看数据文件信息

可以使用数据字典视图和动态性能视图来查看数据文件的信息，如表 4-2 所示。

表 4-2　与数据文件相关的数据字典视图和动态性能视图

表　名	注　释
DBA_DATA_FILES	包含数据库中所有数据文件的基本信息
DBA_TEMP_FILES	包含数据库中所有临时数据文件信息
DBA_EXTENTS	包含所有表空间中已分配的区的描述信息，如区所属的数据文件的文件号等
USER_EXTENTS	包含当前用户所拥有的对象在所有表空间中已分配的区的描述信息
DBA_FREE_SPACE	包含表空间中空闲区的描述信息，如空闲区所属的数据文件的文件号等
USER_FREE_SPACE	包含可被当前用户访问的表空间中空闲区的描述信息
V$DATAFILE	包含从控制文件中获取的数据文件信息，主要是用于同步的信息
V$DATAFILE_HEADER	包含从数据文件头部获取的信息

【例 4-25】　通过 dba_tablespaces，查看当前数据库的表空间的名称及每个表空间的数据库大小。

```
SQL> SELECT  tablespace_name, block_size
2   FROM  dba_tablespaces;
TABLESPACE_NAME                 BLOCK_SIZE
------------------------------  -------------------
SYSTEM                          8192
SYSAUX                          8192
UNDOTBS1                        8192
TEMP                            8192
USERS                           8192
EXAMPLE                         8192
my_tbs_1                        20971520
my_temptbs_1                    20971520
my_undo_1                       20971520
my_tbs_4k                       2048
my_bigtbs                       20971520
已选择 11 行。
```

【例 4-26】　通过 DBA_TEMP_FILES，查看已创建的临时表空间 my_temptbs_1 的临时文件信息。

```
SQL> COLUMN  file_name  FORMAT A50;
SQL> COLUMN  tablespace_name  FORMAT A15;
SQL> SELECT  tablespace_name, file_name, bytes
2   FROM  dba_temp_files
3   WHERE  tablespace_name=' MY_TEMPTBS_1';
TABLESPACE_NAME    FILE_NAME                                  BYTES
-----------------  -------------------------------  -------------
MY_TEMPTBS_1       D:\my_tablespace\ my_temptbs_1_01.dbf  20971520
已选择 1 行。
```

4.7　实　例　分　析

1.　表空间的创建和维护

（1）为当前数据库 myorcl 创建下列表空间。

❑ 永久表空间 myorcl_tbs，数据文件：myorcl_tbs1.dbf，初始大小为 50M，可以自动增长，每次增长 5M，最大可以达到 200M，数据文件存放在 D:\my_tablespace 中，采用本地管理方式。

❑ 临时表空间 myorcl_temp，数据文件：myorcl_temp.dbf，初始大小为 20M，可以自动增长，每次增长 5M，最大可以达到 40M，数据文件存放在 D:\my_tablespace 中。

❑ 创建撤销表空间 myorcl_undo，数据文件：myorcl_undo.dbf，初始大小为 50M，可以自动增长，每次增长 5M，最大可以达到 100M，数据文件存放在 D:\my_tablespace 中。

❑ 通过数据字典 dba_tablespaces，查看当前数据库的所有表空间的名称、状态和是否产生日志。

（2）将永久性表空间 myxkxt_tbs 的可用性设置为脱机，再修改为联机。

2.　数据文件的创建与维护

为永久表空间 myorcl_tbs 添加新的数据文件 myorcl_tbs2.dbf 和 myorcl_tbs3.dbf，其中数据文件 myorcl_tbs2.dbf 的初始大小为 20M，可自动增长，每次增长 5M，最大值为 50M；数据文件 myorcl_tbs3.dbf 的初始大小为 20M。将 myorcl_tbs3.dbf 设置为脱机状态。

参考解答如下。

1.　表空间的创建和维护

1）为当前数据库 myorcl 创建下列表空间。

（1）永久表空间 myorcl_tbs，数据文件：myorcl_tbs1.dbf，初始大小为 50M，可以自动增长，每次增长 5M，最大可以达到 200M，数据文件存放在 D:\my_tablespace 中，采用本地管理方式。

```
SQL> CREATE  TABLESPACE myorcl_tbs
2  DATAFILE ' D:\ my_tablespace \ myorcl_tbs1.dbf '
3  SIZE  50M
4  AUTOEXTEND  ON
5  NEXT  5M
6  MAXSIZE  200M
7  EXTENT  MANAGEMENT  LOCAL;
表空间已创建。
```

（2）临时表空间 myorcl_temp，数据文件：myorcl_temp.dbf，初始大小为 20M，可以自动增长，每次增长 5M，最大可以达到 40M，数据文件存放在 D:\my_tablespace 中。

```
SQL> CREATE  TEMPORARY TABLESPACE myorcl _temp
2  TEMPFILE ' D:\ my_tablespace \ myorcl _temp.dbf '
3  SIZE  20M
```

```
4    AUTOEXTEND   ON
5    NEXT   5M
6    MAXSIZE   40M;
表空间已创建。
```

（3）创建撤销表空间 myorcl_undo，数据文件：myorcl_undo.dbf，初始大小为 50M，可以自动增长，每次增长 5M，最大可以达到 100M，数据文件存放在 D:\my_tablespace 中。

```
SQL> CREATE  UNDO  TABLESPACE  myorcl_undo
2    DATAFILE  ' D:\ my_tablespace \ myorcl_undo.dbf '
3    SIZE   50M
4    AUTOEXTEND   ON
5    NEXT   5M
6    MAXSIZE   100M;
表空间已创建。
```

（4）通过数据字典 dba_tablespaces，查看当前数据库的所有表空间的名称、状态和是否产生日志。

```
SQL> SELECT  tablespace_name, status, logging  FROM  dba_tablespaces;
TABLESPACE_NAME          STATUS          LOGGING
------------------       ----------      -----------
SYSTEM                   ONLINE          LOGGING
SYSAUX                   ONLINE          LOGGING
UNDOTBS1                 ONLINE          LOGGING
TEMP                     ONLINE          NOLOGGING
USERS                    ONLINE          LOGGING
MYORCL_TBS               ONLINE          LOGGING
MYORCL_TEMP              ONLINE          NOLOGGING
MYORCL_UNDO              ONLINE          LOGGING
已选择 8 行。
```

2）将永久性表空间 myxkxt_tbs 的可用性设置为脱机，再修改为联机。

```
SQL> ALTER  TABLESPACE  MYORCL_TBS  OFFLINE;
表空间已更改。
SQL> SELECT  tablespace_name, status, logging  FROM  dba_tablespaces;
TABLESPACE_NAME          STATUS          LOGGING
------------------       ----------      -------------
SYSTEM                   ONLINE          LOGGING
SYSAUX                   ONLINE          LOGGING
UNDOTBS1                 ONLINE          LOGGING
TEMP                     ONLINE          NOLOGGING
USERS                    ONLINE          LOGGING
MYORCL_TBS               OFFLINE         LOGGING
MYORCL_TEMP              ONLINE          NOLOGGING
MYORCL_UNDO              ONLINE          LOGGING
已选择 8 行。
SQL> ALTER  TABLESPACE  MYORCL_TBS  ONLINE;
表空间已更改。
```

2. 数据文件的创建与维护

1）为永久表空间 myorcl_tbs 添加新的数据文件 myorcl_tbs2.dbf 和 myorcl_tbs3.dbf，其中数据文件 myorcl_tbs2.dbf 的初始大小为 20M，可自动增长，每次增长 5M，最大值为 50M；数据文件 myorcl_tbs3.dbf 的初始大小为 20M。将 myorcl_tbs3.dbf 设置为脱机状态。

（1）为永久性表空间 myorcl_tbs 添加新的数据文件 myorcl_tbs2.dbf 和 myorcl_tbs3.dbf。

```
SQL> ALTER  TABLESPACE  MYORCL_TBS
2  ADD  DATAFILE
3  'D:\ my_tablespace \ myorcl_tbs2.dbf '
4  SIZE  20M
5  AUTOEXTEND  ON
6  NEXT  5M
7  MAXSIZE  50M,
8  ' D:\ my_tablespace \ myorcl_tbs3.dbf '
9  SIZE  20M;
表空间已更改。
```

（2）将 myorcl_tbs3.dbf 设置为脱机状态。

```
SQL> ALTER  DATABASE
1  DATAFILE  ' D:\ my_tablespace \ myorcl_tbs3.dbf '
2  OFFLINE ;
数据库已更改。
```

4.8 本 章 小 结

本章介绍了表空间对于 Oracle 数据库的重要性，表空间和数据文件的关系，表空间中的磁盘空间管理方式，重点介绍了创建表空间的方法、表空间和数据文件的维护，最后简要说明了查看表空间和数据文件基本信息的方法。通过本章的学习，使读者了解到表空间在 Oracle 数据库中发挥的重要作用，熟悉几种主要表空间的创建方法以及如何管理表空间及其对应的数据文件，并能借助相关数据字典查看表空间和数据文件的基本信息。

4.9 习题与实践练习

一、填空题

1. _____是 Oracle 中最大的逻辑存储结构，它与物理上的一个或多个_____相对应，每个 Oracle 数据库都至少拥有一个表空间。

2. 表空间的管理类型可以分为_____和_____。

3. 表空间的状态属性主要有_____、_____、_____和脱机（OFFLINE）等 4 种状态。

4. 在安装 Oracle 时，Oracle 数据库系统一般会自动创建 6 个默认的表空间，分别是：_____、_____、_____、_____、_____和 EXAMPLE 表空间。

5. 数据文件的状态有 3 种，_____表示数据文件可以使用；_____表示当数据库运行在存档模式下时，数据文件不可以使用；_____表示当数据库运行在非存档模式下时，数据文件不可以使用。

6. 在创建不同类型的表空间时，CREATE 后面使用的关键字不同，创建临时表空间，使用_____关键字；创建撤销表空间，使用_____关键字；创建大文件表空间，使用_____关键字。

二、选择题

1．下面选项中哪一项不属于表空间的状态属性？（　　　）

　　A．READ　　　　　　　B．READ WRITE　　　C．READ ONLY　D．OFFLINE

2．下面选项中哪一项不属于数据文件的状态属性？（　　　）

　　A．OFFLINE DROP　　　B．OFFLINE　　　　　C．READ　　　　　D．ONLINE

3．哪一个表空间不能切换为脱机状态？（　　　）

　　A．临时表空间 TEMP　　　　　　　　　　B．用户表空间 USER

　　C．索引表空间 INDEX　　　　　　　　　　D．系统表空间 SYSTEM

4．下列将临时表空间 temp 设置为默认临时表空间的语句正确的是（　　　）。

　　A．ALTER DATABASE DEFAULT TABLESPACE temp；

　　B．ALTER DATABASE DEFAULT TEMPORARY TABLESPACE temp；

　　C．ALTER DEFAULT TEMPORARY TABLESPACE TO temp；

　　D．ALTER DEFAULT TABLESPACE TO temp；

5．下面对数据文件的叙述中，正确的是（　　　）。

　　A．一个表空间只能对应一个数据文件

　　B．一个数据文件可以对应多个表空间

　　C．一个表空间可以对应多个数据文件

　　D．数据文件存储了数据库的所有日志信息

6．使用如下语句创建一个临时表空间 my_temp：

　　　　CREATE　　＿＿＿＿＿＿　TABLESPACE my_temp

　　　　　　　　＿＿＿＿＿＿　'D:\oracle_demo\my_temp_01.dbf '

　　　　SIZE 20M；

请从下列选项中选择正确的关键字补充上面的语句。（　　　）

　　A．（不填）、DATAFILE　　　　　　　　B．TEMP、TEMPFILE

　　C．TEMP、DATAFILE　　　　　　　　　D．TEMPORARY、TEMPFILE

7．使用如下语句创建一个大文件表空间 my_bigtable：

　　　　CREATE　　＿＿＿＿＿＿　TABLESPACE my_bigtable

　　　　　　　　＿＿＿＿＿＿　'D:\oracle_demo\my_bigtable_01.dbf '

　　　　SIZE 20M；

请从下列选项中选择正确的关键字补充上面的语句。（　　　）

　　A．（不填）、DATAFILE　　　　　　　　B．BIGFILE、DATAFILE

　　C．TEMP、DATAFILE　　　　　　　　　D．BIGFILE、TEMPFILE

8．在表空间 space 中没有存储任何数据，现在需要删除该表空间，并同时删除其对应的数据文件，可以使用下列哪条语句？（　　　）

　　A．DROP TABLESPACE space ；

　　B．DROP TABLESPACE space INCLUDING DATAFILES；

　　C．DROP TABLESPACE space NCLUDING CONTENTS AND DATAFILES；

　　D．DROP TABLESPACE space AND DATAFILES；

三、简答题

1. 简述 Oracle 数据库为什么要引入逻辑结构类。
2. 简述表空间的基本功能。
3. 简述 Oracle 数据库系统自动创建的 6 个默认的表空间的功能。
4. 简述表空间的 4 种状态属性所代表的含义。
5. 如何设置默认表空间？
6. 哪些表空间的名称不能被修改？
7. 删除表空间时，如果要删除其所拥有的所有数据文件，该如何操作？
8. 如何在数据库中创建新的数据文件？
9. 数据文件处于哪些情况下不能被删除？

四、上机操作题

1. 表空间的创建。为当前数据库 my_orcl 创建下列表空间。

（1）永久表空间 my_tablespace，数据文件：D:\my_tablespace\ my_tablespace_01.dbf，大小为 20M。

（2）临时表空间 my_tablespace_temp，数据文件：D:\my_tablespace\ my_tablespace_temp_01.dbf，大小为 20M。

（3）撤销表空间 my_tablespace_undo，数据文件：D:\my_tablespace\ my_tablespace_und_01.dbf，大小为 20M。

（4）大文件表空间 my_tablespace_big，数据文件：D:\my_tablespace\ my_tablespace_big_01.dbf，大小为 20M。

2. 数据文件的创建和维护

（1）为永久性表空间 my_tablespace 添加新的数据文件 D:\my_tablespace\my_tablespace_02.dbf 和 D:\my_tablespace\ my_tablespace_03.dbf，将 D:\my_tablespace\ my_tablespace_03.dbf 设置为脱机状态。

（2）将临时表空间 my_tablespace_temp 的数据文件 D:\my_tablespace\my_tablespace_temp_01.dbf 的大小在原来的基础上增加 5M。

（3）将撤销表空间 my_tablespace_undo 的数据文件 D:\my_tablespace\my_tablespace_und_01.dbf，重新命名为 D:\my_tablespace\ my_tablespace_undo_01.dbf。

3. 查看当前数据库下的表空间的名字和大小信息。

第 5 章　Oracle 模式对象

　　模式（schema）是数据的逻辑结构或者说模式对象的汇总。一个模式对应一个数据库用户，并且名字和数据库用户名相同，每个用户都有一个单独的模式。模式对象是数据的逻辑存储结构，如表、索引、视图、序列和同义词等。数据对象和磁盘上保存其信息的物理文件并不一一对应。Oracle 在数据库的一个表空间上保存模式对象。每个对象的数据物理地保存在表空间的一个或者多个数据文件上。对某些对象如表、索引等，可以指定在表空间的数据文件上，Oracle 可以分配多大的磁盘空间来存储这个对象。

　　模式和表空间没有什么联系：一个表空间可以包含来自不同模式的对象，模式对象可以包含在不同的表空间上。

　　本章主要介绍 Oracle 模式对象中的表及表的完整性约束，然后简单介绍索引、视图、序列和同义词的创建及使用方法。

　　本章要点：
- ❑ 了解模式和模式对象的概念；
- ❑ 熟悉 Oracle 主要模式对象的定义；
- ❑ 熟练掌握表的创建及管理方法；
- ❑ 掌握表的 5 种约束的定义及使用方法；
- ❑ 熟练掌握视图的创建及管理方法；
- ❑ 了解索引的分类；
- ❑ 掌握索引的创建及管理方法；
- ❑ 掌握序列的创建、使用及管理方法；
- ❑ 掌握同义词的创建及删除方法；
- ❑ 综合使用表、表的完整性约束、视图、索引、序列和同义词解决实际问题。

5.1　表

　　数据库中的数据是以表的形式存储的，每一个表都被一个模式（或用户）所拥有，因此表是一种最基本的数据库模式对象。创建表时，Oracle 在一个指定的表空间中为表分配存储空间。以下将详细介绍表的创建及管理。

5.1.1　创建表

　　表是常见的一种组织数据的方式，一张表一般都具有多个列，或者称为字段。每个字段都具有特定的属性，包括字段名、字段数据类型、字段长度、约束和默认值等，这些属性在创建表时被确定。从用户角度来看，数据库中数据的逻辑结构是一张二维表，在表中通过行和列来组织数据。在表中的每一行存放一条信息，通常称表中的一行为一条记录，通过 ROWID 来标识。

　　创建表时需要使用 CREATE TABLE 语句，为了在自己的模式中创建一个新表，用户必须具有 CREATE TABLE 系统权限。如果要在其他用户模式中创建表，则必须具有 CREATE ANY TABLE 的系统权限。此外，用户还必须在指定的表空间中具有一定的配额存储空间。

　　由于创建表的语法比较长，这里仅列出创建表示相对完整的语法（常用选项）及概要解释：

```
CREATE  TABLE  [schema.]table_name
({column_name1 datatype [DEFAULT expression] [[CONSTRAINT constraint_
name] column_constraint]}
[, {column_name 2 datatype [DEFAULT expression] [[CONSTRAINT constraint_
name] column_constraint]}]
…
[, CONSTRAINT table_constraint])
[CLUSTER cluster (column1 [, column2]…)]
 [PCTFREE  integer]
 [PCTUSED  integer]
 [INITRANS  integer]
 [MAXTRANS  integer]
 [STORAGE  storage-clause]
 [LOGGING | NOLOGGING]
 [CACHE | NOCACHE] ]
[TABLESPACE  tablespace_name]
[ENABLE | DISABLE]
[AS QUERY];
```

语法说明如下。

❑ schema：表所属的用户名或所属的用户模式名称。

❑ table_name：表名。

❑ column_name：字段名。

❑ datatype：字段的数据类型。表 5-1 给出了 Oracle 系统提供的常用数据类型及简要说明。

表 5-1　Oracle中常用的数据类型

数 据 类 型		说　　明
字符类型	CHAR(n)	固定长度的字符串，n 的取值范围为 1～2000 字节
	VARCHAR2(n)	可变长度的字符串，n 取值范围为 1～4000 字节
	NCHAR(n)	用来存储 Unicode 类型字符串
	NVARCHAR2(n)	用来存储 Unicode 类型字符串
	LONG	可变长度字符列，最大长度为 2GB。用于不需设置成索引的字符，不常用
数字类型	NUMBER(m,n)	用于存储整数和实数。m 表示数值的总位数（精度），取值范围为 1～38，默认为 38；n 表示小数位数，若为负数则表示把数据向小数点左边舍入，默认值为 0
	BINARY_FLOAT	定义浮点类型，比 NUMBER 的效率更高，32 位
	BINARY_DOUBLE	定义双精度数字类型，64 位

续表

数 据 类 型		说　　明
日期类型	DATE	定义日期和时间数据。长度固定（7 字节），范围从公元前 4712 年 1 月 1 日～公元 9999 年 12 月 31 日
	TIMESTAMP[(*n*)]	定义日期和时间数据。显示时，不仅会显示日期，也会显示时间和上、下午等信息
LOB 类型	CLOB	用于存储可变长度的字符数据，如文本文件等，最大数据量为 4 GB
	NCLOB	用于存储可变长度的 Unicode 字符数据，最大数据量为 4 GB
	BLOB	用于存储大型的、未被结构化的可变长度的二进制数据（如二进制文件、图片文件、音频和视频等非文本文件），最大数据量为 4 GB
	BFILE	二进制文件，该二进制文件保存在数据库外部的操作系统中，文件最大为 4 GB
二进制类型	RAW(n)	用于存储可变长度的二进制数据，n 表示数据长度，取值范围为 1～2000 字节
	LONG RAW	用于存储可变长度的二进制数据，最大存储数据量为 2GB

- ❑ DEFAULT expression：列的默认值。向表中添加数据时，如果没有指定该列的数据，则该列将取默认值。
- ❑ CONSTRAINT　constraint_name：为约束命名。如果缺省，Oracle 将自动为约束建立默认的约束名。如果创建表级约束，则必须使用此子句为约束命名。
- ❑ column_constraint：定义在列上的约束。如非空约束、唯一约束等。
- ❑ CONSTRAINT　table_constraint：定义在表上的约束。如主键、外键等。
- ❑ PCTFREE：当数据块的剩余自由空间不足 pctfree 时，不再向该块中增加新行。
- ❑ PCTUSED：在块剩余空间不足 pctfree 后，块已使用空间百分比必须小于 pctused 后，才能向该块中增加新行。
- ❑ INITRANS：在块中预先分配的事务项数，默认值为 1。
- ❑ MAXTRANS：限定可以分配给每个块的最大事务项数，默认值为 255。
- ❑ STORAGE：标识决定如何将区分配给表的存储子句。包括以下几个参数。

（1）INITIAL integer：指定为表的数据段分配的第一个区的大小，以 KB 或 MB 为单位。默认值为 5 个 Oracle 块大小，最小值为 2 个 Oracle 块大小。

（2）NEXT integer：指定为表的数据段分配的第二个区的大小，以 KB 或 MB 为单位。默认值为 5 个 Oracle 块大小，最小值为 1 个 Oracle 块大小。

（3）PCTINCREASE：以后每个区空间增长的百分比。每个区的大小为前一个区×(1+ PCTINCREASE/100)。比如，第三个区的大小为 NEXT×(1+ PCTINCREASE/100)。默认值为 50，最小值为 0。如果表处于本地管理方式的表空间中，则该参数被忽略。

（4）MINEXTENTS：指定允许为表的数据段所分配的最小区数目（即初始分配的区数目），默认值为 1，最小值为 1。

（5）MAXEXTENTS：指定允许为表的数据段所分配的最大区数目，默认值为 UNLIMITED（不受限制），最小值为 1。如果表处于本地管理方式的表空间中，则该参数被忽略。

- □ LOGGING：指定表的创建将记录到重做日志文件中。它还指定所有针对该表的后续操作都将被记录下来。为默认设置。
- □ NOLOGGING：指定表的创建将不被记录到重做日志文件中。
- □ CACHE：指定即使在执行全表扫描时，为该表检索的块也将放置在缓冲区高速缓存的 LRU 列表最近使用的一端。
- □ NOCACHE：指定在执行全表扫描时，为该表检索的块将放置在缓冲区高速缓存的 LRU 列表最近未使用的一端。为默认设置。
- □ TABLESPACE　tablespace_name：可以为表指定存储表空间。如果不适用此子句，则使用默认表空间存储新表。
- □ TABLESPACE　tablespace_name：可以为表指定存储表空间。如果不适用此子句，则使用默认表空间存储新表。
- □ [ENABLE | DISABLE]：激活或禁用表的完整性约束。ENABLE 表示激活（默认设置），DISABLE 表示禁用。
- □ AS QUERY：可以从 SELECT 查询中创建表。

说明如下。

1）表、列和其他数据库模式对象的名称，必须是合法的标识符，长度为 1～30 字节，并且以字母开头，可以包含字母（A～Z，a～z）、数字（0～10）、下划线（_）、$和#（这两个字符是合法字符，但建议不要使用它们）。

2）在使用 PCTFREE 和 PCTUSED 子句时，可以参考以下原则。

（1）PCTFREE 和 PCTUSED 的值必须小于或等于 100%。

（2）如果在一个表上很少执行 UPDATE 操作，可以将 PCTFREE 设置得尽量小。

（3）PCTFREE 和 PCTUSED 之和越接近 100%，数据块的空间利用率越高。

3）在 Oracle 11g 中，虽然存储参数 NEXT、MINEXTENTS、MAXEXTENTS 和 PCTINCREASE 等在创建表结构时可以进行指定，但是，由于 Oracle 11g 采用的是本地管理表空间方式，所以，除了 INITIAL 参数外，其余参数都会变为空值。

【例 5-1】　创建一个学生表（student_1），表中包括学号（sno）、姓名（sname）、性别（ssex）、出生日期（sbirthday）和所在系（sdept）。

```
SQL> CREATE TABLE  student_1 (
2    sno CHAR(10),
3    sname  VARCHAR2(30),
4    ssex  CHAR(2),
5    sbirthday  DATE,
6    sdept  VARCHAR2 (30)
7    );
表已创建。
```

上述 SQL 语句创建了一个学生表 student_1，因为学生的学号和性别所包含的字符个数固定，所以将这两个字段的数据类型定义为 CHAR。而学生的姓名和所在系名所包含的字符个数是变化的，所以将这两个字段的数据类型定义为 VARCHAR2。此外，创建该表时未指定存储表空间，所以该表将被存放到默认的表空间。

说明：同一个模式（或用户）下不允许存在同名的表。

【例 5-2】　利用子查询创建一个表（emp_select），表中包括职工号（emp_no）、职工姓名（emp_name）和职工所在部门号（dept_no），该表用于保存工资高于 2000 的员工的员工号、员工名和部门号。

```
SQL> CREATE TABLE emp_select(
2    emp_no, emp_name, dept_no
3    )
4    AS
5    SELECT empno, ename, deptno FROM emp WHERE sal>2000;
表已创建。
```

5.1.2　管理表

表创建完成以后，根据需要可以对表进行管理。这些管理操作包括：管理字段和管理表。管理字段包括增加或删除表中的字段、改变表的存储参数设置，以及对表进行增加、删减和重命名等操作。普通用户只能对自己模式中的表进行修改，如果想要对任何模式中的表进行修改操作，则用户必须具有 ALTER ANY TABLE 系统权限。

1．管理字段

管理字段包括增加字段、修改字段名称、修改字段的数据类型和删除字段。可以通过执行 ALTER 语句来实现字段管理。ALTER 语句通过与不同的子句组合，使用即可完成对字段的增加、修改和删除的操作，可以使用的子句包括 ADD、DROP、MODIFY 和 RENAME 等。

（1）增加字段

为表增加字段的语法格式如下：

```
ALTER TABLE table_name
ADD(column_name1 datatype
[[,column_name2 datatype] …]);
```

【例 5-3】 为已创建的学生表（student_1）增加新字段：手机号（stelephone）、邮箱（semail）和通信地址（saddress）。

```
SQL>ALTER TABLE student_1
2    ADD (stelephone CHAR(11), semail VARCHAR2(20), saddress VARCHAR2(50));
表已更改。
```

使用 DESCRIBE 命令查看 student_1 表的结构，观察是否已经为该表成功添加了新字段——手机号（stelephone）：

```
SQL>DESCRIBE student_1
名称                      是否为空?              类型
-----------------------   --------------        ------------------
SNO                                             CHAR(10)
SNAME                                           VARCHAR2(30)
SSEX                                            CHAR(2)
SBIRTHDAY                                       DATE
SDEPT                                           VARCHAR2 (30)
STELEPHONE                                      CHAR(11)
SEMAIL                                          VARCHAR2 (20)
SADDRESS                                        VARCHAR2 (50)
```

（2）修改字段名称

修改表中字段的名称的语法格式如下：

```
ALTER  TABLE  table_name
RENAME  COLUMN  column_name  TO  new_column_nam;
```

【例 5-4】 将学生表（student_1）中的字段所在系的名称由 SDEPT 改为 SDEPARTMENT。

```
SQL>ALTER  TABLE  student_1
2   RENAME  COLUMN  SDEPT  TO  SDEPARTMENT;
表已更改。
SQL>DESCRIBE  student_1
名称                               是否为空?              类型
----------------------           -------------        ----------------
SNO                                                    CHAR(10)
SNAME                                                  VARCHAR2(30)
SSEX                                                   CHAR(2)
SBIRTHDAY                                              DATE
SDEPARTMENT                                            VARCHAR2 (30)
STELEPHONE                                             CHAR(11)
SEMAIL                                                 VARCHAR2 (20)
SADDRESS                                               VARCHAR2 (50)
```

（3）修改字段的数据类型

修改表中字段的数据类型的语法格式如下：

```
ALTER  TABLE  table_name  MODIFY  column_name  new_datatype;
```

通过 MODIFY 子句，可以修改表中字段的数据类型、字段的长度和非空等属性。

【例 5-5】 将学生表（student_1）中的字段学号（sno）的数据类型由 CHAR(10)修改为 NUMBER(10)。

```
SQL>ALTER  TABLE  student_1  MODIFY  sno  NUMBER(10);
表已更改。
```

【例 5-6】 将学生表（student_1）中的字段邮箱（semail）的数据类型由 VARCHAR(20)修改为 VARCHAR(30)。

```
SQL>ALTER  TABLE  student_1  MODIFY  semail  VARCHAR(30);
表已更改。
```

说明：修改表中字段的数据类型时，如果表中目前没有数据，那么可以将一个字段的长度增加或减小，也可以将一个列指定为非空；如果该字段有空值，不能将该列指定为非空；如果表中已经有数据，应确保数据能应用于新的数据类型。

（4）删除字段

删除表中字段的情形有两种：一次删除一个字段和一次删除多个字段。

❑ 一次删除表中一个字段的语法格式如下：

```
ALTER  TABLE  table_name  DROP  COLUMN  column_name;
```

❑ 一次删除表中多个字段的语法格式如下：

```
ALTER  TABLE  table_name  DROP  (column_name1, …);
```

对比以上两种语法格式，一次删除一个字段时，必须在待删除的字段名前指定关键字 COLUMN；而删除多列时，需要将待删除的字段名放在一对圆括号中，各字段间以逗号分隔，并且不能在 DROP 后面使用 COLUMN 关键字。

【例 5-7】　删除学生表（student_1）中的字段通信地址（saddress）。

```
SQL>ALTER TABLE student_1 DROP  COLUMN saddress;
表已更改。
```

【例 5-8】　删除学生表（student_1）中的字段手机号（stelephone）和邮箱（semail）。

```
SQL>ALTER TABLE student_1 DROP (stelephone, semail);
表已更改。
```

> 说明：删除表中的字段时，这个字段将从表的结构中消失，而且这个字段的所有数据也将从表中被删除，Oracle 会释放该字段所占用的存储空间。原则上可以删除任何字段，但是一个字段如果作为表的主键，而且另一个表已经通过外键在两个表之间建立了关联关系，这样的字段是不能被删除的。

（5）使用 UNUSED 关键字

如果要删除一个大型表中的字段，由于必须对每条记录进行处理，删除操作可能会执行很长时间。为了避免在数据库使用高峰期由于执行删除字段操作而占用过多系统资源，可以暂时通过 ALTER TABLE … SET UNUSED 语句将要删除的字段设置为 UNUSED 状态。从用户的角度来看，被设置为 UNUSED 状态的字段与被删除的字段没有区别，都无法通过查询或在数据字典中看到，并且可以为表添加与 UNUSED 状态的字段同名的新字段。实际上 UNUSED 状态的字段仍然被保存在表中，它们所占用的存储空间并没有被释放。

【例 5-9】　将【例 5-1】中创建的学生表（student_1）中的字段手机号（stelephone）、邮箱（semail）和通信地址（saddress）标记为 UNUSED 状态。

```
SQL>ALTER TABLE student_1 SET UNUSED(stelephone, semail, saddress);
表已更改。
```

使用 DESCRIBE 命令查看学生表（student_1）的结构，不再包含字段手机号（stelephone）、邮箱（semail）和通信地址（saddress）。

```
SQL>DESCRIBE student_1
名称                           是否为空?              类型
-----------------------        -------------         -----------------
SNO                                                  CHAR(10)
SNAME                                                VARCHAR2(30)
SSEX                                                 CHAR(2)
SBIRTHDAY                                            DATE
SDEPARTMENT                                          VARCHAR2 (30)
```

如果需要彻底删除 UNUSED 状态的字段，可以使用如下语法格式：

```
ALTER TABLE table_name DROP UNUSED COLUMN;
```

使用上述语法格式可以删除表中所有 UNUSED 状态的字段，这样，Oracle 会释放它们所占用的存储空间。

2．管理表

管理表包括重命名表、移动表、截断表和删除表这些基本操作。以下对这些操作分别进行介绍。

（1）重命名表

如果要修改表的名称，则可以通过两种方式来实现：一种是 RENAME 语句；另一种是 ALTER TABLE 语句的 RENAME 子句。

❑　使用 RENAME 语句修改表名称的语法格式如下：

```
RENAME  table_name  TO  new_table_name;
```

【例 5-10】　将【例 5-1】中创建的学生表（student_1）重命名为 student_table。

```
SQL>RENAME  student_1  TO  student_table;
表已重命名。
```

❑　使用 ALTER TABLE 语句的 RENAME 子句修改表名称的语法格式如下：

```
ALTER  TABLE  table_name  RENAME  TO  new_table_name;
```

【例 5-11】　将学生表（student_table）重命名为 student_1。

```
SQL> ALTER  TABLE  student_table  RENAME  TO  student_1
表已重命名。
```

（2）移动表

移动表是指用户可以根据需要将表从一个表空间移动到另外一个表空间中。在对表进行移动时，表中的数据将被重新排列，这样就可以消除表中的存储碎片和数据块的链接。此外，如果两个表空间所使用的数据块大小不同，那么表在两个表空间中移动时，也将使用不同大小的数据块。移动表的语法格式如下：

```
ALTER  TABLE  table_name  MOVE  TABLESPACE  tablespace_name;
```

在进行移动表操作时，先要确认待移动表所在的表空间，可通过数据字典 user_tables 获得此信息，然后再通过以上语句将表移动到目标表空间中。

【例 5-12】　移动学生表（student_1）。

先确定学生表所在的表空间：

```
SQL> select  table_name, tablespace_name  FROM  user_tables
2   WHERE  table_name = 'STUDENT';
table_name            tablespace_name
------------------    -----------------------------
STUDENT _1            SYSTEM
```

从上面的查询结果可以看出学生表（student_1）存储在表空间 system 中。下面使用移动表语句将其移动到 users 表空间中：

```
SQL> ALTER  TABLE  student_1  MOVE  TABLESPACE  users;
表已更改。
SQL> select  table_name, tablespace_name  FROM  user_tables
2   WHERE  table_name = 'STUDENT_1';
table_name            tablespace_name
------------------    -----------------------------
STUDENT_1             USERS
```

（3）截断表

使用 TRUNCATE 语句可以将表截断，即快速删除表中的所有记录，使得表为空表。Oracle 会重置表的存储空间，并且不会在撤销表空间中记录任何撤销数据，也即是执行截断操作后无法恢复数据，这是其与 DELETE 语句删除表中的记录的最大区别。截断表操作的语法格式如下：

```
TRUNCATE  TABLE  table_name;
```

【例 5-13】　截断学生表（student_1）。

```
SQL> TRUNCATE  TABLE  student_1;
表被截断。
```

（4）删除表

若要删除表，则表必须包含在用户自己的模式中，或者用户具有 DROP ANY TABLE 的系统权限。删除表后，表中的所有数据及表名全部被删除。可以使用 DROP TABLE 语句进行删除表的操作，其语法格式如下：

```
DROP  TABLE  table_name  [CASCADE CONSTRAINTS] [PURGE];
```

语法说明如下：

❑ CASCADE CONSTRAINTS：指定删除表的同时，删除所有引用这个表的视图、约束、索引和触发器等。

❑ PURGE：表示删除该表后，立即释放该表所占有的存储空间。

【例 5-14】　删除学生表（student_1）。

```
SQL> DROP  TABLE  student_1;
表被删除。
```

5.2　表 的 约 束

表的约束，也叫表的完整性约束，是 Oracle 数据库中应用在表数据上的一系列强制性规则。当向已创建的表中插入数据或修改表中的数据时，必须满足表的完整性约束所规定的条件。例如，学生的性别必须是"男"或"女"，各个学生的学号不得相同等。在设计表的结构时，应该充分考虑在表上需要施加的完整性约束。

表的完整性约束既可以在创建表时指定，也可以在表创建之后再指定。但最好是在创建表时指定约束，因为如果在表创建后再指定约束，可能会发生表中已经存在的一些数据不满足这个条件而导致约束无法施加成功。

按照约束的作用域和约束的用途，可将表的完整性约束进行如下分类。

1. 按照约束的作用域可将表的完整性约束分为以下两类。

（1）表级约束：应用于表，对表中的多个字段起作用。对照创建表的语法格式，表级约束只能在所有字段定义完毕之后再指定。

（2）字段级约束：应用于表中的一个字段，只对表中的相应字段起作用。对照创建表的语法格式，字段级约束一般在该字段定义完毕后指定。

2．按照约束的用途可将表的完整性约束分为以下5类。

（1）NOT NULL：非空约束。

（2）UNIQUE：唯一性约束。

（3）PRIMARY KEY：主键约束。

（4）FOREIGN KEY：外键约束。

（5）CHECK：检查约束。

以下先对这 5 类约束分别进行详细介绍，然后简要介绍约束的禁用和激活、约束的验证状态。

5.2.1　NOT NULL（非空）约束

在默认情况下，表中所有字段值都允许为空，NULL 为各字段的默认值。NOT NULL 约束规定表中相应字段上的值不能为空。以下通过举例分别介绍定义和删除 NOT NULL 约束的操作方法。

1．定义NOT NULL约束

通过创建表的语法格式来实现向表中字段定义 NOT NULL 约束。

【例 5-15】　创建一个学生表（student_2），表中包括学号（sno）、姓名（sname）、性别（ssex）、出生日期（sbirthday）、邮箱（semail）和所在系（sdept）等字段，要求为姓名（sname）定义 NOT NULL 约束。

```
SQL> CREATE  TABLE  student_2 (
2    sno  CHAR(10),
3    sname  VARCHAR2(30) CONSTRAINT  sname_notnull   NOT  NULL,
4    ssex  CHAR(2),
5    sbirthday  DATE,
6    semail  VARCHAR2 (25),
7    sdept  VARCHAR2 (30),
8    );
表已创建。
```

使用 DESCRIBE 命令查看 student_2 表的结构，观察为该表的字段姓名（sname）是否成功定义了 NOT NULL 约束：

```
SQL>DESCRIBE  student_2
名称                              是否为空?            类型
--------------------          -------------      ----------------
SNO                                                CHAR(10)
SNAME                           NOT NULL           VARCHAR2(30)
SSEX                                               CHAR(2)
SBIRTHDAY                                          DATE
SEMAIL                                            VARCHAR2 (25)
SDEPT                                             VARCHAR2 (30)
```

从"是否为空？"列的值可以看出，已经成功为字段姓名（sname）定义了 NOT NULL 约束。这样，用户向学生表（student_2）中添加记录时，如果不为姓名（sname）字段输入数据，也即是为 sname 提供 NULL 值，将出现错误提示。如下：

```
SQL>INSERT INTO student (sno, sname, ssex, semail, sbirthday)
2  VALUES ('2013110112', null, '男', to_date( '12-DEC-1995' ),
zhangsan_2014@163.com, '计算机科学与技术');
VALUES ('2013110112', null, '男', to_date( '12-DEC-1995' ),
zhangsan_2014@163.com, '计算机科学与技术');
                               *
第 2 行出现错误：
ORA-01400：无法将 NULL 插入（"SYSTEM"."STUDENT"."SNAME"）
```

上述 INSERT 语句用于向学生表（student_2）中添加一条记录，由于用户为姓名（sname）字段提供的是 NULL 值，结果 Oracle 系统报错，提示姓名（sname）字段无法接受 NULL 值。

也可以为已创建的表中的字段通过 ALTER TABLE … MODIFY 语句添加 NOT NULL 约束，其语法形式如下：

```
ALTER TABLE table_name
MODIFY column_name [CONSTRAINT constraint_name] NOT NULL;
```

💬说明：在为表添加约束时，尽量给相应的约束提供约束名称，如上例中的学生姓名字段（sname）对应的约束名为 sname_notnull，这样方便对表中的约束进行管理，比如删除表的约束。

2. 删除NOT NULL约束

如果需要删除表中已定义的 NOT NULL 约束，可以使用 ALTER TABLE … MODIFY 语句来实现，语法形式如下：

```
ALTER TABLE table_name MODIFY column_name NULL;
```

5.2.2 UNIQUE（唯一性）约束

UNIQUE 约束要求表中一个字段或一组字段中的每一个值都是唯一的。如果唯一性约束应用于单个字段，则此字段只有唯一的值；如果唯一性约束应用于一组字段，那么这组字段合起来具有唯一的值。唯一性约束允许字段为空值，除非该列使用了 NOT NULL 约束。

1. 定义单个字段的UNIQUE约束

单个字段的 UNIQUE 约束定义一般应在该字段定义完毕后指定。

【例 5-16】 创建一个学生表（student_3），表中包括学号（sno）、姓名（sname）、性别（ssex）、出生日期（sbirthday）、邮箱（semail）和所在系（sdept）等字段，要求为邮箱（semail）定义 UNIQUE 约束。

```
SQL> CREATE TABLE student_3 (
2   sno CHAR(10),
3   sname VARCHAR2(30),
4   ssex CHAR(2),
5   sbirthday DATE,
6   semail VARCHAR2 (25) CONSTRAINT semail_unique UNIQUE,
```

```
7    sdept  VARCHAR2 (30)
8    );
表已创建。
```

此时若向学生表（student_3）中插入记录，应确保插入记录在邮箱（semail）上的值
与表中已存在的记录在该字段上的值不相同。

2. 定义多个字段的UNIQUE约束

多个字段的 UNIQUE 约束定义必须在所有字段定义完毕后再指定，并且必须明确指定
约束名。

【例 5-17】 创建一个学生表（student_4），表中包括学号（sno）、姓名（sname）、
性别（ssex）、出生日期（sbirthday）、手机号（stelephone）、邮箱（semail）和所在系（sdept）
等字段，要求为手机号（stelephone）和邮箱（semail）定义 UNIQUE 约束。

```
SQL> CREATE  TABLE  student_4 (
2    sno  CHAR(10),
3    sname  VARCHAR2(30),
4    ssex  CHAR(2),
5    sbirthday  DATE,
6    stelephone  CHAR(11),
7    semail  VARCHAR2 (25),
8    sdept  VARCHAR2 (30),
9    CONSTRAINT  table_unique  UNIQUE ( stelephone, semail )
10    );
表已创建。
```

此时若向学生表（student_4）插入记录，应确保插入记录在手机号（stelephone）和邮
箱（semail）上的值与表中已存在的记录在这两个字段上的值不得完全相同（可允许在两
个字段中的一个字段上的取值相同），即任意两个学生。在此约束下，手机号或邮箱可以
相同，但不能两者同时相同。

也可以为已创建的表使用 ALTER TABLE … ADD 语句添加 UNIQUE 约束，其形式
如下：

```
ALTER  TABLE  table_name
ADD column_name [CONSTRAINT constraint_name]
UNIQUE  (column_name);
```

🔊说明：如果为某个字段定义了 UNIQUE 约束，而该字段上没有定义 NOT NULL 约束，
　　　　那么在该字段上允许出现多个 NULL 值，因为 Oracle 认为两个 NULL 值不相等。

3. 删除UNIQUE约束

如果 UNIQUE 约束未指定名称，删除时，可以使用 ALTER TABLE … DROP 语句，
形式如下：

```
ALTER  TABLE  table_name DROP (column_name);
```

如果 UNIQUE 约束指定了名称，删除时，可使用 ALTER TABLE … DROP
CONSTRAINT 语句，形式如下：

```
ALTER  TABLE  table_name DROP CONSTRAINT  constraint_name;
```

5.2.3　PRIMARY KEY（主键）约束

PRIMARY KEY 约束是用来约束表的一个字段或者几个字段的，其取值是唯一的并且不为 NULL。同一个表中只能定义一个 PRIMARY KEY 约束。Oracle 会自动为具有 PRIMARY KEY 约束的字段（主键字段）建立一个唯一索引（Unique Index）和一个 NOT NULL 约束。

1．定义单个字段的PRIMARY KEY约束

单个字段的 PRIMARY KEY 约束定义一般应在该字段定义完毕后指定。

【例 5-18】　创建一个学生表（student_5），表中包括学号（sno）、姓名（sname）、性别（ssex）、出生日期（sbirthday）、邮箱（semail）和所在系（sdept）等字段，要求为学号（sno）定义 PRIMARY KEY 约束。

```
SQL> CREATE  TABLE  student_5 (
2    sno CHAR(10)  PRIMARY KEY,
3    sname  VARCHAR2(30),
4    ssex  CHAR(2),
5    sbirthday DATE,
6    semail  VARCHAR2 (25),
7    sdept  VARCHAR2 (30)
8    );
表已创建。
```

这样，在向学生表（student_5）插入记录时，要求插入记录的学号（sno）不得为 NULL，并且与表中其他记录的学号（sno）值不得相同。

2．定义多个字段的PRIMARY KEY约束

多个字段的 PRIMARY KEY 约束定义必须在所有字段定义完毕后再指定，并且必须明确指定约束名。

【例 5-19】　创建一个学生表（student_6），表中包括学号（sno）、姓名（sname）、性别（ssex）、出生日期（sbirthday）、邮箱（semail）和所在系（sdept）等字段，要求为学号（sno）和姓名（sname）定义 PRIMARY KEY 约束。

```
SQL> CREATE  TABLE  student_5 (
2    sno CHAR(10),
3    sname  VARCHAR2(30),
4    ssex  CHAR(2),
5    sbirthday DATE,
6    semail  VARCHAR2 (25),
7    sdept  VARCHAR2 (30),
8    CONSTRAINT  table_primarykey  UNIQUE(sno, sname)
9    );
表已创建。
```

此时若向学生表（student_6）插入记录，应确保插入记录在学号（sno）和姓名（sname）上的值与表中已存在的记录在这两个字段上的值不得完全相同（可允许在两个字段中的一个字段上的取值相同），即任意两个学生，在此约束下，学号和姓名的值不得为 NULL，

学号的值或者姓名的值可以相同，但两者不能同时相同。

也可以为已创建的表中使用 ALTER TABLE … ADD 语句添加 PRIMARY KEY 约束，其形式如下：

```
ALTER  TABLE  table_name
ADD  column_name  [CONSTRAINT  constraint_name]
PRIMARY  KEY (column_name);
```

3. 删除PRIMARY KEY约束

删除字段上的 PRIMARY KEY 约束，可以使用 ALTER TABLE … DROP 语句，但删除时需要指定约束名，形式如下：

```
ALTER  TABLE  table_name  DROP  CONSTRAINT  constraint_name;
```

如果在定义约束时指定了约束名，则可以直接利用上述语法形式删除约束；如果在定义约束时未指定约束名，如【例 5-18】中为 sno 字段定义 PRIMARY KEY 约束就未指定约束名，则约束名由 Oracle 自动创建。由于一个表中只能定义一个 PRIMARY KEY 约束，因而可以先通过数据字典 user_constraints 来查看约束类型及约束名称，这样就可按照以上语法形式删除 PRIMARY KEY 约束了。

【例 5-20】　删除学生表（student_5）中为学号（sno）定义的 PRIMARY KEY 约束。

（1）先从数据字典 user_constraints 找到学生表（student_5）的 PRIMARY KEY 约束名称：

```
SQL>select  table_name, constraint_name, constraint_type
2   from  user_constraints
3   where table_name='STUDENT_5';
TABLE_NAME            CONSTRAINT_NAME        CONSTRAINT_TYPE
---------------       ----------------       ----------------
STUDENT_5             SYS_C009446            P
```

上述查询结果中，P 代表 PRIMARY KEY 约束，名称为 SYS_C009446（由 Oracle 系统指定）。

（2）利用以上语法形式进行删除操作。

```
ALTER  TABLE  student_5  DROP  CONSTRAINT  SYS_C009446;
表已更改。
```

☐说明：如果要删除表的主键约束，首先要考虑这个主键是否已经被另一个表的外键关联，如果没有关联，那么这个主键约束可以直接被删除，否则不能直接删除，此时，必须使用 ALTER TABLE table_name DROP CONSTRAINT constraint_name CASCADE 语句连同与之关联的外键约束一起删除。

5.2.4　FOREIGN KEY 约束

外键用于与另一个表之间建立关联关系。两个表之间的关联关系是通过主键和外键来维持的。外键规定本表中该字段的数据必须是另一个与之关联的表的主键中的数据或 NULL。外键可以是一个字段，也可以是多个字段的组合。此外，在一个表中只能有唯一一个主键，但是可以有多个外键。

例如，有两个表：学生表（student_7）（包含学号（sno）、姓名（sname）、性别（ssex）和班级号（classid））和班级表（class）（包含班级号（classid）、班级名称（classname）和班级人数（classcount）），表结构分别如表 5-2 和表 5-3 所示。

表 5-2　student_7 表

字段名称	数据类型
sno	CHAR(10)
sname	VARCHAR2(30)
ssex	CHAR(2)
classid	number

表 5-3　class表

字段名称	数据类型
classid	number
classname	VARCHAR2(30)
classcount	number

假设两个表的数据分别如表 5-4 和表 5-5 所示。

表 5-4　student_7 表中的数据

sno	sname	ssex	classid
2013110110	张三	男	1
2013110111	李四	女	2
2013110112	王五	男	1

表 5-5　class表中的数据

classid	classname	classcount
1	计科 1 班	42
2	计科 2 班	40
3	计科 3 班	41

将学生表（student_7）中的字段 classid 设置为外键，班级表（class）中的字段 classid 设置为主键，这样学生表（student_7）和班级表（class）通过主键和外键建立关联关系。这样，在向学生表（student_7）中插入数据时，字段 classid 的数据值只能为 1、2、3 或 NULL。同时，如果学生表（student_7）中的外键 classid 包含了班级表（class）中的主键 classid 的某个值，则不允许更新或删除班级表（class）中的主键 classid 的该值。例如，学生表（student_7）中的外键 classid 包含了班级号 2，那么就不能更新或删除班级表（class）中的主键 classid 的数据值 2。基于以上两个表，以下分别介绍 FOREIGN KEY 约束的基本操作。

定义 FOREIGN KEY 约束时，由于外键要与另一个表的主键进行关联，所以不仅要指定约束的类型和有关的字段，还要指定与哪个表的哪个字段进行关联。

创建表时定义 FOREIGN KEY 约束的格式如下：

```
CREATE  TABLE  [schema.]table_name1 (
…  //省略创建表的字段部分
[CONSTRAINT constraint_name]FOREIGN KEY(column_name11[,column_name12,…])
REFERENCES  [schema.]table_name2 ( column_name21 [, column_name22, … ] )
[ON  DELETE  [ CASCADE | SET NULL | NO ACTION ]]
);
```

语法说明如下。

❑ CONSTRAINT constraint_name：给外键约束命名，如果缺省，则 Oracle 会自动给外键约束命名。

❑ FOREIGN　KEY：指定外键对应的字段名称，如果是多列，则根据主键的字段的顺序来确定。

❑ REFERENCES：被引用的字段名（主键）。由此可以看出主键所在的表应先于外键所在的表创建。

❑ ON DELETE：设定当主键的数据被删除时，外键所对应的字段的数据值是否自动被删除。如果后面跟 CASCADE 选项，则自动被删除；如果后面跟 SET NULL 选项，则会将该外键值设为 NULL；如果后面跟 NO ACTION（默认为此选项），子表中的外键如果包含该数据值，则禁止该操作。

【例 5-21】　分别创建学生表（student_7）（包含学号（sno）、姓名（sname）、性别（ssex）和班级号（classid）等字段）和班级表（class）（包含班级号（classid）、班级名称（classname）和班级人数（classcount）等字段），表结构定义见表 5-2 和表 5-3。并使用外键关联这两个表。

```
SQL> CREATE  TABLE  class (
2    classid NUMBER  PRIMARY  KEY,
3    classname  VARCHAR2(30),
4    classcount  NUMBER
5    );
表已创建。
SQL> CREATE  TABLE  student_7 (
2    sno  CHAR(10),
3    sname  VARCHAR2(30),
4    ssex  CHAR(2),
5    classid NUMBER,
6    CONSTRAINT  student_7_class  FOREIGN  KEY ( classid )
7    REFERENCE  class ( classid )
8    );
表已创建。
```

上述示例创建了两个表 student_7 和 class。可以看出主键 classid 所在表 class 先于外键 classid 所在表 student_7 创建，不然，Oracle 系统会给出错误提示。另外，在向表 student_7 插入记录时，必须确保插入记录所对应的外键 classid 的数据值要么在 class 表中的主键 classid 存在，要么为 NULL，否则系统会提示插入数据失败。

也可以为已创建的表中的字段通过使用 ALTER TABLE … ADD 语句添加 FOREIGN KEY 约束，其形式如下：

```
ALTER  TABLE  table_name1 ADD [ CONSTRAINT  constraint_name ]
FOREIGN  KEY ( column_name11 [, column_name12, … ] )
REFERENCES  table_name2 ( column_name21 [, column_name22, … ] );
```

🔔说明：通常将引用表称为"子表"，如上例中的表 student_7，将被引用表称为"父表"，如上例中的表 class。

【例 5-22】　创建学生表（student_8）（包含学号（sno）、姓名（sname）、性别（ssex）和班级号（classid）等字段），表结构定义见表 5-2，并且指定在主键（classid）中的数据被删除时，外键（classid）所对应的数据也级联删除。

```
SQL> CREATE  TABLE  student_8 (
2    sno  CHAR(10),
3    sname  VARCHAR2(30),
4    ssex  CHAR(2),
5    classid  NUMBER,
6    CONSTRAINT  student_8_class  FOREIGN  KEY ( classid )
7    REFERENCE  class ( classid )
8    ON  DELETE  CASCADE
9    );
表已创建。
```

5.2.5　CHECK（检查）约束

CHECK 约束是一个关系表达式，它规定了一个字段的数据必须满足的条件。例如学生的性别只能是"男"或"女"，学生的成绩必须在 0～100 等。当向表中插入一条记录，或者修改某条记录的值时，都要检查指定字段的数据值是否满足这个条件，如果满足，操作才能成功。

CHECK 约束可以被创建或者增加为在某个字段级别上的约束，也可以被创建或者增加为在一个表级别上的约束。

创建表时定义 CHECK 约束的语法格式为：

```
CREATE  TABLE  [schema.]table_name (
…  //省略创建表的字段部分
[ CONSTRAINT  constraint_name ]  CHECK ( check_condition )
[ … ]
);
```

【例 5-23】 创建学生表（student_9）（包含学号（sno）、姓名（sname）、性别（ssex）和班级号（classid）等字段），表结构定义见表 5-2，并且为性别（ssex）定义 CHECK 约束，要求只允许该字段的数据值为"男"或"女"。

```
SQL> CREATE  TABLE  student_9 (
2    sno  CHAR(10),
3    sname  VARCHAR2(30),
4    ssex  CHAR(2),
5    classid  NUMBER,
6    CONSTRAINT  ssex_check  CHECK ( ssex  IN  ('男', '女' ))
7    );
表已创建。
```

此时如果向学生表（student_9）中添加记录时，为 ssex 字段输入既不为"男"也不为"女"的值，将会出错。如下：

```
SQL>INSERT  INTO  student_9 ( sno, sname, ssex, classid )
2    VALUES ('2013110117', '张三', '它', 1);
INSERT  INTO  student_9 ( sno, sname, ssex, classid )
*
第 2 行出现错误：
ORA - 02290：违反检查约束条件（SYSTEM.SYS_C009442）
```

也可以对已创建的表中的字段通过使用 ALTER TABLE … ADD 语句添加 CHECK 约束，语法形式如下：

```
ALTER  TABLE  table_name ADD [ CONSTRAINT  constraint_name ]
CHECK  check_condition;
```

5.2.6　禁用和激活约束

本小节主要介绍表的完整性约束的状态类型及设置方法。

1．约束的状态

表的完整性约束可以处于如下两种状态。

❑ 激活状态（ENABLE）：激活状态下，约束将对表的插入或更新操作进行检查，
与约束规则发生冲突的操作将被禁止。

❑ 禁用状态（DISABLE）：禁止状态下，约束不再起作用，与约束规则发生冲突的
表的插入或更新操作也能够成功执行。

一般情况下，为了保证数据库中的数据完整性，表中的约束应当处于激活状态。但是
当执行一些特殊的操作时，出于性能方面的考虑，有时会暂时将约束置于禁用状态。这些
特殊操作包括：

❑ 利用 SQL*Loader 从外部数据源提取大量数据到表中时。

❑ 针对表执行一项包含大量操作的批处理工作时（比如，将前面的职工表 EMP 中的
所有职工工资增加 1000）。

❑ 导入或导出表时。

2．定义方法

在创建表时定义约束的状态的语法格式如下：

```
CREATE  TABLE  [schema.]table_name (
…  //省略创建表的字段部分
[ CONSTRAINT  constraint_name ]  constraint_type  DISABLE | ENABLE
[ , … ]
);
```

其中，constraint_type 表示约束的类型，如：PRIMARY KEY、UNIQUE 等。

也可以对已创建的表使用如下语句修改表中的约束的状态：

```
ALTER  TABLE  table_name  ENABLE | DISABLE  CONSTRAINT  constraint_name;
```

或：

```
ALTER  TABLE  table_name  MODIFY  CONSTRAINT  constraint_name
ENABLE | DISABLE;
```

创建 PRIMARY KEY 或 UNIQUE 约束时，Oracle 将自动创建唯一索引，当禁用这两
种类型的约束时，Oracle 会默认删除它们对应的唯一索引，而在重新激活这两类约束时，
Oracle 会为它们重建唯一索引。不过，在禁用 PRIMARY KEY 或 UNIQUE 约束时，可以
通过使用 KEEP INDEX 关键字保留约束对应的索引，其语法形式如下：

```
ALTER  TABLE  table_name  DISABLE  CONSTRAINT  constraint_name
KEEP  INDEX;
```

【例 5-24】 将【例 5-17】创建的学生表（student_4）中为手机号（stelephone）和邮箱（semail）定义的 UNIQUE 约束设置为禁用状态，并保留约束对应的索引。

```
SQL> ALTER TABLE student_4 DISABLE CONSTRAINT table_unique
2   KEEP INDEX;
表已更改。
```

说明：在禁用 PRIMARY KEY 或者 UNIQUE 约束时，如果 FOREIGN KEY 约束正在引用相应的字段，则无法禁用 PRIMARY KEY 或者 UNIQUE 约束。这时，可以先禁用 FOREIGN KEY 约束，然后再禁用 PRIMARY KEY 或者 UNIQUE 约束；也可以在禁用 PRIMARY KEY 或者 UNIQUE 约束时，使用 CASCADE 关键字。

5.2.7　约束的验证状态

激活或禁用状态是指在设置该状态之后，对表进行插入或更新操作时是否对约束限制进行检查。与之对应，约束的另外两种状态决定是否对表中已有的数据进行约束限制检查。这两种状态分别如下。

- ❑ 验证状态（VALIDATE）：如果约束处于验证状态，在定义或激活约束时，Oracle 将会检查表中所有已有的记录是否满足约束限制。
- ❑ 非验证状态（NOVALIDATE）：如果约束处于非验证状态，在定义或激活约束时，Oracle 不会检查表中所有已有的记录是否满足约束限制。

将验证、非验证状态与激活、禁用状态结合，可组合成如下 4 种约束状态。

（1）ENABLE VALIDATE（激活验证状态）：如果在 ALTER TABLE … ENABLE 语句中没有指明 NOVALIDATE 关键字，这时约束默认处于激活验证状态。在这种状态下，Oracle 不但对表中已有的记录进行约束检查，而且还会对以后的插入或更新操作进行约束检查。这种状态可以保证表中所有的记录都能满足约束限制条件。

（2）ENABLE NOVALIDATE（激活非验证状态）：在这种状态下，Oracle 不会对表中已有的记录进行约束检查，但是会对以后的插入或更新操作进行约束检查。

（3）DISABLE VALIDATE（禁用验证状态）：在这种状态下，约束被禁用，但是 Oracle 仍然会对表中已有的记录进行约束检查，但是不允许对表进行任何插入或更新操作，因为这些操作无法得到约束检查。

（4）DISABLE NOVALIDATE（禁用非验证状态）：如果在 ALTER TABLE … DISABLE 语句中没有指明 VALIDATE 关键字，这时约束默认处于禁用非验证状态。在这种状态下，无论是表中已有的记录，还是以后的插入或更新操作，Oracle 都不进行约束检查。

在非验证激活状态下要比在验证激活状态下节省操作时间。对于经常需要从外部数据源提取大量数据的数据仓库系统来说，非验证激活状态是非常实用的。

对于已创建的表，使用 ALTER TABLE … MODIFY 语句可以设置约束为上述 4 种状态，其形式如下：

```
ALTER TABLE table_name MODIFY CONSTRAINT constraint_name
ENABLE | DISABLE
VALIDATE | NOVALIDATE;
```

【例 5-25】 将【例 5-16】创建的学生表（student_3）中为邮箱（semail）定义的 UNIQUE

约束设置为非验证激活状态。

```
SQL> ALTER  TABLE  student_3 MODIFY CONSTRAINT  semail_unique
2   ENABLE  NOVALIDATE;
表已更改。
```

5.3　视　　图

视图是从一个或多个表或视图中提取出来的数据的一种表现方式，它并不存储真实的数据，不占用实际的存储空间，只是在数据字典中保存它的定义信息，所以视图被认为是"存储的查询"或"虚拟的表"。实际上，它只包含映射到基表（这里的基表既可以是真正的表也可以是视图）的一组 SQL 语句。采用视图的目的是：一方面可以简化查询所使用的语句；另一方面可以起到安全和保密的作用。

由于视图是基于表而创建的，因此视图与表有许多相似之处，用户可以像使用表一样对视图进行创建、查询、修改和删除等操作。其最大特点是可以像普通表一样从视图中查询数据。以下介绍对视图的一些基本操作，包括创建、访问、修改和删除。

5.3.1　创建视图

用户可以在自己的模式中创建视图，只要具有 CREATE VIEW 系统权限即可。如果希望在其他用户的模式中创建视图，则需要具有 CREATE ANY VIEW 系统权限。如果一个视图的基表是其他用户模式中的对象，那么当前用户需要具有对这个基表的 SELECT 权限。

创建视图需要使用 CREATE VIEW 语句，其语法形式如下：

```
CREATE  [OR REPLACE] [ FORCE | NOFORCE ]  VIEW [ schema. ] view_name
[ alias_name [, … ]]
AS  select 语句
[WITH { CHECK OPTION | READ ONLY } CONSTRAINT constraint_name];
```

语法说明如下。

- ❑ OR REPLACE：如果视图已存在，则替换现有视图。
- ❑ FORCE | NOFORGE：FORCE 表示即使基表不存在，也要创建视图；NOFORCE 表示如果基表不存在，则不创建视图，此为默认选项。
- ❑ view_name：创建的视图名称。与表和字段的命名规则相同。
- ❑ alias_name：子查询中字段（或表达式）的别名。别名的个数与子查询中字段（或表达式）的个数必须一致。
- ❑ select 语句：子查询语句，可以基于一个或多个表（或视图）。
- ❑ CHECK OPTION：除了可以对视图执行 SELECT 子查询以外，还可以对视图进行 DML 操作（包括插入、修改和删除操作），实际上就是对基表的修改操作。默认情况下，可以通过视图对基表中的所有数据进行 DML 操作，包括视图的子查询无法检索的数据。如果使用 WITH CHECK OPTION 选项，则表示只能对视图中子查询能够检索到的数据进行 DML 操作。
- ❑ READ ONLY：表示只能通过视图读取基表中的数据，而不能进行 DML 操作。

❑ CONSTRAINT constraint_name：为 WITH CHECK OPTION 或 WITH READ ONLY 约束定义约束名称。

以下分别介绍简单视图和复杂视图的创建方法。

1. 创建简单视图

所谓简单视图，指基于单个表，而且不对子查询检索的字段进行函数或数学计算的视图。

【例 5-26】 基于表 3-1，在 scott 用户下创建基于职工表（emp）的视图 emp_view1。

（1）由于用户必须具有 CREATE VIEW 权限才能创建视图，而 scott 用户默认情况下没有该权限，所以需要先将 CREATE VIEW 权限授予 scott 用户，可以在 system 用户模式下为 scott 用户授权（假设对应的口令为 admin）。操作如下：

```
SQL> CONNECT system / admin;
已连接。
SQL>GRANT  CREATE  VIEW  TO  scott;
授权成功。
```

（2）使用 scott 用户连接数据库（假设对应的口令为 admin），并创建基于 emp 表的视图 emp_view1：

```
SQL> CONNECT scott / admin;
已连接。
SQL>CREATE  VIEW  emp_view1
2    AS
3    SELECT empno, ename, sal
4    FROM emp WHERE deptno=30;
视图已创建。
```

上述语句创建了一个名为 emp_view1 的视图，该视图的子查询检索职工表（emp）中职工所在部门编号（deptno）为 30 的职工的编号（empno）、姓名（ename）和工资（sal）等信息。这样，可以像查询表一样查询视图中的数据信息：

```
SQL> SELECT  *  FROM  emp_view1;
EMPNO         ENAME         SAL
--------      -------       -------
7499          ALLEN         1600
7521          WARD          1250
7654          MARTIN        1250
7698          BLAKE         2850
已选择 4 行。
```

视图被创建以后，视图的结构是在执行 CREATIVE VIEW 语句创建视图时确定的，在默认情况下，字段的名称与 SELECT 中基表的字段名相同。如上所示，数据类型以及是否为空也继承了表中的相应字段的信息，可以像查看表的结构一样通过 DESC 命令查看视图的结构。

2. 创建复杂视图

所谓复杂视图，指基于多个表，或者对子查询检索的字段进行函数或数学计算的视图，或者对基表进行了 DISTINCT 查询。

【例 5-27】　基于表 3-1，在 scott 用户下创建基于职工表（emp）的视图 emp_view2，并且对子查询中的检索的字段 sal 进行数据计算，查询工资上调 15% 以后工资大于 2000 的职工编号（empno）、职工姓名（ename）和上调后的职工工资（new_sal）。

```
SQL>CREATE  VIEW  emp_view2
2    AS
3    SELECT  empno, ename, sal*1.15 new_sal
4    FROM  emp  WHERE  sal*1.15>2000;
视图已创建。
```

🗨说明：如果对字段进行了函数或数学计算，则必须为该字段定义别名。别名的定义既可在视图名称后面定义，也可在子查询中定义，上例中是在子查询中为进行数学计算的字段 sal 定义的别名 new_sal。

上例是基于对子查询检索的字段进行数学计算定义的视图。接下来再来看看如何基于多个表创建视图。

【例 5-28】基于表 3-1 和表 3-2，在 scott 用户下创建基于职工表（emp）和部门表（dept）的视图 emp_view3，在该视图的子查询中检索职工的编号（empno）、姓名（ename）、工资（sal）和所在部门名称（dname）。

```
SQL>CREATE  VIEW  emp_view3
2    AS
3    SELECT  empno, ename, sal, dname
4    FROM  emp, dept
5    WHERE  emp.deptno=detp.deptno;
视图已创建。
```

上例是基于两个表连接子查询定义的视图。

5.3.2　视图的 DML 操作

视图的 DML 操作是指对视图中的字段进行插入（INSERT）、修改（UPDATE）和删除（DELETE）等的操作。对视图进行 DML 操作，实际上就是对视图的基表中的字段执行 DML 操作。一般来说，简单视图的所有字段都支持 DML 操作，但对于复杂视图来说，如果该字段进行了函数或数学计算，或者在表的连接子查询中该字段不属于主表中的字段，则该字段不支持 DML 操作。

🗨说明：在多表的连接子查询中，FROM 子句中指定的第一个表属于主表，如【例 5-28】中 FROM 语句指定的第一个表 emp 就是主表。

实际上，Oracle 会自动判断哪些视图可以更新，在数据字典 user_updatable_columns、all_updatable_columns 和 dba_updatable 中记载着哪些视图是可以更新的。下面以数据字典 user_updatable_columns 为例，详细介绍如何查看哪些视图可以更新的信息。

首先使用 DESCRIBE 命令了解数据字典 user_updatable_columns 的结构信息，如下：

```
SQL>DESCRIBE  user_updatable_columns
名称                          是否为空?               类型
OWNER                        NOT  NULL              VARCHAR2 ( 30 )
TABLE_NAME                   NOT  NULL              VARCHAR2 ( 30 )
```

```
COLUMN_NAME                    NOT  NULL              VARCHAR2 ( 30 )
UPDATABLE                                            VARCHAR2 (  3 )
INSERTABLE                                           VARCHAR2 (  3 )
DELETABLE                                            VARCHAR2 (  3 )
```

字段说明如下。

❑ owner：表或视图的拥有者。

❑ table_name：表或视图的名称。

❑ column_name：字段名称。

❑ updatable、insertable 和 deletable：分别表示是否可更新、插入和删除字段的数据，取值为 YES 或 NO，YES 表示可以，NO 表示不可以。

【例 5-29】 查看已创建视图 emp_view2 中的字段是否支持 DML 操作。

```
SQL>SELECT  column_name, insertable, updatable, deletable
2   FROM  user_updatable_columns
3   WHERE  table_name = 'EMP_VIEW2';
COLUMN_NAME      INSERTABLE       UPDATABLE        DELETABLE
EMPNO            YES              YES              YES
ENAME            YES              YES              YES
NEW_SAL          NO               NO               NO
```

由上述查询结果可看出，emp_view2 视图中的 new_sal 字段，也即是对基表 emp 的 sal 字段执行数学计算的字段，不支持 DML 操作。

可以对视图中支持 DML 操作的所有字段执行 DML 操作，操作结果将会直接反映到基表中。

【例 5-30】 使用 INSERT 语句，向已创建视图 emp_view2 中支持 DML 操作的字段插入数据（7459，'ERIC'，'CLERK'，20）。

```
SQL>INSERT  INTO  emp_view2 ( empno, ename, job, deptno )
2   VALUES (7459, 'ERIC', 'CLERK', 20);
已创建 1 行。
```

可在 emp 表中查看是否成功插入记录：

```
SQL>SELECT  *  FROM  emp  WHERE  empno = '7459';
EMPNO  ENAME    JOB    MGR   HIREDATE     SAL    COMM    DETPNO
------ -------  ----  ----- ----------- ------- ------  --------------
7459   ERIC     CLERK                                   20
已选择 1 行。
```

🖎说明：通过视图向基表插入数据时，通常情况下只提供了表中部分字段的数据，而表中其他字段的数据则会使用默认值，如果没有设置默认值则会使用 NULL 值，如果该字段不支持 NULL 值，则 Oracle 禁止执行插入操作。

【例 5-31】 基于表 3-1，在 scott 用户下创建基于职工表（emp）的视图 emp_view4，该视图为职工表（emp）中职工工资大于 2000 的职工编号（empno）、姓名（ename）、工作（job）、工资（sal）和部门号（deptno）。然后向已创建的视图中分别插入两条记录：（7400，'JACK'，'CLERK'，2400，10）和（7490，'TOM'，'CLERK'，1800，10），要求禁止插入职工工资不满足大于 2000 的职工信息。

```
SQL>CREATE  VIEW  emp_view4
2   AS
```

```
3   SELECT  empno, ename, sal, deptno
4   FROM  emp
5   WHERE  sal>2000
6   WITH  CHECK  OPTION  CONSTRAINT  emp_view4_check;
视图已创建。
SQL>INSERT  INTO  emp_view4 ( empno, ename, job, sal, deptno )
2   VALUES (7400, 'JACK', 'CLERK', 2400, 10);
已创建 1 行。
SQL>INSERT  INTO  emp_view4 ( empno, ename, job, sal, deptno )
2   VALUES (7490, 'TOM', 'CLERK', 1800, 10);
INSERT  INTO  emp_view4 ( empno, ename, job, sal, deptno )
                *
第 1 行出现错误:
ORA-01402: 视图 WITH  CHECK  OPTION  where 子句违规
```

由上例可以看出,当创建视图时使用 WITH CHECK OPTION 子句,可以限定对视图的 DML 操作必须满足视图中子查询的条件,只有满足创建视图时定义的子查询条件的记录才能成功插入。

此外,当创建视图时使用 WITH READ ONLY 子句,则只能通过视图读取基表中的数据,无法执行 DML 操作。

5.3.3 修改和删除视图

修改视图可直接使用 CREATE OR REPLACE VIEW 语句来完成,执行该语句实际上就是先删除原来的视图,然后再创建一个同名的新的视图。

删除视图可使用 DROP VIEW 语句,其语法形式如下:

```
DROP  VIEW  view_name;
```

5.4 索 引

索引是数据库中用于存放表中每一条记录的位置的一种对象,主要用于加快对标的查询操作。简单地说,如果将表看作一本书,索引的作用则类似于书中的目录。在没有目录的情况下,要在书中查找指定的内容必须浏览全书,而有了目录以后,只需通过目录就可以快速地找到包含所需内容的页。类似地,如果要在表中查找指定的记录,在没有索引的情况下,必须遍历整个表,而有了索引之后,只需要在索引中找到符合查询条件的索引字段值,这样就可以通过保存在索引中的 ROWID(相当于书的页码)快速找到表中对应的记录。因此,为表建立索引,既能够减少查询操作的时间开销,又能够减少 I/O 操作的开销,从而加快查询的速度。不过创建索引需要占用许多存储空间,而且在向表中添加和删除记录时,数据库需要花费额外的开销来更新索引。因此,在实际应用中应该确保索引能够得到有效利用。一般来说,创建索引要遵循以下原则。

❑ 如果每次查询仅选择表中的少量行,应该建立索引。
❑ 如果在表上需要进行频繁的 DML 操作,不要建立索引。
❑ 尽量不要在有很多重复值的字段上建立索引。

   ❏   不要在太小的表上建立索引。因为在一个小表中查询数据时，速度可能已经足够快，如果建立索引，对查询速度不仅没有多大帮助，反而需要一定的系统开销。

以下主要介绍索引的创建及管理方法。

5.4.1　索引分类

索引与表一样，不仅需要在数据字典中保存索引的定义，还需要在表空间中为它分配实际的存储空间。当创建索引时，Oracle 会自动在用户的默认表空间中或指定的表空间中创建一个索引段，为索引数据提供存储空间。在创建索引时，Oracle 首先对要建立索引的字段进行排序，例如，假设要基于职工表（emp）的字段职工编号（empno）创建索引 emp_index（建立索引的字段被称为"索引字段"，比如 empno）。先对 empno 字段进行排序（默认是升序），然后将排序后的字段值和对应记录的 ROWID 存储在索引中，此时称索引字段与 ROWID 的组合为索引条目。从而在索引中，不仅存储了索引字段上的数据，而且还存储了一个 ROWID 值，它代表表中某条记录的标识，即表中记录在存储空间的物理位置，如图 5-1 所示。在索引创建之后，如果要检索职工编号为"7499"的记录，Oracle 将首先对索引中 empno 字段进行一次快速搜索（因为索引中的 empno 字段已经排序，所以这个搜索是很快的），找到符合条件的 empno 字段值所对应的 ROWID，然后再利用 ROWID 到职工表（emp）中提取相应的记录。这个操作过程要比逐条读取 emp 表中未排序的记录快得多。

在 Oracle 中，可以创建多种类型的索引，以适应各种表的特点，常用的索引类型有 B 树索引、位图索引、函数索引、簇索引、散列簇索引、反序索引和位图连接索引。那么，在创建索引时，该如何选择索引类型呢？这里只介绍 B 树索引和位图索引的选择问题，其他索引的选择，读者可查阅相关文献资料。

EMPNO	ROWID		EMPNO	ENAME	SAL
7369	AAG25ABKTSAAA		7566	JONES	2975
7499	AAG25ABKTSAAB		7698	BLAKE	2850
7521	AAG25ABKTSAAC		7521	WARD	1250
7566	AAG25ABKTSAAD		7369	SMITH	800
7654	AAG25ABKTSAAE		7654	MARTIN	1250
7698	AAG25ABKTSAAF		7499	ALLEN	1600

    （a）索引（emp_index）   （b）职工表（emp）

图 5-1　索引与表的关系

为了解决这个问题，首先引入"基数（Cardinality）"的概念。基数是指某个字段可能拥有的不重复值的个数。比如性别（sex）字段的基数为 2（性别只能是"男"或"女"）；婚姻状况（marital_status）字段的基数为 3（婚姻状况只可能是未婚、已婚或离婚）。

位图索引适用于那些基数比较小的字段。通常如果字段的基数只达到表中记录数的 1%，或者字段中大部分数值都会重复出现 100 次以上，则对该字段应当建立位图索引。此外，某些字段虽然具有比较高的基数，同时也不会出现很多重复数据，但是如果它们经常会被具有复杂查询条件的 WHERE 子句引用，也应当为它们建立位图索引。

B 树索引则适用于那些具有高基数的字段，比如像姓名、联系电话等字段的重复值会很少，尤其是那些具有 PRIMARY KEY 约束和 UNIQUE 约束，数据值不允许重复的字段。

5.4.2　创建索引

用户可以在任何时候为表创建索引，索引的创建不会影响到表中实际存储的数据。因此，索引是一种与表独立的模式对象。

索引可以自动创建，也可以手工创建。如果在表的一个字段或几个字段上建立了主键约束或者唯一约束，那么数据库服务器将自动在这些字段上建立唯一索引，这时索引的名字与约束的名字相同。

手工创建索引是指用户利用相应的语句来完成索引的创建。一个用户可以在自己的模式中创建索引，只要这个用户具有 CREATE INDEX 这个系统权限。如果希望在其他用户的模式中创建索引，那么需要具有 CREATE ANY INDEX 系统权限。

手工创建索引的语法格式如下：

```
CREATE [UNIQUE] [BITMAP]  INDEX [ schema. ] index_name
ON  table_name ( [column_name [ ASC | DESC ], … ]|
[REVERSE]
[INITRANS  integer]
[MAXTRANS  integer]
[PCTFREE  integer]
[STORAGE  storage-clause]
[TABLESPACE  tablespace_name];
```

语法说明如下。

❑ UNIQUE：表示建立唯一索引。默认创建非唯一索引。

❑ BITMAP：表示建立位图索引。

❑ ASC/DESC 用于指定索引值的排列顺序，ASC 表示按升序排序，DESC 表示按降序排序，默认值为 ASC。

❑ REVERSE：表示建立反序索引。

其他参数说明参见创建表的语法格式说明。

以下主要介绍应用较多的 3 类索引：B 树索引、位图索引和函数索引的创建方法。

1．创建B树索引

B 树索引是 Oracle 中最常用的一种索引。在使用 CREATE INDEX 语句创建索引时，默认方式下将创建 B 树索引。

B 树索引使用平衡的 m 路搜索树算法（即 B 树算法）来建立索引结构。在 B 树的叶子节点中存储索引字段的值与 ROWID，如图 5-2 所示。B 树索引具有以下特点。

❑ B 树索引中所有的叶子节点都具有相同的深度，因此无论哪种类型的查询都具有基本上相同的查询速度。

❑ B 树索引能够适应多种查询条件，包括使用等号运算符的精确匹配与使用 LIKE 等运算符的模糊匹配。

❑ B 树索引不会影响到插入、删除和更新的效率。

❑ 无论对于大型表还是小型表，B 树索引的效率都是相同的。

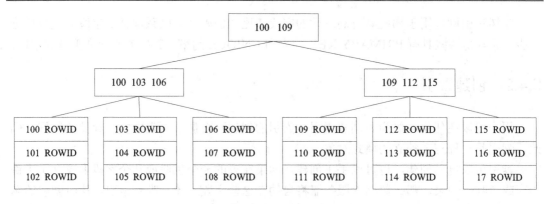

图 5-2　B 树索引的逻辑结构

比如采用 B 树索引在图 5-2 中检索编号为 111 的节点，其搜索过程如下：

（1）先访问根节点，将 111 与 100 和 109 进行比较。

（2）因为 111 大于 109，所以接下来搜索根节点右边分支。

（3）将 111 分别与 109、112 和 115 比较大小。

（4）因为 111 大于 109 且小于 112，所以搜索右边分支的第 1 个叶子节点，并找到要查询的索引条目。

正是由于 B 树索引具有以上特点，在一般情况下，创建默认的 B 树索引可以适应大部分表的查询需求。

【例 5-32】 为已创建的学生表（student_1）的姓名（sname）字段创建名为 sname_index 的 B 树索引。

```
SQL>CREATE INDEX sname_index
2   ON student_1 (sname)
3   TABLESPACE myspace;
索引已创建。
```

上述语句创建了一个 B 树索引 sname_index，索引字段为姓名（sname），且允许姓名同名，索引保存在表空间 myspace 中。

B 树索引包括唯一索引和不唯一索引。默认情况下，Oracle 创建的索引是不唯一索引，不唯一索引的索引字段值可以有重复。如果在 CREATE INDEX 语句中显示地指定了 UNIQUE 关键字，则创建的索引是唯一索引。唯一索引的索引字段值不允许重复。

2．创建基于函数的索引

基于函数的索引存放的是经过函数处理后的数据。如果检索数据时需要对字符大小写或数据类型进行转换，则使用这种检索可以提高检索效率。

☐说明：当一个表的字段的所有取值数与表的记录数之间的比例小于 1%时，最好不要在该字段上创建 B 树索引。

【例 5-33】 查找职工表（emp）中姓名为 ALLEN 的职工信息。

通常的查询操作如下：

```
SQL>SELECT * FROM emp WHERE ename = 'ALLEN';
```

上述方法要求字符串"ALLEN"必须与字段中存储的值的大小写保持一致，否则将无法查找到相应数据信息。实际应用中，输入大写字母会给用户带来很大的不便。可以通过创建基于函数的索引来解决这个问题，这样用户只要输入小写英文字母就可在视图中完成指定姓名的检索。

【例 5-34】　为职工表（emp）中的姓名（sname）字段创建名为 sname_lower_index 的基于 LOWER 函数的索引。

```
SQL>CREATE INDEX sname_lower_index
2   ON student_1 (LOWER(sname))
3   TABLESPACE myspace;
索引已创建。
```

3．创建位图索引

位图索引与 B 树索引不同，使用 B 树索引时，通过在索引中保存排过序的索引字段的值，以及数据行的 ROWID 来实现快速查找。而位图索引不存储 ROWID 值，也不存储键值，一般在包含少量不同值的字段上创建。例如学生表中的性别（ssex）字段，只有两个取值："男"或"女"，所以不适合创建 B 树索引，因为 B 树索引主要用于对大量不同的数据进行细分。

【例 5-35】为已创建的学生表（student_1）的性别（ssex）字段创建名为 sname_bitmap 的位图索引。

```
SQL>CREATE BITMAP INDEX sname_index
2   ON student_1 (ssex)
3   TABLESPACE myspace;
索引已创建。
```

5.4.3　管理索引

对于已创建的索引可以进行重命名、合并、重建、监视和删除的管理操作，以下分别进行介绍。

1．重命名索引

重命名索引的语法格式如下：

```
ALTER INDEX index_name RENAME TO new_index_name;
```

【例 5-36】　将【例 5-34】已创建的索引名 sname_lower_index 重命名为 name_lower_index。

```
SQL> ALTER INDEX sname_lower_index RENAME TO name_lower_index;
索引已更改。
```

2．清理索引碎片

随着对表不断进行更新操作，在表的索引中将会产生越来越多的存储碎片，这将会影响索引的工作效率，这时可以用两种方式来清理这些存储碎片——合并索引或重建索引。

（1）合并索引

合并索引可以清理索引存储碎片，可利用 ALTER INDEX … COALESCE 语句对索引进行合并操作。其语法格式如下：

```
ALTER  INDEX  index_name  COALESCE  [ DEALLOCATE  UNUSED ];
```

其中，COALESCE 表示合并；DEALLOCATE UNUSED 表示合并索引的同时，释放合并索引后多余的空间。图 5-3 显示了 B 树索引的合并效果。

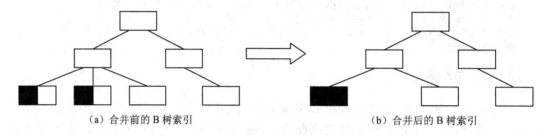

（a）合并前的 B 树索引　　　　　　　　　　　（b）合并后的 B 树索引

图 5-3　B 树索引合并过程

说明：合并索引只是简单地将 B 树索引叶子节点中的存储碎片合并在一起，并不改变索引的物理组织结构（包括存储参数和表空间等）。

（2）重建索引

重建索引也可以清理索引存储碎片，不过，它在清理索引存储碎片的同时，还可以改变索引的全部存储参数设置，以及改变索引的存储表空间。表 5-6 给出了合并索引与重新索引的对比。

表 5-6　合并索引与重新索引

合 并 索 引	重 建 索 引
不能将索引移动到其他表空间中	可以将索引移动到其他表空间中
不需要使用额外的存储空间，代价较低	需要使用额外的存储空间，代价较高
只能在 B 树的同一子树中进行合并，不会改变树的高度	重建整个 B 树，可能会降低树的高度
可以快速释放叶子节点中未使用的存储空间	可以快速更改索引的存储参数,并且在重建过程中如果指定了 ONLINE 关键字,不会影响当前对索引的使用

可利用 ALTER INDEX … REBUILD 语句重建索引，其语法格式如下：

```
ALTER [UNIQUE] [ schema. ] INDEX index_name
REBUILD
[INITRANS  integer]
[MAXTRANS  integer]
[PCTFREE  integer]
[STORAGE  storage-clause]
[TABLESPACE  tablespace_name];
```

其他参数的含义参见创建表的语法格式说明。默认情况下为重建 B 树索引。

【例 5-37】 为已创建的学生表（student_1）的姓名（sname）字段上的 B 树索引 sname_index 进行重建。

```
SQL>ALTER  INDEX  sname_index
2    REBUILD
3    TABLESPACE  myspace;
索引已更改。
```

☐说明：重建索引实际上是在指定的表空间中重新建立一个新的索引，然后再删除原来的索引。

3．监视索引

已经建立的索引是否能够有效工作，取决于在查询的执行过程中是否会使用到这个索引。Oracle 提供了一种比较简便的方法用来监视索引的使用情况，使用户可以查看已经建立的索引的使用状态，以便决定是否需要重建其他的索引。

要监视某个索引，需要先打开该索引的监视状态，不需要时，再关闭索引的监视状态。其语法格式如下：

```
ALTER  INDEX  index_name  MONITORING | NOMONITORING  USAGE;
```

其中，MONITORING 表示打开索引的监视状态，NOMONITORING 表示关闭索引的监视状态。

【例 5-38】 打开学生表（student_1）的姓名（sname）字段上的 B 树索引 sname_index 的监视状态。

```
SQL>ALTER  INDEX  sname_index  MONITORING  USAGE;
索引已更改。
```

如果要关闭以上索引的监视状态，可进行如下操作：

```
SQL>ALTER  INDEX  sname_index  NOMONITORING  USAGE;
索引已更改。
```

打开指定索引的监视状态后，可以在数据字典 v$object_usage 中查看它的使用情况。该数据字典中包含有一个 USED 字段，如果在进行监视的过程中索引正在被使用，则 USED 字段值为 YES，否则为 NO。此外，在数据字典 v$object_usage 中还包含监视的起止时间，以及当前索引的监视状态等信息。

☐说明：每当使用 ALTER INDEX … MONITORING 语句打开索引的监视状态时，Oracle 会自动重置数据字典 v$object_usage 中与指定索引相关的记录。也即是说上一次监视的结果不会影响到当前的监视状态。

4．删除索引

用户只能删除自己模式中的索引。如果要删除其他模式中的索引，必须具有 DROP ANY INDEX 系统权限。通常在如下情况下可考虑删除某个索引：

❑ 该索引不再需要使用。
❑ 通过一段时间的监视，发现几乎没有查询，或者只有极少数查询会使用到这个索引。
❑ 由于索引中包含损坏的数据块，或者包含过多的存储碎片，需要首先删除这个索引，然后再重建它。

❑ 索引的删除方式与索引创建时采用的方式有关。

如果索引是使用 CREATE INDEX 语句创建的，则可以使用 DROP INDEX 语句将它删除。其语法格式如下：

```
DROP INDEX index_name;
```

【例 5-39】 删除基于学生表（student_1）的姓名（sname）字段创建的 B 树索引 sname_index。

```
SQL> DROP INDEX sname_index;
索引已删除。
```

如果索引是在定义约束时由 Oracle 自动建立的，可以通过禁用约束（DIABLE）或删除约束的方式来删除对应的索引。

另外，在删除一个表时，Oracle 会自动删除所有与该表相关的索引。

5.5 序 列

序列也称为序列生成器，它能够以串行方式生成一系列顺序整数。

考虑一个火车票订票系统。在订票系统中每完成一笔火车票交易都需要向数据库中插入一条记录，而每条记录要求具有一个唯一的主键值来进行标识，比如一个 11 位或更长的整数。如果只有一个终端向数据库中插入火车票交易记录，可以通过手工或其他方式来生成下一个可用的主键值。但是现实的情况是会同时存在多个终端，即多个用户并发向数据库中插入记录，在这种并发环境中，必须有一种机制来保证用户所选择的下一个可用的主键值不会与其他用户的选择重复。利用序列就可以很好地处理这个问题。

序列可以在多个用户并发环境中为各个用户生成不会重复的顺序整数，而且不需要任何额外的 I/O 开销或者事务锁资源。每个用户在对序列提出申请时都会得到下一个可用的整数，如果有多个用户同时向序列提出申请，序列将按照串行机制依次处理各个用户的请求，决不会生成两个相同的整数。序列生成下一个整数的速度非常快，即使在并发用户数量很多的联机事务处理环境中，当多个用户同时对序列提出申请时也不会产生明显的延迟。

下面分别介绍序列的创建、使用和管理。

5.5.1 创建序列

序列与视图一样，并不占用实际的存储空间，只是在数据字典中保存它的定义信息。默认情况下，用户可以在自己的模式中创建序列。如果希望在其他用户的模式中创建序列，则必须具有 CREATE ANY SEQUENCE 系统权限。

创建序列的命令为 CREATE SEQUENCE 语句，它的完整语法格式如下：

```
CREATE SEQUENCE [ schema. ] sequence_name
[ START WITH start_number]
[ INCREMENT BY increment_number]
[ MINVALUE minvalue | NOMINVALUE ]
[ MAXVALUE maxvalue | NOMAXVALUE ]
```

```
[ CYCLE | NOCYCLE ]
[ ORDER | NOORDER ]
[ CACHE cache_number | NOCACHE ]
```

语法说明如下。

- ❑ schema：序列所属的模式。
- ❑ sequence_name：序列名。命名规则与表名和字段名命名规则相同。
- ❑ START WITH start_number：指定序列的起始值 num，如果序列是递增的，则其默认值为 MINVALUE 参数值；如果序列是递减的，则其默认值为 MAXVALUE 参数值。
- ❑ INCREMENT BY increment_number：增长数。如果 increment_number 是正数则升序生成，如果 increment_number 是负数则降序生成。升序默认值是 1，降序默认值是 −1。increment_number 的绝对值必须小于 MAXVALUE 参数值与 MINVALUE 参数值之差。
- ❑ MINVALUE minvalue | NOMINVALUE：指定序列的最小整数值 minvalue，minvalue 必须小于或等于 start_number，并且小于 maxvalue。如果指定为 NOMINVALUE，则表示递增序列的最小值为 1，递减序列的最小值为 -10^{26}。默认为 NOMINVALUE。
- ❑ MAXVALUE maxvalue | NOMAXVALUE：指定序列的最大整数值 maxvalue，maxvalue 必须大于或等于 start_number，并且大于 minvalue。如果指定为 NOMAXVALUE，则表示递增序列的最大值为 10^{27}，递减序列的最大值为 −1。默认为 NOMAXVALUE。
- ❑ CYCLE | NOCYCLE：CYCLE 表示如果升序达到最大值后，从最小值重新开始；如果是降序序列，达到最小值后，从最大值重新开始。NOCYCLE 表示不重新开始，序列升序达到最大值、降序达到最小值后就报错。由于序列通常用于生成主键值，而主键值不允许重复，所以这里一般使用默认值 NOCYCLE。
- ❑ ORDER | NOORDER：指定是否按照请求次序生成序列号。ORDER 表示是，NOORDER 表示否。默认为 NOORDER。
- ❑ CACHE cache_number | NOCACHE：使用 CACHE 选项时，该序列会根据序列规则预生成一组序列号，保留在内存中，当使用下一个序列号时，可以更快地响应。当内存中的序列号用完时，系统再生成一组新的序列号，并保存在缓存中，这样可以提高生成序列号的效率。Oracle 默认会生产 20 个序列号。使用 NOCACHE 选项时，表示不预先在内存中生成序列号。

🔔说明：如果不指定 CACHE 与 NOCACHE，则数据库默认缓存 20 个序列号。如果数据库突然关闭，则内存中的序列号将全部丢失，下次连接数据库后，内存中的序列号将可能会出现跳号。

【例 5-40】创建一个名为 student_sequence 的序列，要求序列号的起始值为 2014101100，按升序每次增加 1，不缓存序列号，不循环生成序列号，要求按升序生成序列号。

```
SQL> CREATE  SEQUENCE  student_sequence
2   START  WITH 2014101100
3   INCREMENT  BY  1
```

```
4    NOCYCLE
5    ORDER
6    NOCACHE;
序列已创建。
```

5.5.2　使用序列

在使用序列前，先介绍序列中的两个伪列：nextval 和 currval。

（1）nextval：用于获取序列的下一个序号值。在使用序列为表中的字段自动生成序列号时，就是使用此伪列。使用形式为：<sequence_name>. nextval。

（2）currval：用于获取序列的当前序号值。使用形式为：<sequence_name>. currval。使用前提是：必须在使用一次 nextval 之后才能使用此伪列。

【例 5-41】 创建一个学生表（student_10），表中包括学号（sno）、姓名（sname）和性别（ssex）等字段，并定义以下约束：学号（sno）为主键，姓名（sname）非空，性别（ssex）只能为"男"或"女"。

```
SQL> CREATE  TABLE  student_10 (
2    sno NUMBER (10) CONSTRAINT sno_primary PRIMARY  KEY,
3    sname VARCHAR2(30) CONSTRAINT sname_notnull NOT  NULL,
4    ssex CHAR(2) CONSTRAINT ssex_check CHECK (ssex IN ( '男', '女'))
5    );
表已创建。
```

然后向学生表（student_10）插入记录，添加记录时应用前面创建的序列为表中的主键学号（sno）自动赋值：

```
SQL> INSERT  INTO  student_10 (sno, sname, ssex)
2    VALUES ( student_seq.nextval, 'ZHANG SAN', '男');
已创建 1 行。
SQL> INSERT  INTO  student_10 (sno, sname, ssex)
2    VALUES ( student_seq.nextval, 'LI SI', '女');
已创建 1 行。
```

上面向表中插入了两条记录，查询该表中刚刚添加的两条记录：

```
SQL> SELECT  *  FROM  student_10;
SNO          SNAME       SSEX
---------    ---------   -----------
2014101100   ZHANG SAN   男
2014101101   LI SI       女
已选择 2 行。
```

从以上查询结果可以看出，虽然插入的两条记录均未给学号（sno）指定具体的学号值，但是序列已经为该字段自动赋值了，从而减少了数据的输入量，提高了录入数据的工作效率。

在使用了伪列 nextval 之后，可以使用伪列 currval 在表 dual 中查看序列 student_seq 的当前值：

```
SQL> SELECT  student_seq.currval  FROM  dual;
CURRVAL
--------------------
```

```
2014101101
已选择 1 行。
```

💭说明：dual 表是 Oracle 系统提供的表，包含 1 行，一般用于临时显示单行的查询结果。

5.5.3　管理序列

管理序列主要包括序列的修改和删除操作。用户可以修改自己模式中的序列。如果要修改其他模式中的序列，用户必须具有 ALTER ANY SEQUENCE 系统权限。利用 ALTER SEQUENCE 语句可以对序列进行修改，语法格式除了 ALTER SEQUENCE 外，其他与序列的创建类似。修改序列时应注意以下事项：

❑　不能修改序列的起始值。

❑　序列的最小值不得大于当前值。

❑　序列的最大值不得小于当前值。

如果要改变序列的起始值，必须删除序列然后再重建它。

类似地，用户可以删除自己模式中的序列。如果要删除其他模式中的序列，用户必须具有 DROP ANY SEQUENCE 系统权限。删除序列的语法格式如下：

```
DROP SEQUENCE sequence_name;
```

5.6　同　义　词

同义词是表、索引、视图或者其他模式对象的一个别名。在使用同义词时，Oracle 简单地将它翻译为对应的模式对象的名称。

Oracle 只在数据字典中保存同义词的定义描述，因此同义词并不占用任何实际的存储空间。

在开发数据库应用程序时，应当普遍遵守的规则是尽量避免直接引用表、视图或其他数据库模式对象。否则，当 DBA 对数据库模式对象做出修改和变动之后，比如改变表的名称，或者改变表的结构，就必须重新更新并编译应用程序。因此，DBA 应当为开发人员建立数据库模式对象的同义词。这样即使模式对象发生了变动，就只需要在数据库中对同义词进行修改，而不必对应用程序做出任何改动。

此外，有时出于安全方面或使用便捷方面的考虑，DBA 也会创建同义词，比如：

❑　为重要的数据库对象创建同义词，以便隐藏模式对象的实际名称。

❑　在分布式数据库系统中，为存储在远程数据库中的对象创建同义词，使用户可以像使用本地模式对象一样对远程对象进行操作。

❑　为名称很长或很复杂的数据库对象创建同义词，以简化 SQL 语句。

在 Oracle 中可以创建以下两种类型的同义词。

❑　公有同义词：公有同义词由一个特殊的用户组 PUBLIC 所拥有，数据库中所有的用户都可以使用公有同义词。

❑　私有同义词：私有同义词由创建它的用户（或模式）所拥有，用户可以控制其他用户是否有权使用属于自己的私有同义词。

以下简要介绍如何创建和删除同义词。

1．创建同义词

可以使用 CREATE SYNONYM 语句创建同义词，其语法格式如下：

```
CREATE  [ OR REPLACE ] [ PUBLIC ]  SYNONYM  synonym_name  FOR  schema_object;
```

语法说明如下。
- □ PUBLIC：指定创建的同义词为公有还是私有同义词。如果不使用此选项，则默认为创建私有同义词。
- □ OR REPLACE：表示在创建同义词时，如果该同义词已经存在，那么就用新创建的同义词代替旧同义词。
- □ synonym_name：创建的同义词名称。命名规则与表名和字段名命名规则相同。
- □ schema_object：指定同义词所代表的模式对象。

【例 5-42】假设在 scott 模式中存在一个名为 scores_2014_2015_1 的表，表中存放有学生 2014～2015 学年第 1 学期的成绩。这时对于其他用户来说，如果要查询该表的信息，操作如下：

```
SQL> SELECT  *  FROM  scott. scores_2014_2015_1;
```

可以看出，必须使用完整的表名，并且在表名前加上模式名。如果创建同义词，可以大大简化操作。

【例 5-43】为上例中 scott 模式的表 scores_2014_2015_1 创建名为 scores 的公有同义词。

```
SQL> CREATE  PUBLIC  SYNONYM  scores  FOR  scott. scores_2014_2015_1;
```

那么其他用户再查询学生成绩信息，就可以这样操作：

```
SQL> SELECT  *  FROM  scores;
```

通过使用公有同义词 scores，不仅简化了用户的查询语句，同时也隐藏了 scores_2014_2015_1 表的名称和它所属的模式 scott。

2．删除同义词

用户如果不希望再使用同义词，可以使用 DROP SYNONYM 语句将其删除，其语法格式如下：

```
DROP  SYNONYM  synonym_name;
```

一个用户可以删除自己创建的同义词，如果要删除其他用户创建的同义词，则要具有 DROP ANY SYNONYM 系统权限。DBA 可以删除所有的公有同义词，普通用户需要具有 DROP PUBLIC SYNONYM 系统权限，才能删除公有同义词。同义词被删除以后，其相关信息将从数据字典中删除。

5.7　实例分析

1．创建一个名为 student_sequence 的序列，要求序列号的起始值为 2014110100，按升序每次增加 1，不缓存序列号，不循环生成序列号，要求按升序生成序列号。

参考答案：

```
SQL> CREATE  SEQUENCE  student_sequence
2    START  WITH 2014110100
3    INCREMENT  BY 1
4    NOCYCLE
5    ORDER
6    NOCACHE;
序列已创建。
```

2. 在表空间 myspace 创建一个学生信息表（student），该表包括以下字段：学号（sno）、学生姓名（sname）、性别（ssex）、年龄（sage）和所在系名（sdept），各字段数据类型如表 5-7 所示；要求学生学号为主键（primary key），定义约束名为 pk_student；学生姓名不能取空值，定义约束名为 sname_notnull；性别只能取"男"、"女"，定义约束名为 ck_ssex，默认值为"男"；年龄在 15～40 岁之间，定义约束名为 ck_sage。

表 5-7　student表结构

Column_Name	Type
sno	NUMBER(10)
sname	VARCHAR2(30)
ssex	CHAR(2)
sage	INT
sdept	VARCHAR2 (30)

参考答案：

```
SQL> CREATE  TABLE  student(
2    sno NUMBER(10) CONSTRAINT  pk_student  PRIMARY KEY,
3    sname VARCHAR2(30)  CONSTRAINT  sname_notnull  NOT  NULL,
4    ssex CHAR(2) DEFAULT '男' CONSTRAINT  ck_ssex CHECK(ssex  IN ('男','女')),
5    sage  INT  CONSTRAINT  ck_sage  CHECK (sage  BETWEEN  15  AND 40),
6    sdept VARCHAR2(30)
7    )
8  TABLESPACE      myspace;
```

3. 在表空间 myspace 创建一个课程信息表（course），该表包括以下字段：课程号（cno）、课程名称（cname）、前修课程（cpno）和学分（ccredit），各字段数据类型如表 5-8 所示；要求课程号为主键，定义约束名为 pk_course；课程名不能为空，定义约束名为 cname_notnull；前修课为外键，参照课程表的课程号，约束名为 fk_course。

表 5-8　course表结构

Column_Name	Type
cno	VARCHAR2(10)
cname	VARCHAR2(30)
cpno	VARCHAR2 (10)
ccredit	NUMBER(4, 2)

参考答案：

```
SQL> CREATE  TABLE  course(
```

```
2    cno VARCHAR2(10) CONSTRAINT pk_course PRIMARY KEY,
3    cname VARCHAR2(30) CONSTRAINT cname_notnull  NOT  NULL,
4    cpno VARCHAR2(10),
5    ccredit NUMBER(4,2),
6    CONSTRAINT  fk_course  FOREIGN  KEY(cpno)  REFERENCES  course(cno) ON
     DELETE CASCADE
7    )
8    TABLESPACE  myspace;
```

4. 在表空间 myspace 创建一个选课信息表（sc），该表包括以下字段：学号（cno）、课程号（cno）和成绩（grade），各字段数据类型如表 5-9 所示。主键由学号和课程号组成，定义约束名为 pk_sc。

表 5-9　sc表结构

Column_Name	Type
sno	NUMBER(10)
cno	VARCHAR2(10)
grade	NUMBER(5, 2)

参考答案：

```
SQL> CREATE  TABLE  sc(
2    sno NUMBER (10),
3    cno VARCHAR2(10),
4    grade NUMBER(5,2) DEFAULT 0,
5    CONSTRAINT pk_sc PRIMARY KEY (sno,cno)
6    )
7    TABLESPACE  myspace;
```

5. 使用伪列方式向学生信息表（student）中插入两条数据：（2014110100, '杨一', '男', 18, '计科系'）；（2014110101, '杨二', '女', 17, '软工系'）。

参考答案：

```
SQL> INSERT  INTO  student (sno, sname, ssex, sage, sdept)
2    VALUES ( student_seq.nextval, '杨一', '男', 18, '计科系');
已创建 1 行。
SQL> INSERT  INTO  student (sno, sname, ssex, sage, sdept)
2    VALUES ( student_seq.nextval, '杨二', '女', 17, ' 软工系');
已创建 1 行。
```

6. 向课程表（course）中插入 3 条数据：（'s101101000','高等代数', 's101101000', 3）；（'s101101001','计算机导论','s101101001',2）；（'s101101002','C 语言程序设计', 's101101001', 4）。

参考答案：

```
SQL> INSERT  INTO  course (cno, cname, cpno, ccredit)
2    VALUES ('s101101000','高等代数', 's101101000', 3);
已创建 1 行。
SQL> INSERT  INTO  course (cno, cname, cpno, ccredit)
2    VALUES ('s101101001','计算机导论','s101101001', 2);
已创建 1 行。
SQL> INSERT  INTO  course (cno, cname, cpno, ccredit)
2    VALUES ('s101101002','C 语言程序设计','s101101001', 4);
已创建 1 行。
```

7．能否向学生表中插入数据（2014110102, NULL, '男', 18, '计科系'），为什么？

参考答案：不能，因为学生姓名要求非空。

8．能否向学生表中插入数据（2014110102, '杨三', '女', 42, '计科系'），为什么？

参考答案：不能，因为学生的年龄 42 岁不在 15～40 岁之间的约束范围内。

9．能否向课程表中插入数据（'s101101003', '数据结构', 's101101005', 4），为什么？

参考答案：不能，因为前修课为外键，参照课程表的课程号，前修课值 's101101005' 在课程号中未出现，因而不能插入。

10．基于学生表（student），建立计科系学生的视图 cs_student_view，并要求进行修改和插入操作时仍需保证该视图只有计科系的学生。

参考答案：

```
SQL> CREATE  OR  REPLACE  VIEW  cs_student
2    AS
3    SELECT  sno, sname, ssex, sage, sdept
4    FROM  student
5    WHERE sdept= '计科系'
6    WITH CHECK OPTION;
```

11．在表空间 myspace 为所在系名创建合适的索引，索引名为 sdept_index。

参考答案：

```
SQL>CREATE  INDEX  sdept_index
2    ON  student (sdept)
3    TABLESPACE myspace;
索引已创建。
```

12．为学生表（student）创建名为 stu 的公有同义词。

参考答案：

```
SQL> CREATE  PUBLIC  SYNONYM  stu  FOR  student;
```

5.8　本　章　小　结

本章介绍了 Oracle 模式和模式对象的概念，常用数据库模式对象包括表、视图、索引、序列和同义词的概念、创建及管理方法。通过本章的学习，可使读者学会利用表的完整性约束来提高表中数据的组织和管理效率，学会根据不同应用情形通过使用视图、索引、序列和同义词来提高表中数据的录入和检索速度，简化对表的操作，提高表中数据的安全性和保密性。

5.9　习题与实践练习

一、填空题

1．按照约束的作用域可将表的约束分为以下两类：_____和_____。

2．按照约束的用途可将表的完整性约束分为以下 5 类：_____约束、

_____约束、_____约束、_____和 CHECK 约束。

3．为了在自己的模式中创建一个新表，用户必须具有_____系统权限。如果要在其他用户模式中创建表，则必须具有_____的系统权限。

4．_____约束要求表中一个字段或一组字段中的每一个值都是唯一的；_____约束用来约束表的一个字段或者几个字段的取值是唯一的并且不为 NULL。_____约束是一个关系表达式，它规定了一个字段的数据必须满足的条件。

5．用来清理索引存储碎片的两种方式分别是_____和_____。

6．可以通过数据字典_____来了解视图中哪些字段是可以更新的。

7．同义词是表、索引、视图或者其他模式对象的一个别名。

8．在使用序列时，可以使用序列中的伪列来获取相应的序列值。_____用于获取序列的下一个序号值，_____用于获取序列的当前序号值。

二、选择题

1．关于模式的描述下列哪一项不正确？（　　）
 A．表或索引等模式对象一定属于某一个模式
 B．在 Oracle 数据库中，模式与数据库用户是一一对应的
 C．一个表可以属于多个模式
 D．一个模式可以拥有多个表

2．下列哪个对象属于模式对象？（　　）
 A．数据段　　　　　 B．盘区　　　　 C．表　　　　　　 D．表空间

3．如果表中某一条记录的一个字段暂时不具有任何值（未设置默认值），在其中将保存什么内容？（　　）
 A．空格字符　　　　　　　　　　 B．0
 C．NULL　　　　　　　　　　　　 D．不确定的值，由字段类型决定

4．在学生表（student）中将存储所有学生的信息，如果需要确保每个学生都拥有唯一的 email 地址，应当在 email 字段上建立哪一种约束？（　　）
 A．PRIMARY KEY　　　　　　　 B．UNIQUE
 C．FOREIGN KEY　　　　　　　 D．CHECK

5．下列关于视图的描述，哪一项是不正确的？（　　）
 A．视图与索引一样，并不占用实际的存储空间
 B．在创建视图时必须使用子查询
 C．视图的基表既可以是表，也可以是已经创建的视图
 D．利用视图可以将复杂数据永久地保存起来

6．如果要为学生表（student）的 3 个字段：姓名（name）、性别（sex）和出生日期（birthday）分别创建索引，该如何创建？（　　）
 A．都创建 B 树索引
 B．都创建位图索引
 C．分别创建 B 树索引、位图索引和位图索引
 D．分别创建 B 树索引、位图索引和 B 树索引

7．如果希望能够自动为学生表（student）的主键学号（sno）生成唯一连续的整数，

比如 20131101100、20131101101 等，应当使用下列哪一种模式对象来实现？（　　　）

  A．序列   B．同义词   C．索引   D．视图

8．下列哪一项不是伪列 ROWID 的作用？（　　　）

  A．保存记录的物理地址   B．快速查询指定的记录

  C．标识各条记录   D．保存记录的头信息

9．下列哪一项错误地描述了默认值的作用？（　　　）

  A．为表中某字段定义默认值后，如果向表中添加记录而未为该字段提供值，则使用定义的默认值代替

  B．如果向表中添加记录并且为定义默认值的字段提供值，则该字段仍然使用定义的默认值

  C．如果向表中添加记录并且为定义默认值的字段提供值，则该列使用提供的值

  D．向表中添加记录时，如果定义默认值的字段提供值为 NULL，则该列使用 NULL 值

10．唯一约束与主键约束的一个区别是什么？（　　　）

  A．唯一约束的字段的值不可以有重复值

  B．唯一约束的字段的值可以不是唯一的

  C．唯一约束的字段不可以为空值

  D．唯一约束的字段可以为空值

三、简答题

1．什么是模式和模式对象？两者有何联系？

2．简述 UNIQUE 约束和 PRIMARY KEY 约束的含义及区别。

3．简述视图、索引、序列和同义词的含义。

4．简述清理索引存储碎片的两种方式以及它们的工作原理。

5．简述 CHAR 和 VARCHAR2 两种字符数据类型的区别。假设学生表中的姓名字段和性别字段均为字符类型，请问这两个字段在定义其数据类型时应分别选择 CHAR 和 VARCHAR2 的哪一个？

6．如果要经常执行类似下面的查询语句：

```
SELECT  sno, sname, ssex
FROM  student
WHERE  SUBSTR ( sname, 1, 2)='杨';
```

那么应该为 student 表的 sname 字段创建哪一种类型的索引？如何创建？

四、上机操作题

1．分别创建职工表（emp）和部门表（deptno），职工表（emp）所包含的字段有：职工编号（empno）、职工姓名（ename）、工作（job）、聘用日期（hiredate）、工资（sal）和所在部门编号（deptno），各字段数据类型如表 5-10 所示；部门表（deptno）所包含的字段有：部门编号（deptno）、部门名称（dname）和部门地址（loc），各字段数据类型如表 5-11 所示。要求如下。

（1）创建职工表（emp）时：

表 5-10 emp表结构

Column_Name	Type
empno	NUMBER(4)
ename	VARCHAR2(10)
job	VARCHAR2(10)
hiredate	DATE
sal	NUMBER(7,2)
deptno	NUMBER(2)

表 5-11 deptno表结构

Column_Name	Type
deptno	NUMBER (2)
dname	CHAR (14)
loc	CHAR (13)

① 为职工编号定义主键约束。

② 为职工姓名定义非空约束。

③ 为部门编号定义非空约束和外键约束。

④ 指定在主键（deptno）中的数据被删除时，外键（deptno）所对应的数据也级联删除。

⑤ 表所在表空间为 myspace。

（2）创建部门表（deptno）：

① 为部门编号定义主键约束。

② 为部门名称定义非空约束。

③ 表所在表空间为 myspace。

（3）向部门表（deptno）使用 INSERT INTO 语句插入如表 5-12 所示的数据。

表 5-12 deptno表中数据

deptno	dname	loc
40	OPERATIONS	BOSTON
30	SALSE	CHICAGO
20	RSESARCH	DALLAS
10	ACCOUNTING	NEW YORK

（4）向职工表（emp）使用 INSERT INTO 语句分别插入两条记录：（7369，'SMITH'，'CLERK'，to_date('17-Dec-80')，2800，20）和（7698，'BLAKE'，'MANAGER'，to_date('01-May-81')，2850，40）。

（5）向职工表（emp）使用 INSERT INTO 语句能否插入数据：（7499，NULL，'SALESMAN'，to_date('20-Feb-81')，2600，30）？为什么？

（6）向职工表（emp）使用 INSERT INTO 语句能否插入数据：（7369，'ALLEN'，'SALESMAN'，to_date('20-Feb-81')，2600，30）？为什么？

（7）向职工表（emp）使用 INSERT INTO 语句能否插入数据：（NULL，'ALLEN'，'SALESMAN'，to_date('20-Feb-81')，2600，30）？为什么？

（8）向职工表（emp）使用 INSERT INTO 语句能否插入数据：（7499，'ALLEN'，'SALESMAN'，to_date('20-Feb-81')，2600，50）？为什么？

（9）向职工表（emp）使用 INSERT INTO 语句能否插入数据：（7499，'ALLEN'，'SALESMAN'，to_date('20-Feb-81')，2600，NULL）？为什么？

（10）从部门表（deptno）能否删除部门编号为 40 的部门信息？为什么？

2．先创建一个名为 student_sequence 的序列，要求序列号的起始值为 2014130000，按升序每次增加 1，不缓存序列号，不循环生成序列号，要求按升序生成序列号。再创建学生表（student），表中包含的字段信息如表 5-13 所示。要求如下。

表 5-13　student 表结构

Column_Name	Type
sno	NUMBER(10)
sname	VARCHAR2(20)
sbirthday	DATE
ssex	CHAR(2)
sdept	NUMBER(7,2)
deptno	VARCHAR2(20)

（1）创建表时：

① 为学号定义主键约束，指定约束名为 sno_primarykey。

② 为学生姓名定义非空约束，指定约束名为 sname_notnull。

③ 为性别定义检查约束，指定约束名为 ssex_notnull。

④ 为所在系名定义非空约束，指定约束名为 sdept_notnull。

（2）对学生表（student）进行插入数据操作：

① 使用伪列方式向学生表（student）中插入数据（2014130000，'李一'，to_date('20-Feb-06')，'男'，'计科系'）。

② 能否向学生表（student）中插入数据（student_sequence.nextval，'李二'，to_date('20-Mar-05')，'南'，'计科系'）？

③ 基于学生表（student），创建视图 student_view，要求其中的子查询检索学生的学号、姓名和所在系。

④ 为所在系名创建合适的索引，索引名为 sdept_index。

⑤ 为学生表（student）创建名为 stu 的公有同义词。

第6章　SQL 语言基础

SQL 语言是数据库的标准语言，在 Oracle 数据库的日常管理与应用过程中，经常要使用 SQL 语言。只有理解和掌握了 SQL 语言才能真正理解关系数据库。在数据库访问和操作过程中，经常使用的 SQL 语句有：SELECT、INSERT、UPDATE 和 DELETE 等。

本章将首先将介绍 SQL 语句基本概念，介绍各种 DDL、DML、DCL 语句的作用和使用方法，还将介绍 SQL 语言中常用数据类型和操作符的使用，着重讨论 SELECT 语句的使用技巧与方法，还介绍各种常用函数的使用，最后讨论事务的提交和回滚操作。并通过综合应用实例来介绍怎样使用结构化查询语言 SQL 来操作数据库的方法。

本章要点：
- ❑ 了解 SQL 语言概念；
- ❑ 熟悉 SQL 特点与种类；
- ❑ 熟练掌握 SELECT 语句的各种子句；
- ❑ 掌握 SELECT 常用数据类型和操作符的使用；
- ❑ 熟练掌握组合使用 WHERE、GROUP BY 和 HAVING 等子句；
- ❑ 掌握查询 INSERT、UPDATE 和 DELETE 语句操作；
- ❑ 了解 MERGE、TRUNCATE 语句；
- ❑ 掌握伪列与伪表的使用；
- ❑ 掌握字符串函数、数值函数和日期时间函数的使用；
- ❑ 熟练掌握转换函数；
- ❑ 熟练掌握事务处理语句；
- ❑ 综合使用 DDL、DML 和 DCL 语句解决实际问题。

6.1　SQL 语言概述

结构化查询语言（Structured Query Language，SQL）是目前最流行的关系查询语言，也是数据库的核心语言。

1974 年，最早在 IBM 公司圣约瑟研究实验室研制的大型关系数据库管理系统 SYSTEMR 中，使用 SEQUEL 语言（由 BOYCE 和 CHAMBERLIN 提出），后来在 SEQUEL 的基础上发展了 SQL 语言。 SQL 语言是一种交互式查询语言，允许用户直接查询存储数据，但它不是完整的程序语言，如它没有 DO 或 FOR 类似的循环语句，但它可以嵌入到另一种语言中，也可以借用 VB、C、JAVA 等语言，通过调用级接口（CALL LEVEL INTERFACE）直接发送到数据库管理系统。SQL 基本上是域关系演算，但可以实现关系代数操作。SQL 是 1986 年 10 月由美国国家标准局（ANSI）通过的数据库语言美国标准，接着，国际标准化组织（ISO）颁布了 SQL 正式国际标准。1979 年 Oracle 公司首先提供了商用的 SQL，IBM 在 DB2 数据库系统中也实现了 SQL。

6.1.1　SQL 语言的特点

SQL 语言作为应用程序与数据库进行交互操作的接口，被广泛地应用在各类应用系统中，具有自己的特点。

- 非过程化语言。SQL 是一种非过程化语言，SQL 采用集合操作方式，对数据的处理是成组进行的，而不是一条条单个记录进行处理。通过集合操作方式来操作记录集，加快了数据处理的速度。执行语句时，用户只需要知道其逻辑含义，而不需要关心 SQL 语句的具体执行步骤。Oracle 会自动优化 SQL 语句，确定最佳访问途径，执行 SQL 语句，返回实际数据集合。SQL 不要求用户指定对数据的存放方法，这种特性使用户更易集中精力于要得到的结果。
- 统一的语言。SQL 可以用于所有用户的 DB 活动模型，包括系统管理员、数据库管理员、应用程序员、决策支持系统人员及许多其他类型的终端用户。基本的 SQL 语句只需很少时间就能学会，最高级的语句几天内也能掌握。执行 SQL 语句时，每次只能发送并处理一条语句。
- 是所有关系数据库的公共语言。目前所有关系数据库管理系统都支持 SQL 语言，用户可以将使用 SQL 技能从一个关系数据库迁移到另一个关系数据库中，所有用 SQL 编写的程序都是可以移植的。
- 使用 SQL 语句时，既可以采用交互方式执行（例如 SQL*Plus），也可以将 SQL 语句嵌入到高级语言（例如 C++、Java）中执行。

6.1.2　SQL 语言的种类

SQL 语言按照实现的功能不同，主要可以分为以下 4 类：数据操纵语言、数据定义语言、数据控制语言和事务控制语言。分别介绍如下。

1．数据操纵语言（Data Manipulation Language，DML）

数据操纵语言主要用来处理数据库中的数据内容。DML 允许用户对数据库中的数据进行查询、插入、更新和删除等操作。

常用的 DML 语句及其功能如表 6-1 所示。

表 6-1　DML 语句

DML 语句	功 能 说 明
SELECT	从表或视图中检索数据行
INSERT	插入数据到表或视图
UPDATE	更新
DELETE	删除
CALL	调用过程
MERGE	合并（插入或修改）
COMMIT	将当前事务所做的更改永久化（写入数据库）
ROLLBACK	取消上次提交以来的所有更改

上表中使用最多最为关键的就是 SELECT 语句，该语句语法丰富，功能完善，下面将详细介绍其使用方法。

2．数据定义语言（Data Definition Language，DDL）

数据定义语言是一组 SQL 命令，用于创建和定义数据库对象，并且将对这些对象的定义保存到数据字典中。通过 DDL 语句可以创建数据库对象、修改数据库对象和删除数据库对象等。SQL 语言集中负责数据结构定义与数据库对象定义的语言，由 CREATE、ALTER 与 DROP 3 个语法所组成，最早是由 Codasyl（Conference on Data Systems Languages）数据模型开始，现在被纳入 SQL 指令中作为其中一个子集。因前述第 5 章已经对 DDL 语言作了详细讨论，故本章对 DDL 只略作介绍。

常用 DDL 语句及其功能介绍如表 6-2 所示。

表 6-2　DDL 语句

DDL 语句	功 能 说 明
CREATE	创建数据库结构
ALTER	修改数据库结构
DROP	删除数据库结构
RENAME	更改数据库对象的名称
TRUNCATE	删除表的全部内容

3．数据控制语言（Data Control Language，DCL）

数据控制语言（DCL）是用来设置或者更改数据库用户或角色权限的语句，DCL 语句包括 GRANT 和 REVOKE 等语句。在默认状态下，只有 sys、system 和 sysman 等角色的成员才有权利执行数据控制语言。如表 6-3 所示。

表 6-3　DCL 语句

DDL 语句	功 能 说 明
GRANT	授予其他用户对数据库结构的访问权限
REVOKE	收回用户访问数据库结构的权限

4．事务控制语言（Transactional Control Language，TCL）

事务控制包括协调对相同数据的多个同步的访问。当一个用户改变了另一个用户正在使用的数据时，Oracle 使用事务控制来维护数据的一致性，包括 COMMIT（提交事务）、ROLLBACK（回滚事务）和 SAVEPOINT（设置保存点）3 条语句。如表 6-4 所示。

表 6-4　TCL 语句

TCL 语句	功 能 说 明
COMMIT	将当前事务所做的更改永久化（写入数据库）
ROLLBACK	撤销在设置的回滚点以后的操作
SAVEPOINT	设置 ROLLBACK 的回滚点

6.13 SQL 语言规范与操作

为了养成良好的编程习惯，编写 SQL 语句时需要遵循一定的规则，这些规则如下。

- ❑ SQL 关键字、对象名或列名不区分大小写，既可以使用大写格式，也可以使用小写格式，或者混用大小写格式。建议命令名和关键字用大写，右对齐。
- ❑ 统一 SQL 语句编写格式，应对表名、栏位名称进行注释，注释符离前面四个空格或一个 TAB。让 SQL 语句看起来美观点，更容易阅读。增强可维护性，在代码复制时不需要进行比较大的修改。
- ❑ 栏位名称及查询条件左对齐，[,]放在栏位名称前，与栏位名称中间隔一个空格(, 放在栏位后面不容易引起大家注意，容易忽略)。SQL *Pluse 中的 SQL 语句以分号（;）结尾。
- ❑ 在编写 SQL 语句时，如果语句文本很短，可以放在一行；如果 SQL 语句文本很长，可以将语句文本分布到多行上，提高代码的可读性。如果有子查询，()分置在两行，子查询语句在次行独立编写，其他语句需要符合上述规定。
- ❑ 如果使用 JOIN 语法，JOIN 起始与原表名左对齐，其他语句需要符合上述规定。

6.1.4 SQL 操作界面

1. SQL*Plus界面

（1）登录。在 OS 提示符状态下输入 SQLPLUS 并回车；接着输入正确的 Oracle 用户名和密码就会登录到 SQL *Plus 状态，出现"SQL>"提示符。

（2）退出。在 SQL>中输入 EXIT 命令按回车即可退出。

2. SQL语句的编辑与运行

语句的编辑与运行可以在 SQL>语句提示符后输入 SQL 语句并运行。执行单条语句，以分号结束输入；执行程序块时，以"/"斜杠结束输入。也可利用第 8 章所述进行 PL/SQL 块的编辑和运行。

6.2　Oracle 11g 常用数据类型与运算符

前述章节我们已经介绍了一些 SQL 语句中出现的数据类型，下面就 Oracle 中 SQL 语句常用的数据类型和运算符进行归纳总结。

6.2.1 Oracle11g 中常用数据类型

Oracle 数据库的核心是表，表中的列使用到的常见数据类型如表 6-5 所示。

表 6-5　表中常用数据类型

类　　型	含　　义
CHAR(length)	存储固定长度的字符串。参数 length 指定了长度，如果存储的字符串长度小于 length，则用空格填充。默认长度是 1，最长不超过 2000 字节
VARCHAR2(length)	存储可变长度的字符串。length 指定了该字符串的最大长度。默认长度是 1，最长不超过 4000 字符。与 CHAR 类型相比，使用 VARCHAR2 可以节省磁盘空间
NUMBER(p,s)	既可以存储浮点数，也可以存储整数，p 表示数字的最大位数（如果是小数，包括整数部分、小数部分和小数点，p 默认是 38 位），s 是指小数位数
DATE	存储日期和时间的 DATE 类型的长度是 7，分别表示存储世纪、4 位年、月、日、时、分、秒，存储时间从公元前 4712 年 1 月 1 日～公元后 4712 年 12 月 31 日
TIMESTAMP	不但存储日期的年月日、时分秒，以及秒后 6 位，同时包含时区
CLOB	存储大的文本，比如存储非结构化的 XML 文档
BLOB	存储二进制对象，如图形、视频、声音等

6.2.2　Oracle 常用操作符

Oracle 开发过程中，依然存在算术运算、关系运算和逻辑运算等。

1．算术运算

Oracle 中的算术运算符，只有+、−、*、/4 个，其中除号（/）的结果是浮点数。求余运算只能借助函数：MOD(x,y)返回 x 除以 y 的余数。

2．关系运算和逻辑运算

Oracle 中 Where 子句中经常见到关系运算和逻辑运算，常见的关系运算如表 6-6 所示。

表 6-6　Oracle的关系运算符

运　算　符	说　　明	运　算　符	说　　明
=	等于	>	大于
<>或者!=	不等于	<=	小于或者等于
<	小于	>=	大于或者等于

逻辑运算符有 3 个：AND、OR 和 NOT。

3．字符串连接操作符（||）

在 Oracle 中，字符串的连接用双竖线（||）表示。比如，在 EMP 表中，查询工资在 2000 元以上的姓名以及工资。

6.3　数据操纵语言（DML）

数据操纵语言（DML）用于对数据库的表中数据进行添加、修改、删除和 SELECT 数据查询操作。其中 SQL 的主要功能之一是实现数据库查询，取得满足特定条件的数据记录，是数据库应用中最常用的操作。查询语句可以从一个或多个表中，根据指定条件选取特定的行和列。

6.3.1　SELECT 基本查询

在 Oracle 中，SELECT 语句是使用频率最高的语句之一，具有强大的查询功能。数据查询是用 SELECT 命令从数据库的表中提取信息。数据查询语言的基本结构则由 SELECT 子句、FROM 子句和 WHERE 子句等的查询块组成。

1．语句的格式

SELECT 语句的语法格式如下：

```
SELECT  {[DISTINCT|ALL] columns | * | expression}
    FROM {tables | views | other select}
    [WHERE conditions   ]
    [GROUP BY columns ]
    [HAVING conditions ]
     [ORDER BY columns ]
```

其中，[ ]表示可选项。语法解析如下。

❑ SELECT：必需的语句，查询语句的关键字。
❑ DISTINCT：当列的值相同时去掉重复的值。
❑ ALL：表示全部选取，而不管列的值是否重复。此选项为默认选项。
❑ columns：指定要查询的列的名称，可以指定一个或者多个要显示的列。各个列中间用逗号分隔。
❑ *：表示表中的所有列。
❑ FROM：必需的语句，后面跟查询所选择的表或视图的名称。
❑ WHERE：指定查询条件的表达式，表达式可以是列名、函数、常数等组成的表达式。如果不需要指定条件，则可省略 WHERE 子句。
❑ GROUP BY：指定分组查询子句，后面跟需要的分组列名。要求在查询的结果中排序，默认是升序。
❑ HAVING：指定分组结果的筛选条件。
❑ ORDER BY：指定对查询结果进行排序的条件。后面加 ASC 表示升序（默认），DESC 表示降序排序。

【例 6-1】 使用 SELECT 语句查询 scott 用户 emp 表中的员工姓名、薪金及受雇日期等信息。

```
SQL> SELECT ename, sal, hiredate  FROM  scott.emp;

ENAME          SAL        HIREDATE
---------     ---------   ----------------
KING          5000        17-11 月-81
TURNER        1500        08-9 月-81
ADAMS         1100        23-5 月-87
JAMES         950         03-12 月-81
```

注意：在检索数据时，数据列按照 SELECT 子句后面指定的列的顺序显示；如果使用星号（*）检索所有的列，那么数据按照定义表时指定的列的顺序显示数据。不过，无论按照什么顺序，存储在表中的数据都不会受影响。

2. FROM条件子句

在 SELECT 子句中，FROM 子句是必不可少的，该条件子句用来指定所要查询的表或视图的名称列表。在 FROM 子句中，可以指定多个表或视图，每个表或视图还可以指定子查询和别名。

【例 6-2】 对 scott 用户的 emp 表进行查询操作。

```
SQL> SELECT empno, ename, hiredate ,deptno  FROM  scott.emp;

EMPNO          ENAME          HIREDATE            DEPTNO
---------      ---------      ---------------     --------------
7369           SMITH          17-12 月-80         20
7499           ALLEN          20-2 月-81          20
7521           WARD           22-2 月-81          20
...
已选择 14 行。
```

3. WHERE条件子句

在执行简单查询语句时，若没有 WHERE 指定条件限制，则 SELECT 语句将会检索表中的所有行。但在实际工作应用中，大部分查询并不是针对表中所有记录进行查询，而是要找出满足某些条件的记录。此时就必须使用 WHERE 条件子句来从表中筛选出符合条件的记录。

（1）比较运算符的使用

使用 WHERE 子句时，只需要在 WHERE 关键字后面指定检索条件即可。在检索条件中，可以使用多种操作符，具体操作符如表 6-6 所示。

【例 6-3】 查询 scott 用户的 emp 表中薪金大于 2000 的员工信息。

```
SQL> SELECT *  FROM  scott.emp
  2   WHERE sal>2000;
EMPNO   ENAME   JOB        MGR    HIREDATE      SAL   COMM    DEPTNO
-----   ------  -------    -----  ----------    ----  ------  --------
7566    JONES   MANAGER    7839   02-4 月- 81   2975          28
7698    BLAKE   MANAGER    7839   01-5 月- 81   2850          30
7782    CLARK   MANAGER    7839   09-6 月- 81   2450          10
7788    SCOTT   ANALYST    7566   19-4 月- 87   3000          20
7839    KING    PRESIDENT         17-11 月-81   5000          10
7902    FORD    ANALYST    7566   03-12 月-81   3000          20
已选择 6 行。
```

（2）逻辑运算符的使用

在 WHERE 条件子句中可以使用逻辑运算符把若干个查询条件连接起来，从而实现比较复杂的选择查询。可以使用的逻辑运算符包括逻辑与（AND）、逻辑或（OR）和逻辑非（NOT）。

【例 6-4】 查询 scott 用户 emp 表中薪金在 2000～3000 元之间的雇员记录。

```
SQL> SELECT empno,ename,job,sal FROM  scott.emp
  2   WHERE sal>2000 AND sal<3000;
EMPNO        ENAME        JOB            SAL
--------     --------     -----------    ---------
7566         JONES        MANAGER        2975
7698         BLAKE        MANAGER        2850
7782         CLARK        MANAGER        2450
```

（3）BETWEEN 和 AND 范围比较

在 WHERE 子句中可以使用 BETWEEN 和 AND 关键字对表中某一范围内的数据进行查询，系统将逐行检查表中数据是否在 BETWEEN 和 AND 区间范围内，这个指定范围内为一个连续的闭区间，包含区间的左右两个边界值。

【例 6-5】　查询 scott 用户下 emp 表中雇佣日期为 1987 年的员工记录。

```
SQL> SELECT *  FROM  scott.emp
  2   WHERE hiredate BETWEEN '1-1 月-1987' AND '31-12 月-1987';
EMPNO    ENAME    JOB        MGR         HIREDATE       SAL     COMM     DEPTNO
------   ------   ------     --------    ---------      ----    ------   -------
7788     SCOTT    ANALYST    7566        19-4 月- 87    3000             20
7876     ADAMS    CLERK      7788        23-5 月- 87    1100             20
```

（4）IN 操作符

在 WHERE 子句中可以使用 IN 操作符，用来查询某列的值在某个列表中的数据行。

【例 6-6】　对 scott 用户 emp 表进行检索。在 WHERE 子句中使用 IN 操作符，要求检索出 empno 列的值为 7788、7800 或 7900 的记录。

```
SQL> SELECT *  FROM  scott.emp
  2   WHERE empno IN(7788,7800,7900)';
EMPNO    ENAME    JOB        MGR         HIREDATE       SAL     COMM     DEPTNO
------   ------   ------     --------    ---------      ----    ------   -------
7788     SCOTT    ANALYST    7566        19- 4 月- 87   3000             20
7900     JAMES    CLERK      7898        03-12 月- 87   950              30
```

（5）LIKE 字符串匹配

如前述 SELECT 语句，查询条件都是确定的。但在实际应用中，并不是所有的查询条件都是确定的。在 WHERE 中可以使用 LIKE 关键字进行模糊查询，用来查看某一列中的字符串是否匹配指定的模式。

❑　下划线字符 "_"：匹配指定位置的任意一个字符。

❑　百分号字符 "%"：匹配从指定位置开始的任意多个字符。

如果匹配的字符串中有下划线和百分号本身，则需要用 ESCAPE 选项标识这些字符，即类似 C、Java 语言中的转义符号。如'%\%%'ESCAPE'\'。

【例 6-7】　查询 scott 用户 emp 表中的姓名以 A 开头的员工信息。

```
SQL> SELECT *  FROM  scott.emp
  2   WHERE ename LIKE 'A%';
EMPNO    ENAME    JOB        MGR         HIREDATE       SAL     COMM     DEPTNO
------   ------   ------     --------    ---------      ----    ------   ------
7499     ALLEN    SALESMAN   7698        20-2 月- 81    1600    300      20
7876     ADAMS    CLERK      7588        23-5 月- 87    1100             20
```

【例 6-8】　对 scott 用户的 emp 表进行检索。在 WHERE 子句的 LIKE 操作符中，指定

ename 列的匹配模式为'%\%%'，表示查询 ename 列中包含一个%字符的数据。

```
SQL> SELECT * FROM scott.emp
 2   WHERE ename LIKE 'A%';
EMPNO   ENAME   JOB       MGR       HIREDATE      SAL   COMM   DEPTNO
-----   ------  ------   ---------  ---------    ----  ------  ------
7499    ALLEN   SALESMAN   7698    20-2 月- 81  1600   300     20
7876    ADAMS   CLERK      7588    23-5 月- 87  1100           20
```

4．DINSTINCT关键字

DINSTINCT 关键字可以从查询结果集中消除重复的行，使结果更简洁。该关键字在 SELECT 子句中列的列表前面使用。若不指定该关键字，则 SELECT 语句默认显示所有列，即 ALL 属性。

【例 6-9】 查询 scott 用户的 emp 表中的 deptno 字段，比较使用 DISTINCT 关键字的结果。

```
SQL> SELECT deptno FROM scott.emp;
DEPTNO
------
 20
 30
 30
 …
 20
 10
已选择 14 行。

SQL> SELECT  DISTINCT deptno FROM scott.emp;
DEPTNO
------
 30
 20
 10

已选择 14 行。
```

从上结果可以看出，使用 DISTINCT 关键字，去掉了重复的值，查询结果从 14 条变成只有 3 条不同值的记录。

5．ORDER BY条件子句

实际查询过程中，经常需要对查询结果进行排序输出，如员工工资由高到低排列等。这时就需要使用 ORDER BY 子句对表中的查询结果进行排序显示。

使用 ORDER BY 子句，可以根据表中的列进行排序，ASC 表示升序排列，为默认值可省略；使用 DESC 表示按降序排列。

【例 6-10】 将 scott 用户的 emp 表中工作是 MANAGER 的记录按薪金的降序排列。

```
SQL> SELECT * FROM scott.emp
 2   WHERE job=' MANAGER'
 3   ORDER BY sal DESC;

EMPNO   ENAME   JOB        MGR      HIREDATE    SAL    COMM     DEPTNO
-----   -----   -----   ---------  --------  ------  -------  --------
```

7566	JONES	MANAGER	7839	02-4 月- 81	2975	28
7698	BLAKE	MANAGER	7839	01-5 月- 81	2850	30
7782	CLARK	MANAGER	7839	09-6 月- 81	2450	10

🔔**注意**：在默认情况下，ORDER BY 子句按升序进行排序，如果要特别按降序排列，则必须使用 DESC 关键字。一般情况下，不要对查询结果进行排序，因为完成这项工作需要有额外开销，这样在数据量比较大的情况下会很耗费系统资源。也就是说，带有 ORDER BY 子句的 SELECT 语句执行起来比一般的 SELECT 语句需要更多的时间。

6. GROUP BY条件子句

前面的操作中，都是对表中每一行数据进行单独操作。在某些情况下，需要把一个表中的行分为多个组，然后将这个组作为一个整体，获得该组的一些信息。如获取部门编号为 10 的员工人数，或某个部门的员工平均工资等。此时必须使用 GROUP BY 子句。该子句的功能是根据指定的列将表中数据分成多个组后进行汇总。

使用 GROUP BY 子句，可以根据表中某一列或某几列对表中数据行进行分组，多个列之间使用逗号"，"隔开。如果根据多个列进行分组，Oracle 会首先根据第一列进行分组，然后在分出来的组中再按照第二列进行分组，依次类推。对数据分组后，主要是使用一些聚合函数对分组后的数据进行统计。

【**例 6-11**】　查询 scott 用户的 emp 表中各种工作的员工人数。

```
SQL> SELECT job, COUNT(*) AS 人数  FROM scott.emp
  2  GROUP BY job;

  JOB          人数
---------  ----------
ANALYST        2
CLERK          4
MANAGER        3
PRESIDENT      1
SALESMAN       4
```

🔔**注意**：

使用 GROUP BY 子句时，将分组字段相同的行作为一组，而且每组只产生一个汇总，每个组只返回一行，不返回详细信息。

如果在该查询条件中使用了 WHERE 子句，那么先在表中查询满足 WHERE 条件的记录，再将这些记录按照 GROUP BY 子句分组，也就是说 WHERE 子句先生效。

如果在 SELECT 子句中使用了 GROUP BY 子句，那么在 SELECT 子句中就不能出现表示单个结果的列，否则会出错。

7. HAVING条件子句

HAVING 子句通常与 GROUP BY 子句一起使用，在完成分组结果的统计后，可以使 HAVING 子句对分组的结果进行进一步的筛选。

一个 HAVING 子句最多可以包含 40 个表达式，HAVING 子句的表达式之间使用关键字 AND 和 OR 分隔。

在 SELECT 语句中，当同时存在 GROUP BY 子句、HAVING 子句和 WHERE 子句时，其执行顺序为：先 WHERE 子句，后 GROUP BY 子句，再 HAVING 子句。即先用 WHERE 子句从数据源中筛选出符合条件的记录，接着用 GROUP BY 子句对选出的记录按指定字段分组、汇总，最后再用 HAVING 子句筛选出符合条件的组。

【例 6-12】 查询 scott 用户的 emp 表中每个部门的员工人数，添加 HAVING 条件，指定条件为员工人数大于 3。

```
SQL> SELECT deptno AS  部门编号, COUNT(*) AS 人数  FROM  scott.emp
  2   GROUP BY deptno;
  3   HAVING COUNT(*)>3;

部门编号      人数
--------    -----
    30        6
    20        5
```

🔔注意：如果不使用 GROUP BY 子句，那么 HAVING 子句的功能与 WHERE 子句一样，都是定义搜索条件。但是 HAVING 子句的搜索条件与组有关，而不是与单个行有关。

8. 伪列及伪表

Oracle 系统为了实现完整的关系数据库功能，专门提供了一组称为伪列（Pseudocolumn）的数据库列，这些列不是在建立对象（如建表）时由我们完成的，而是在我们建立对象时由 Oracle 自动完成的。Oracle 目前有以下的伪列。

❑ CURRVAL and NEXTVAL：使用序列号的保留字
❑ LEVEL：查询数据所对应的级
❑ ROWID：记录的唯一标识
❑ ROWNUM：限制查询结果集的数量

Oracle 还提供了一个 DUAL 的伪表，该表主要目的是保证在使用 SELECT 语句中语句的完整性而提供的，如：我们要查询当前的系统日期及时间，而系统的日期和时间并不是放在一个指定的表里。所以在 FROM 语句后就没有表名给出。为了使 FROM 后有个表名，我们就用 DUAL 代替。

【例 6-13】 查询 Oracle 系统日期及时间。

```
SQL> select  to_char( sysdate,'yyyy.mm.dd hh24:mi:ss')  FROM DUAL;

TO_CHAR(SYSDATE,'YY
-------------------
2014.05.02 11:28:06
```

在 SELECT 语句中，不但可以对表和视图进行查询操作，还可以执行数学运算（如+、-、*、/），也可以执行日期运算，还可以执行与列关联的运算。在执行数学和日期运算时，经常使用系统提供的 DUAL 伪表。

【例 6-14】 计算一下 5000+5000*0.1 的结果是多少。

```
SQL> select 5000+5000*0.1  FROM  DUAL;
```

```
5000+5000*0.1
---------------
          5500
```

6.3.2　添加数据就用 INSERT

创建表的目的是利用表来存储和管理数据。实现数据存储的前提是向表中插入数据，没有数据的表只是一个空的表结构，没有任何实际意义。用 DML 语言中的 INSERT 命令可以完成对数据的添加操作。

INSERT 语句的语法格式如下：

```
INSERT INTO table_name [(column1_name [,column2_name]…) ]
VALUES { (value1, value2, …)|SELECT query…};
```

其语法解析如下。

❏ table_name：要插入数据的表名。

❏ column_name：要插入数据的列名。

❏ value1，value2：表示对应列所添加的数据。

❏ SELECT query：表示一个 SELECT 子查询语句，通过该语句可以实现把子查询语句返回的结果添加到表中。

在使用 INSERT 语句向表中插入数据时，需要注意以下几点：

❏ 列名可以省略。当省略列名时，默认是表中的所有列名，列名顺序为表定义中列的先后顺序。

❏ 值的数量和顺序要与列名的数量和顺序一致。值的类型与列名的类型一致。

❏ 如果在 INSERT 语句中使用 SELECT 语句，则 INSERT INTO 子句中指定的列名必须与 SELECT 子句中指定的列相匹配。

❏ 当某列的数据类型为字符型和日期型常量时，其值应该使用单引号（''）括起来。

在 INSERT INTO 子句中可以指定表中的某些或全部列，然后在 VALUES 子句中对这些列分别指定对应值。也可以省略列表清单，那么 VALUES 子句中的值必须与表结构中的列一一对就应。

【例 6-15】 在 scott 用户 emp 表中采用指定表列和省略列表清单各插入一条新记录。

```
SQL> INSERT INTO scott.emp (
 2   empno, ename, job,mgr,hiredate,sal)
 3   VALUES (
 4   7955,'Tom','manager',8500,'12-9 月-92', 8600);

SQL> INSERT INTO scott.emp
 2   VALUES (
 3   7956,'Mike','manager',8700,'16-9 月-92', 8600,NULL,NULL);
```

☐注意：在使用该命令时，如果省略了表名后面的字段名，则在 VALUES 子句中必须给出所有字段的值或 NULL 值或 DEFAULT 默认值，而且值的顺序要和表中字段的顺序一致。

在 Oracle 中，一个 INSERT 命令可以把一个结果集一次性插入到一张表中。例如创建一个 my_emp 表，其结构与 scott.emp 表完全一致，操作如下：

```
SQL> INSERT INTO my_emp
2  SELECT * FROM scott.emp;
```

在这种语法下，要求结果集中每一列的数据类型必须与表中的每一列的数据类型一致，结果集中的列的数量与表中的列的数量一致。比如表 my_emp，该表的结构与 scott.emp 表一样，那么可以把 scott.emp 表中的所有记录一次性插入到 my_emp 表中。

6.3.3　修改数据就用 UPDATE

使用 INSERT 语句向数据库中插入记录后，如果需要对已经添加的数据进行修改，可以使用 UPDATE 语句。SQL 语言使用 UPDATE 语句更新或修改满足条件的现有记录。Oracle 在表中更新数据的语法如下：

```
UPDATE table_name
SET column1_name =expression1[, column2_name = expression2]…|
(column1_name [,column2_name]…)= SELECT query
[WHERE condition];
```

其语法解析如下。

- ❑ table_name：表示要更新数据的表名。
- ❑ column_name：要修改数据的列名（字段名）。
- ❑ expression：更新后的数据值。
- ❑ SELECT subquery：与 INSERT 语句中的 SELECT 子查询一样，将 SELECT 子查询作为列的更新值。
- ❑ WHERE condition：限定更新条件，只对表中满足该条件的记录进行更新。省略该项时，将更新表中所有的行。

【例 6-16】 将 scott 用户的 emp 表中员工的 sal 薪水值增加 200。

```
SQL> UPDATE scott.emp
2   SET sal=sal+500;
已更新 17 行。
```

在 UPDATE 语句的 SET 子句中，可以使用 SELECT 子查询语句。如下例所示。

【例 6-17】 将 scott.emp 表中编号为 7369 的员工工作类型改为与编号 7902 员工的工作相同。

```
SQL> UPDATE scott.emp
2   SET job=(SELECT job FROM scott.emp WHERE empno=7902)
3   WHERE empno=7369;
已更新 1 行。
```

6.3.4　删除数据就用 DELETE 或 TRUNCATE

当表中部分或全部数据无用时，可以使用删除命令将它们从表中删除，以释放该数据所占用的空间。常用的删除命令包括 DELETE 和 TRUNCATE TABLE，两者区别是：

- ❑ DELETE 命令是逻辑删除，只是将要删除的行加上删除标记，被删除后可以使用

ROLLBACK 命令回滚，删除操作时间较长；TRUNCATE TABLE 命令是物理删除，将表中数据永久删除，不能回滚，删除操作快。

❑ DELETE 命令包含 WHERE 子句，可以删除表中的部分行；TRUNCATE TABLE 命令只能删除表中所有行。

❑ 如果一个表中数据记录很多，TRUNCATE 相对比 DELETE 速度快。

1．DELETE语句

Oracle 在表中使用 DELETE 语句删除数据的语法是：

```
DELETE [FROM] table_name [WHERE conditions]
```

其中各参数意义如下。

❑ Table_name：要删除记录的表名。

❑ WHERE condition：用来指定将删除的数据所要满足的条件，可以是表达式或子查询。缺省 WHERE 条件时，则删除该表中所有的行。

【例 6-18】 删除 scott 用户 emp 表中 empno 的值为 7369 的员工记录。

```
SQL> DELETE FROM scott.emp
  2   WHERE empno=7369;
已删除 1 行。
```

2．TRUNCATE语句

在数据库日常管理操作中，经常需要将某个表中所有的记录删除而只保留表结构。如果使用 DELETE 语句进行删除，Oracle 就会自动为该操作分配回滚段，则删除操作需要花费较长时间完成。

为了加快删除操作，可以使用 DDL 语言中的 TRUNCATE 语句，该语句可以把表中的所有数据一次性全部删除，该语句所做的修改是不能回滚的，对于已经删除的记录不能恢复。其语法是：

```
TRUNCATE table_name
```

【例 6-19】 永久删除已建 student 表中的所有记录。

```
SQL> TRUNCATE student;
```

6.3.5　其他数据操纵语句

除了上述常用的 DML 语句外，还有一些其他的 DML 语句如 CALL 过程调用语句、MERGE 合并操作等。CALL 过程调用语句将在后续章节加以介绍。

使用 MERGE 语句，可以对指定的两个表执行合并操作，其语法如下：

```
MERGE INTO table1_name
USING table2_name ON join_condition
WHEN MATCHED THEN UPDATE SET …
WHEN NOT MATCHED THEN INSERT … VALUES…
```

其语法说明如下。

- ❑ table1_name：表示需要合并的目标表。
- ❑ table2_name：表示需要合并的源表。
- ❑ join_condition：表示合并条件。
- ❑ WHEN MATCHED THEN UPDATE：表示如果符合合并条件，则执行更新操作。
- ❑ WHEN NOT MATCHED THEN INSERT：表示如果不符合合并条件，则执行插入。

💭提示：在使用 INSERT、DELETE 和 UPDATE 语句前最好估算一下可能操作的记录范围，应该把它限定在较小的（一万条记录）范围内，否则 Oracle 处理这个事务将用到很大的回滚段，程序响应慢甚至失去响应。如果记录数在十万以上而又要进行这些操作，则可以把这些语句分段分次完成。

6.4　数据控制语言（DCL）

数据控制语言（DCL）用来授予或回收访问数据库的某种特权；控制数据库操纵事务发生的时间及效果；对数据库实行监视等。本书第 10 章安全性管理中将详细加以阐述。

6.4.1　GRANT 语句

GRANT 语句的作用是赋予用户权限。

常用系统权限有很多，如 CONNECT（连接数据库）、DBA（数据库管理）等。

常用数据对象的权限有：ALL ON、SELECT ON、UPDATE ON、DELETE ON、INSERT ON 和 ALTER ON 等。

【例 6-20】　赋予用户 USER1 连接数据库的权限。

```
SQL> GRANT CONNECT TO USER1;
```

6.4.2　REVOKE 语句

REVOKE 语句是回收权限语句。

【例 6-21】　回收【例 6-20】所赋的权限。

```
SQL>REVOKE CONNECT FROM USER1;
```

6.5　事务控制语言（TCL）

事务（Transaction）是由一系列相关的 SQL 语句组成的最小逻辑工作单元，在程序更新数据库时事务至关重要，因为必须维护数据的完整性。Oracle 系列以事务为单位来处理数据，用来保证数据的一致性。

6.5.1　COMMIT 语句

COMMIT 是事务提交语句，表明该事务对数据库所做的修改操作将永久记录到数据库中，不能被回滚。因此，数据库操作人员应该养成良好的习惯，在修改操作完成后应当显式地执行 COMMIT 命令或 ROLLBACK 命令来结束事务，否则当会话结束时系统将选择某种默认方式结束当前事务，可能对数据库造成重大的损失。

COMMIT 语句的格式如下：

```
COMMIT  [WORK]
```

其中 WORK 为关键字。使用 WORK 关键字是为了与 ANSI 标准 SQL 兼容，但这并不是 Oracle SQL 所必需的。一般直接用 COMMIT 语句即可。

在进行数据库的插入、删除和修改操作时，只有当事务在提交到数据库时才算完成。执行 COMMIT 语句提交事务时，Oracle 会执行如下操作。

（1）在回退段内的事务表中记录这个事务已经提交，并且为此事务分配一个唯一的系统变化号（SYSTEM CHANGE NUMBER，SCN），并将该 SCN 保存到事务表中，用来唯一标识这个事务。SCN 被称为 Oracle 内部时钟，用来对事务处理进行排序或编号。

（2）启动重做日志（LGWR）后台进程，将 SGA 区中缓存的重做记录写入到联机重做日志文件中，并将该事务的 SCN 也写入重做日志文件。由以上两个操作构成的原子事件标志着一个事务成功地提交。

（3）Oracle 服务器进程释放事务处理所使用的资源，即解除添加到表或数据行上的各种事务锁。

（4）通知用户事务已经提交成功。

6.5.2　ROLLBACK 语句

ROLLBACK 语句用于事务出错时回滚数据；表明撤销未提交的事务所做的各种修改操作。对事务执行回滚操作时使用 ROLLBACK 语句，表示将事务回滚到事务的起点或事务内的某个保存点。

ROLLBACK 语句格式如下：

```
ROLLBACK [work] To [SAVEPOINT]
```

回滚语句使数据库状态回到上次最后事务的状态或回退到某一个保存点状态。

当事务被回滚时，Oracle 将执行以下操作。

（1）Oracle 通过回退段中的数据撤销事务中所有 SQL 语句对数据库所做的任何操作。

（2）释放事务中所占用的资源，即解除该事务对表中或行施加的各种锁。

（3）通知用户事务回滚操作成功。

6.5.3　SAVEPOINT 保存点

SAVEPOINT（保存点）就像是一个标记，标记事务中的某个点以便将来可以回滚，用来将很长的事务划分为若干个较小的事务，它与回滚一起使用以回滚当前事务部分。在事务的处理过程中，如果发生了错误并且使用 ROLLBACK 进行了回滚，则在整个事务处理中对数据所做的操作都将被撤销。在一个庞大的事务中，这种操作将会浪费大量的系统资源。

为此，可以为该事务建立一个或多个保存点。使用保存点可以让用户将一个规模比较大的事务分割成几个片段，当出现错误需要回滚时，只需回滚到该保存点，而不影响保存点前面的操作的执行，也不影响该回滚之后的操作。这样既可以提高系统性能，还可减少回滚操作的时间。

使用 SAVEPOINT 语句定义保存点的格式如下：

```
SAVEPOINT [savepoint_name];
```

其中 savepoint_name 表示保存点的名称。

【例 6-22】　对 scott.emp 表综合使用 COMMINT、ROLLBACK 和 SAVEPOINT 示例。

（1）更新 scott.emp 表中的 sal 字段，然后执行 ROLLBACK 操作。

```
SQL> UPDATE scott.emp set sal= sal*2;
已更新。

SQL> ROLLBACK;
回退已完成。
（表示 UPDATE 语句并没有执行）
```

（2）更新 scott.emp 表中的 sal 字段，然后执行 COMMIT 操作。

```
SQL> UPDATE scott.emp set sal= sal*2;
已更新。

SQL>commit;
提交完成。
（表示 UPDATE 真正提交到数据库了）
```

（3）向 scott.emp 表插入员工编号为 1111 的记录，设置一个保存点，然后用 UPDATE 命令将该记录的员工姓名修改为李明，然后用 ROLLBACK 命令回滚到保存点。

```
SQL> INSERT scott.emp(empno) VALUES(1111);
已插入 1 行。
SQL>SELECT * FROM scott.emp WHERE empno=1111;--姓名为 NULL
SQL> SAVEPOINT p1;--设置保存点 p1
SQL> UPDATE scott.emp set ename= '李明' WHERE empno=1111;--修改姓名为李明
已更新。
SQL>SELECT * FROM scott.emp WHERE empno=1111;--查看更新结果
SQL>ROLLBACK TO p1;--回滚到保存点 p1，撤销部分事务
回退已完成。
SQL>SELECT * FROM scott.emp WHERE empno=1111;--找到记录，但姓名又为 NULL
```

6.6　使用函数

Oracle 数据库中提供了大量函数，用户可以利用这些函数完成特定的运算和操作，大

大提高计算机语言的运算和解决问题的能力。常用的函数包括以下几种：字符串函数、数值函数、日期时间函数、转换函数和正则表达式函数。另外还有一些聚合函数如 SUM 函数和 AVG 函数等。通过使用这些函数，可以大大增强 SELECT 语句操作数据库的功能。

6.6.1　字符串函数

字符串函数主要用于对字符串数据的处理，是 Oracle 系统中比较常用的一个函数。常用的字符串函数如表 6-7 所示。

表 6-7　常用字符串函数

函　数	含　义
ASCII(String)	返回给定 ASCII 字符 string 的十进制值
CHAR(integer)	返回给定整数 integer 所对应的 ASCII 字符
COUNT(string)	获得字符串 string 的个数
CONCAT(string1, string2)	连接字符串 string1 和字符串 string2
INITCAP(string)	将给定字符串 string 的首字母变成大写，其余字母不变
INSTR(string, value)	查询字符 value 在字符串 string 中出现的位置
LOWER(string)	将字符串 string 的全部字母转换成小写
LPAD(string,length[,padding])	在 string 左侧填充 padding 指定的字符串，直到达到 length 指定的长度，padding 为可选项，表示要填充的字符，默认为空格
RPAD(string,length[,padding])	在 string 右侧填充 padding 指定的字符串，直到达到 length 指定的长度，padding 为可选项，表示要填充的字符，默认为空格
LTRIM(string [,char])	删除字符串 string 中左边出现的字符 char，char 的默认值为空格
RTRIM(string [,char])	删除字符串 string 中右边出现的字符 char，char 的默认值为空格
UPPER(string)	将字符串 string 的全部字母转换为大写
REPLACE(string, string1[,string2])	替换字符串。在 string 中查找 string1，并用 string2 替换。如果没有指定 sgring2，则查找到指定的字符串时，删除该字符串
SUBSTR((string, start [,count])	获取字符串 string 的子串，其中 string 为源字符串；返回 string 中从 start 位置开始，长度为 count 的子串
LENGTH(string)	返回字符串 string 的长度

【例 6-23】 转换字符的大小写。

```
SQL> SELECT UPPER('oracle'),LOWER('ORACLE'),INITCAP('oracle')
  2 FROM DUAL;

UPPER('oracle')     LOWER('ORACLE')         INITCAP('oracle')
---------------     ---------------         ------------------
ORACLE              oracle                  Oracle
```

【例 6-24】 使用 ASCII 函数，获取指定字符的十进制值；使用 CHR 函数，获取数字的对应字符。

```
SQL> SELECT ASCII('A'),CHR(65)
  2 FROM DUAL;

ASCII('A')          CHR(65)
-----------         -----------
    65              A
```

【例 6-25】　截取 scott.emp 员工表中姓名的前两位字母。

```
SQL> SELECT SUBSTR(ename,1,2)
  2  FROM scott.emp;
```

6.6.2　数值函数

当检索的数据为数值数据类型时，可以使用数值函数进行数学计算。Oracle 系统支持的数值函数如表 6-8 所示。

表 6-8　常用数值函数

函　　数	含　　义
ABS(value)	返回给定 value 数值的绝对值
CEIL(value)	返回大于或等于 value 的最小整数值
FLOOR(value)	返回小于或等于 value 的最大整数值
COS(value)	求 value 的余弦值
ACOS(value)	求 value 的反余弦值
SIN(value)	求 value 的正弦值
ASIN(value)	求 value 的反正弦值
SINH(value)	求 value 的双曲正弦值
COSH(value)	求 value 的双曲余弦值
EXP(value)	返回以 e 为底的指数值
LN(value)	返回 value 的自然对数
POWER(value, exponent)	返回 value 的 exponent 的指数值
ROUND(value, precision)	将 value 按 precision 精度四舍五入
MOD(value, divisor)	返回 value 除以 divisor 的余数
SQRT(value)	返回 value 的平方根
TRUNC(value1, precision)	将 value 按 precision 精度进行截取，不进行四舍五入

【例 6-26】　比较 ROUND 函数和 TRUNC 函数的区别。

```
SQL> SELECT ROUND(3.456,2), TRUNC(3.456,2)
  2  FROM DUAL;

ROUND(3.456,2)    TRUNC(3.456,2)
--------------    ---------------
         3.46              3.45
```

6.6.3　日期时间函数

Oracle 提供了丰富的日期时间函数来处理日期型数据，日期时间类型数据也是数据库中使用比较多的一种数据。在 Oracle 系统中，默认的日期格式为 DD-MM-YY（日-月-年）。

常用的日期时间函数如表 6-9 所示。

表 6-9　常用日期时间函数

函　　数	含　　义
ADD_MONTHS(date, number)	在指定的日期 date 上增加 number 个月
SYSDATE	获取系统当前的日期值
LAST_DAY(date)	返回日期 date 所在月的最后一天
CURRENT_TIMESTAMP	获取当前的日期和时间值
MONTHS_BETWEEN(date1,date2)	返回 date1 和 date2 间隔多少个月
NEW_TIME(date, 'this', ' other')	将时间从 this 时区转变为 other 时区
NEXT_DAY(date, 'day')	返回指定日期之后下一个星期几的日期。这里的 day 表示星期几
GREATEST(date1,date2,…)	从日期列表中选出最早的日期
EXTRACT(c1 from d1)	从日期 d1 中抽取 c1 指定的年、月、日、时、分、秒

【例 6-27】 使用函数 SYSDATE 和 CURREND_TIMESTAMP，分别获取系统当前日期，以及系统当前时间和日期值。

```
SQL> SELECT SYSDATE, CURRENT_TIMESTAMP
  2  FROM DUAL;

SYSDATE        CURRENT_TIMESTAMP
-----------    --------------------------------------------
29-12 月-13    29-12 月-13 05.48.18.921000 下午 +8:00
```

注意：由于函数 SYSDATE 和 CURRENT_TIMESTAMP 都不带有任何参数，所以在使用时省略其括号。如果带有括号，则会出现错误。

【例 6-28】 求两日期之间相隔的月数。

```
SQL> SELECT MONTHS_BETWEEN(SYSDATE, '28-12 月-2012')
  2  FROM DUAL;

MONTHS_BETWEEN(SYSDATE, '28-12 月-2012')
--------------------------------------------------
                12.00000
```

提示：要获得两个日期之间相差的天数，可以通过两个日期的差值来获得。例如，SELECT SYSDATE- TODATE('28-12 月-2012') FROM DUAL。

6.6.4　转换函数

在执行运算的过程中，经常需要把一种类型的数据转换为另一种类型的数据，这种转换既可以是隐式转换，也可以是显式转换。隐式转换是在运算过程中由系统自动完成的，不需要用户考虑，而显式转换则需要调用相应的转换函数来实现。常用的转换函数如表 6-10 所示。

表 6-10　常用转换函数

函　　数	含　　义
TO_CHAR(value [,format])	将 value 转换为一个 VARCHAR2 字符串。可以指定一个可选参数 format 来说明 value 的格式

续表

函　　数	含　　义
TO_NUMBER(value [,format])	将数字字符串 value 转化成数值型数据
TO_DATE(string, 'format')	按照指定的 format 格式将 string 字符串数据转换成日期型数据
TO_NCHAR(value)	将数据库字符集中的 value 转换为 NVARCHAR2 字符串
TO_TIMESTAMP(value)	将字符串 value 转换为一个 TIMESTAMP 类型
CAST(value AS type)	将 value 转换为 type 所指定的兼容数据类型
DECODE(value, if1, then1, if2, then2, if3,then3, … else)	value 代表某个表的任意列或一个通过计算所得的任意结果。如果 value 的值为 if1，DECODE 函数的结果是 then1；如果 value 等于 if2，DECODE 函数的结果是 then2；依次类推
DECODE(value, source_char_set, dest_char_set)	将 value 与 search 相比较，如果相等，该函数返回 result 值，否则返回 default 值
BIN_TO_NUM(value)	将二进制数 value 转换为 number 类型
CHARTOROWID(char)	将字符串转换为 ROWID 类型
ROWIDTOCHAR(x)	将 ROWID 类型转换为字符串类型

【例 6-29】 使用 TO_CHAR 和 TO_DATE 函数分别对指定的日期和字符串进行互相转换。

```
SQL> SELECT TOCHAR(SYSDATE, 'YYYY-MM-DD DAY HH24:MI:SS') to_char,
  2  TO_DATE('2013.12.29', 'YYYY.MM.DD' to_date
  3  FROM DUAL;

TO_CHAR                             TO_DATE
----------------------------        ----------------
 2013-12-29 星期日  21:22:28          29-12 月-13
```

【例 6-30】 使用 CAST 函数，将字符串类型转换为 NUMBER 类型，对获得的两个转换结果进行求和运算。

```
SQL> SELECT CAST('12.345' AS NUMBER(10,2))+
  2  CAST ('12.345' AS NUMBER(10,2))
  3  FROM DUAL;

CAST('12.345' AS NUMBER(10,2))+ CAST ('12.345' AS NUMBER(10,2))
---------------------------------------------------------------
                                                           24.7
```

6.6.5　聚合函数

检索数据不仅仅是把现有的数据简单地从表中取出来，很多情况下，还需要对数据执行各种统计计算。在 Oracle 数据库中，执行统计计算需要使用聚合函数。聚合函数对一组行中的某个执行计算并返回单一的值。聚合函数忽略空值。聚合函数经常与 SELECT 语句的 GROUP BY 子句一同使用，所以有的时候也把其称之为分组函数。常用的聚合函数如表 6-11 所示。

表 6-11　常用聚合函数

函　　数	含　　义
AVG(x)	返回对一个数字列或计算列求取的平均值

续表

函　　数	含　　义
SUM(x)	返回一个对数字列或计算列的汇总和
MAX(x)	返回一个数字列或计算列中的最大值
MIN(x)	返回一个数字列或计算列中的最小值
COUNT(x)	返回记录的统计数量
MEDIA(x)	返回 x 的中间值
VARIANCE(x)	返回 x 的方差
STDDEV(x)	返回 x 的标准差

提示：SELECT 语句的执行有特定的次序，首先执行 FROM 子句，然后是 WHERE 子句，最后才是 SELECT 子句。所以在 SELECT 子句中使用 COUNT 等聚合函数时，统计的数据将是满足 WHERE 子句的记录。

【例 6-31】　统计 scott.emp 中 1982 年后参加工作的、员工人数超过 2 人的部门编号。

```
SQL> SELECT deptno, COUNT(*) AS 人数  FROM  scott.emp
  2   WHERE hiredate> '1-1 月-1982'
  3   GROUP BY deptno
  4   HAVING COUNT(*)>=2;

JOB            平均工资
------------  --------------
ANALYST           3000
MANAGER         2758.33333
PRESIDENT         4000
```

【例 6-32】　对 scott.emp 进行操作，根据 deptno 列进行分组，使用聚合函数，对每组分别执行统计计算。

```
SQL> SELECT deptno, COUNT(*), COUNT(mgr), SUM(sal)
  2   AVG(sal),MAX(sal),MIN(sal)
  3    FROM  scott.emp GROUP BY deptno;

DEPTNO  COUNT(*)   COUNT(MGR)    SUM(sal)   AVG(sal)     MAX(sal)    MIN(sal)
------  -------   ------------   -------   ----------   --------    -----
  30       6           6          9400    1566.66667     2850        950
  20       5           5          15875   2645.83333     5000        800
  10       3           2          8750    2916.66667     5000        1300
```

在输出的结果中，当 deptno 值为 10 时，COUNT(*)的值为 3，而 COUNT(mgr)的值为 2。这是因为当某一行的 mgr 列的值为 NULL 时，COUNT(*)统计所有的行，包括 NULL 值；而 COUNT(mgr)不对包含 NULL 值的数据行进行统计。

6.7　实 例 分 析

给定 Oracle 数据库中的 scott.emp 和 scott.dept 表，完成以下操作。

1. scott.emp员工表结构如下：

```
SQL> DESC SCOTT.EMP;
```

Name	Type	Nullable	Default Comments
EMPNO	NUMBER(4)		员工编号
ENAME	VARCHAR2(10)	Y	员工姓名
JOB	VARCHAR2(9)	Y	职位
MGR	NUMBER(4)	Y	上级编号
HIREDATE	DATE	Y	雇佣日期
SAL	NUMBER(7,2)	Y	薪金
COMM	NUMBER(7,2)	Y	佣金
DEPTNO	NUMBER(2)	Y	所在部门编号

提示：工资 = 薪金 + 佣金　即：WAGE=SAL+COMM。

2. scott.dept部门表结构如下：

```
SQL> DESC SCOTT.DEPT;
```

Name	Type	Nullable	Default Comments
DEPTNO	NUMBER(3)		部门编号
DNAME	VARCHAR2(14)	Y	部门名称
LOC	VARCHAR2(13)	Y	地点

3. scott.emp表的现有数据如下：

```
SQL> SELECT * FROM SCOTT.EMP;
```

EMPNO	ENAME	JOB	MGR	HIREDATE	SAL	COMM	DEPTNO
7369	SMITH	CLERK	7902	1980-12-17	800.00		20
7499	ALLEN	SALESMAN	7698	1981-2-20	1600.00	300.00	30
7521	WARD	SALESMAN	7698	1981-2-22	1250.00	500.00	30
7566	JONES	MANAGER	7839	1981-4-2	2975.00		20
7654	MARTIN	SALESMAN	7698	1981-9-28	1250.00	1400.00	30
7698	BLAKE	MANAGER	7839	1981-5-1	2850.00		30
7782	CLARK	MANAGER	7839	1981-6-9	2450.00		10
7788	SCOTT	ANALYST	7566	1987-4-19	4000.00		20
7839	KING	PRESIDENT		1981-11-17	5000.00		10
7844	TURNER	SALESMAN	7698	1981-9-8	1500.00	0.00	30
7876	ADAMS	CLERK	7788	1987-5-23	1100.00		20
7900	JAMES	CLERK	7698	1981-12-3	950.00		30
7902	FORD	ANALYST	7566	1981-12-3	3000.00		20
7934	MILLER	CLERK	7782	1982-1-23	1300.00		10
102	EricHu	Developer	1455	2013-9-18	5500.00	14.00	10
104	Funson	PM	1455	2013-9-18	5500.00	14.00	10
105	FLORA	Developer	1455	2013-9-18	5500.00	14.00	10

已选择 17 行。

4. Scott.dept表的现有数据如下：

```
SQL> SELECT * FROM SCOTT.DEPT;
```

DEPTNO	DNAME	LOC
80	信息部	南京
10	ACCOUNTING	NEW YORK

```
    20       RESEARCH          DALLAS
    30       SALES             CHICAGO
    40       OPERATIONS        BOSTON
    50       CS                NUIST
    60       Developer         BEIJING
```

已选择 7 行。

5．用SQL语句完成以下问题。

（1）找出 EMP 表中的姓名（ENAME）第三个字母是 A 的员工姓名。

参考答案：

```
SQL> SELECT ENAME FROM SCOTT.EMP WHERE ENAME LIKE '__A%';

ENAME
----------
ADAMS
BLAKE
CLARK
```

（2）找出 EMP 表员工名字中含有 A 和 N 的员工姓名。

参考答案：

```
SQL> SELECT ENAME FROM SCOTT.EMP
2    WHERE ENAME LIKE '%A%' AND ENAME LIKE '%N%';

ENAME
----------
ALLEN
MARTIN
WANGJING
FLORA
--------或---------
SQL> SELECT ENAME FROM SCOTT.EMP WHERE ENAME LIKE '%A%N%';

ENAME
----------
ALLEN
MARTIN
WANGJING
FLORA
```

（3）找出所有佣金的员工，列出姓名、工资和佣金，显示结果按工资从小到大、佣金从大到小排序。

参考答案：

```
SQL> SELECT ENAME,SAL + COMM AS WAGE,COMM
2    FROM SCOTT.EMP
3    ORDER BY WAGE,COMM DESC;

ENAME            WAGE         COMM
----------       ---------    ---------
TURNER           1500         0.00
WARD             1750         500.00
ALLEN            1900         300.00
MARTIN           2650         1400.00
EricHu           5514         14.00
FLORA            5514         14.00
```

```
Funson                  5514            14.00
SMITH
JONES
JAMES
MILLER
FORD
ADAMS
BLAKE
CLARK
SCOTT
KING

已选择 17 行。
```

（4）列出部门编号为 20 的所有职位。

参考答案：

```
SQL> SELECT DISTINCT JOB FROM EMP WHERE DEPTNO = 20;

JOB
---------
ANALYST
CLERK
MANAGER
```

（5）列出不属于 SALES 的部门。

参考答案：

```
SQL> SELECT DISTINCT * FROM SCOTT.DEPT WHERE DNAME <> 'SALES';

DEPTNO DNAME           LOC
------ ------------    ------------
   10  ACCOUNTING      NEW YORK
   20  RESEARCH        DALLAS
   40  OPERATIONS      BOSTON
   50  CS              NUIST
   60  Developer       BEIJING
   80  信息部          南京

已选择 6 行。

--或者：
SQL> SELECT DISTINCT * FROM SCOTT.DEPT WHERE DNAME != 'SALES';
SQL> SELECT DISTINCT * FROM SCOTT.DEPT WHERE DNAME NOT IN('SALES');
SQL> SELECT DISTINCT * FROM SCOTT.DEPT WHERE DNAME NOT LIKE 'SALES';
```

（6）显示工资不在 1000～1500 之间的员工信息：名字、工资，按工资从大到小排序。

参考答案：

```
SQL> SELECT ENAME,SAL + COMM AS WAGE FROM SCOTT.EMP
  2    WHERE SAL + COMM NOT BETWEEN 1000 AND 1500
  3    ORDER BY WAGE DESC;

ENAME              WAGE
----------      ----------
EricHu             5514
Fuson              5514
WANGJING           5514
MARTIN             2650
```

```
ALLEN              1900
WARD               1750

已选择 6 行。

--或者---
SQL> SELECT ENAME,SAL + COMM AS WAGE FROM SCOTT.EMP
  2     WHERE SAL + COMM < 1000 OR SAL + COMM > 1500
  3     ORDER BY WAGE DESC;

ENAME             WAGE
---------      ---------
EricHu            5514
Funson            5514
WANGJING          5514
MARTIN            2650
ALLEN             1900
WARD              1750

已选择 6 行。
```

（7）显示职位为 MANAGER 和 SALESMAN，年薪在 15000～20000 之间的员工的信息：姓名、职位和年薪。

参考答案：

```
SQL> SELECT ENAME 姓名,JOB 职位,(SAL + COMM) * 12 AS 年薪
  2     FROM SCOTT.EMP
  3     WHERE (SAL + COMM) * 12 BETWEEN 15000 AND 20000
  4     AND JOB IN('MANAGER','SALESMAN');

姓名            职位              年薪
---------     --------- -       ---------
TURNER        SALESMAN          18000
```

（8）说明以下两条 SQL 语句的输出结果：

SELECT EMPNO,COMM FROM EMP WHERE COMM IS NULL;

SELECT EMPNO,COMM FROM EMP WHERE COMM = NULL;

参考答案：

```
SQL> SELECT EMPNO,COMM FROM EMP WHERE COMM IS NULL;

EMPNO        COMM
-----     ---------
 7369
 7566
 7698
 7782
 7788
 7839
 7876
 7900
 7902
 7934

已选择 10 行。

-------------------------------------------------------------
SQL> SELECT EMPNO,COMM FROM EMP WHERE COMM = NULL;
```

```
EMPNO       COMM
-----   ----------
```

💬说明：IS NULL 是判断某个字段是否为空，为空并不等价于为空字符串或为数字 0；
而 =NULL 是判断某个值是否等于 NULL，＝NULL 和 NULL ◇ NULL 都
为 FALSE。

（9）让 SELECT 语句的输出结果为：

SELECT * FROM SALGRADE;

SELECT * FROM BONUS;

SELECT * FROM EMP;

SELECT * FROM DEPT;

…

列出当前用户有多少张数据表，结果集中存在多少条记录。

参考答案：

```
SQL> SELECT  'SELECT * FROM '||TABLE_NAME||';' FROM USER_TABLES;

'SELECT*FROM'||TABLE_NAME||';'
-----------------------------------------------
SELECT * FROM BONUS;
SELECT * FROM EMP;
SELECT * FROM DEPT;
…
```

（10）语句 SELECT ENAME, SAL FROM EMP WHERE SAL>'1500'是否报错？

参考答案：

```
SQL> SELECT ENAME,SAL FROM EMP WHERE SAL > '1500';

ENAME           SAL
----------    ---------
ALLEN          1600.00
JONES          2975.00
BLAKE          2850.00
CLARK          2450.00
SCOTT          4000.00
KING           5000.00
FORD           3000.00
EricHu         5500.00
Funson         5500.00
FLORA          5500.00

已选择 10 行。

SQL> SELECT ENAME,SAL FROM EMP WHERE SAL > 1500;

ENAME           SAL
----------    ---------
ALLEN          1600.00
JONES          2975.00
BLAKE          2850.00
CLARK          2450.00
```

```
SCOTT             4000.00
KING              5000.00
FORD              3000.00
EricHu            5500.00
Funson            5500.00
FLORA             5500.00

已选择 10 行。
```

结论：运行结果表示不会报错，这儿存在隐式数据类型。

6.8　本章小结

本章首先对 SQL 语言进行简单介绍，然后介绍了各种 DML、DCL、TCL 语句的作用和使用方法。具体详细介绍了 SELECT 语句的语法结构及 WHERE、GROUP　BY、HAVING 和 ORDER BY　子句的使用；介绍 INSERT、UPDATE、DELETE、MERGE 等语句的使用和注意事项；讨论了事务控制语句如 COMMIT、SAVEPOINT 和 ROLLBACK 等语句的操作；最后还进一步介绍了各种常用函数，例如字符串函数、数值函数、日期时间函数和聚合函数等，并通过在 SELECT 语句中应用来介绍常用函数的使用。

6.9　习题与实践练习

一、填空题

1．如果需要在 SELECT 子句中包括一个表的所有列，可以使用符号_____。

2．WHERE 子句可以接收 FROM 子句输出的数据；而 HAVING 子句可以接收来自 FROM、_____或_____子句输出的数据。

3．在 SELECT 语句中，分组条件的子句是_____，对显示的数据进行排序的子句是_____。

4．在 DML 语句中，INSERT 语句可以实现插入记录，_____语句可以实现更新记录，_____语句和_____语句可以实现删除记录。

5．_____函数可以返回某个数值的 ASCII 值，_____函数可以返回某个 ASCII 值对应的十进制数。

6．使用_____函数，可以把数字或日期类型的数据转换成字符串；使用 TO_DATE 函数，可以把_____转换成_____，默认的日期格式为_____。

二、选择题

1．查询 scott 用户的 emp 表中的总记录数，可以使用下列哪个语句？（　　　）

A．SELECT MAX(empno) FROM scott.emp;

B．SELECT COUNT(empno) FROM scott.emp;

C．SELECT COUNT(comm) FROM scott.emp;

D．SELECT COUNT(*) FROM scott.emp;

2．为了去除结果集中的重复行，可以在 SELECT 语句中使用下列哪些关键字？（　　）
　　A．ALL　　　　　　B．DISTINCT　　　　C．UPDATE　　　　D．MERGE
3．在 SELECT 语句中，HAVING 子句的作用是（　　）。
　　A．查询结果的分组条件　　　　　　　B．组的筛选条件
　　C．限定返回的行的判断条件　　　　　D．对结果集进行排序
4．下列哪些聚合函数可以把一个列中的所有值相加求和？（　　）
　　A．MAX 函数　　　B．MIN 函数　　　　C．COUNT 函数　　　D．SUM 函数
5．如果要统计表中有多少行记录，应该使用下列哪些聚合函数？（　　）。
　　A．SUM 函数　　　B．AVG 函数　　　　C．COUNT 函数　　　D．MAX 函数
6．假设产品表中包括价格 NUMBER(7,2)列，对于下列语句：
SELECT NVL(10/价格,'0') FROM 产品；
如果"价格"列中包含空值，将会出现什么情况？（　　）
　　　　A．该语句将失败，因为值不能被 0 除　　B．将显示值 0
　　　　C．将显示值 10　　　　　　　　　　　　D．该语句将失败，因为值不能被空值除
7．以下哪个说法准确地解释了无法执行 SQL 语句的原因？（　　）
SELECT 部门标识"部门"，AVG(工资)"平均值" FROM 员工 GROUP BY 部门
　　A．无法对工资求平均值，因为并不是所有的数值都能被平分
　　B．不能在 GROUP BY 子句中使用列别名
　　C．GROUP BY 子句中必须要有分组内容
　　D．部门表中没有列出部门标识
8．应使用以下哪个统计函数来显示雇员表中的最高工资值？（　　）
　　A．AVG　　　　　　B．COUNT　　　　　　C．MAX　　　　　　　D．MIN
9．统计函数将针对（　　）返回一个值，并在计算过程中（　　）空值。
　　A．行集，忽略　　B．每行，忽略　　　　C．行集，包括　　　　D．每行，包括
10．可对数据类型为 DATE 的列使用以下哪个统计函数？（　　）
　　A．AVG　　　　　　B．MAX　　　　　　　C．STDDEV　　　　　D．SUM

三、简答题

1．标准的 SQL 语言的语句类型可以分成哪三类，每种语句类型分别用来操作哪些语句？
2．列举几个在 WHERE 条件子句中可以使用的操作符。
3．为什么在使用 UPDATE 语句时提供一个 WHERE 子句很重要？
4．下面这些 SELECT 语句能否输出查询结果？如果不能，该怎么修改？
SELECT empno,ename,deptno,COUNT(*)
FROM scott.emp
GROUP BY deptno;
5．指定一个日期值，例如 08-8 月-2013，过得这个日期与系统当前日期之间相隔的月份数和天数。
6．什么语句可以用来创建一个基于查询结果集的新表？

四、上机操作题

1．完成本章中 SELECT、INSERT 和 UPDATE 等语句的示例操作。
2．完成实例分析操作。

第2篇 进阶篇

第 7 章　SELECT 高级查询

第 6 章介绍了 SELECT 语句的基本查询，但在检索数据库的实际应用中，为了获取完整的信息，需要从多个表中获取数据，这就需要多表连接查询、子查询和集合查询等高级 SELECT 语句的应用。其中子查询可以实现从另外一个表中获取数据，从而限制当前查询语句的返回结果；连接查询可以指定多个表的连接方式；集合查询可以将两个或多个查询返回的行组合起来。

本章将介绍简单连接查询、子查询的不同实现方式、使用 JOIN 关键字的连接查询、查询结果的集合操作以及多个表间的连接等 SELECT 高级查询操作内容。

本章要点：

- ❑ 掌握简单连接查询；
- ❑ 使用 JOIN 关键字的连接查询；
- ❑ 掌握在 WHERE 子句中使用子查询；
- ❑ 掌握在 HAVING 子句中使用子查询；
- ❑ 掌握查询结果的集合操作；
- ❑ 熟练掌握关联子查询；
- ❑ 熟练掌握嵌套子查询。

7.1　简单连接查询

第 6 章介绍的查询语句的数据源是单个表。但在实际应用中，单表查询较少，而经常是从多张表中查询数据，这就需要多表连接查询。多表查询是指 SELECT 命令中显示的列来源于多个数据表。检索数据时，通过各个表之间共同列的关联性，可以查询存放在多个表中的不同实体的信息，将多个表以某个或某些列为条件进行连接操作而检索出关联数据的过程称为连接查询，属于 SELECT 高级查询中的一种应用。

7.1.1　使用等号（＝）实现多个表的简单连接

在连接查询中，如果仅仅通过 SELECT 子句和 FROM 子句连接多个表，那么查询的结果将是一个通过笛卡儿积所生成的表。所谓笛卡儿积是指用第一个表中的每一行与第二个表中的每一行进行连接。因此，结果集中的行数是两表行数的乘积、列数是两表列数的和，但笛卡儿积的结果集中包含了大量的无用信息。

1．两表的笛卡儿积运算

当两表仅通过 SELECT 子句和 FROM 子句建立连接，而不加连接条件时，那么查询结果为两张表的笛卡儿积。

【例 7-1】 使用 SELECT 子句和 FORM 子句，从 scott 用户的 emp 表和 dept 表中检索数据，如果不指定检索条件，将得到 56 行记录。

```
SQL> SELECT empno, ename, sal ,scott.emp.deptno,
2    scott.dept.deptno, dname
3    FROM  scott.emp, scott.dept ;

EMPNO      ENAME      SAL         DEPTNO      DEPTNO      DNAME
-----      -------    ----- -     --------    -------     ----------
7369       SMITH       800         20          10         ACCOUNTING
7499       ALLEN      1600         30          10         ACCOUNTING
7782       CLARK      2450         10          10         ACCOUNTING
...
已选择 56 行。
```

由于 scott.emp 表中有 14 行记录，scott.dept 表中有 4 行记录，所以笛卡儿积所生成的表一共有 56（14*4＝56）行记录。也就是两表执行了笛卡儿积运算后，得到的结果全集是两表的行数相乘、列数相加，但在这么多行和列中，有许多是重复数据和无用数据。

2．使用WHERE子句的简单连接查询

在笛卡儿积所生成的表中包含了大量的冗余信息。在检索数据时，为了避免冗余信息的出现，可以使用 WHERE 子句限定检索条件。在 WHERE 子句中使用等号（＝）可以实现表的简单连接，表示第一个表中的列与第二个表中相应列匹配后才会在结果集中显示。

【例 7-2】 给【例 7-1】添加 WHERE 子句指定检索条件，实现简单连接。在 SELECT 子句中指定需要输出的列名，使用 WHERE 语句限定查询条件。

```
SQL> SELECT empno, ename, sal ,scott.emp.deptno,
2    scott.dept.deptno, dname
3    FROM  scott.emp, scott.dept
4    WHERE scott.emp.deptno=scott.dept.deptno ;

EMPNO      ENAME       SAL        DEPTNO      DEPTNO      DNAME
------     ---------   --------   ---------   --------    ----------
7369       SMITH        800        20          10         ACCOUNTING
7499       ALLEN       1600        30          10         ACCOUNTING
7782       CLARK       2450        10          10         ACCOUNTING
...
已选择 14 行。
```

scott.emp 和 scott.dept 表都包含有 deptno 列，根据这个共同的列，在 WHERE 子句中使用等号（＝）进行连接，对照例 7-1 所示的输出结果，将两表中对应列值相等的数据行输出显示，从而大大减少了重复记录。

7.1.2　为表设置别名

在多表查询时，如果多个表之间存在同名的列，则必须使用表名进行限定。另外，随着查询变得越来越复杂，语句会由于每次使用表名限定列而变得冗长。为了增加可读性，

可以使用表的别名，而且还能提高 SELECT 语句的执行效率。

设置表的别名，只需要在 FROM 子句中引用该表时，将表别名跟在表的实际名称后面即可。表别名和表的实际名称之间使用空格进行分隔。

【例 7-3】　使用表别名来完成【例 7-2】中所示的语句。为 scott.emp 表设置表的别名为 e，为 scott.dept 表设置表别名为 d。

```
SQL> SELECT empno, ename, sal ,e.deptno, d.deptno, dname
2    FROM  scott.emp e, scott.dept d
3    WHERE e.deptno=d.deptno ;
```

💧注意：如果为表指定了别名，表的实际名称也就被覆盖，则所有引用表名的地方（如
　　　　SELECT 子句、WHERE 子句等）都必须使用表别名，而不能再用实际表名；另
　　　　外，为表设置别名时不能使用 AS 关键字；当查询多个表之间的同名字段时，必
　　　　须使用"表名.同名字段"进行限制；对于表间不同名的字段，可以在字段名前加
　　　　表名进行限制，也可以不加表名。如果字段名前加上表名，则查询效率更高。

在具体应用的 SELECT 语句中还要注意以下原则：
❑ FROM 子句应当包括所有的表名。
❑ 在一条 SELECT 语句中，各个表的别名不相同，必须是唯一的。
❑ 应该使用 WHERE 子句定义一个连接，连接查询的多个表之间应当存在逻辑上的
　　联系。

7.2　使用 JOIN 关键字的连接查询

在连接查询的 FROM 子句中，多个表之间可以使用英文逗号进行分隔。除了这种形式的简单连接外，SQL 还支持使用关键字 JOIN 的连接。

在 FROM 子句中，使用 JOIN 连接的语法如下：

```
SELECT colum_list
FROM table_name1 join_type table_name2 [ON (join_condition)]
  [join_type … ON join_condition, …]
```

语法说明如下。
❑ table_name1、table_name2：参与连接操作的表名。
❑ join_type：连接类型，连接类型有 INNER JOIN（内连接）、OUTER JOIN（外连
　　接）和 CROSS JOIN（交叉连接）。
❑ join_condition：连接条件，由被连接表中的列和比较运算符、逻辑运算符等构成。
　　可以使用多组 join_type… ON join_condition…子句，实现多个表的连接。

7.2.1　内连接查询

内连接是最常用的连接查询方式，一般使用 INNER JOIN 关键字来指定内连接，INNER
可以省略，默认表示内连接。

1. 等值连接

等值连接是在 ON 后面给出的连接条件中，使用等于（＝）运算符比较被连接的两张表的公共字段，也就是通过相等的列值连接起来的查询。其查询结果中只包含两表的公共字段值相等的行，列可以是两表中的任意列。

【**例 7-4**】 使用 INNER JOIN 连接 scott.emp 和 scott.dept 两个表，查询员工部门为 accounting 的信息。

```
SQL> SELECT empno, ename, sal ,d.deptno, dname
2    FROM  scott.emp e INNER JOIN scott.dept d ON e.deptno=d.deptno
3    WHERE dname= 'ACCOUNTING' ;

EMPNO      ENAME       SAL       DEPTNO       DNAME
------     ---------   -------   ----------   -------------
7782       CLARK       2450      10           ACCOUNTING
7839       KING        5000      10           ACCOUNTING
7782       MILLER      1300      10           ACCOUNTING
已选择 3 行。
```

2. 不等连接

不等连接是在连接条件中使用除等号（＝）运算符以外的其他比较运算符，构成非等值连接查询。可以使用的比较运算符包括：>（大于）、>=（大于等于）、<=（小于等于）、<（小于）、!>（不大于）、!<（不小于）、!=（不等于）、<>（不等于）、LIKE、IN 和 BETWEEN 等。不等值内连接查询没有多大实际应用价值，一般使用较少。

【**例 7-5**】 查询 scott.emp 表和 scott.salgrade 表中的员工工资等级。

```
SQL> SELECT empno, ename, sal ,grade
2    FROM  scott.emp e INNER JOIN scott.salgrade s
3    ON e.sal BETWEEN s.losal AND s.hisal;

EMPNO      ENAME       SAL       GRADE
------     ---------   -------   ---------
7369       SMITH       800       1
7900       JAMES       950       1
7782       MILLER      1300      2
...
7902       FORD        3000      4
7839       KING        5000      5
已选择 14 行。
```

3. 自然连接

自然连接（NATURAL JOIN）是一种特殊的等值连接，它是由系统根据两表的同名字段自动作等值比较的内连接，因此不需要用 ON 关键字指定连接条件。在使用自然连接时需要注意两表的同名字段不能用表名进行限制。因为进行的是等值比较，查询的结果集中同名字段的值是完全一样的，所以如果在 SELECT 后面使用"*"号，那么在查询结果集中系统只包含一列同名字段和它的值。

【**例 7-6**】 使用自然连接，重写【例 7-4】中的语句。

```
SQL> SELECT empno, ename, sal ,d.deptno, dname
2    FROM  scott.emp e NATURAL JOIN scott.dept d
```

```
3   WHERE d.dname= 'ACCOUNTING' ;

EMPNO      ENAME      SAL        DEPTNO       DNAME
------     ---------  ---------  -----------  ----------
7782       CLARK      2450          10        ACCOUNTING
7839       KING       5000          10        ACCOUNTING
7782       MILLER     1300          10        ACCOUNTING
已选择 3 行。
```

注意： 如果自然连接的两个表中，仅仅是字段名相同，而字段的数据类型不同，那么使用该字段进行连接将会返回一个错误。同名字段前面是不能加表名进行限制的。

自然连接是根据两个表中的同名列进行连接，当列不同名时，自然连接将失去意义。

7.2.2 外连接查询

内连接查询是保证查询结果集中所有行都要满足连接条件，而使用外连接查询时，它返回的查询结果集中不仅包含符合连接条件的行，而且还包含连接运算符左边的表（简称左表，左外连接时）或右边的表（简称右表，右外连接时），或两个连接表中不符合连接条件的行。对于外连接，Oracle 可以使用加号（+）来表示，也可以使用 LEFT、RIGHT 和 FULL OUNTER JOIN 关键字。

外连接可分为下面 3 类：

- ❑ 左外连接（LEFT OUTER JOIN 或 LEFT JOIN）；
- ❑ 右外连接（RIGHT OUTER JOIN 或 RIGHT JOIN）；
- ❑ 全外连接（FULL OUTER JOIN 或 FULL JOIN）。

1. 左外连接

左外连接的结果集中包括两表连接后满足 ON 后面指定的连接条件的行，还显示 JOIN 关键字左侧表中所有满足检索条件的行。如果左表的某行在右表中没有匹配行（即不满足比较条件的行），则在这些相关联的结果集中，右表的所有选择列均为 NULL。

【例 7-7】 使用左外连接查询 emp 表和 deptno 表中部门名称、员工姓名等信息。

```
SQL> SELECT dname,ename
2    FROM scott.dept LEFT JOIN scott.emp
3    ON dept.deptno= emp.deptno ;

DNAME                 ENAME
-----------           ------------
SALES                 CLARK
SALES                 ALLEN
SALES                 WARD
RESEARCH              JONES
...
已选择 16 行。
```

本例中，要求显示所有部门的名称，如果使用左外连接，那么部门信息表（dept 表）就应放在关键字 LEFT JOIN 左边。

如果使用加号（+）建立连接，左连接中（+）号要在等号的左边，此时会将等号左边表中的所有行都显示出来，等号右边表中只显示满足连接条件的行。那么上例左外连接语句等价于下面语句：

```
SQL> SELECT dname,ename
2    FROM  scott.dept , scott.emp
3    ON dept.deptno= emp.deptno (+);
```

2．右外连接

右外连接是左外连接的反向连接，在结果中除了显示满足条件的行外，还显示 JOIN 右侧表中所有满足检索条件的行。也就是说返回 RIGHT OUTER JOIN 关键字右边表中的所有行。如果右表的某行在左表中没有匹配行，则将左表返回为 NULL。

【例 7-8】　使用右外连接，查询 emp 表和 dept 表中所包含的部门编号。

```
SQL> SELECT DISTINCT e.deptno, d.deptno
2    FROM  scott.emp e RIGHT OUTER JOIN scott.dept d
3    ON e.deptno= d.deptno ;

DEPTNO       DEPTNO
--------------------
10           10
             40
20           20
30           30
```

从输出结果可知，使用了右连接查询，则显示右边表 dept 的所有行。如果要显示 emp 表所有的行，则应将 emp 表放到 RIGHT OUTER JOIN 关键字的右边

如果使用右外连接加号（+）实现右外连接，则可将【例 7-8】改写为如下语句：

```
SQL> SELECT DISTINCT e.deptno, d.deptno
2    FROM  scott.emp e , scott.dept d
3    ON e.deptno (+)= d.deptno ;
```

3．完全外连接

完全外连接查询的结果集包括两表内连接的结果集和左表与右表中不满足条件的行。也就是除了显示满足连接条件的行外，还显示 JOIN 两侧表中所有满足查询条件的行。当某行在另一个表中没有匹配行时，则另一个表的选择列为 NULL。

【例 7-9】　使用完全外连接查询 emp 表和 dept 表中所包含的部门名称和员工名称。

```
SQL> SELECT ename, dname
2    FROM  scott.emp e FULL OUTER JOIN scott.dept d
3    ON e.deptno= d.deptno ;
```

提示：如果 3 个及更多表执行外连接查询，和两表之间执行外连接查询的原理是一样的。先将前面两个表执行外连接查询，把查询结果再和第 3 个表执行外连接查询，依次类推。

7.2.3　交叉连接

交叉连接（CROSS JOIN）是用左表中的每一行与右表中的每一行进行连接，不能使

用 ON 关键字。所得到的结果将是这两个表中各行数据的所有组合，即这两个表所有数据行的笛卡儿积。

交叉连接与简单连接操作非常类似，不同之处在于使用交叉连接时，在 FROM 子句中多个表名之间不是用逗号，而是使用 CROSS JOIN 关键字隔开。

【例 7-10】　使用交叉连接查询 emp 表和 dept 表中，部门编号为 10 的员工信息和部门信息。

```
SQL> SELECT empno, ename, sal ,d.deptno, dname
2    FROM scott.emp e CROSS JOIN scott.dept d
3    WHERE e.deptno=10 AND d.dname= 'ACCOUNTING' ;

EMPNO    ENAME       SAL        DEPTNO      DNAME
------   -------   ---------   ----------   --------------
7782     CLARK       2450        10         ACCOUNTING
7839     KING        5000        10         ACCOUNTING
7782     MILLER      1300        10         ACCOUNTING
已选择 3 行。
```

7.3　SELECT 查询的集合操作

使用集合操作符就是将两个或多个 SQL 查询返回的行组合起来，以完成复杂的查询任务。集合操作主要由集合运算符实现，集合运算符主要包括：UNION、INTERSECT 和 MINUS。

7.3.1　UNION 集合运算

UNION 运算符可以将多个查询结果集合并，形成一个结果集。多个查询的列的数量必须相同，数据类型必须兼容，且顺序必须一致。其语法格式如下：

```
select_statement1 UNION [ALL] select_statement2
[UNION [ALL] select_statement3] [...n]
```

其中，select_statement 等都是 SELECT 查询语句；ALL 选项表示将所有行合并到结果集中，不指定该项，则只保留重复行中的一行。UNION 运算符含义如图 7-1 所示。

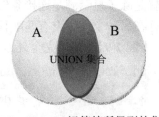

图 7-1　UNION 运算符所得到的集合

【例 7-11】　使用 UNION 将工资大于 2000 的员工信息与工作为 MANAGER 的员工信息合并。

```
SQL> SELECT empno, ename, job, sal FROM  scott.emp
2    WHERE sal>2000
3    UNION
4    SELECT  empno,ename,job,sal FROM scott.emp
5    WHERE job= 'MANAGER';

EMPNO    ENAME       JOB         SAL
------   --------   ----------   ----------
7566     JONES      MANAGER      2975
```

```
7698    BLAKE       MANAGER     2850
7782    CLARK       MANAGER     2450
7788    SCOTT       ANALYST     3000
7839    KING        PRESIDENT   5000
7902    FORD        ANALYST     3000
已选择 6 行。
```

执行上述语句，将两个 SELECT 语句的查询结果合并在一起，UNION 操作符会消除两个结果集中重复的行，但如果在 UNION 后使用关键字 ALL，将保留结果集中所有的行，包括重复行。查询结果集的列标题来自第一个 SELECT 语句。使用 ALL 的语句如下：

```
SQL> SELECT empno, ename, job, sal  FROM  scott.emp
2    WHERE sal>2000
3    UNION ALL
4    SELECT  empno, ename, job, sal FROM scott.emp
5    WHERE job= 'MANAGER';

EMPNO    ENAME       JO B        SAL
------   ---------   ----------  --------
7566     JONES       MANAGER     2975
7698     BLAKE       MANAGER     2850
7782     CLARK       MANAGER     2450
7788     SCOTT       ANALYST     3000
7839     KING        PRESIDENT   5000
7902     FORD        ANALYST     3000
7566     JONES       MANAGER     2975
7698     BLAKE       MANAGER     2850
7782     CLARK       MANAGER     2450
已选择 9 行。
```

从输出结果可以看出结果中包含了重复行。

7.3.2　INTERSECT 集合运算

与 UNION 类似，INTERSECT 操作符用于获取结果集的公共行，也称为获取结果集的交集。当使用该操作符时，只会显示同时存在于两个结果集中的数据，其语法格式如下：

```
select_statement1
INTERSECT select_statement2
INTERSECT select_statement3] [...n]
```

其中，select_statement 等都是 SELECT 查询语句。INTERSECT 语法含义如图 7-2 所示，为两者交集部分。

【例 7-12】　使用 INTERSECT 运算符，获取员工编号大于 7800 并且所在部门编号为 10 的员工信息。

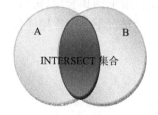

图 7-2　INTERSECT 运算符所得到的集合

```
SQL> SELECT empno, ename, sal, deptno FROM  scott.emp
2    WHERE empno >7800
3    INTERSECT
4     SELECT empno, ename, sal, deptno FROM scott.emp
5     WHERE  deptno=10;
```

```
EMPNO    ENAME       SAL        DEPTNO
------   ---------   ------     ------------
7839     KING        5000        10
7782     MILLER      1300        10
已选择 2 行。
```

7.3.3　MINUS 集合运算

MINUS 集合运算可以找到多个查询结果集的差异，也就是意味着所得到的结果集中，其中的元素仅存在于前一个集合中，而不存于另一个集合，即集合运算中的差运算。其语法格式如下：

```
select_statement1
MINUS select_statement2
MINUS select_statement3] [...n]
```

其中，select_statement 等都是 SELECT 查询语句。MINUS 语法含义如图 7-3 所示，为图中 A 集合的阴影部分。

【例 7-13】使用 MINUS 操作符，查询工资大于 2000，但工作不是 MANAGER 的员工信息。

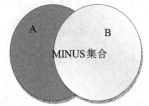

图 7-3　MINUS 运算符所得到的集合

```
SQL> SELECT empno, ename, job, sal  FROM  scott.emp
2    WHERE sal>2000
3    MINUS
4    SELECT  empno,ename,job,sal FROM scott.emp
5    WHERE job= 'MANAGER';

EMPNO    ENAME       JO B        SAL
-----   ----------  ----------  ---------
7788     SCOTT       ANALYST      3000
7839     KING        PRESIDENT    5000
7902     FORD        ANALYST      3000
已选择 3 行。
```

从输出结果可以看出，工作为 MANAGER 且工资小于 2000 的员工信息不被输出显示。结合前面的集合运算符，在一次执行语句中，可以根据需要对这些运算符进行混合使用。默认情况下，执行顺序自左至右，但是可以使用括号改变这个执行顺序。

7.4　子　查　询

在查询条件中，可以嵌套另一个查询，即在一个 SELECT、UPDATE 或 DELETE 语句内部使用一个 SELECT 语句的查询。外层的 SELECT 语句叫外部查询，内层的 SELECT 语句叫子查询（Subquery）。使用子查询，主要是将查询的结果作为外部主查询的查找条件。子查询可以嵌套多层，但每层嵌套需要用圆括号()括起来。大部分子查询是放在 SELECT 语句的 WHERE 子句中使用，也可以放在 FROM 子句中当作虚拟表来使用。

7.4.1　子查询的类型

在子查询中可以使用两种比较操作符——单行操作符和多行操作符。

❑　单行操作符：包括＝、>、<、>=、<=、<>和!=。

❑　多行操作符：包括 ALL、ANY、IN、EXISTS。

根据子查询返回为一行或多行查询结果，可将子查询分为 3 种子类型。

❑　单行子查询：指子查询只返回单列单行数据，即只返回一个值，也称单值子查询。

❑　多行子查询：指子查询返回单列多行数据，即一组数据。

❑　多列子查询：指多列子查询获得的是多列任意行数据。

使用子查询，可以通过执行一条语句，实现需要执行多条普通语句所实现的功能，提高了应用程序的效率。另一方面，普通查询只能对一个表进行操作，而使用子查询，可以连接到多个其他表，从而能获取更多的信息，在实际数据库应用中经常应用到子查询操作。

7.4.2　单行子查询

单行子查询应用最为广泛，经常在 SELECT、UPDATE 和 DELETE 语句的 WHERE 子句中充当查询、修改或删除的条件。在 WHERE 子句中使用子查询的语法格式如下：

```
SELECT column_list FROM table_name WHERE expression operator (
    SELECT column_name FROM table_name WHERE condition
    GROUP BY exp HAVING having);
```

其中，在外部 SELECT 语句的 WHERE 子句中，expression 用来指定一个表达式，也可以是表中的一列；operator 可以是单行或多行操作符；()的内容表示子查询内容。

【例 7-14】　查询 scott.emp 表和 dept 表中在 SALES 部门工作的员工姓名。

```
SQL> SELECT   ename   FROM  scott.emp
2     WHERE deptno=(
3     SELECT deptno FROM scott.dept
5     WHERE dname= 'SALES');

ENAME
------------------
ALLEN
WARD
MARTIN
BLAKE
TURNER
JAMES
已选择 6 行。
```

该查询语句的执行过程为：首先对子查询求值，求出 SALES 的部门编号，然后把子查询的结果代入外部查询，并执行外部查询。外部查询依赖于子查询的结果。

一些使用子查询实现的功能，也可以用表之间的连接查询实现。【例 7-14】中的查询也可以用连接查询来实现，查询语句如下：

```
SQL> SELECT   ename, dname
2   FROM  scott.emp e INNER JOIN scott.dept d
```

```
3    ON e.deptno=d.deptno
4    WHERE dname= 'SALES';

ENAME
------------------
ALLEN
WARD
MARTIN
BLAKE
TURNER
JAMES
已选择 6 行。
```

上述两种方式均可查询到相同结果，它们不同之处在于连接查询中，SELECT 关键字后面可以查询出 scott.dept 表中的数据，但在【例 7-14】中子查询的结果集是不能输出的。

💭注意：在子查询的 SELECT 语句中，可以使用 FROM 子句、WHERE 子句、GROUP BY 子句和 HAVING 子句等，但是有些情况下不能使用 OREDER BY 子句，例如在 WHERE 子句中使用子查询时，子查询语句中就不能使用 ORDER BY 子句。

【例 7-15】 在子查询中使用 ORDER BY 子句，将查询结果按照 deptno 列降序输出。

```
SQL> SELECT empno, ename, sal ,d.deptno FROM  scott.emp
2    WHERE deptno IN(
3        SELECT deptno FROM scott.emp
4        WHERE empno>7782  ORDER BY empno DESC）;

第 4 行出现错误:
ORA-00907: 缺失右括号
```

这时，执行结果显示错误信息，表示上述语句第 4 行 ORDER BY 子句不符合要求。如果确实需要使用 ORDER BY 子句对结果进行排序输出，则可以在外部查询中使用该子句。

```
SQL> SELECT empno, ename, sal ,d.deptno FROM  scott.emp
2    WHERE deptno IN(
3        SELECT deptno FROM scott.emp WHERE empno>7782)
4    ORDER BY empno DESC;

EMPNO    ENAME       SAL        DEPTNO
------   --------    ---------  ----------
7844     TURNER      1500          30
7900     JAMES        950          30
7654     MARTIN      1250          30
...
```

7.4.3 多行子查询

单行子查询指子查询只返回单行单列数据；多行子查询是指子查询返回多行单列数据，即一组数据。当子查询是单列多行子查询时，必须使用多行比较运算符，包括 IN、NOT IN、ANY、ALL 和 SOME。IN 和 NOT IN 可以独立使用，表示用来比较表达式的值是否在子查询的结果集中。但是 ANY 和 ALL 必须与单行比较运算符组合起来使用。

1．使用IN操作符

IN 操作符用来检查一个值列表是否包含指定的值。这个值列表可以是子查询的返回结果。

【例 7-16】　查询 scott.emp 表每个部门的最低工资的员工信息。

```
SQL> SELECT ename, sal ,deptno FROM  scott.emp
2    WHERE sal IN(
3        SELECT MIN(sal) FROM scott.emp GROUP BY deptno);

ENAME         SAL          DEPTNO
-------   -------------   -------------
MILLER       1300            10
ADAMS        1100            20
JAMES         950            30
已选择 3 行。
```

2．使用NOT IN操作符

NOT IN 操作符用来检查一个值列表是否不包含指定的值，NOT IN 执行的操作与 IN 在逻辑上正好相反。

```
SQL> SELECT ename, sal ,deptno FROM scott.emp
2    WHERE sal NOT IN(
3        SELECT MIN(sal) FROM scott.emp GROUP BY deptno);
```

⚠️注意：多行子查询可以返回多行记录，如果接收子查询结果的操作符是单行操作符，那么在执行语句时，可能会出现错误提示。

3．使用ANY操作符实现任意匹配查询

在进行多行子查询时，使用 ANY 操作符，用来将一个值与一个列表中的所有值进行比较，这个值只需要匹配列表中的一个值即可，然后将满足条件的数据返回。

在使用 ANY 操作符之前，必须使用一个单行操作符，包括＝、＞、＜、<=和>=等。

【例 7-17】　对 scott.emp 表进行操作，获得工资大于任意一个部门的平均工资的员工信息。

```
SQL> SELECT empno,ename, sal ,deptno  FROM  scott.emp
2    WHERE sal> ANY(
3        SELECT AVG(sal) FROM scott.emp GROUP BY deptno);

EMPNO    ENAME      SAL       DEPTNO
--------------------------------------------
7839     KING       5000        10
7902     FORD       3000        20
7788     SCOTT      3000        20
7566     JONES      2975        20
7698     BLAKE      2850        30
7782     CLARK      2450        10
7499     ALLEN      1600        30
已选择 7 行。
```

4．使用ALL操作符实现全部匹配查询

在进行子查询时，还可使用 ALL 操作符，用来将一个值与一个列表中的所有值进行比较，这个值需要匹配列表中的所有值，然后将满足条件的数据返回。

在使用 ALL 操作符之前，必须使用一个单行操作符，包括＝、＞、＜、<=和>＝等。

【例 7-18】在 scott.emp 表中查询工作时间早于工作是 SALESMAN 的所有员工的员工信息。

```
SQL> SELECT empno,ename,job,mgr,hiredate, sal  FROM  scott.emp
2   WHERE hiredate< ALL(
3       SELECT hiredate FROM scott.emp WHERE job= 'SALESMAN');

EMPNO   ENAME     JOB       MGR     HIREDATE      SAL
------  -------   ------   ------  - ----------   ---------
7369    SMITH     CLERK     7902    17-12 月-00   1500
已选择 1 行。
```

7.4.4　多列子查询

单行子查询和多行子查询获得的结果都是单列数据，但是多列子查询获得的是多列任意行数据。多列子查询是指返回多列数据的子查询。当多列子查询返回单行数据时，在 WHERE 子句中可以使用单行操作符（＝、＞、＜、>=、<=和<>）；返回多行数据时，在 WHERE 子句中必须使用多行操作符（IN、ANY、ALL 和 SOME）来比较。

使用子查询比较多个列的数据时，可以使用以下两种方式。

❑ 成对比较：要求多个列的数据必须同时匹配。
❑ 非成对比较：通过指定连接关键字，例如 AND 或 OR 等，指定多个列的数据是否必须同时匹配。如果使用 AND 关键字，表示同时匹配，这样就可以实现与成对比较同样的结果；如果使用 OR 关键字，表示不必同时匹配。

【例 7-19】 在 scott.emp 表中查询工资和奖金与部门编号为 30 的员工工资和奖金完全相同的员工信息。

```
SQL> SELECT ename, sal, comm.,deptno  FROM  scott.emp
2   WHERE (sal, NVL(comm.,-1)) IN (
3       SELECT sal, NVL(comm.,-1) FROM scott.emp
4       WHERE deptno=30);

ENAME       SAL      COMM     EPTNO
-----     --------  -------  ---------
TURNER      500        0        30
SMITH       1500                30
ALLEN       1600      300       30
MARTIN      1250      1450      30
WARD        1250      500       30
BLAKE       2850                30
JAMES       950                 30
```

此例还使用了 NVL()函数，用于从两个表达式返回一个非 NULL 值。此查询为成对比较。

【例 7-20】 利用 scott.emp 表查询工资匹配于部门 30 的工资列表、奖金匹配于部门 30

的奖金列表的所有员工。

```
SQL> SELECT ename, sal, comm.,deptno  FROM  scott.emp
2    WHERE  sal IN (
3        SELECT sal FROM scott.emp
4        WHERE deptno=30) AND NVL(comm.,-1) IN (
5            SELECT NVL(comm.,-1) FROM scott.emp
6            WHERE deptno=30) ;

ENAME         SAL       COMM       DEPTNO
---------   -------   -------   ----------
TURNER       1500        0         30
SMITH        1500                  30
ALLEN        1600       300        30
MARTIN       1250      1450        30
WARD         1250       500        30
BLAKE        2850                  30
JAMES         950                  30
已选择 7 行。
```

此查询语句使用 AND 关键字同时匹配。此查询结果为非成对比较。

7.4.5   关联子查询

关联子查询是指需要引用外查询表的一列或多列的子查询语句，这种子查询与外部语句相关。是主要通过 EXISTS 运算符实现的查询。EXISTS 用于测试子查询的结果是否为空，如子查询的结果集不为空，则 EXISTS 返回 TRUE，否则返回 FALSE。EXISTS 还可以与 NOT 合用，即 NOT EXISTS，其返回值与 EXISTS 相反。

1. 使用EXISTS操作符

在关联子查询中可以使用 EXISTS 或 NOT EXISTS 操作符。其中 EXISTS 用于检查子查询所返回的行是否存在，它可以在非关联子查询中使用，但是更常用于关联子查询。

【例 7-21】 检索 scott.emp 和 scott.dept 表中在 NEW YORK 工作的所有员工信息。

```
SQL> SELECT ename,job, sal ,deptno FROM  scott.emp
2    WHERE EXISTS(
3        SELECT * FROM scott.dept WHERE deptno=emp.deptno
4        AND loc= 'NEW YOK');

ENAME        JOB           SAL        DEPTNO
-------   -----------   ----------   ------------
MILLER      CLERK         1300         10
KING        PRESIDENT     4000         10
CLARK       MANAGER       2450         10
已选择 3 行。
```

该查询语句中，外层 SELECT 语句返回的每一行数据都要根据子查询来评估，如果 EXISTS 关键字中指定的条件为真，查询结果就包含这一行，否则不包含这一行。使用 EXISTS 只检索子查询返回的数据是否存在，因此，在子查询语句中可以不返回一列，而返回一个常量值，这样可提高查询的性能。如果使用常量 1 替代上述子查询语句中*列，查询结果是一样的，但性能大大提升。

```
SQL> SELECT ename,job, sal ,deptno FROM  scott.emp
2   WHERE EXISTS(
3       SELECT 1 FROM scott.dept WHERE deptno=emp.deptno
4       AND loc= 'NEW YOK');

ENAME        JOB           SAL         DEPTNO
-------      -------------  ---------   ------------
MILLER       CLERK         1300          10
KING         PRESIDENT     4000          10
CLARK        MANAGER       2450          10
已选择 3 行。
```

2．使用NOT EXISTS操作符

在执行的操作逻辑上，NOT EXISTS 操作符的作用与 EXISTS 操作符相反。在需要检查数据行中是否不存在子查询返回的结果时，就可以使用 NOT EXISTS。

【例 7-22】 使用 NOT EXISTS 操作符，检索是否不存在工作地点在 NEW YORK 的员工信息。

```
SQL> SELECT ename,job, sal ,deptno FROM  scott.emp
2   WHERE NOT EXISTS(
3       SELECT 1 FROM scott.dept WHERE deptno=emp.deptno
4       AND loc= 'NEW YOK');
```

3．EXIST与IN的比较

前面介绍的 IN 操作符实现指定匹配查询，检索特定的值是否包含在值列表中，该操作符是针对特定的值。而 EXISTS 操作符只是检查行是否存在，针对行的存在性。

在使用 NOT EXISTS 和 NOT IN 时，如果一个值列表中包含有空值，NOT EXISTS 返回 TRUE；而 NOT IN 则返回 FALSE。

7.4.6 其他语句中使用子查询

前面主要介绍了 SELECT 语句中使用子查询的情况，同样，在 UPDATE 和 DELETE 语句中，也可以使用子查询。

1．在UPDATE语句中使用子查询

在 UPDATE 语句中使用子查询，可以将子查询返回的结果赋值给需要更新的列。

【例 7-23】 将 scott.emp 表中员工编号为 7788 的工资设置为平均工资。

```
SQL> UPDATE  scott.emp  SET sal= (
2       SELECT AVG(sal) FROM scott.emp )
3   WHERE empno=7788);
已更新 1 行。
```

2．在DELETE语句中使用子查询

在 DELETE 语句中使用子查询，可以将子查询返回的结果删除指定的列。

【例 7-24】 将 scott.emp 表中工作地点在 NEW YORK 的所有员工信息删除。

```
SQL> DELETE  FROM scott.emp WHERE deptno IN (
2         SELECT deptno FROM scott.dept WHERE loc= 'NEW YORK' );

已删除 3 行。
```

7.5　实例分析

给定 Oracle 数据库中的 scott.emp 和 scott.dept 表，完成以下操作。

1. scott.emp员工表结构如下：

```
SQL> DESC SCOTT.EMP;

Name              Type              Nullable    Default Comments
--------          -----------       --------    ----------------
EMPNO             NUMBER(4)                                 员工编号
ENAME             VARCHAR2(10)        Y                     员工姓名
JOB               VARCHAR2(9)         Y                     职位
MGR               NUMBER(4)           Y                     上级编号
HIREDATE          DATE                Y                     雇佣日期
SAL               NUMBER(7,2)         Y                     薪金
COMM              NUMBER(7,2)         Y                     佣金
DEPTNO            NUMBER(2)           Y                     所在部门编号
```

提示：工资 = 薪金 + 佣金　即：WAGE=SAL+COMM。

2. scott.dept部门表结构如下：

```
SQL> DESC SCOTT.DEPT;

Name          Type              Nullable     Default Comments
------        -----------       ---------    ----------------
DEPTNO        NUMBER(3)                                部门编号
DNAME         VARCHAR2(14)        Y                    部门名称
LOC           VARCHAR2(13)        Y                    地点
```

3. scott.emp表的现有数据如下：

```
SQL> SELECT * FROM SCOTT.EMP;

EMPNO    ENAME      JOB        MGR     HIREDATE      SAL        COMM       DEPTNO
-----    --------   --------   -----   -----------   -------    -----      ----------
7369     SMITH      CLERK      7902    1980-12-17    800.00                20
7499     ALLEN      SALESMAN   7698    1981-2-20     1600.00    300.00     30
7521     WARD       SALESMAN   7698    1981-2-22     1250.00    500.00     30
7566     JONES      MANAGER    7839    1981-4-2      2975.00               20
7654     MARTIN     SALESMAN   7698    1981-9-28     1250.00    1400.00    30
7698     BLAKE      MANAGER    7839    1981-5-1      2850.00               30
7782     CLARK      MANAGER    7839    1981-6-9      2450.00               10
7788     SCOTT      ANALYST    7566    1987-4-19     4000.00               20
7839     KING       PRESIDENT          1981-11-17    5000.00               10
```

7844	TURNER	SALESMAN	7698	1981-9-8	1500.00	0.00	30
7876	ADAMS	CLERK	7788	1987-5-23	1100.00		20
7900	JAMES	CLERK	7698	1981-12-3	950.00		30
7902	FORD	ANALYST	7566	1981-12-3	3000.00		20
7934	MILLER	CLERK	7782	1982-1-23	1300.00		10
102	EricHu	Developer	1455	2013-9-18	5500.00	14.00	10
104	Funson	PM 1455		2013-9-18	5500.00	14.00	10
105	FLORA	Developer	1455	2013-9-18	5500.00	14.00	10

已选择 17 行。

4．scott.dept表的现有数据如下：

```
SQL> SELECT * FROM SCOTT.DEPT;

DEPTNO      DNAME            LOC
------      -------------    -------------
    80      信息部            南京
    10      ACCOUNTING       NEW YORK
    20      RESEARCH         DALLAS
    30      SALES            CHICAGO
    40      OPERATIONS       BOSTON
    50      CS  NUIST
    60      Developer        BEIJING

已选择 7 行。
```

5．用SQL语句完成以下问题。

（1）列出至少有一个员工的所有部门。

参考答案：

```
SQL> select dname from dept where deptno in (select deptno from emp);
DNAME
--------------
RESEARCH
SALES
ACCOUNTING
---------或--------
SQL> select dname from dept where deptno in(
2     select deptno from emp group by deptno having count(deptno) >=1);
DNAME
--------------
ACCOUNTING
RESEARCH
SALES
```

（2）列出薪金比 SMITH 多的所有员工。

参考答案：

```
SQL> select * from emp where sal > (
2     select sal from emp where ename = 'SMITH');

EMPNO   ENAME      JOB        MGR    HIREDATE    SAL        COMM   DEPTNO
-----   --------   --------   -----  ----------  ---------  -----  -------
7499    ALLEN      SALESMAN   7698   1981-2-20   1600.00    300.00    30
7521    WARD       SALESMAN   7698   1981-2-22   1250.00    500.00    30
7566    JONES      MANAGER    7839   1981-4-2    2975.00              20
```

7654	MARTIN	SALESMAN	7698	1981-9-28	1250.00	1400.00	30
7698	BLAKE	MANAGER	7839	1981-5-1	2850.00		30
7782	CLARK	MANAGER	7839	1981-6-9	2450.00		10
7788	SCOTT	ANALYST	7566	1987-4-19	4000.00		20
7839	KING	PRESIDENT		1981-11-17	5000.00		10
7844	TURNER	SALESMAN	7698	1981-9-8	1500.00	0.00	30
7876	ADAMS	CLERK	7788	1987-5-23	1100.00		20
7900	JAMES	CLERK	7698	1981-12-3	950.00		30
7902	FORD	ANALYST	7566	1981-12-3	3000.00		20
7934	MILLER	CLERK	7782	1982-1-23	1300.00		10
102	EricHu	Developer	1455	2011-5-261	5500.00	14.00	10
104	Funson	PM	1455	2011-5-26 1	5500.00	14.00	10
105	FLORA	Developer	1455	2011-5-26 1	5500.00	14.00	10

已选择 16 行。

（3）列出所有员工的姓名及其直接上级的姓名。

参考答案：

```
SQL> select a.ename,(select ename from emp b
2   where b.empno=a.mgr) as boss_name from emp a;

ENAME      BOSS_NAME
--------   ----------
SMITH      FORD
ALLEN      BLAKE
WARD       BLAKE
JONES      KING
MARTIN     BLAKE
BLAKE      KING
CLARK      KING
SCOTT      JONES
KING
TURNER     BLAKE
ADAMS      SCOTT
JAMES      BLAKE
FORD       JONES
MILLER     CLARK
EricHu
Funson
FLORA
已选择 17 行。
```

（4）列出受雇日期早于其直接上级的所有员工。

参考答案：

```
SQL> select a.ename from emp a where a.hiredate<(
2    select hiredate from emp b where b.empno=a.mgr);

ENAME
----------
SMITH
ALLEN
WARD
JONES
BLAKE
CLARK
已选择 6 行。
```

（5）列出部门名称和这些部门的员工信息，同时列出那些没有员工的部门。

参考答案:

```
SQL>selecta.dname,b.empno,b.ename,b.job,b.mgr,b.hiredate,b.sal,b.deptno
  2   from dept a left join emp b on a.deptno=b.deptno;

DNAME        EMPNO   ENAME    JOB          MGR     HIREDATE      SAL    DEPTNO
------------------------------------------------------------------------------
RESEARCH     7369    SMITH    CLERK        7902    1980-12-17    800.00     20
SALES        7499    ALLEN    SALESMAN     7698    1981-2-20    1600.00     30
SALES        7521    WARD     SALESMAN     7698    1981-2-22    1250.00     30
RESEARCH     7566    JONES    MANAGER      7839    1981-4-2     2975.00     20
SALES        7654    MARTIN   SALESMAN     7698    1981-9-28    1250.00     30
SALES        7698    BLAKE    MANAGER      7839    1981-5-1     2850.00     30
ACCOUNTING   7782    CLARK    MANAGER      7839    1981-6-9     2450.00     10
RESEARCH     7788    SCOTT    ANALYST      7566    1987-4-19    4000.00     20
ACCOUNTING   7839    KING     PRESIDENT            1981-11-17   5000.00     10
SALES        7844    TURNER   SALESMAN     7698    1981-9-8     1500.00     30
RESEARCH     7876    ADAMS    CLERK        7788    1987-5-23    1100.00     20
SALES        7900    JAMES    CLERK        7698    1981-12-3     950.00     30
RESEARCH     7902    FORD     ANALYST      7566    1981-12-3    3000.00     20
ACCOUNTING   7934    MILLER   CLERK        7782    1982-1-23    1300.00     10
ACCOUNTING   102     EricHu   Developer    1455    2011-5-26 1  5500.00     10
ACCOUNTING   104     Funson   PM           1455    2011-5-26 1  5500.00     10
ACCOUNTING   105     FLORA    Developer    1455    2011-5-26 1  5500.00     10
CS
OPERATIONS
Developer

已选择 20 行。
```

（6）列出所有 CLERK（办事员）的姓名及其部门名称。

参考答案:

```
SQL> select a.ename,b.dname from emp a join dept b on a.deptno=b.deptno
 and a.job='CLERK';
ENAME        DNAME
--------------------
SMITH        RESEARCH
ADAMS        RESEARCH
JAMES        SALES
MILLER       ACCOUNTING
```

（7）列出最低薪金大于 1500 的各种工作。

参考答案:

```
SQL> select distinct job as HighSalJob from emp group by job having min
(sal)>1500;
HIGHSALJOB
----------
ANALYST
Developer
MANAGER
PM
PRESIDENT
```

（8）列出在部门 SALES（销售部）工作的员工的姓名，假定不知道销售部的部门编号。

参考答案:

```
SQL> select ename from emp where deptno=(select deptno from dept where
```

```
dname='SALES');
ENAME
----------
ALLEN
WARD
MARTIN
BLAKE
TURNER
JAMES
已选择 6 行。
```

（9）列出薪金高于公司平均薪金的所有员工。

参考答案：

```
SQL> select ename from emp where sal >
2    (select avg(sal) from emp);
ENAME
----------
JONES
BLAKE
SCOTT
KING
FORD
EricHu
Funson
FLORA
已选择 8 行。
```

（10）列出与 SCOTT 从事相同工作的所有员工。

参考答案：

```
SQL> select ename from emp where job=(
2     select job from emp where ename='SCOTT');
 ENAME
----------
SCOTT
FORD
```

（11）列出薪金等于部门 30 中员工的薪金的所有员工的姓名和薪金。

参考答案：

```
SQL> select a.ename,a.sal from emp a where a.sal in (select b.sal
 2       from emp b where b.deptno=30) and a.deptno<>30;
ENAME          SAL
---------- ----------
```

（12）列出薪金高于在部门 30 工作的所有员工的薪金的员工姓名和薪金。

参考答案：

```
SQL> select ename,sal from emp where sal>
(select max(sal) from emp where deptno=30);
ENAME          SAL
---------- - ----------
JONES        2975.00
SCOTT        4000.00
KING         5000.00
FORD         3000.00
EricHu       5500.00
Funson       5500.00
```

```
FLORA        5500.00
已选择 7 行。
```

（13）列出在每个部门工作的员工数量、平均工资和平均服务期限。

参考答案：

```
SQL> select (select b.dname from dept b
  2     where a.deptno=b.deptno) as deptname ,count(deptno)
  3         as deptcount,avg(sal) as deptavgsal
  4         from emp a group by deptno;

DEPTNAME                DEPTCOUNT               DEPTAVGSAL
--------------          ------------------      ----------------
ACCOUNTING                  6                   4208.33333
RESEARCH                    5                   2375
SALES                       6                   1566.66666
```

（14）列出所有员工的姓名、部门名称和工资。

参考答案：

```
SQL> select a.ename,(select b.dname from dept b
  2     where b.deptno=a.deptno) as deptname,sal from emp a;

ENAME           DEPTNAME          SAL
----------      --------------    ---------
SMITH           RESEARCH          800.00
ALLEN           SALES             1600.00
WARD            SALES             1250.00
JONES           RESEARCH          2975.00
MARTIN          SALES             1250.00
BLAKE           SALES             2850.00
CLARK           ACCOUNTING        2450.00
SCOTT           RESEARCH          4000.00
KING            ACCOUNTING        5000.00
TURNER          SALES             1500.00
ADAMS           RESEARCH          100.00
JAMES           SALES             950.00
FORD            RESEARCH          3000.00
MILLER          ACCOUNTING        1300.00
EricHu          ACCOUNTING        5500.00
Funson          ACCOUNTING        5500.00
FLORA           ACCOUNTING        5500.00

已选择 17 行。
```

（15）列出所有部门的详细信息和部门人数。

参考答案：

```
SQL> select a.deptno,a.dname,a.loc,(select count(deptno) from emp b
  2 where b.deptno=a.deptno group by b.deptno) as deptcount from dept a;

DEPTNO      DNAME           LOC               DEPTCOUNT
------      --------------  ---------------   ----------------
    10      ACCOUNTING      NEW YORK          6
    20      RESEARCH        DALLAS            5
    30      SALES           CHICAGO           6
    40      OPERATIONS      BOSTON
    50      CS              NUIST
    60      Developer       BEIJING
```

已选择 6 行。

（16）列出各种工作的平均工资。

参考答案：

```
SQL> select job,avg(sal) from emp group by job;

JOB              AVG(SAL)
---------       -------------
ANALYST         3500
CLERK           1037.5
Developer       5500
MANAGER         2758.33333
PM              5500
PRESIDENT       5000
SALESMAN        1400
```

已选择 7 行。

（17）列出各个部门的 MANAGER（经理）的最低薪金。

参考答案：

```
SQL>select deptno,min(sal) from emp where job='MANAGER' group by deptno;

DEPTNO           MIN(SAL)
------          ----------
   10            2450
   20            2975
   30            2850
```

（18）列出所有员工的年工资，按年薪从低到高排序。

参考答案：

```
SQL> select ename,(sal+nvl(comm,0))
*12 as salpersal from emp order by salpersal;

ENAME           SALPERSAL
----------      ----------------
SMITH           9600
JAMES           11400
ADAMS           13200
MILLER          15600
TURNER          18000
WARD            21000
ALLEN           22800
CLARK           29400
MARTIN          31800
BLAKE           34200
JONES           35700
FORD            36000
SCOTT           48000
KING            60000
EricHu          66168
Funson          66168
FLORA           66168
```

已选择 17 行。

7.6　本 章 小 结

本章首先介绍了简单连接查询，为表设置别名，使用 JOIN 关键字的连接查询，然后介绍了 SELECT 查询的集合操作，如 UNION 集合运算、INTERSECT 集合运算和 MINUS 集合运算的使用方法；讨论了子查询中单行子查询、多行子查询、多列子查询和其他常用子查询的应用与实践；最后还结合实例分析来综合应用上述高级查询知识，提高解决实际问题的能力。

7.7　习题与实践练习

一、填空题

1．DDL 和 DML 分别表示_____和_____。

2．子查询按使用比较操作符可分为_____和_____。

3．在 SELECT 语句的 WHERE 子句中可以使用子查询，表示将_____外部的 WHERE 条件。

4．在子查询的 SELECT 语句中，可以指定 FROM 子句、_____子句、_____子句和 HAVING 子句等，但是有些情况下不能指定_____子句。

5．使用 IN 操作符实现指定匹配查询；使用_____操作符实现任意匹配查询；使用_____操作符实现全部匹配查询。

6．在关联子查询中可以使用_____或_____关键字。

7．常用的表的连接类型有_____（内连接）、_____（外连接）_____和_____（交叉连接）。

8．集合运算符_____实现了集合的并运算；集合运算符 INTERSECT 实现了对集合的交运算；而集合运算符_____则实现了集合的减运算。

二、选择题

1．如果需要将员工表中所有行连接到员工参考表中的所有行，则应创建（　　）类型的连接？

　　A．等值连接　　　　B．笛卡尔积　　　　　C．内连接　　　　D．外连接

2．以下哪个运算符可以用于多行运算？（　　　）

　　A．IN　　　　　　　B．<>　　　　　　　　C．=　　　　　　D．LIKE

3．下面哪些语句在执行时不返回错误信息，而显示检索结果？（　　　）

　　A．SELECT empno,ename FROM scott.emp WHERE deptno=(SELECT deptno FROM scott.dept WHERE dneme NOT IN ('SALES'));

　　B．SELECT empno,ename FROM scott.emp WHERE deptno=(SELECT deptno FROM scott.dept WHERE dneme IN ('SALES'));

　　C．SELECT empno, e.depton, dname FROM scott.emp e, scott.dept d ;

　　D．SELECT empno, depton, dname FROM scott.emp, scott.dept ;

4．使用关键字进行子查询时，（　　）关键字只注重子查询是否返回行。如果子查询返回一个或多个行，那么将返回真，否则为假。

　　A．IN　　　　　　　B．ANY　　　　　　　C．ALL　　　　　　　D．EXISTS

5．使用简单连接查询两个表，其中一个表有 5 行记录，另一个表有 28 行记录。如果未使用 WHERE 子句，则返回多少行？（　　）

　　A．33　　　　　　　B．23　　　　　　　C．28　　　　　　　D．140

6．（　　）为具有相同名称的字段进行记录匹配，不必指定任何同等连接条件。

　　A．等值连接　　　　B．不等连接　　　　C．自然连接　　　D．交叉连接

7．如果单行子查询返回了空值且使用了等于比较运算符，外部查询会返回什么结果？（　　）

　　A．不返回任何行　　　　　　　　　　　　B．返回表中所有行

　　C．返回空值　　　　　　　　　　　　　　D．返回错误

8．如果需要创建包含多行子查询的 SELECT 语句，可以使用哪些（个）比较运算符？（　　）

　　A．IN、ANY 和 ALL　　　　　　　　　　B．LIKE

　　C．BETWEEN…AND…　　　　　　　　　D．=、<和>

三、简答题

1．子查询有哪 3 个子类型？

2．写出对 scott 用户的 emp 表进行操作的 SQL 语句，在 SELECT 语句中使用子查询，获得每个部门中工资最高的员工信息。

3．外连接（OUTER JOIN）可以分为哪 3 种类型？

4．对 scott 用户的 emp 表和 dept 表进行操作，使用连接（INNER JOIN）方式，检索 sales 部门的员工信息，写出其子查询语句。

5．在进行集合操作时，使用哪些操作符，可分别获得两个结果的并集、交集和差集？

四、上机操作题

1．完成本章 SELECT 语句的多表连接查询。

2．完成本章 SELECT 语句的子查询操作。

3．完成本章综合实例的操作。

第 8 章 PL/SQL 编程基础

前面介绍的 SQL 语句，仅能够满足一些日常基本操作需要，但是针对复杂、经常性的日常数据库管理需要，SQL 语言不能完全满足需求，为此 Oracle 公司对标准 SQL 进行不同程序的扩展，进一步扩展了原有 SQL 功能，扩展后的 SQL 称为 PL/SQL（其中 PL 是 Procedural Language/缩写）。PL/SQL 是一种高性能的基于事务处理的语言，能运行在任何 Oracle 环境中，支持所有数据处理命令，支持所有 SQL 数据类型、所有 SQL 函数和对象类型。可以对数据进行快速高效的处理，在数据库技术发展中起着重要的作用。PL/SQL 也是操纵数据库数据和执行数据库各种任务的编程语言，它使用户能更加灵活地、自动地完成各种数据库管理任务，提高数据库管理的效率。

本章将介绍 PL/SQL 程序块结构、PL/SQL 数据类型变量、条件选择语句、循环语句、游标和选择判断语句等内容。

本章要点：

❑ 掌握 PL/SQL 程序块结构；
❑ 熟悉 PL/SQL 中常量与变量的使用；
❑ 掌握%TYPE、%ROWTYPE 以及记录类型与表类型的使用；
❑ 掌握 PL/SQL 中的数据类型与流程控制语句；
❑ 理解并掌握游标的创建与应用；
❑ 熟练程序块的异常处理。

8.1 PL/SQL 简介

PL/SQL 是 Oracle 对 SQL 工业标准的过程化扩展。它最主要的功能是提供一种服务器端存储过程语言，它安全、可靠、易于使用，与 SQL 无缝连接并可移植。因此，它为强健的高性能企业应用程序提供了一个最佳应用平台。

在后续第 9 章将要学习的存储过程、数据库触发器、包和函数等都要用 PL/SQL 编写代码。因此，如果不了解 PL/SQL 编程就不可能深入掌握 Oracle。PL/SQL 是许多 Oracle 工具编程应用的基础，如果用户想熟练掌握 Oracle 产品，就必须掌握 PL/SQL。

8.1.1 PL/SQL 体系结构

PL/SQL 主要由 PL/SQL 程序块组成，编写 PL/SQL 程序实际上就是编写 PL/SQL 程序块。PL/SQL 体系结构如图 8-1 所示。PL/SQL 块发送给服务器后，先被编译然后执行，对

于有名称的 PL/SQL 块（如子程序）可以单独编译，永久地存储在数据库中，随时准备
执行。

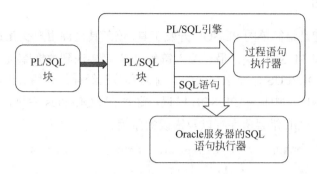

图 8-1　PL/SQL 体系结构

8.1.2　PL/SQL 特点

PL/SQL 的特点主要如下。

❑ 高性能事务处理语言。PL/SQL 是一种高性能的基于事务处理的语言，能运行在任
何 Oracle 环境中，支持所有数据处理命令。通过使用 PL/SQL 程序单元处理 SQL
的数据定义和数据控制元素。

❑ 支持所有 SQL。PL/SQL 支持所有的数据操纵命令、游标控制命令、事务控制命令、
SQL 函数、运算符和伪列。同时 PL/SQL 和 SQL 语言紧密集成，PL/SQL 支持所
有的 SQL 数据类型和 NULL 值。

❑ 支持面向对象编程。PL/SQL 支持面向对象的编程，在 PL/SQL 中可以创建类型，
可以对类型进行继承，可以在子程序中重载方法等。

❑ 快速而高效的性能。SQL 是非过程语言，只能一条一条执行，而 PL/SQL 把一个
PL/SQL 块统一进行编译后执行，同时还可以把编译好的 PL/SQL 块存储起来，以
备重用，减少了应用程序和服务器之间的通信时间，PL/SQL 是快速而高效的。

❑ 可移植性和可重用性。使用 PL/SQL 编写的应用程序，可以移植到任何操作系统平
台上的 Oracle 服务器，同时也能被其他的 PL/SQL 程序或 SQL 语句调用，任何客
户/服务器工具都能访问 PL/SQL 程序，具有很好的可移植性和可重用性。

❑ 安全性。可以通过存储过程对客户机和服务器之间的应用程序逻辑进行分隔，这
样可以限制对 Oracle 数据库的访问，数据库还可以授权和撤销其他用户访问的
能力。

8.1.3　PL/SQL 的开发和运行环境

开发和调试 PL/SQL 程序可以使用多种不同的开发工具，每种开发工具都有其优点与
不足。常用的 PL/SQL 开发工具有：SQL *Plus、Rapid SQL、SQL Navigator、PL/SQL
Developer、TOAD 和 SQL-Programmer 等。目前使用较多的是 Oracle 本身的 SQL *Plus 和

PL/SQL Developer，本书主要以 SQL *Plus 开发为主。

1. SQL*PLUS

SQL *Plus 可能是最简单的 PL/SQL 开发工具。该工具允许用户交互式地从输入提示符中输入 SQL 语句和 PL/SQL 块，最后输入符号"/"直接送到数据库执行。在命令行运行 SQL*Plus 是使用 SQLPLUS 命令来完成的。前面章节已经详细介绍其语法和使用。

还可以在 SQL*Plus 中检测 PL/SQL 错误。通过在 SQL*Plus 中执行 SHOW ERRORS 命令，可以检测 PL/SQL 错误所在行以及错误的原因。示例如下：

```
SQL>CREATE PROCEDURE insert_dept (no NUMBER, name VARCHAR2)
2    IS
3    BEGIN
4      INSERT INTO DEPT(DEPTNO, dname) VALUES(no, name)
5    END;
6    /
警告：创建的过程带有编译错误。
SQL>show errors
PROCEDURE INSERT_DEPT 出现错误：
LINE/COL ERROR
---------------------------------------
错误信息内容。
```

2. PL/SQL Developer

PL/SQL developer 是用于开发 PL/SQL 子程序的集成开发环境（IDE），它是一个独立的产品，而不是 Oracle 的附带产品。

PL/SQL Developer 不仅实现了 SQL*Plus 的所有功能，而且还可以用于跟踪和调试 PL/SQL 程序，监视和调整 SQL 语句的性能，通过图形化界面完成 PL/SQL 的编写与调试。

使用上述工具时应注意以下问题。

❑　若需在开发工具中调试 PL/SQL，需具有 debug connect session 权限。

```
grant debug any procedure , debug connect session to user;
```

❑　PL/SQL 中编写的 SELECT 语句通常结合 INTO 使用，将查询结果填充至变量中。格式如下：

```
SELECT 列1,列2 INTO 变量1,变量2 FROM 表名 WHERE 条件。
```

其中接收结果的变量在"类型、个数、顺序"上要与 SELECT 查询字段一致，且 SELECT 语句必须返回一行，否则引发系统错误。对于多行结果，应使用游标获取。

❑　PL/SQL 中执行 INSERT、UPDATE 和 DELETE 语句时，应进行事务控制。

8.2　PL/SQL 程序块结构

PL/SQL 是一种块结构的语言，它将一组语句放在一个块中，一次性发送给服务器，PL/SQL 引擎分析收到的 PL/SQL 语句块中的内容，把其中的过程控制语句由 PL/SQL 引擎自身去执行，把 PL/SQL 块中的 SQL 语句交给服务器的 SQL 语句执行器执行。

PL/SQL 程序块主要由 3 部分组成：声明部分、执行部分和异常处理部分。其中声明部分由 DECLARE 关键字引出，用于定义常量、变量、游标、异常和复杂数据类型等；执行部分是 PL/SQL 程序块的主体，由关键字 BEGIN 开始，至关键字 END 结束，其中所有的可执行 PL/SQL 语句都放在这一部分，该部分执行命令并操作变量，也可以嵌套其他 PL/SQL 程序块；异常处理部分由 EXCEPTION 关键字引出，用于捕获执行过程中发生的错误，并进行相应的处理，该部分是可选的。PL/SQL 程序块的基本结构如下：

```
[DECLARE
/*
 declaration_statements;
 declarative section（声明部分可选）
*/]
BEGIN
/*
 executable section（执行部分必须）
*/
[EXCEPTION
/*
 exception section（异常处理部分可选）
*/ ]
END;
/
```

其中，声明部分和异常处理部分是可选的，而执行部分是必须的。执行部分由 BEGIN 和 END 关键字组成，其中包含一条或多条 SQL 语句。另外，END 关键字后面还加分号“;”结束。PL/SQL 程序块使用正斜杠（/）结尾，才能被执行。

同其他编程语言一样，PL/SQL 程序也可以使用注释语句，包括两种注释符号，一种是上面程序块结构中用到的“/* ...*/”注释符号，它表示多行注释；另外一种是用双减号“--”，表示单行注释。

【例 8-1】　下面是一个只包含执行部分输出“Hello，World!”的 PL/SQL 程序块。

```
SQL>SET SERVEROUTPUT ON
SQL> BEGIN
  2    dbms_output.put_line('Hello,World! ');
  3    END;
  4    /

Hello,World!

PL/SQL 过程已成功完成。
```

其中，SET SERVEROUTPUT ON 是指将当前会话的环境变量 SERVEROUTPUT 的值设置为 ON，这样可以保证 PL/SQL 程序块能够在 SQL *Plus 中输出结果。该命令不需要重复书写，它会在当前会话结束前一直有效。也就是说，在用户没有关闭 SQL *Plus 工具，或者没有重新执行 CONNECT 命令之前，该命令都不需要重新执行。

而 dbms_output 则是 Oracle 所提供的系统包，属于 sys 方案，但在创建时已将 EXECUTE 执行权授予 PUBLIC，所以任何用户都可以直接使用而不加 sys 方案名。put_line 是该包所包含的一个过程，用于输出字符串信息。

注意：PL/SQL 程序块可以只有执行部分，从 BEGIN 开始到 END 结束，但在 BEGIN 和 END 之间至少要包含一条语句，即使程序块不需要执行命令，也要用 NULL 关键字代替。

【例 8-2】　下面是一个包含声明部分、执行部分和异常处理部分的 PL/SQL 程序块。

```
SQL> DECLARE
  2    i NUMBER(20);
  3  BEGIN
  4    i:=1/0;
  5  EXCEPTION
  6    WHEN zero_divide THEN
  7    dbms_output.put_line('被零除！');
  8  END;
  9  /

被零除！

PL/SQL 过程已成功完成。
```

8.3　常量和变量

在 PL/SQL 程序块中，经常会使用常量和变量。常量用于声明一个不可更改的值。而变量则表示在程序运行过程中根据需要可以改变的值。PL/SQL 允许我们声明常量和变量，但是常量和变量必须是在声明后才可以使用，向前引用（forward reference）是不允许的。在 PL/SQL 程序中，所有的变量和常量都必须定义在程序块的 DECLARE 部分，而且每个常量和变量都要有合法的标识符。

8.3.1　PL/SQL 标识符

定义常量与变量时，名称必须符合 Oracle 标识符的规定。标识符用于指定 PL/SQL 程序单元和程序项的名称。通过使用合法的标识符来定义常量、变量、异常、显式游标、游标变量、参数、子程序以及包的名称。当使用 PL/SQL 标识符时，必须满足以下规则：

- ❏ 名称必须以字母开头，长度不能超过 30 个字符。
- ❏ 标识符中不能包含减号（–）和空格。
- ❏ 标识符不能是 SQL 保留字。
- ❏ Oracle 标识符不区分大小写。

PL/SQL 是一种编程语言，与 Java 和 C#一样，除了有自身独有的数据类型、变量声明和赋值以及流程控制语句外，PL/SQL 还有自身的语言特性。PL/SQL 对大小写不敏感，为了良好的程序风格，开发团队都会选择一个合适的编码标准。比如有的团队规定：关键字全部大写，其余的部分小写。

PL/SQL 中的特殊符号和运算符如表 8-1 所示。

表 8-1　PL/SQL 中的特殊符号和运算符

类　　型	符　　号	说　　明
赋值运算符	:=	Java 和 C#中都是等号，PL/SQL 的赋值运算符是:=
特殊字符	||	字符串连接操作符
	--	PL/SQL 中的单行注释
	/*,*/	PL/SQL 中的多行注释，多行注释不能嵌套
	<<,>>	标签分隔符。只为了标识程序特殊位置
	..	范围操作符，比如：1..5 标识从 1~5
算术运算符	+, −, *, /	基本算术运算符
	**	求幂操作，比如：2**4=16
关系运算符	>, <,>=,<=,=	基本关系运算符，=表示相等关系，不是赋值
	<>,!=	不等关系
逻辑运算符	AND,OR,NOT	逻辑运算符

8.3.2　数据类型

PL/SQL 支持 SQL 中的数据类型，只是在长度上有所不同，PL/SQL 中正常支持 NUMBER、VARCHAR2 和 DATE 等 Oracle SQL 数据类型，还有一些 SQL 命令中不能使用的数据类型。PL/SQL 的常用数据类型包括标量数据类型、大对象数据类型、属性类型和引用类型 4 种。

1．标量数据类型

标量数据类型又称基本数据类型，它的变量只有一个值，且内部没有分量。标量数据类型主要包括数值型、字符型、日期时间型和布尔型。这些类型有的是 Oracle SQL 中定义的数据类型，有的是 PL/SQL 自身附加的数据类型。字符型和数值型又有子类型，子类型只与限定的范围有关，比如 NUMBER 类型可以表示整数，也可以表示小数，而其子类型 POSITIVE 只表示正整数。除了第 6 章介绍的可以使用的与 SQL 相同的数据类型以外，PL/SQL 中还有其特定的数据类型，如表 8-2 所示。

表 8-2　PL/SQL中的标量数据类型

类　　型	说　　明
BOOLEAN	PL/SQL 附加的数据类型，逻辑值为 TRUE、FALSE 和 NULL
BINARY_INTEGER	PL/SQL 附加的数据类型，介于–231~231 之间的整数。
PLS_INTEGER	PL/SQL 附加的数据类型，介于 –231 ~ 231 之间的整数。类似于 BINARY_INTEGER，只是 PLS_INTEGER 值上的运行速度更快
NATURAL	PL/SQL 附加的数据类型，BINARY_INTEGER 子类型，表示从 0 开始的自然数
NATURALN	与 NATURAL 一样，只是要求 NATURALN 类型变量值不能为 NULL
POSITIVE	PL/SQL 附加的数据类型，BINARY_INTEGER 子类型，正整数
POSITIVEN	与 POSITIVE 一样，只是要求 POSITIVE 的变量值不能为 NULL
RECORD	一组其他类型的组合
REF CURSOR	指向一个行集的指针
SIGNTYPE	PL/SQL 附加的数据类型，BINARY_INTEGER 子类型。值有：1、–1 和 0
STRING	与 VARCHAR2 相同

2．大对象数据类型

在 Oracle 数据库中为了更好地管理大容量的数据，专门开发了一些对应的大对象数据类型。大对象数据类型（LOB）用于存储非结构化数据如文本、图形图像、视频和声音，最大长度是 4GB。LOB 由两部分组成：数据（值）和指向数据的指针（定位器）。尽管值与表自身一起存储，但是一个 LOB 列并不包含值，仅有它的定位指针。更进一步，为了使用大对象，程序必须声明定位器类型的本地变量。LOB 数据类型的数据库列用于存储定位器，而定位器指向大型对象的存储位置。这些大对象可以存储在数据库中，也可以存储在外部文件中。PL/SQL 通过这些定位器对 LOB 数据类型进行操作。DBMS_LOB 程序包用于操纵 LOB 数据。

3．属性数据类型

当声明一个变量的值是数据库中的一行或者是数据库中的某列时，可以直接使用属性类型来声明。属性用于引用变量或数据库列的数据类型，以及引用表中一行的记录类型。Oracle 的 PL/SQL 支持两种属性类型：%TYPE 和%ROWTYPE。

- %TYPE：引用某个变量或者数据库列的数据类型作为某变量的数据类型。
- % ROWTYPE：引用数据库表中的一行作为数据类型，即 RECORD 类型（记录类型），是 PL/SQL 附加的数据类型。表示一条记录，就相当于 Java 中的一个对象。可以使用"."来访问记录中的属性。

4．引用类型

PL/SQL 提供的引用类型包括 REF CURSOR（动态游标）和 REF 操作符。REF 操作符允许引用现有的行对象。

8.3.3　声明常量与变量

当编写 PL/SQL 程序块时，如果要使用常量与变量，则必须先在声明部分定义常量或变量，然后才能在执行部分或异常处理部分使用这些常量或变量。

1．声明常量

常量在声明时赋予初值，并且在运行时不允许重新赋值。使用 CONSTANT 关键字声明常量。

定义常量的语法形式如下：

```
constant_name CONSTANT data_type [[:=expr]|[DEFAULT expr]];
```

其各参数说明如下。

- constant_name：表示常量名。
- CONSTANT：用于指定常量。常量在声明时必须赋予初值，并且其值不能改变。
- data_type：表示常量的数据类型。
- :=expr：使用赋值运算符为常量赋初始值，其中 expr 表示初始值的 PL/SQL 表达式，可以是常量、其他变量和函数等。

❑ DEFAULT expr：使用 DEFAULT 关键字为常量设置默认值。

【例 8-3】 使用 PL/SQL 程序块求圆的面积，掌握声明常量的使用。

```
SQL> DECLARE
  2      pi CONSTANT number :=3.14;   --声明圆周率 pi 常量值
  3      r number DEFAULT 3;    --圆的半径默认值 3
  4      area number;   --面积
  5  BEGIN
  6      area:=pi*r*r;   --计算面积
  7      dbms_output.put_line(area);  --输出圆的面积
  8  END;
  9  /

28.26

PL/SQL 过程已成功完成。
```

声明常量时使用关键字 CONSTANT，常量初值可以使用赋值运算符（:=）赋值，也可以使用 DEFAULT 关键字赋值。

2．声明变量

声明变量时不需要使用 CONSTANT 关键字，而且可以不为其赋初始值，但必须指明变量的数据类型，变量声明必须在声明部分。

定义变量的语法形式如下：

```
variable_name data_type [NOT NULL][[:=expr]|[DEFAULT expr]];
```

其各参数说明如下。

❑ variable_name：表示变量名。

❑ NOT NULL：表示可以对变量定义非空约束。如果使用了此选项，则必须为变量赋非空的初始值，而且不允许在程序其他部分将其值修改为 NULL。

❑ 数据类型如果需要长度，可以用括号指明长度，比如：varchar2(20)。

❑ :=expr：使用赋值运算符为变量赋初值，其中 expr 表示初始值的 PL/SQL 表达式，可以是常量、其他变量和函数等。

❑ DEFAULT expr：使用 DEFAULT 关键字为变量设置默认值。

【例 8-4】 使用 PL/SQL 程序块，输出显示 scott.emp 表中员工号为 7900 的员工姓名。

```
SQL> DECLARE
  2      sname VARCHAR2(20) DEFAULT 'jerry';
  3  BEGIN
  4      SELECT ename INTO sname FROM emp WHERE empno=7900;
  5      DBMS_OUTPUT.PUT_LINE(sname);
  6  END;
  7  /

JAMES

PL/SQL 过程已成功完成。
```

上述示例中，变量初始化时，在 DECLARE 声明部分使用 DEFAULT 关键字对变量

sname 进行初始化，并赋默认值为 jerry。使用 select…into 语句对变量 sname 赋值，值为 emp 表中 empno 为 7900 的员工 ename 列的值。要求查询的结果必须是一行，不能是多行或者没有记录。最后调用 DBMS_OUTPUT.PUT_LINE 系统过程输出 sname 变量值。

在 SQL*Plus 中还可以声明 Session（会话，一个客户端从连接到退出的过程称为当前用户的会话）全局级变量，该变量在整个会话过程中均起作用，类似的这种变量称为宿主变量。宿主变量在 PL/SQL 引用时要以"：变量名"引用。

【例 8-5】　使用 PL/SQL 程序块演示宿主变量的使用。

```
SQL> var emp_name varchar2(30);
SQL> BEGIN
  2  SELECT ename INTO :emp_name FROM emp WHERE empno=7499;
  3  END;
  4  /

PL/SQL 过程已成功完成。

SQL> print emp_name;
emp_name
---------
ALLEN
```

上述示例中，可以使用 var 声明宿主变量。PL/SQL 中访问宿主变量时要在变量前加"："。在 SQL*Plus 中，使用 print 可以输出变量中的结果。

8.3.4　使用%TYPE 和%ROWTYPE 定义变量

在 PL/SQL 程序中，除了可以使用 SQL 数据类型，以及 PL/SQL 特定的数据类型以外，还可以在声明变量时使用%TYPE 和%ROWTYPE。使用 Oracle 提供的%TYPE 属性类型，可以很方便地将变量定义为和某个字段的数据类型一致，这样变量就能准确地接收从该字段检索出来的数据；使用 Oracle 提供的%ROWTYPE 属性类型可以将变量定义为和某个表的记录结构一致，这样该变量就可以接收从该表中检索出来的整条数据。

1．%TYPE类型

当定义的 PL/SQL 变量用于存储某个字段的值时，必须确保变量使用合适的数据类型和宽度，否则无法从字段中检索出所需数据。这时就可以方便地使用%TYPE 属性定义变量。

使用%TYPE 定义变量的格式如下：

```
variable_name  table_name.cloumn_name|old_variable%TYPE;
```

❑ table_name.cloumn_name：表示使用表中字段的类型来定义变量。
❑ old_variable：表示使用已有变量的类型来定义新变量。

【例 8-6】　演示 PL/SQL 中使用%TYPE 定义变量的数据类型。

```
SQL> DECLARE
  2      sal emp.sal%TYPE;
```

```
 3        mysal number(4):=3000;
 4        totalsal mysal%TYPE;
 5   BEGIN
 6        SELECT SAL INTO sal FROM emp WHERE empno=7934;
 7        totalsal:=sal+mysal;
 8        dbms_output.put_line(totalsal);
 9   END;
10   /

4300
PL/SQL 过程已成功完成。
```

上述示例中，定义变量 sal 为 emp 表中 sal 列的类型。定义 totalsal 是变量 mysal 的类型。这样，当数据库 emp 表中 sal 列的类型和长度发生改变时，该 PL/SQL 块不需要进行任何修改。

2. %ROWTYPE类型

在 PL/SQL 中，记录用于将逻辑相关数据组织起来。一个记录是许多相关域的组合。%ROWTYPE 属性返回一个记录类型，其数据类型和数据表的数据结构相一致。这样的记录类型可以完全保存从数据表中查询到的一行记录。

使用%ROWTYPE 定义记录变量的格式如下：

```
variable_name table_name|old_record_variable%ROWTYPE;
```

❑ table_name：表示使用表结构或视图结构定义记录变量。

❑ old_record_variable：表示使用已有记录变量定义新的记录变量。

【例 8-7】 使用%ROWTYPE 定义记录变量。

```
SQL> DECLARE
 2        myemp EMP%ROWTYPE;
 3   BEGIN
 4        SELECT * INTO myemp FROM emp WHERE empno=7934;
 5        dbms_output.put_line(myemp.ename);
 6   END;
 7   /
MILLER

PL/SQL 过程已成功完成。
```

上述示例中，声明一个 myemp 记录变量，该变量表示 emp 表中的一行，它拥有的成员数、成员名及各成员的数据类型和宽度与 scott.emp 表拥有的字段数、字段名及各字段的数据类型和宽度一一对应。从 emp 表中查询一条记录放入 myemp 变量中。访问该记录变量的属性可以使用 "."。

8.4　PL/SQL 控制结构

控制结构控制 PL/SQL 程序流程的代码行，是 PL/SQL 对 SQL 的最重要的扩展。流程控制 PL/SQL 不仅能让我们操作 Oracle 数据，还能让我们使用条件、循环和顺序控制语句来处理数据。和标准 SQL 语句程序、其他计算机语言（例如 C、Java）相同，PL/SQL 的基本控制结构包括以下 3 类。

❑ 顺序结构；

❑ 条件结构：IF-THEN-ELSE；

❑ 循环结构：LOOP、FOR 和 WHILE。

除了顺序结构语句外，PL/SQL 程序块主要通过条件语句和循环语句来控制和改变程序执行逻辑顺序，从而实现复杂的运算或控制功能。

8.4.1　条件结构

Oracle 中条件逻辑结构又分为 IF 条件语句和 CASE 多分支表达式两种。条件结构用于依据特定情况选择要执行的操作。

1．IF条件语句

我们经常需要根据环境来采取可选择的行动。IF-THEN-ELSE 语句能让我们按照条件来执行一系列语句。IF 用于检查条件；THEN 决定在条件值为 TRUE 的情况下执行；ELSE 在条件值为 FALSE 或 NULL 的情况才执行。

在 PL/SQL 块中，IF 条件选择语句包含 IF-THEN、IF-THEN-ELSE 和 IF-THEN-ELSEIF 语句。其语法格式如下：

```
IF  condition THEN
   statements1;
[ELSEIF condition2 THEN
   statements2] [ , .....]
[ELSE
   Statements3]
END IF;
```

语法说明如下。

❑ condition<n>：布尔表达式，其值为 TRUE 或 FALSE。

❑ statements<n>：PL/SQL 语句，在对应的条件为 TRUE 时被执行。

❑ 用 IF 关键字开始，END IF 关键字结束，注意 END IF 后面有一个分号。

条件部分可以不使用括号，但是必须以关键字 THEN 来标识条件结束，如果条件成立，则执行 THEN 后到对应 END IF 之间的语句块内容。如果条件不成立，则不执行条件语句块的内容。

【例 8-8】　在 PL/SQL 中使用 IF-THEN 条件语句判断当前日期是周末休息还是工作。

```
SQL> SET SERVEROUTPUT ON
SQL> DECLARE
 2    v_date DATE := TO_DATE('&sv_date', 'DD-MM-YYYY');
 3    v_day VARCHAR2(15);
 4  BEGIN
 5    v_day := TRIM(TO_CHAR(v_date, 'DAY'));
 6    IF v_day IN ('星期六', '星期日') THEN
 7      DBMS_OUTPUT.PUT_LINE (v_date||' 周末休假!');
 8    END IF;
 9      DBMS_OUTPUT.PUT_LINE ('工作......');
10  END;
```

提示：要在 SQL*Plus 中显示 DBMS_OUTPUT.PUT_LINE 过程的输出内容，需要使用
SET SERVEROUTPUT ON 命令打开服务器输出。一般只运行一次即可。另外在
Oracle 中可以使用双竖线||来连接两个字符串。

【例 8-9】 使用 IF-THEN-ELSE 条件语句改写上述示例。

```
SQL> DECLARE
  2    v_date DATE := TO_DATE('&sv_date', 'DD-MM-YYYY');
  3    v_day VARCHAR2(15);
  4  BEGIN
  5    v_day := TRIM(TO_CHAR(v_date, 'DAY'));
  6    IF v_day IN ('星期六', '星期日') THEN
  7      DBMS_OUTPUT.PUT_LINE (v_date||' 周末休假!');
  8    ELSE
  9      DBMS_OUTPUT.PUT_LINE (v_date||' 不是周末!');
 10    END IF;
 11    DBMS_OUTPUT.PUT_LINE ('工作……');
 12  END;
```

【例 8-10】 使用 IF-THEN-ELSIF 语句查询 scott.emp 表中 JAMES 的工资，如果大于
1500 元，则发放奖金 100 元；如果工资大于 900 元，则发奖金 800 元，否则发奖金 400 元。

```
SQL>DECLARE
  2    newSal emp.sal % TYPE;
  3  BEGIN
  4    SELECT sal INTO newSal FROM emp
  5    WHERE ename='JAMES';
  6    IF newSal>1500 THEN
  7        UPDATE emp
  8        SET comm=1000
  9        WHERE ename='JAMES';
 10    ELSIF newSal>900 THEN
 11         UPDATE emp
 12        SET comm=800
 13        WHERE ename='JAMES';
 14    ELSE
 15        UPDATE emp
 16        SET comm=400
 17        WHERE ename='JAMES';
 18    END IF;
 19  END;
```

2．CASE表达式

从功能上来说，CASE 表达式基本上可以实现 IF 条件语句能实现的所有功能，而从代
码结构上来讲，CASE 表达式具有更好的阅读性，因此对于多条件判断情况下建议使用
CASE 表达式代替 IF 语句。CASE 作为一种选择结构的控制语句，可以根据条件从多个执
行分支中选择相应的执行动作。也可以作为表达式使用，返回一个值。类似于 C 语言中的
switch 多分支语句。

- ❑ Oracle 中 CASE 表达式分为两种方法。
- ❑ 简单 CASE 表达式：使用表达式确定返回值。
- ❑ 搜索 CASE 表达式：使用条件确定返回值。

（1）简单 CASE 表达式

简单 CASE 表达式使用嵌入式的表达式来确定返回值，其语法格式如下：

```
CASE [selector]
WHEN expression1 THEN statements1;
WHEN expression 2 THEN statements 2;
WHEN expression 3 THEN statements 3;
……
[ELSE statements N;]
END CASE;
```

语法说明如下。

❑ selector：待求值的表达式，即选择器。

❑ WHEN expression1 THEN statments1：其中，expression1 表示要与 selector 进行比较的表达式。如果二者的值相等，则执行 THEN 后面 statements1 的操作。

❑ 如果所有表达式都与 selector 不匹配，则执行 ELSE 后面的语句。

【例 8-11】 输入字母 A、B、C，分别输出对应的级别信息。

```
SQL>DECLARE
  2     v_grade CHAR(1):=UPPER('&p_grade');
  3  BEGIN
  4     CASE v_grade
  5        WHEN 'A' THEN
  6           dbms_output.put_line('优秀');
  7        WHEN 'B' THEN
  8           dbms_output.put_line('良好');
  9        WHEN 'C' THEN
 10           dbms_output.put_line('及格');
 11        ELSE
 12           dbms_output.put_line('无成绩!');
 13     END CASE;
 14  END;
```

上述例子中，grade 表示在运行时由键盘输入字符串到 grade 变量中。v_grade 分别与 WHEN 后面的值匹配，如果成功就执行 WHEN 后的程序序列。

【例 8-12】 将 CASE 语句作为表达式使用，返回一个值。

```
SQL>DECLARE
  2     v_grade CHAR(1):=UPPER('&grade');
  3     p_grade VARCHAR(20) ;
  4  BEGIN
  5     p_grade :=
  6     CASE v_grade
  7        WHEN 'A' THEN
  8             '优秀'
  9        WHEN 'B' THEN
 10             '良好'
 11        WHEN 'C' THEN
 12             '及格'
 13        ELSE
 14             '无成绩'
 15     END;
 16     dbms_output.put_line('Grade:'||v_grade||',the result is '||p_grade);
 17  END;
```

上例中，CASE 语句可以返回一个结果给变量 p_grade。

（2）搜索 CASE 表达式

PL/SQL 还提供了搜索 CASE 语句。也就是说，不使用 CASE 中的选择器，直接在 WHEN 后面判断条件，第一个条件为真时，执行对应 THEN 后面的语句序列。

搜索 CASE 表达式使用条件来确定返回值，其语法格式如下：

```
CASE
    WHEN condition1 THEN statements1;
    WHEN condition 2 THEN statements 2;
    WHEN condition 3 THEN statements 3;
    ……
    [ELSE default_statements;]
END CASE;
```

与简单 CASE 表达式相比较，可以发现 CASE 关键字后面不再跟随待求表达式，而 WHEN 子句中的表达式也换成了条件语句（condition），其实搜索 CASE 表达式就是将待求表达式放在条件语句中进行范围比较，而不再像简单 CASE 表达式那样只能与单个值进行比较。

【例 8-13】 在 PL/SQL 中，使用搜索 CASE 表达式示例。

```
SQL>DECLARE
2      sal        NUMBER := 2000;
3      sal_desc VARCHAR2(20);
4   BEGIN
5   sal_desc := CASE
6              WHEN sal < 100 THEN 'LOW'
7              WHEN sal BETWEEN 1000 AND 3000 THEN 'Medium'
8              WHEN sal > 3000 THEN 'High'
9              ELSE 'N/A'
10             END;
11  DBMS_OUTPUT.PUT_LINE(sal_desc);
12  END;
13  /

Medium
PL/SQL 过程已成功完成。
```

8.4.2 循环结构

为了执行有规律性的重复操作，PL/SQL 提供了丰富的循环结构来完成。循环结构一般由循环体和循环结束条件组成，循环体是指被重复执行的语句集，而循环结束条件则用于终止循环。Oracle 提供的循环类型有：LOOP 循环语句、WHILE 循环语句和 FOR 循环语句等 3 种类型。在上面的 3 类循环中可用 EXIT 来强制结束循环。

1. LOOP循环

LOOP 循环是最简单的循环，也称为无限循环，LOOP 和 END LOOP 是关键字。其语法格式为：

```
LOOP
   statements;
END LOOP;
```

其中，statements 是 LOOP 循环体中的语句块。要想退出 LOOP 循环，必须在语句块中显式地使用 EXIT 或者[EXIT WHEN 条件]的形式终止循环。否则循环会一直执行，也就是陷入死循环。

循环体在 LOOP 和 END LOOP 之间，在每个 LOOP 循环体中，首先执行循环体中的语句序列，执行完后再重新开始执行。

【例 8-14】 使用简单 LOOP 循环语句，输出 1+2+3+...+100 的值。

```
SQL>DECLARE
  2    counter number(3):=0;
  3    sumResult number:=0;
  4   BEGIN
  5   LOOP
  6    counter := counter+1;
  7     sumResult := sumResult+counter;
  8    IF counter>=100 THEN
  9       EXIT;
 10   END IF;
 11   -- EXIT WHEN counter>=100;
 12   END LOOP;
 13      dbms_output.put_line('result is :'||to_char(sumResult));
 14   END;
```

上述例子中，LOOP 循环中可以使用 IF 结构嵌套 EXIT 关键字退出循环。其中的注释行可以代替第 8 行中的循环结构，WHEN 后面的条件成立时跳出循环。

2. WHILE循环

WHILE 循环是在 LOOP 循环的基础上添加循环条件，也就是说，只有满足 WHILE 条件后，才会执行循环体中的内容。即先判断条件，条件成立再执行循环体。其语法如下：

```
WHILE condition
LOOP
  statements;
END LOOP;
```

如上所示，condition 是 WHILE 循环的循环条件，只有当 condition 为 TRUE 时，WHILE 循环才被执行；若 condition 为 FALSE 或 NULL 时，会退出循环，继续执行 END LOOP 后面的其他语句。在 WHILE 循环中，通常也会使用循环变量来控制循环是否执行。

【例 8-15】 用 WHILE 循环，输出 1+2+3+...+100 的值。

```
SQL>DECLARE
  2    counter number(3):=0;
  3    sumResult number:=0;
  4    BEGIN
  5    WHILE counter<100 LOOP
  6       counter := counter+1;
  7       sumResult := sumResult+counter;
  8    END LOOP;
  9     dbms_output.put_line('result is :'||sumResult);
 10   END;
```

3. FOR循环

FOR 循环需要预先确定循环次数，可通过给循环变量指定下限和上限来确定循环运行的次数，然后循环变量在每次循环中递增（或者递减）。FOR 循环的语法格式是：

```
FOR counter IN [REVERSE] lower_bound..upper_bound
LOOP
  statements;
END LOOP;
```

语法解析如下。

- ❑ counter：指定循环变量，该变量的值每次循环根据上下限的 REVERSE 关键字进行加 1 或者减 1。
- ❑ IN：为 loop_variable 指定取值范围。
- ❑ REVERSE：指明循环从上限向下限依次循环。
- ❑ lower_bound..upper_bound：表示取值范围。其中，lower_bound 为循环下限值；upper_bound 为循环上限值；双点号(..)为 PL/SQL 中的范围符号。如果没有使用 REVERSE 关键字，则 loop_variable 的初始值默认为 lower_bound，每循环一次，loop_variable 的值加 1；如果使用了 REVERSE 关键字，则 loop_variable 的初始值默认为 upper_bound，每循环一次，loop_variable 的值减 1。

【例 8-16】　用 FOR 循环，输出 1+2+3+...+100 的值。

```
SQL>DECLARE
  2    counter number(3):=0;
  3    sumResult number:=0;
  4  BEGIN
  5    FOR counter IN 1..100 LOOP
  6       sumResult := sumResult+counter;
  7    END LOOP;
  8    dbms_output.put_line('result is :'||sumResult);
  9  END;
```

由于 FOR 循环中的循环变量可以由循环语句自动创建并赋值，并且循环变量的值在循环过程中会自动递增或递减，所以使用 FOR 循环语句时，不需要再使用 DECLARE 语句定义循环变量，也不需要在循环体中手动控制循环变量的值。

8.5　游标的创建与使用

当 SELECT 语句在 PL/SQL 程序块时，要求查询结果集中只能包含一条记录，若查询出来的数据为一个结果集（多于一行），则执行出错。因此，SQL 提供了游标机制来解决这个问题。游标是指向查询结果集的一个指针，通过游标可以将查询结果集中的记录逐一取出，并在 PL/SQL 程序块中进行处理。

Oracle 使用工作区（work area）来执行 SQL 语句，并保存处理信息。PL/SQL 可以让我们使用游标来为工作区命名，并访问存储的信息。游标的类型有两种：隐式游标和显式游标。隐式游标是由系统自动创建并管理的游标，用户可以访问隐式游标的属性。PL/SQL 会为所有的 SQL 数据操作声明一个隐式的游标，包括只返回一条记录的查询操作。对于返回多条记录的查询，我们可以显式地声明一个游标来处理每一条记录。显式游标是用户自己创建并操作的游标。

Oracle 显式游标可以用来逐行获取 SELECT 语句中返回的多行数据,其使用主要遵循 4 个步骤:声明游标、打开游标、检索游标和关闭游标。如同打开一个文件一样,一个 PL/SQL 程序打开一个游标,处理查询出来的行,然后关闭游标。就像文件指针能标记打开文件中的当前位置一样,游标能标记出结果集的当前位置。

具体采用 OPEN、FETCH 和 CLOSE 语句来控制游标。OPEN 用于打开游标并使游标指向结果集的第一行,FETCH 会检索当前行的信息并把游标指针移向下一行,当最后一行也被处理完后,CLOSE 就会关闭游标。

8.5.1　声明游标

声明游标就是在使用显式游标之前,必须先在程序块的定义部分对其进行定义。定义一个游标名称来对应一条查询语句,从而可以利用该游标对此查询语句返回的结果集进行单行操作。其语法如下:

```
CURSOR cursor_name
 [(
  parameter_name [IN] data_type [{:=|DEFAULT} value ]
    [,…]
    )]
IS select_statement
[ FOR UPDATE [ OF column [,… ]] [NOWAIT]];
```

其语法解析如下。

❏ cursor_name:定义新游标的名称。

❏ parameter_name[IN]:为游标定义输入参数,IN 关键字可以省略。使用输入参数可以使游标的应用变得更灵活。用户需要在打开游标时为输入参数赋值,也可使用参数的默认值。输入参数可以有多个,多个参数的设置之间使用逗号(,)分隔。

❏ select_statement:查询语句。

❏ FOR UPDATE:用于在使用游标中的数据时,锁定游标结果集与表中对应数据行的所有或部分列。

❏ NOWAIT:如果表中数据行被某用户锁定,那么其他用户的 FOR UPDATE 操作将会一直等到用户释放这些数据行的锁定后才会执行。而使用了该关键字后,其他用户在使用 OPENT 命令打开游标时会立即返回错误信息。

【例 8-17】 在 PL/SQL 中,声明一个游标 emp_cursor 对应 scott.emp 表中的查询操作,此查询操作检索部门号为 20 的员工的部分信息。

```
SQL> DECLARE
  2     CURSOR emp_cursor IS
  3  SELECT empno, ename, job
  4  FROM scott.emp
  5  WHERE deptno = 20;
```

由多行查询返回的行集合称为结果集(result set)。它的大小就是满足我们查询条件的行的个数。如图 8-2 所示,显式游标“指向”当前行的记录,这可以让我们的程序每次处理一条记录。

图 8-2　显式游标指向当前记录

🔔注意：　游标的声明与使用等都需要在 PL/SQL 块中进行，其中声明游标需要在 DECLARE
　　　　声明部分进行。

8.5.2　打开游标

游标定义完成后，操作游标的下一步就是打开游标。只有打开游标后，Oracle 才会执
行相应的 SELECT 查询语句，并将游标作为指针指向 SELECT 语句结果集的第一行。在打
开游标时，如果游标有输入参数，用户还需为这些参数传值，否则将会出错（参数值有默
认值的除外）。打开游标需要使用 OPEN 语句，其语法如下：

```
OPEN cursor_name [ (value [,…] ) ];
```

【例 8-18】　使用 OPEN 语句打开上例中定义的游标 emp_cursor。

```
OPEN emp_cursor;
```

8.5.3　检索游标

游标被打开后，可以使用 FETCH 语句获取游标正在指向的查询结果集中的记录，该
语句执行后游标的指针自动向下移动，指向下一条记录。因此，每执行一次 FETCH 语句，
游标只获取到一行记录。如果要处理查询结果集中的所有数据，那么需要多次执行 FETCH
语句，通常使用循环实现。其语法如下：

```
FETCH cursor_name INTO variable [, …];
```

其中，variable 是用来存储结果集中当前单行记录的变量。这些变量的个数、数据类型、
宽度应和游标指向的查询结果集中的结构保持一致。

【例 8-19】　使用 FETCH 语句检索上述例子中的当前行的记录变量值。

```
FETCH emp_cursor INTO emp_rec;
--可用%ROWTYPE 事先定义好与表 scott.emp 结构相同的记录变量 emp_rec
dbms_output.put_line('员工号是:'||emp_rec.empno,||'姓名是:'||emp_rec.ename
'工作是: '|| emp_rec.job);
--输出从游标中获取到的记录值
```

8.5.4　关闭游标

在检索游标结果集中的所有数据之后，就可以关闭游标并释放其结果集。关闭游标需

要使用 CLOSE 语句。游标被关闭后，Oracle 将释放游标中 SELECT 语句的查询结果所占用的系统资源，其语法如下：

```
CLOSE coursor_name;
```

【例 8-20】 关闭上例中的游标 emp_cursor。

```
CLOSE emp_cursor;
```

8.5.5 游标常用属性

在游标使用过程中，经常需要使用到游标的 4 个属性，以确定游标的当前和总体状态。游标的属性引用格式如下。

1．%FOUND属性

该属性返回布尔类型的值。用于判定游标是否从结果集中提取到数据。如果提取到数据，则返回值为 TRUE，否则返回值为 FALSE。用法示例如下：

```
FETCH cursor1 INTO var1,var2;
IF cursor1 %FOUND THEN
  …
ENDIF;
```

2．%NOTFOUND属性

该属性与%FOUND 相反，如果提取到数据则返回值为 FALSE；如果没有提取到数据则返回值为 TRUE。用法示例如下：

```
FETCH cursor2 INTO var1,var2;
IF cursor2 %NOTFOUND THEN
  …
ENDIF;
```

3．%ROWCOUNT属性

该属性表示游标从查询结果集中已经获取到的记录总数，返回数值类型的值。用法示例如下：

```
FETCH cursor3 INTO var1,var2;
IF cursor1 %ROWCOUNT>10 THEN
  …
ENDIF;
```

4．%ISOPEN属性

该属性返回布尔类型的值，用于判断游标是否已经打开，如果打开则返回 TRUE，否则返回 FALSE。用法示例如下：

```
IF emp_cursor%ISOPEN THEN
  …
 ELSE--如果游标 emp_cursor 未打开，则打开游标
 OPEN emp_cursor;
ENDIF;
```

8.5.6　简单游标循环

用户在使用 FETCH 语句检索游标指向的查询结果集时，每次只能取到一条记录数据。如果想获取结果集中所有的记录，那么需要使用循环重复执行 FETCH 语句。下面介绍使用 LOOP 简单游标循环。

【例 8-21】　使用 LOOP 循环语句循环读取 emp_cursor 游标中的记录内容。

```
SQL> DECLARE
 2    CURSOR emp_cursor
 3    IS
 4    SELECT * from scott.emp order by empno desc;  --声明游标 emp_cursor
 5    emprow emp%rowtype;                            --定义记录型变量
 6  BEGIN
 7    open emp_cursor;                               --打开游标
 8    LOOP
 9        FETCH emp_cursor INTO emprow;              --检索游标
10        EXIT WHEN emp_cursor %notfound;            --判断结束语句
11    dbms_output.put_line('empno is '||emprow.empno);
12    END LOOP;
13    dbms_output.put_line(emp_cursor %rowcount);
14    close emp_cursor;
15  END;
SQL> /
```

8.5.7　游标 FOR 循环

在大多需要使用显式游标的情况下，都可以用一个简单的游标 FOR 循环来代替 OPEN、FETCH 和 CLOSE 语句。首先，游标 FOR 循环会隐式地声明一个代表当前行的循环索引（loop index）变量。下一步，它会打开游标，反复从结果集中取得数据并放到循环索引的各个域（field）中。当所有行都被处理过以后，它就会关闭游标。下面的例子中，游标 FOR 循环隐式地声明了一个 emp_rec 记录。

【例 8-22】　使用 FOR 循环改写例 8-21 中操作。

```
SQL> DECLARE
 2    CURSOR emp_cursor
 3    IS
 4    SELECT  * from scott.emp order by empno desc; --不需要显式打开关闭游标
 5  BEGIN
 6    FOR emprow IN emp_cursor                       --隐式定义行级变量 emprow
 7    LOOP
 8      dbms_output.put_line('empno is '||emprow.empno);
 9    END LOOP;
10  END;
```

对比【例 8-21】的循环语句，会发现：

❑ 用 FOR 循环可大大简化游标的循环操作。

- 在 FOR 循环中不需要事先定义循环控制变量。
- 在游标的 FOR 循环之前，系统能自动打开游标；在 FOR 循环结束后，系统能够自动关闭游标，不需要人为操作。
- 在游标的 FOR 循环过程中，系统能够自动执行 FETCH 语句，不需要人为执行 FETCH 语句。

8.5.8　带参数的游标

参数游标是指带有参数的游标，在定义了参数游标之后，当使用不同参数值打开游标时，可以产生不同的结果集。定义参数游标的语法如下：

```
CURSOR cursor_name(parameter_name) IS select_statment;
```

当定义参数游标时，需要指定参数名及其数据类型。具体用法如下例所示。

【例 8-23】 定义参数游标，查询指定部门的员工姓名。

```
SQL> DECLARE
  2    CURSOR emp_cursor(no NUMBER)          --定义游标参数 no，参数类型为 NUMBER
  3    IS
  4    SELECT  ename from scott.emp
  5       WHERE  deptno=no;                  --不需要显式打开关闭游标
  6  BEGIN
  7    FOR emp_record IN emp_cursor(&no)--隐式定义行级变量 emp_record
  8    LOOP
  9     dbms_output.put_line('姓名是: '|| emp_record.ename);
 10     END LOOP;
 11  END;
```

8.5.9　使用游标更新数据

使用游标还可以更新表中的数据，其更新操作针对当前游标所定位的数据行。要想实现使用游标更新数据，首先需要在声明游标时使用 FOR UPDATE 子句，然后就可以在 UPDATE 和 DELETE 语句中使用 WHERE CURRENT OF 子句，修改或删除游标结果集中当前行对应的数据行。

【例 8-24】 使用 FOR UPDATE 子句的 CURSOR 检索 scott.emp 表中的数据。

```
SQL> DECLARE
  2    CURSOR emp_cursor
  3    IS
  4    SELECT  ename,ename,job,sal from scott.emp
  5       WHERE  deptno=80;
  6    FOR UPDATE OF sal NOWAIT;     --使用 OF 子句锁定 sal 列
  7    …
```

此时，更新时只能针对 sal 列进行更新，例如要将游标结果集中当前行对应的 emp 表中数据行的 sal 列的值修改为 2000，语句如下：

```
UPDATE scott.emp SET sal=2000 WHERE CURRENT OF emp_cursor;
```

8.6　PL/SQL 的异常处理

在 PL/SQL 程序块运行时出现的错误或警告，称为异常。在实际应用中，导致 PL/SQL 出现异常的原因有很多，如程序本身出现的逻辑错误，或者程序人员根据业务需要，自定义部分异常错误等。一旦 PL/SQL 程序块发生异常后，语句将停止执行，PL/SQL 引擎立即将控制权转到 PL/SQL 块的异常处理部分。异常处理机制简化了代码中的错误检测。PL/SQL 中任何异常出现时，每一个异常都对应一个异常码和异常信息，如图 8-3 所示。

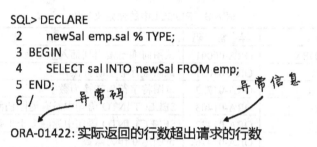

图 8-3　PL/SQL 的异常

8.6.1　异常处理

编写 PL/SQL 程序时，为提高程序的健壮性，开发人员应该捕捉可能出现的各种异常，并进行合适处理。当产生异常时，如果程序中没有对该异常进行处理的语句，则整个程序将停止执行；如果捕捉到异常，Oracle 会在 PL/SQL 块内处理异常，也就是进行异常处理。通常根据异常的定义方式可将异常分为两类：系统异常和用户自定义异常，其中系统异常又可分为系统预定义异常和非预定义异常。

处理异常需要使用 EXCEPTION 语句块，具体语法如下：

```
EXCEPTION   -- 异常处理开始
  WHEN exception1 THEN
      statements1; --对应异常处理
  WHEN exception2 THEN
      statements2; --对应异常处理
    [ …]
WHEN OTHERS THEN
      statementsN;
```

其语法解析如下。

❑ exception<n>：表示可能出现的异常名称。

❑ WHEN OTHERS：表示任何其他情况，类似 ELSE。该子句需要放在 EXCEPTION 语句块的最后。

8.6.2　系统异常

1.　系统预定义异常

系统预定义异常是由系统根据发生的错误事先由系统定义好的异常，它们有错误编号和异常名称，用来处理 Oracle 常见错误。为了开发和维护的方便，在 Oracle 异常中，为常见的异常码定义了对应的异常名称，称为系统预定义异常。常见的预定义异常如表 8-3 所示。

表 8-3　PL/SQL 中的预定义异常

异常名称	异常码	描述
DUP_VAL_ON_INDEX	ORA-00001	试图向唯一索引列插入重复值
INVALID_CURSOR	ORA-01001	试图进行非法游标操作
INVALID_NUMBER	ORA-01722	试图将字符串转换为数字
NO_DATA_FOUND	ORA-01403	SELECT INTO 语句中没有返回任何记录
TOO_MANY_ROWS	ORA-01422	SELECT INTO 语句中返回多于 1 条记录
ZERO_DIVIDE	ORA-01476	试图用 0 作为除数
CURSOR_ALREADY_OPEN	ORA-06511	试图打开一个已经打开的游标
ACCESS_INTO_NULL	ORA-06530	试图给未初始化对象的属性赋值
CASE_NOT_FOUND	ORA-06592	CASE 语句中未找到匹配的 WHEN 子句，也没有默认的 ELSE 子句
LOGIN_DENIED	ORA-01017	试图将一个无法代表有效数字的字符串转换成数字
PROGRAM_ERROR	ORA-06501	PL/SQL 内部错误
STORAGE_ERROR	ORA-06500	内存出现错误，或已用完
VALUE_ERROR	ORA-06502	发生算术、转换、截断或大小约束错误

【例 8-25】　在 PL/SQL 中"返回记录太多"的异常处理示例。

```
SQL> DECLARE
  2      newSal emp.sal % TYPE;
  3  BEGIN
  4      SELECT sal INTO newSal FROM emp;
  5  EXCEPTION
  6      WHEN TOO_MANY_ROWS THEN
  7          dbms_output.put_line('返回的记录太多了');
  8      WHEN OTHERS THEN
  9          dbms_output.put_line('未知异常');
 10  END;
 11  /

返回的记录太多了

PL/SQL 过程已成功完成。
```

2.　非预定义异常

除了 Oracle 系统预定义异常外，还有一些其他异常也属于程序本身的逻辑错误，例如违反表的外键约束、检查约束等，Oracle 只为这些异常定义了错误代码，但没有定义异常名称。用户在使用这类异常的时候必须先为它声明一个异常名称，然后通过伪过程 PRAGMA EXCEPTION_INIT 语句为该异常设置名称。使用该类异常包括 3 步：

（1）在程序块的声明部分定义一个异常名称。

（2）在声明部分使用伪过程将异常名称和错误编号关联。

（3）在异常处理部分捕获异常并对异常情况做出相应的处理。

其语法格式如下：

```
PRAGMA EXCEPTION_INIT(exception_name,oracle_error_number);
```

其语法解析如下。

❑ exception_name：设置异常名称，该名称需要事先使用 EXCEPTION 类型进行定义。

如：exception_name EXCEPTION；

❑ oracle_error_number：Oracle 错误号，该错误号与错误代码相关联。

PRAGMA 由编译器控制，PRAGMA 在编译时处理，而不是在运行时处理。EXCEPTION_INIT 告诉编译器将异常名与 Oracle 错误码绑定起来，这样可以通过异常名引用任意的内部异常，并且可以通过异常名为异常编写适当的异常处理器。

【例 8-26】 为系统错误 ORA-02292 定义一个异常，该错误当删除被子表引用的父表中的相关记录时发生。

```
SQL> DECLARE
  2    my_delete EXCEPTION;
  3    PRAGMA EXCEPTION_INIT(my_delete, -02292);
  4  BEGIN
  5    DELETE FROM scott.dept WHERE deptno=10;
  6  EXCEPTION
  7  WHEN my_delete THEN
  8    dbms_output.put_line('要删除的记录被子表引用，删除失败!');
  9  END;
```

上述例子中，把异常名称 my_delete 与异常码–02292 关联，该语句由于是预编译语句，必须放在声明部分。也就是说–02292 的异常名称就是 my_delete，在内部 PL/SQL 语句块中引发应用系统异常–02292，在外部的 PL/SQL 语句块中就可以用异常名 my_delete 进行捕获。

8.6.3　自定义异常

除了预定义异常外，用户还可以在实际程序开发中，为了实施具体的业务逻辑规则，自定义一些异常。当用户违反操作规则时，由用户通过 RAISE 命令触发异常，并在程序块的异常处理部分捕获、处理该异常。

1．用户自定义异常

自定义异常可以让用户采用与 PL/SQL 引擎处理错误相同的方式进行处理，用户自定义异常的两个关键点如下。

❑ 异常定义。在 PL/SQL 块的声明部分采用 EXCEPTION 关键字声明异常，定义方法与定义变量相同。比如声明一个 myexception 异常方法是：

```
myexception EXCEPTION;
```

❑ 异常引发。在程序可执行区域，使用 RAISE 关键字进行引发。比如引发自定义异常的方法是：

```
RAISE myexception;
```

【例 8-27】 在 scott.emp 表中查询 JAMES 的薪金情况，如果薪水小于 5000 则引发自定义异常。

```
SQL> DECLARE
  2     sal emp.sal%TYPE;
  3     myexp EXCEPTION;
  4  BEGIN
  5     SELECT sal INTO sal FROM emp WHERE ename='JAMES';
  6     IF sal<5000 THEN
  7        RAISE myexp;
  8     END IF;
  9  EXCEPTION
 10     WHEN NO_DATA_FOUND THEN
 11        dbms_output.put_line('没有找到记录!');
 12     WHEN MYEXP THEN
 13        dbms_output.put_line('薪金比较少!');
 14  END;
 15  /

薪金比较少!
PL/SQL 过程已成功完成。
```

上述例子中，用 EXCEPTION 定义一个异常变量 myexp。在一定条件下用 RAISE 引发异常 myexp。在异常处理部分捕获异常，如果不处理异常，该异常就抛给程序执行者。

2. 引发应用程序异常

在 Oracle 开发中，遇到的系统异常都有对应的异常码，在应用系统开发中，用户自定义的异常也可以指定一个异常码和异常信息。Oracle 系统为用户预留了自定义异常码，引发应用程序异常的格式是：

```
RAISE_APPLICATION_ERROR(error_number, error_message);
```

其语法解析如下。

❑ error_number：错误号。可以使用介于 –20000～–20999 之间的负整数。

❑ error_message：自定义错误提示信息。信息的字符串长度要小于 512 字节。

【例 8-28】 用引发应用程序异常实现【例 8-27】。

```
SQL> DECLARE
  2     sal emp.sal%TYPE;
  3     myexp EXCEPTION;
  4  BEGIN
  5     SELECT sal INTO sal FROM emp WHERE ename='JAMES';
  6     IF sal<5000 THEN
  7        RAISE myexp;
  8     END IF;
  9  EXCEPTION
 10     WHEN NO_DATA_FOUND THEN
 11        dbms_output.put_line('没有找到记录!');
```

```
12        WHEN MYEXP THEN
13            RAISE_APPLICATION_ERROR(-20001,'薪金比较少!');
14  END;
15  /

ORA-20001: 薪金比较少!
ORA-06512: 在 14 行
```

上述例子中，引发应用程序异常，指明异常码和异常信息。在控制台上显示异常码和异常信息。

8.7　PL/SQL 应用程序性能调优

前面介绍了 PL/SQL 程序块的编写，只是实现了解决问题的 PL/SQL 程序。而在实际 Oracle 开发过程中还要考虑 PL/SQL 程序块的运行效率问题。不然，当数据库中数据量大时，低质量的 PL/SQL 程序将造成系统运行性能下降，耗费大量系统资源等问题。为此，我们需要掌握 PL/SQL 应用程序的性能调优方法，编写出高质量的 PL/SQL 应用程序。后续章节我们还将进一步详细介绍 SQL 语句的优化技巧。

8.7.1　PL/SQL 性能问题的由来

当基于 PL/SQL 的应用程序执行效率低下时，通常是由于糟糕的 SQL 语句、编程方法、对 PL/SQL 基础掌握不好或是滥用共享内存造成的。

PL/SQL 编程看起来相对比较简单，因为它们的复杂内容都隐藏在 SQL 语句中，SQL 语句常常分担大量的工作。这就是为什么糟糕的 SQL 语句是执行效率低下的主要原因了。如果一个程序中包含很多糟糕的 SQL 语句，那么，无论 PL/SQL 语句写得有多么好都是无济于事的。对于 SQL 语句的优化问题，我们将在本书第 12 章中详细讲述。

如果 SQL 语句降低了我们的程序速度的话，就要分析一下它们的执行计划和性能，然后重新编写 SQL 语句。例如，查询优化器的提示就可能会排除掉问题，如没有必要的全表扫描。

通常，不好的编程习惯也会给程序带来负面影响。这种情况下，即使是有经验的程序员写出的代码也可能妨碍性能发挥。

对于给定的一项任务，无论所选的程序语言有多么合适，编写质量较差的子程序（例如，一个很慢的分类或检索函数）可能毁掉整个程序性能。假设有一个需要被应用程序频繁调用的查询函数，如果这个函数不是使用哈希或二分法，而是直接使用线性查找，就会大大影响效率。不好的程序指的是那些含有从未使用过的变量的，传递没有必要的参数的，把初始化或计算放到不必要的循环中执行的程序等等。

第一次调用打包子程序时，整个包会被加载到共享内存池。所以，以后调用包内相关子程序时，就不再需要读取磁盘了，这样会加快我们的代码执行速度。但是，当包从内存中清除之后，我们在重新引用它的时候，就必须重新加载它。

我们可以通过正确地设置共享内存池大小来改善性能。一定要确保共享内存有足够空间来存放被频繁使用的包，但空间也不要过大，以免浪费内存。

8.7.2　确定 PL/SQL 的性能问题

当实际开发越来越大的 PL/SQL 应用程序时，就难免要碰到性能问题。所以，PL/SQL 为我们提供了 Profiler API 来剖析运行时行为，并帮助我们辨识性能瓶颈。PL/SQL 也提供了一个 Trace API 用来跟踪服务器端的程序执行。可以使用 Trace 来跟踪子程序或异常的执行。

1．Profiler API：DBMS_PROFILER包

Profiler API 由 PL/SQL 包 DBMS_PROFILER 实现，它收集并保存运行时的统计信息。这些信息会被保存在数据表中，供我们查询。例如，我们可以知道 PL/SQL 每行和每个子程序执行所花费的时间长短。

要使用 Profiler，先开启一个性能评测会话，充分地运行我们的应用程序以便达到足够的代码覆盖率，然后把收集到的信息保存在数据库中，停止性能评测会话。具体步骤如下：

（1）调用 DBMS_PROFILER 包中的 start_profiler 过程，把一个注释与性能评测会话关联。

（2）运行要被评测的应用程序。

（3）反复调用过程 flush_data，把收集到的数据保存下来并释放内存。

（4）调用 stop_profiler 过程停止会话。

Profiler 能跟踪程序的执行，计算每行和每个子程序所花费的时间。我们可以用收集到的数据帮助改善性能。例如，我们可以集中处理那些运行慢的子程序。

2．Trace API：DBMS_TRACE包

在大而复杂的应用程序中，很难跟踪子程序的调用。如果使用跟踪 API，我们就能看到子程序的执行顺序。跟踪 API 是由 DBMS_TRACE 包实现的，并提供了跟踪子程序或异常的服务。

要使用跟踪，先要开启一个跟踪会话，运行程序，然后停止跟踪会话。当程序执行时，跟踪数据就会被收集并保存到数据库中。在一个会话中，我们可以采用如下步骤来执行跟踪操作：

（1）可选步骤，选择要跟踪的某个特定的子程序。

（2）调用 DBMS_TRACE 包中的 set_plsql_trace 开启跟踪。

（3）行要跟踪的应用程序。

（4）调用过程 clear_plsql_trace 来停止跟踪。

跟踪大型应用程序可能会制造出大量的难以管理的数据。在开启跟踪之前，我们可以选择是否限制要收集的数据量。

此外，还可以选择跟踪级别。例如，我们可以选择跟踪全部的子程序和异常，或是只跟踪选定的子程序和异常。

8.7.3　PL/SQL 性能优化特性

我们可以使用下面的 PL/SQL 特性和方法来优化应用程序：

- ❑　使用本地动态 SQL 优化 PL/SQL；
- ❑　使用批量绑定优化 PL/SQL；
- ❑　使用 NOCOPY 编译器提示优化 PL/SQL；
- ❑　使用 RETURNING 子句优化 PL/SQL；
- ❑　使用外部程序优化 PL/SQL；
- ❑　使用对象类型和集合优化 PL/SQL。

这些简单易用的特性可以显著地提高应用程序的执行速度。

1. 使用本地动态SQL优化PL/SQL

有些程序必须要执行一些只有在运行时才能确定下来的 SQL 语句，这些语句被称为动态 SQL 语句。以前，要执行动态 SQL 语句就必须使用 DBMS_SQL 包。现在，我们可以在 PL/SQL 中直接使用被称为本地动态 SQL 的接口来执行各种动态 SQL 语句。

本地动态 SQL 更容易使用，并且执行速度也要比 DBMS_SQL 包快。

【例 8-29】声明一个游标变量，然后把它与一个能返回数据表 scott.emp 记录的动态的 SELECT 语句关联起来。

```
DECLARE
 TYPE empcurtyp IS REF CURSOR;
   emp_cv    empcurtyp;
   my_ename VARCHAR2(15);
   my_sal    NUMBER := 1000;
BEGIN
 OPEN emp_cv FOR 'SELECT ename, sal FROM scott.emp WHERE sal > :s'
 USING my_sal;
...
END;
```

2. 使用批量绑定优化PL/SQL

当 SQL 在集合的循环内执行时，PL/SQL 和 SQL 引擎间的频繁切换就会影响到执行速度。

【例 8-30】　UPDATE 语句在 FOR 语句中不断发送到 SQL 引擎的示例。

```
DECLARE
 TYPE numlist IS VARRAY(20) OF NUMBER;
  depts numlist := numlist(10, 30, 70, .. .);    -- department numbers
BEGIN
  ...
 FOR i IN depts.FIRST .. depts.LAST LOOP
  ...
 UPDATE emp SET sal = sal * 1.10 WHERE deptno = depts(i);
END LOOP;
END;
```

在这样的情况下，如果 SQL 语句影响到 4 行或更多行数据时，使用批量绑定就会显著地提高性能。

3．使用NOCOPY编译器提示优化PL/SQL

默认情况下，OUT 和 IN OUT 模式的参数都是按值传递的。也就是说，一个 IN OUT 实参会把它的副本复制到对应的形参中。然后，如果程序执行正确的话，这个值又会重新赋给 OUT 和 IN OUT 的实参。

但实参是集合、记录和对象实例这样的大的数据结构时，生成一个副本会极大地降低执行效率并消耗大量内存。为了解决这个问题，我们可以使用编译器提示 NOCOPY，它能让编译器把 OUT 和 IN OUT 参数按引用传递。

【例 8-31】　让编译器按引用传递 IN OUT 参数 my_unit。

```
DECLARE
  TYPE platoon IS VARRAY(200) OF soldier;
  PROCEDURE reorganize(my_unit IN OUT NOCOPY platoon)
IS  ...
  BEGIN
  ...
  END;
END;
```

4．使用RETURNING子句优化PL/SQL

通常，应用程序需要得到 SQL 操作所影响到的行信息。INSERT、UPDATE 和 DELETE 语句都可以包含一个 RETURNING 子句，这样就能返回处理过的字段信息。也就不用在 INSERT、UPDATE 之后或 DELETE 之前使用 SELECT 来查询影响到的数据。这样也能够减少网络流量，缩短 CPU 时间，需要更少量的游标和服务器内存需求。

【例 8-32】　在更新雇员工资的同时，把当前雇员的姓名和新的工资赋给 PL/SQL 变量。

```
PROCEDURE update_salary(emp_id NUMBER) IS
  "name"    VARCHAR2(15);
  new_sal   NUMBER;
BEGIN
  UPDATE emp
  SET sal = sal * 1.1
   WHERE empno = emp_id RETURNING ename, sal INTO "name", new_sal;
END;
```

5．使用外部程序优化PL/SQL

PL/SQL 提供了调用其他语言编写的程序的接口。PL/SQL 可以从程序中调用其他语言所编写的标准库。这就能够提高可重用性、高效性和程序的模块化。

PL/SQL 是专门用来进行 SQL 事务处理的。有些任务在像 C 这样的低阶语言中处理起来会更加有效。

为了提高执行速度，我们可以用 C 语言重新编写受计算量限制的程序。此外，我们还可以把这样的程序从客户端移植到服务器端，这样可以减少网络流量，更有效地利用资源。

例如，我们用 C 语言写一个使用图形对象类型的方法，把它封装到动态链接库（DLL）中，并在 PL/SQL 中注册，然后我们就能从应用程序中调用它。运行时，库会被动态地加载，为了安全起见，它会在一个单独的地址空间运行。

6．使用对象类型和集合优化PL/SQL

集合类型和对象类型在对真实世界中的实体进行数据建模时能帮助我们提高效率。复杂的实体和关系会被直接映射到对象类型中。并且，一个构建良好的对象模型能够消除多表连接，减少来回往返等等，从而改善应用程序性能。

客户端程序，包括 PL/SQL 程序，可以声明对象和集合，把它们作为参数传递，存放在数据库中。同样，对象类型还可以把数据操作进行封装，把数据维护代码从 SQL 脚本中移出，把 PL/SQL 块放入方法中。

对象和集合在存储和检索方面更加高效，因为它们是作为一个整体进行操作的。同样，对象类型还能和数据库整合在一起，利用 Oracle 本身所提供的易扩缩性和性能改善等优点。

7．编译本地执行的PL/SQL代码

我们可以把 PL/SQL 过程编译成本地代码放到共享库中，这样就能提高它的执行速度。过程还可以被转换成 C 代码，然后用普通的 C 编译器编译，连接到 Oracle 进程中。我们可以在 Oracle 提供的包和我们自己编写的过程中使用这项技术。这样编译出来的过程可以在各种服务器环境中工作。因为这项技术对从 PL/SQL 中调用的 SQL 语句提高效率并不明显，所以它通常应用在计算度高而执行 SQL 时间不多的 PL/SQL 过程上。

要提高一个或多个过程的执行速度，我们可以这样使用这项技术：

更新 makefile 并为我们的系统键入适当的路径和其他值。makefile 路径是 $ORACLE_HOME/plsql/spnc_makefile.mk。

通过使用 ALTER SYSTEM 或 ALTER SESSION 命令，或通过更新初始化文件，设置参数 PLSQL_COMPILER_FLAGS 来包含值 NATIVE。默认设置包含的值是 INTERPRETED，我们必须把它从参数值中删除。

使用下面几个方法编译一个或多个过程。

- ❑ 使用 ALTER PROCEDURE 或 ALTER PACKAGE 命令重新编译过程或整个包。
- ❑ 删除过程并重新创建。
- ❑ 使用 CREATE OR REPLACE 重新编译过程。
- ❑ 运行 SQL*Plus 脚本建立一组 Oracle 系统包。
- ❑ 用含有 PLSQL_COMPILER_FLAGS=NATIVE 的初始化文件创建数据库。在创建数据库时，用 UTLIRP 脚本运行并编译 Oracle 系统包。

要确定我们所做的步骤是否有效，可以查询数据字典来查看过程是否是被编译为本地执行，查询用的视图是 USER_STORED_SETTINGS、DBA_STORED_SETTINGS 和 ALL_STORED_SETTINGS。例如，要查看 MY_PROC 的状态，我们可以输入：

```
SELECT param_value
  FROM user_stored_settings
  WHERE param_name = 'PLSQL_COMPILER_FLAGS'
    AND object_name = 'MY_PROC';
```

PARAM_VALUE 字段值为 NATIVE 时，代表过程是被编译本地执行的，否则就是 INTERPRETED。

过程编译后就会被转到共享库，它们会被自动地连接到 Oracle 进程中。我们不需要重

新启动数据库，或是把共享库放到另外一个地方。我们可以在存储过程之间反复调用它们，不管它们是以默认方式（interpreted）编译、本地执行方式编译还是采用两种混合的编译方式。

【例 8-33】 编译本地执行的 PL/SQL 过程示例。

```
SQL> CONNECT scott/tiger;
SQL> SET serveroutput ON;
SQL> ALTER SESSION SET plsql_native_library_dir='/home/orauser/lib';
SQL> ALTER SESSION SET plsql_native_make_utility='gmake';
SQL>
ALTER SESSION SET plsql_native_make_file_name='/home/orauser/spnc_makef
ile.mk';
SQL> ALTER SESSION SET plsql_compiler_flags='NATIVE';
SQL> CREATE OR REPLACE PROCEDURE hello_native_compilation AS
  2    BEGIN
  3      dbms_output.put_line('hello world');
  4    SELECT SYSDATE FROM dual;
  5    END;
```

过程编译时，我们可以看到各种被执行的编译和连接命令。然后过程就马上可以被调用，直接在 Oracle 进程中被作为共享库直接运行。

8.8　综 合 实 例

1. 编写一个 PL/SQL 程序块，对所有雇员按他们的基本薪水（sal）的 20%为他们加薪，如果增加的薪水大于 300 就取消加薪（对 emp1 表进行修改操作，并将更新前后的数据输出出来）。

```
declare
    cursor
        crs_UpadateSal
    is
        select * from emp1 for update of SAL;
        r_UpdateSal crs_UpadateSal%rowtype;
        salAdd emp1.sal%type;
        salInfo emp1.sal%type;
begin
        for r_UpdateSal in crs_UpadateSal loop
           salAdd:= r_UpdateSal.SAL*0.2;
           if salAdd>300 then
             salInfo:=r_UpdateSal.SAL;
             dbms_output.put_line(r_UpdateSal.ENAME||':  加薪失败。'||'薪水维
                持在: '||r_UpdateSal.SAL);
             else
             salInfo:=r_UpdateSal.SAL+salAdd;
             dbms_output.put_line(r_UpdateSal.ENAME||':  加薪成功.'||'薪水
                变为: '||salInfo);
           end if;
           update emp1 set SAL=salInfo where current of crs_UpadateSal;
        end loop;
end;
```

2. 将每位员工工作了多少年零多少月零多少天输出出来。

```
--CEIL(n)函数：取大于等于数值 n 的最小整数
--FLOOR(n)函数：取小于等于数值 n 的最大整数
declare
 cursor
  crs_WorkDay
  is
  select ENAME,HIREDATE, trunc(months_between(sysdate, hiredate) / 12) AS
  SPANDYEARS,
      trunc(mod(months_between(sysdate, hiredate), 12)) AS months,
      trunc(mod(mod(sysdate - hiredate, 365), 12)) as days
  from emp1;
 r_WorkDay crs_WorkDay%rowtype;
begin
   for   r_WorkDay in crs_WorkDay loop
   dbms_output.put_line(r_WorkDay.ENAME||'已经工作了'||r_WorkDay.SPANDYEARS||
   '年,零'||r_WorkDay.months||'月,零'||r_WorkDay.days||'天');
   end loop;
end;
```

3. 输入部门编号，按照下列加薪比例执行（用 CASE 实现，创建一个 emp1 表，修改 emp1 表的数据），并将更新前后的数据输出出来。

```
--   deptno   raise(%)
--   10       5%
--   20       10%
--   30       15%
--   40       20%
--   加薪比例以现有的 sal 为标准
--CASE expr WHEN comparison_expr THEN return_expr
--[, WHEN comparison_expr THEN return_expr]... [ELSE else_expr] END
declare
    cursor
       crs_caseTest
        is
        select * from emp1 for update of SAL;
        r_caseTest crs_caseTest%rowtype;
        salInfo emp1.sal%type;
    begin
        for r_caseTest in crs_caseTest loop
        case
          when r_caseTest.DEPNO=10
          THEN salInfo:=r_caseTest.SAL*1.05;
          when r_caseTest.DEPNO=20
          THEN salInfo:=r_caseTest.SAL*1.1;
          when r_caseTest.DEPNO=30
          THEN salInfo:=r_caseTest.SAL*1.15;
           when r_caseTest.DEPNO=40
          THEN salInfo:=r_caseTest.SAL*1.2;
        end case;
          update emp1 set SAL=salInfo where current of crs_caseTest;
       end loop;
end;
```

4. 对每位员工的薪水进行判断，如果该员工薪水高于其所在部门的平均薪水，则将其薪水减 50 元，输出更新前后的薪水、员工姓名和所在部门编号。

--AVG([distinct|all] expr) over (analytic_clause)

---作用：

--按照 analytic_clause 中的规则求分组平均值

--分析函数语法:

　--FUNCTION_NAME(<argument>,<argument>...)

　--OVER

　--(<Partition-Clause><Order-by-Clause><Windowing Clause>)

　--PARTITION 子句

--按照表达式分区（就是分组），如果省略了分区子句，则全部的结果集被看作是一个单一的组

```
    select * from emp1
DECLARE
    CURSOR
    crs_testAvg
    IS
    select EMPNO,ENAME,JOB,SAL,DEPNO,AVG(SAL) OVER (PARTITION BY DEPNO )
    AS DEP_AVG
    FROM EMP1 for update of SAL;
    r_testAvg crs_testAvg%rowtype;
    salInfo emp1.sal%type;
    begin
    for r_testAvg in crs_testAvg loop
    if r_testAvg.SAL>r_testAvg.DEP_AVG then
    salInfo:=r_testAvg.SAL-50;
    end if;
    update emp1 set SAL=salInfo where current of crs_testAvg;
    end loop;
end;
```

8.9　本章小结

本章首先介绍了 PL/SQL 程序块的结构，主要由 DECLARE 部分、BEGIN…END 部分和 EXCEPTION 部分组成；介绍了常量、变量和常用数据类型的使用，以及声明变量时还可使用%TYPE 和%ROWTYPE 类型；详细介绍了流程控制语句：条件选择语句和循环语句的使用；具体有 IF 条件选择语句和 CASE 条件选择语句、LOOP 简单循环语句、FOR 循环语句和 WHILE 循环语句等；然后，讨论了游标的创建与应用，游标包括显式游标和隐式游标两种；最后，介绍了异常处理，Oracle 异常处理分为系统异常和用户自定义异常两类，其中系统异常又分为系统预定义异常和非预定义异常。下一章将进一步介绍 PL/SQL 高级编程应用。

8.10　习题与实践练习

一、填空题

1. PL/SQL 程序块一般包括 DECLARE 部分、BEGIN…END 部分和_____部分。

2. PL/SQL 程序块中的赋值符号为_____。

3．在声明常量时需要使用_____关键字，并且必须为常量赋值。

4．使用游标一般分为声明游标、_____、_____和关闭游标这几个步骤。

5．如果程序的执行部分出现异常，那么程序将跳转到_____部分对异常进行处理。

6．自定义异常必须使用_____语句引发。

7．异常根据定义方式可分为_____和_____两类。

8．游标分为_____和_____两种。

二、选择题

1．下列哪些是 Oracle 的伪列？（　　　）

    A．ROWID   B．ROW_NUMBER()   C．LEVEL

    D．ROWNUM   E．COLUMN

2．当表的重复行数据很多时，应该创建的索引类型应该是（　　　）。

    A．B 树   B．reverse   C．bitmap   D．函数索引

3．在建表时如果希望某列的值在一定的范围内，应建立什么样的约束？（　　　）

    A．primary key   B．unique   C．check   D．not null

4．利用游标来修改数据时，所用的 FOR 和 UPDATE 充分利用了事务的哪个特性？（　　　）

    A．原子性   B．一致性   C．永久性   D．隔离性

5．下面哪些是合法的变量名？（　　　）

    A．_number01   B．number01   C．number-01   D．number

6．使用下哪条语句可以正确地声明一个常量？（　　　）

    A．name CONSTANT VARCHAR2(8);

    B．name VARCHAR2(8)：='CANDY';

    C．name VARCHAR2(8) DEFAULT 'CANDY'

    D．name CONSTANT VARCHAR2(8)：='CANDY';

7．有如下 PL/SQL 程序块：

```
SQL> DECLARE
2      a NUMBER：=10;
3      b NUMBER：=0;
4      BEGIN
5        IF s > 2 THEN
6          b：=1;
7      ELSIF a>4 THEN
8          b：=2;
9      ELSE
10         b：=3;
11     END IF;
12     DBMS_OUTPUT,PUT_LINE(B);
13     END;
```

执行以上 PL/SQL 块后的输出结果为（　　　）。

A. 0　　　　　　　B.1　　　　　　　C.2　　　　　　　D.3　：

8．有如下的 PL/SQL 程序块：

```
 SQL>DECLARE
I BINARY_INTEGER ：=1；
BEGIN
  WHERE i  >=1
  LOOP
       i：=i+1；
       DBMS_OUTPUT,PUT_LINE(i)；
  END LOOP;
END;
```

执行以上 PL/SQL 块后的输出结果为（　　　）。

A．输出从 1 开始，每次递增 1 的数

B．输出从 2 开始，每次递增 1 的数

C．输出 2

D．该循环将陷入死循环

9．使用游标的什么属性可以获得 SELECT 语句当前检索到的行数？（　　　）。

A．%FOUND

B．%NOTFOUND

C．%ISOPEN

D．%POWCOUNT

10．下列不属于 IF 条件语句中的关键字的是（　　　）。

A．ELSEIF　　　　　　B．ELSE IF　　　　　　C．OTHERS　　　　　　D．THEN

三、简答题

1．简述常量与变量在创建时的区别。

2．自定义异常主要用于实现业务逻辑规范，请举例部分在实际应用中需要创建自定义异常的情况，并思考如何在 PL/SQL 中处理该异常。

3．使用%ROWTYPE 与自定义记录类型，都可以定义存储一行数据的变量，请比较它们的区别。

四、编程题

1．用 PL/SQL 实现计算并输出 1～100 的和。

2．查找出当前用户模式下，每张表的记录数，以 scott 用户为例，结果应如下：

DEPT.................................4

EMP.................................14

BONUS..............................0

SALGRADE..........................5

3．某 cc 表数据如下：

c1　c2

```
1    西
1    安
1    的
2    天
2    气
3    好
……
转换为
1 西安的
2 天气
3 好
```

要求：不能改变表结构及数据内容，仅在最后通过 SELECT 语句显示出这个查询结果。

4. 请用一条 SQL 语句查询出 scott.emp 表中每个部门工资前 3 位的数据，显示结果如下：

```
DEPTNO     SAL1        SAL2         SAL3
------ ---------- ---------- ----------------------------------
    10     5000        2450         1300
    20     3000        2975         1100
    30     2850        1600         1500
```

5. 表 nba 记录了 NBA(team VARCHAR2(10),y NUMBER(4))夺冠球队的名称及年份：

TEAM	Y
活塞	1990
公牛	1991
公牛	1992
公牛	1993
火箭	1994
火箭	1995
公牛	1996
公牛	1997
公牛	1998
马刺	1999
湖人	2000
湖人	2001
湖人	2002
马刺	2003
活塞	2004
马刺	2005
热火	2006
马刺	2007
凯尔特人	2008
湖人	2009
湖人	2010

请写出一条 SQL 语句，查询出在此期间连续获得冠军的有哪些队，其连续的年份的起止时间是多少，结果如下：

```
TEAM                    B           E
-------------------- --------- ------------------------
公牛                    1991        1993
火箭                    1994        1995
公牛                    1996        1998
湖人                    2000        2002
湖人                    2009        2010
```

五、上机操作题

1. 完成本章 PL/SQL 语句示例操作。
2. 完成本章综合实例操作。

第9章 存储过程、函数、触发器和包

上一章介绍了 PL/SQL 基本程序块的使用，不过那些 PL/SQL 程序块都是匿名块，也就是它没有具体名字，当再次使用这些程序块时，只能再次编写程序块的内容才能重复执行。为了提高系统的可重用性和可靠性，Oracle 提供了一系列"命名程序块"即存储过程、函数、触发器和程序包等 PL/SQL 存储程序。

本章将详细介绍存储过程、函数、触发器和程序包的创建与调用。

本章要点：
- ❑ 掌握存储过程的创建；
- ❑ 熟练掌握带参数的存储过程的使用；
- ❑ 掌握函数的创建与执行；
- ❑ 理解触发器的类型与作用；
- ❑ 熟练掌握各种类型的触发器的创建与使用；
- ❑ 了解程序包的创建与使用。

9.1 存 储 过 程

存储过程是一个命名的程序块，包括过程的名称、过程使用的参数以及过程执行的操作。如果在应用程序中经常需要执行某些特定的操作，那么就可以基于这些操作创建一个特定的存储过程。使用存储过程，不仅可以简化客户端应用程序的开发和维护，而且还可以提高应用程序的运行性能。因为存储过程经编译后存储在数据库中，所以执行存储过程要比执行存储过程中封装的 SQL 语句更有效率。这样，无需在网上传送大量的 PL/SQL 程序源代码，只传送一条调用命令即可，这就大大降低网络通信的负担；而且只在刚创建时分析编译一次，每次调用直接执行编译的代码，因此运行速度较快。

9.1.1 创建与调用存储过程

创建存储过程包括存储过程头部的声明和过程内操作的定义两部分。需要用 CREATE PROCEDURE 语句进行创建，其格式如下：

```
CREATE [OR REPLACE] PROCEDURE procedure_name
  [ (argment1 [ {IN| IN OUT}] data_type,
    argment2 [ {IN | OUT | IN OUT } ] data_type,…)]
  { IS | AS}
  [delclaration_section; ] -- 不用 declare 语句]
BEGIN
```

```
   executable_section;
EXCEPTION
   executable_handlers;
END [procedure_name];
```

其语法解析如下。

❑ OR REPLACE：表示如果存储过程已经存在，则替换已有的存储过程。

❑ procedure_name：表示新建存储过程的名称。

❑ argment：表示为存储过程定义的参数，包括参数名称、参数的模式和数据类型。为参数指定类型时不能指定长度。

❑ IN | OUT | IN OUT：这里的 IN 表示向存储过程传递参数，OUT 表示从存储过程返回参数。而 INOUT 表示传递参数和返回参数。

❑ IS | AS：表示开始定义存储过程的操作。在 AS 或 IS 后声明要用到的变量名称和变量类型及长度；在 AS 或 IS 后声明变量不要加 DECLARE 语句。

下面详细介绍各类存储过程的创建与调用。

1．无参数存储过程的创建与调用

从上述存储过程创建格式中可以看出，创建存储过程可以带参数，也可以不带参数，下面介绍简单的不带参数的存储过程的创建与调用。

【例 9-1】　建一个最简单的存储过程，输出"Hello,world!"。

```
SQL> CREATE OR REPLACE PROCEDURE hello
  2   IS
  3   BEGIN
  4     dbms_output.put_line(' Hello,world!');
  5   END  hello;
SQL> /
```

过程已创建。

过程创建好后，其过程体中的内容并没有被执行，仅仅是被编译了，要想执行过程中的内容还需要调用该过程。在 SQL *Plus 环境中调用存储过程有 3 种方式：

❑ 使用 EXECUE（简写 EXEC）命令调用。

❑ 使用 CALL 命令调用。

❑ 在匿名的程序块中直接以过程名调用。

【例 9-2】　使用上述 3 种方式调用【例 9-1】中创建的存储过程 hello。

方式 1：

```
SQL> SET SERVEROUTPUT ON
SQL> EXECUTE hello;
Hello,world!

PL/SQL 过程已成功完成。
```

方式 2：

```
SQL> CALL hell();
Hello,world!

调用完成。
```

方式 3:

```
…
BEGIN
hello;
END;
调用完成。
```

2．带IN参数的存储过程的创建与调用

在存储过程中可以通过使用输入参数，将应用程序的数据传递给存储过程。IN 参数是指输入参数，由存储过程的调用者为其赋值（也可以使用默认值）。如果不为参数指定模式，则其模式默认为 IN。

【例 9-3】　建立一个带输入 IN 参数的存储过程 upemp_in，为该过程设置两个参数，分别用于接受用户提供的 empno 与 ename 值。

```
SQL> CREATE OR REPLACE PROCEDURE updateemp_in
  2   (emp_num IN NUMBER, emp_name IN VARCHAR2)
  3   IS
  4   BEGIN
  5     UPDATE emp SET ename=emp_name
  6     WHERE empno=emp_num;
  7   END upemp_in;
  8   /
过程已创建。
```

在调用上述过程 upemp_in 时，就需要为该过程的两个输入参数赋值，赋值的形式主要有两种。

（1）按位置传递

按位置传递是指将实参的值按照形参定义时的顺序从左至右一一列出，执行时实参逐个传递给形参。又称不指定参数名传递，Oracle 会自动按过程中参数的先后顺序为参数赋值，如果值的个数（或数据类型）与参数的个数（或数据类型）不匹配，则会返回错误。

【例 9-4】　调用上例创建的 upemp_in 过程，通过该过程将 empno 为 6500 的员工 ename 修改为 FLORA。

```
SQL> EXEC upemp_in(6500, "FLORA");
PL/SQL 过程已成功完成。
```

🔔注意：在这种方式下，实参值必须按照形参定义的顺序给出，也就是说如果左边的形参没有给出实参值，那么右边的形参不能赋值。

（2）按名称传递

按名称传递是指在调用存储过程的参数列表中不仅提供参数名，还指定给它传递的参数值两部分。使用这种方式，可以不按参数顺序赋值。指定参数名的赋值形式为：parameter_name=>value。

【例 9-5】　使用按名称传递的形式调用 upemp_in 过程。

```
SQL> EXEC upemp_in(emp_name=>"FLORA",emp_num=> 6500,);
PL/SQL 过程已成功完成。
```

注意：在这种方式下，要求用户了解过程的参数名称。形参名与实参值之间对应关系的
　　　表达形式为"形参变量=>实参值的表达式"。这种传递方式的好处是增加了程序
　　　的可读性，但同时也增加了赋值语句的内容长度。

3. 带OUT参数的存储过程的创建与调用

存储过程不仅可以完成特定操作，也可以用于输出数据。存储过程输出数据是利用
OUT 或 IN OUT 模式的参数实现。OUT 参数是指输出参数，由存储过程的语句为其赋值，
并返回给用户。当定义输出参数时，必须使用 OUT 关键字。

【例 9-6】 从 scott.emp 表中查询给定员工的姓名和薪金，并利用 OUT 模式参数值传
给调用者。

```
SQL> CREATE OR REPLACE PROCEDURE select_empout
  2   (no IN scott.emp.empno%TYPE,
  3   name OUT scott.emp.ename%TYPE,
  4   salary OUT scott.emp.sal%TYPE)
  5   IS
  6   BEGIN
  7     SELECT ename,sal into name,salary FROM scott.emp
  8     WHERE empno=no;
  9   EXCEPTION
 10   WHEN NO_DATA_FOUND THEn
 11     dbms_output.put_line('该员工不存在！ ');
 12   END select_empout;
 13   /
过程已创建。
```

如上例，no 是输入参数，name 和 salary 是输出参数。用户调用具有 OUT 参数的存储
过程，还需要事先定义好变量来接收 OUT 参数输出的值。即事先用 VARIABLE（简写 VAR）
语句声明对应的变量接收返回值，并在调用过程时绑定该变量，形式如下：

```
SQL>VARIABLE emp_name VARCHAR2(10);--定义绑定变量
SQL>VAR emp_salary NUMBER:--定义绑定变量 NUMBER 类型时，不能加长度
SQL>EXEC select_emp(7369,: emp_name,: emp_salary); --使用绑定变量调用存储过程
PL/SQL 过程已成功完成。

SQL>PRINT emp_name  emp_salary; --输出两个绑定变量的值
SQL> SELECT emp_name,: emp_salary FROM dual;
```

注意：在 EXECUTE 语句中绑定变量时，需要在变量名前添加冒号（:）。使用 PRINT
　　　命令可以查看变量的值，也可用 SELECT 语句查看变量的值。输出两个绑定的变
　　　量的值，中间用空格隔开。

4. 带IN OUT参数的存储过程的使用

IN OUT 参数同时拥有 IN 与 OUT 参数的特性，它既接收用户的传值，也允许在过程
体中修改其值，并可以将值返回。定义存储过程时，可以使用 IN OUT 来标识参数是输入
输出型。使用这种参数时，在调用过程之前需将实参变量的值传递给形参变量，在调用变
量结束后，再将形参的值传递给实参变量。在参数后必须添加 IN OUT 关键字。

【例 9-7】　编写程序，交换两个变量的值并输出。

```
SQL> CREATE OR REPLACE PROCEDURE swap
  2    (x IN OUT NUMBER, y IN OUT NUMBER)
  3    IS
  4        Z NUMBER;
  5    BEGIN
  6        z:=x;
  7        x:=y;
  8        y:=z;
  9    END swap;
 10    /
```

【例 9-8】　使用匿名块方式调用上例创建的存储过程 swap。

```
SQL> DECLARE
  2      a NUMBER:=10;
  3      b NUMBER:=20;
  4    BEGIN
  5    dbms_output.put_line('交换前 a 和 b 的值是：'||a||'  '||b);
  6    swap(a,b);
  7    dbms_output.put_line('交换后 a 和 b 的值是：'||a||'  '||b);
  8    END;
  9    /
交换前 a 和 b 的值是：10  20
交换后 a 和 b 的值是：20  10

PL/SQL 过程已成功完成。
```

9.1.2　修改与删除存储过程

前面介绍了各种存储过程的创建和调用过程，如果在使用存储过程中，定义的存储过程不再适合用户的需求，可以对其进行修改或删除。

修改存储过程是在 CREATE PROCEDURE 语句中添加 OR REPLACE 关键字，其他内容与创建存储过程一致，这样新定义的存储过程就可以替换掉原有同名的存储过程，从而达到修改存储过程的目的。

删除存储过程则是利用 DROP　PROCEDURE 语句完成，而且需要执行删除操作的用户事先应具有 DROP ANY PROCEDURE 系统权限。

【例 9-9】　删除上例中的 swap 存储过程。

```
SQL> DROP PROCEDURE swap
过程已删除。
```

9.1.3　与存储过程相关数据字典

对于创建好的存储过程，如果想要了解其定义信息、用户存储过程的错误信息等，可以利用 SELECT 语句查询下列数据字典。

❑ user_source：用户的存储过程、函数的源代码字典。

❑ all_source：所有用户的存储过程、函数的源代码字典。

❑ user_errors：用户的存储过程、函数的源代码存在错误的信息字典。

9.1.4　存储过程使用注意事项

（1）在 Oracle 中，数据表别名不能加 as。

（2）在存储过程中，select 某一字段时，后面必须紧跟 into，如果 select 整个记录，利用游标的话就另当别论了。

（3）在利用 select...into...语法时，必须先确保数据库中有该条记录，否则会报出 no data found 异常。

（4）在存储过程中，别名不能和字段名称相同，否则虽然编译可以通过，但在运行阶段会报错。

9.2　函　　数

Oracle 的自定义函数与存储过程很相似，它也是由 PL/SQL 语句编写而成，同样可以接收用户的传递值，也可以向用户返回值，它与存储过程的不同之处在于，函数必须返回一个值，而存储过程可以不返回任何值。创建函数与创建存储过程类似。

9.2.1　创建和调用函数

创建与调用函数需要的权限和存储过程相同，都需要 CREATE PROCEDURE 系统权限和 EXECUTE 对象权限，只是在语法上稍有不同，创建函数的 CREATE FUNCTION 语法如下：

```
CREATE [OR REPLACE] FUNCTION function_name
  [ (argment [ { in| in out }]  TYPE,
    argment [ { in | out | in out } ] type]
 RETURN return_type
{ is  | as }
 [ declaration_section;]
 BEGIN
  function_body
 EXCEPTION
 …
 END [ function_name ];
```

其语法解析如下。

❑ function_name：表示新建函数的名称。

❑ argument：表示函数的参数，定义格式与存储过程中的参数相同。

❑ RETURN return_type：用于指定函数返回值的数据类型。

从语法上可以看出，函数与存储过程大致相同，不同的是需要有 RETURN 子句，该子句指定返回值的数据类型，而在函数体中也需要使用 RETURN 语句返回对应数据类型的值，该值可以是一个常量，也可以是一个变量。

【例 9-10】创建一个函数 get_ename，该函数按 empno 获取 ename 值。

```
SQL> CREATE OR REPLACE FUNCTION get_ename
2    RETURN VARCHAR2 IS
3      emp_name emp.ename%TYPE;
4    BEGIN
5    SELECT ename into emp_name FROM scott.emp WHERE empno=emp_num;
6    RETURN emp_name;
7    END get_ename;
8    /

函数已创建。
```

因为函数具有返回值，所以调用函数作为一个表达式的一部分使用，与前面介绍的系统函数用法类似。调用主要有以下 3 种方式：

（1）使用变量接收返回值。

```
SQL>VAR ename VARCHAR2;
SQL>EXEC :ename:=get_ename(6500);
SQL>PRINT ename;

TRACY
```

（2）在 SQL 语句中直接调用函数。

```
SQL>SELECT get_ename(6500) FROM dual;

GET_ENAME(6500)
------------------------------------
TRACY
```

（3）使用 DBMS_OUTPUT 调用函数。

```
SQL>SET SERVEROUTPUT ON
SQL> dbms_output.put_line('员工姓名是：' || get_ename(6500);

员工姓名是：TRACY
```

9.2.2　修改和删除函数

修改和删除函数也类似于存储过程，修改函数时在创建时增加了 OR REPLACE 子句，一般在第一次创建存储过程或函数时也经常使用 OR REPLACE 子句，以避免编译出错时需要提供新的名称。

函数的删除使用 DROP FUNCTION 子句完成。

【例 9-11】　删除上例中创建的函数 get_ename。

```
SQL> DROP FUNCTION get_ename;
函数已删除。
```

9.3　触　发　器

触发器（Trigger）是一种特殊的存储过程，它在插入、删除或修改特定表中的数据时触发执行，它比数据库本身标准的功能有更精细和更复杂的数据控制能力。在 Oracle 系统里，触发器类似过程和函数，都有声明、执行和异常处理过程的 PL/SQL 块。对于表来说，触发器可以实现复杂的约束和业务规则。

触发器在 Oracle 里以独立的对象存储，它与存储过程和函数不同的是，存储过程通过其他程序来启动运行或直接启动运行，而触发器是由一个事件来启动运行。即触发器是当某个事件发生时自动地隐式运行。并且，触发器不能接收参数。所以运行触发器就叫触发或点火（Firing）。在 Oracle 里，触发器事件指的是对数据库的表进行的 INSERT、UPDATE 及 DELETE 操作或对视图进行类似的操作，甚至可以触发 Oracle 系统事件，如数据库的启动与关闭等。

触发器可以帮助用户完成许多特殊的功能，其功能如下：

❑ 安全性，允许/限制对表的修改。例如，不允许下班后或节假日修改表中数据。

❑ 自动生成派生列。例如自增字段。

❑ 强制数据的完整性和一致性。例如，触发器可回退任何企图超过余额的取款。

❑ 提供审计和日志记录。例如，数据库的登录用户和登录时间。

❑ 防止无效的事务处理。例如，误删除数据可以有效回滚。

❑ 启用复杂的业务逻辑。例如，可以根据客户当前的账户状态，控制是否允许插入新订单。

9.3.1　触发器类型

根据触发器的触发时间、触发事件和影响范围等因素，可以将触发器划分为 DML 触发器、INSTEAD OF（替代）触发器、系统事件触发器和 DDL 触发器。

1．DML触发器

DML 触发器由 DML 语句触发，例如 INSERT、UPDATE 和 DELETE 语句。在 DML 操作前或操作后进行触发，并且可以对每个行或语句操作上进行触发。

针对所有的 DML 事件，按触发的时间可以将 DML 触发器分为：

❑ BEFORE 触发器，指触发语句执行前被触发，触发器中指定的操作被运行。

❑ AFTER 触发器，指触发语句执行后被触发，触发器中指定的操作被运行。此类触发器用于记录日志，可以作为跟踪和审计数据库的依据。

分别表示 DML 事件发生之前与之后采取动作。

另外，按照触发时 DML 操作影响的记录范围，DML 触发器又可分为：

❑ 语句级触发器,针对某一条语句触发一次。在创建 DML 时,如果未使用 FOR EACH ROW 选项，则表示该触发器是语句级触发器。

❑ 行级触发器，在创建 DML 触发器时，如果使用了 FOR EACH ROW 选项，则表示该触发器是行级触发器。用户的 DML 语句每操作一行，行级触发器就会被调用一次。

例如，某条 UPDATE 语句修改了表中的 100 行数据，那么针对 UPDATE 事件的语句级触发器将被调用 1 次，而行级触发器将被调用 100 次。

2．替代触发器

INSTEAD OF 触发器又称替代触发器，用于执行一个替代操作来代替触发事件的操作。也就是说 Oracle 只运行触发器操作而不再运行触发语句。该类触发器只能基于视图创建，而不能基于表创建，并且主要用于不可修改的视图上。例如，针对 INSERT 事件的替代触发器，它由 INSERT 语句触发，当出现 INSERT 语句时，该语句不会被执行，而是执行 INSTEAD OF 触发器中定义的语句。

3．系统触发器

ORACLE 11i 提供了第三种类型的触发器叫系统触发器。它可以在 Oracle 数据库系统的事件中进行触发，如 Oracle 系统的启动与关闭等。该类触发器可分为用户级和数据库级两种。

4．DDL触发器

在数据库中执行 DDL 操作（CREATE、ALTER 和 DROP）时触发的触发器。可以在触发事件之前触发（即事前 DDL 触发器），也可以在触发事件之后触发（即事后 DDL 触发器）。同样，DDL 触发器又可分为：

- ❑ 数据库级 DDL 触发器，数据库中任何用户执行了相应的 DDL 操作，该类触发器都被触发。
- ❑ 用户级 DDL 触发器，只有在创建触发器时指定方案的用户执行相应的 DDL 操作时触发器才被触发，其他用户执行该 DDL 操作时触发器不会被触发。

9.3.2　创建触发器

创建触发器使用 CREATE TRIGGER 语句，其语法如下：

```
CREATE [ OR REPLACE] TRIGGER trigger_name
[ BEFORE|AFTER| INSTEAD OF ] trigger_event
ON [table_name| view_name ]
[ FOR EACH ROW ]
[ENABLE|DISABLE]
[WHEN trigger_condition]
[DECLARE
declaration_statements; ]
BEGIN
  execution_statements ;
END [trigger_name] ;
```

其语法解析如下。

- ❑ trigger_name：表示创建的触发器名称。
- ❑ BEFORE|AFTER| INSTEAD OF：BEFORE 表示触发器在触发事件执行之前被触发，该类触发器被称做事前触发器；AFTER 表示触发器在触发事件执行之后被触发，该类触发器被称为事后触发器。INSTEAD OF 表示用触发器中的事件代替触发事件执行。
- ❑ trigger_event：表示激活触发器的事件。主要由 INSERT、UPDATE 和 DELETE 等

DML 事件组成。

- ❑ ON tale_name| view_name：表示触发对象，它是 DML 命令操作的对象，又称为触发表或触发视图。可以选择是否指定表或视图的方案名称。
- ❑ FOR EACH ROW：表示对每一行记录执行 DML 命令之前或之后，触发器就被触发一次。又称行级触发器。不具有该选项的触发器被称为语句级触发器。用于 DML 触发器与 INSTEAD OF 触发器。
- ❑ WHEN trigger_condition：表示触发器被触发的条件。只有当触发语句和触发条件都满足时触发器才能被触发。
- ❑ ENABLE|DISABLE：此选项表示指定触发器创建之后的初始状态为启用状态（ENABLE）还是禁用状态（DISABLE）。默认为 ENABLE 状态。
- ❑ declaration_statements：表示被定义的变量，可以在触发器的操作部分使用该变量。
- ❑ execution_statements：表示触发器中执行的内容，是触发器的主体部分。

△注意：触发器名与过程名和包的名字不一样，它是单独的名字空间，因而触发器可以和表或过程有相同的名字，但在一个模式中触发器名不能相同。

1．触发器触发次序

Oracle 对事件的触发共有 16 种，但是它们的触发是有次序的，基本触发次序如下。

（1）执行 BEFORE 语句级触发器。

（2）对受该语句影响的每一行记录：

- ❑ 执行 BEFORE 语句行级触发器——如果存在这种触发器；
- ❑ 执行 DML 语句本身；
- ❑ 执行 AFTER 行级触发器 ——如果存在这种触发器。

（3）执行 AFTER 语句级触发器——如果存在这种触发器。

2．创建DML触发器

DML 触发器是由用户对表或视图执行 DML 语句时触发的触发器。创建 DML 触发器的 CREATE TRIGGER 语句中 trigger_event 参数具体内容如下：

```
{ [INSERT | UPDATE | DELETE [ OF column [,… ] ] ] }
```

其语法解析如下。

- ❑ DML 操作主要包括 INSERT、UPDATE 和 DELETE 操作，通常根据触发器所针对的具体事件将 DML 触发器分为 INSERT 触发器、UPDATE 触发器和 DELETE 触发器。
- ❑ 当使用 UPDATE 命令时，还可以将触发器应用到一个或多个列。
- ❑ 任何 DML 触发器都可以按触发时间分为 BEFORE 触发器和 AFTER 触发器。
- ❑ 在行级触发器中，为了获取某列在 DML 操作前后的数据，Oracle 提供了两种特殊的标识符——:OLD 和:NEW。通过:OLD.column_name 的形式可以获取该列的旧数据，而通过:NEW.column_name 则可以获取该列的新数据。INSERT 触发器只能使用:NEW，DELETE 触发器只能使用:OLD，而 UPDATE 触发器则两种都可使用。

【例 9-12】 建立一个事前行级触发器。当职工表 scott.emp 表被删除一条记录时，把被删除记录写到职工表删除日志表 emp_his 中去。

```
SQL> CREATE OR REPLACE TRIGGER del_emp
  2    BEFORE DELETE
  3    ON  scott.emp
  4    FOR EACH ROW
  5    BEGIN
  6      INSERT INTO emp_his( deptno , empno, ename , job ,mgr , sal , comm ,
       hiredate )
  7      VALUES ( :old.deptno, :old.empno, :old.ename , :old.job,
  8              :old.mgr, :old.sal, :old.comm, :old.hiredate );
  9    END del_emp;
 10    /
触发器已创建。
```

【例 9-13】 创建一个事后语句级触发器。当用户向 emp 表中插入新数据后，该触发器将统计 emp 表中的新行数并输出。

```
SQL> CREATE OR REPLACE TRIGGER insert_emp
  2    AFTER INSERT
  3    ON  scott.emp
  4  rows NUMBER;
  5    BEGIN
  6      SELECT count(*) INTO rows FROM scott.emp;
  7      dbms_output.put_line('emp 表中当前包含'||rows|| '条新记录');
  8    END insert_emp;
  9    /
触发器已创建。
```

当用户对 emp 表执行 INSERT 操作时，该触发器被触发，运行结果如下：

```
SQL> SET SERVEROUTPUT ON
SQL> INSERT into scott.emp(empno)
2  VALUES(1001);
emp 表中当前包含 15 条新记录。
已创建 1 行。

SQL>
```

3．创建INSTEAD OF（替代）触发器

INSTEAD OF（替代）触发器用于执行一个替代操作来代替触发事件的操作，而触发事件本身最终不会被执行。替代触发器只能建立在视图上，不能建立在表上。用户在视图上执行的 DML 操作将被替代触发器的操作所代替。但并不是视图中所有列都支持，例如对列进行了数学或函数计算，则不能对该列进行 DML 操作，这时可以使用 INSTEAD OF 触发器。

【例 9-14】 首先利用 scott.emp 表和 scott.dept 表创建一个视图，然后在视图上创建一个替代触发器，允许用户利用视图修改基础表中的数据。

```
SQL> CONNECT scott/tiger  --以 scott 用户连接数据库
SQL> CREATE VIEW emp_dept_view
2  AS SELECT empno, ename, sal,dname FROM emp e,dept d
3  WHERE e.deptno=d.deptno;

视图已创建。
```

如果用户直接利用视图修改 empno 为 7369 的员工部门为 SALES，则修改失败，运行如果如下：

```
SQL> UPDATE emp_dept_view set dname= 'SALES'
2  WHERE deptno=7369;
UDPATE emp_dept_view set dname= 'SALES'

第 1 行出现错误：
ORA-01779：无法修改与非键值保存表对应的列

SQL>_
```

然后，创建一个替代触发器 update_view，如下所示。

```
SQL> CREATE OR REPLACE TRIGGER update_view
2   INSTEAD OF UPDATE ON emp_dept_view
3   DECLARE
4    id dept.deptno% type;
5   BEGIN
6    SELECT deptno INTO id FROM dept WHERE dname:=:new.dname;
7    UPDATE emp SET deptno=id WHERE empno=:old.empno;
8   END update_view;
9   /
触发器已创建。
```

为视图创建 UPDATE 替代触发器后，再利用视图修改 empno 为 7369 的职工部门为 SALES，修改成功，执行结果如下：

```
SQL> UPDATE emp_dept_view set dname= 'SALES'
2  WHERE deptno=7369;
已更新 1 行。

SQL>SELECT * FROM emp_dept_view WHERE empno=7369;

   EMPNO      ENAME        SAL        DNAME
---------- ---------- -------- -----------
    7369    SMITH        800        SALES
已选择 1 行。
```

从上例可以看出，使用替代触发器可以对不可更新的视图或不可更新的列完成更新操作。

4．创建系统触发器

ORACLE 提供的系统触发器可以在 DDL 或数据库系统上被触发。而数据库系统事件包括数据库服务器的启动或关闭、用户的登录与退出、数据库服务错误等。

下面给出系统触发器的种类和事件出现的时机（前或后），如表 9-1 所示。

表 9-1　系统事件触发器所支持的系统事件

事　　件	允许的时机	说　　明
启动 STARTUP	之后	实例启动时激活
关闭 SHUTDOWN	之前	实例正常关闭时激活
服务器错误 SERVERERROR	之后	只要有错误就激活

续表

事　件	允许的时机	说　明
登录 LOGON	之后	成功登录后激活
注销 LOGOFF	之前	开始注销时激活
创建 CREATE	之前，之后	在创建之前或之后激活
撤销 DROP	之前，之后	在撤销之前或之后激活
变更 ALTER	之前，之后	在变更之前或之后激活

系统触发器可以在数据库级（database）或模式（schema）级进行定义。数据库级触发器在任何事件都激活触发器，而模式触发器只有在指定模式的触发事件发生时才触发。另外，创建系统事件触发器需要用户具有 DBA 权限。

【例 9-15】 建立一个当用户 USER1 登录时，自动记录一些信息的触发器。

```
SQL> CONNECT system/system; --以 SYSTEM 用户连接
已连接。
SQL>CREATE OR REPLACE TRIGGER loguser1_trigger
  2    AFTER LOGON ON SCHEMA
  3    BEGIN
  4    INSERT INTO example.temp_table
  5    VALUES(1,'LogUserAConnects fired!');
  6    END loguser1_trigge;
```

【例 9-16】 建立一个当用户 USER2 登录时，自动记录一些信息的触发器。

```
SQL> CONNECT system/system;
已连接。
SQL>CREATE OR REPLACE TRIGGER loguser2_trigger
  2    AFTER LOGON ON SCHEMA
  3    BEGIN
  4    INSERT INTO example.temp_table
  5    VALUES(2,'LogUser2Connects fired!');
  6    END loguser2_trigge;
```

【例 9-17】 建立一个当所有用户登录时，自动记录一些信息的触发器。

```
SQL>CREATE OR REPLACE TRIGGER logALLconnects
2    AFTER LOGON ON SCHEMA
3    BEGIN
4    INSERT INTO example.temp_table
5    VALUES(3,'LogALLConnects fired!');
6    END logALLconnects;
```

然后，检查系统触发器运行效果。

```
SQL>connect user1/user1
已连接。
SQL>connect user2/user2
已连接。
SQL>connect scott/tiger
已连接。
SQL>select * from temp_table;

Num_COL          CHAR_COL
--------------   -------------------------------
        3     LogALLConnects fired!
        2     Loguser2Connects fired!
```

```
    3    LogALLConnects fired!
    1    Loguser1Connects fired!
已选择 4 行。
```

5. DDL触发器

DDL 触发器由 DDL 语句触发，按触发时间可分为 BEFORE 触发器和 AFTER 触发器，其所针对的事件包括 CREATE、ALTER、DROP、ANALYZE、GRANT、COMMENT、REVOKE、RENAME、TRUNCATE、AUDIT、NOTAUDIT、ASSOCIATE STATISTICS 和 DISASSOCIATE STATISTICS。

创建 DDL 触发器需要用户具有 DBA 权限。

【例 9-18】 在 SYSTEM 用户下创建一个基于 CREATE 命令的 DDL 事后触发器。

```
SQL> CONNECT system/system;  --以 SYSTEM 用户连接数据库
已连接。
SQL>CREATE OR REPLACE TRIGGER ddl_create_schema
  2    AFTER CREATE ON SCHEMA
  3    BEGIN
  4      dbms_output.put_line('新对象被创建了!');
  5    END l ddl_create_schema;
  6    /
触发器已创建。
```

创建触发器后，SYSTEM 用户执行了 CREATE 命令，上述创建的 ddl_create_schema 触发器被触发。其执行结果如下所示：

```
SQL> SET SERVEROUTPUT ON
SQL> CREATE table table1(id number);
新对象被创建!
表已创建。

SQL>
```

接下来，验证其他用户如 scott 用户连接数据库并执行 CREATE 命令的效果，验证创建的 ddl_create_schema 触发器是否被触发，其执行结果如下所示：

```
SQL> CONNECT scott/tiger;  --以 scott 用户连接数据库
已连接。
SQL> SET SERVEROUTPUT ON
SQL> CREATE table table2(id number);
表已创建。
SQL>
```

从上述运行结果可知，创建的 CREATE 触发器没有被触发。

9.3.3　管理触发器

当触发器创建完成后，程序员和 DBA 管理员要经常关心数据库实例中的触发器的情况。可以对触发器中的内容、状态进行修改，也可以对于不必需的触发器，进行删除或使触发器无效，从而使系统的性能有所提高。

1．修改触发器

修改触发器时可以使用 CREATE OR REPLACE TRIGGER trigger_name 命令将原来的触发器替换。

可以对 DML 触发器重新命名，但不能对系统触发器执行重命名操作。修改触发器的名字的语句为：

```
ALTER TRIGGER trigger_name TO new_name;
```

2．删除触发器

删除触发器的命令语法如下：

```
DROP TRIGGER  trigger_name;
```

【例 9-19】 从数据字典中删除某个触发器。

```
SQL> select trigger_name from user_triggers;

TRIGGER_NAME
-----------------------------
SET_NLS

SQL> drop trigger set_nls;

触发器已丢弃。
```

3．启用和禁用触发器

使触发器无效的命令是 ALTER TRIGGER，它的语法如下：

```
ALTER TRIGGER  triger_name [DISABLE | ENABLE ];
```

【例 9-20】 使触发器 triger1 无效。

```
SQL> ALTER TRIGGER  triger1  DISABLE;
```

【例 9-21】 将 scott.emp 表中的所有触发器禁用。

```
SQL> ALTER  TABLE  scott.emp  DISABLE  ALL TRIGGERS;
```

9.3.4　创建触发器的限制

在创建触发器时还要注意下面一些限制：
- ❑ 触发器中不能使用控制语句 COMMIT、ROLLBACK 和 SVAEPOINT；
- ❑ 由触发器所调用的过程或函数也不能使用控制语句；
- ❑ 触发器中不能使用 LONG 和 LONG RAW 类型；
- ❑ 触发器所访问的表受到远表的约束限制，即后面的"变化表"。
- ❑ 一般的触发器的代码大小必须小于 32K；如果大于这个限制，可以将其拆成几个部分来写。

提示：虽然触发器的功能很强大，但过多地依靠触发器会使得数据库的维护变得相当复杂和困难，所以在使用触发器时一定要慎重。

9.4　程　序　包

为了实现程序模块化，Oracle 中可以使用包来提高程序的执行效率。包就是把相关的存储过程、函数、变量、常量和游标等 PL/SQL 程序组合在一起，并赋予一定的管理功能的程序块。把相关的模块归类成为包，可使开发人员利用面向对象的方法进行内嵌过程的开发，从而提高系统性能。另外，当首次调用程序包中的存储过程或函数等元素时，Oracle会将整个程序包调入内存，在下次调用包中的元素时，就可以直接从内存中读取，而不需要进行磁盘的 IO 操作，从而提高系统的运行效率。

包类似于 C++或 Java 程序中的类，而变量相当于类中的成员变量，过程和函数相当于方法，把相关的模块归类成为包，可使开发人员利用面向对象的方法进行存储过程的开发，从而提高系统性能。与类相同，包中的程序元素也分为公用元素和私有元素两种，这两种元素的区别是它们允许访问的程序范围不同，即它们的作用域不同。公用元素不仅可以被包中的函数和过程调用，也可以被包外的 PL/SQL 块调用。而私有元素只能被该包内部的函数或过程调用。

9.4.1　创建程序包

一个程序包由两部分组成：包定义和包体。其中包定义部分声明包内数据类型、变量、常量、游标、子程序和函数等元素，这些元素为包的共有元素。包主体则定义了包定义部分的具体实现，在包主体中还可以声明和实现私有元素。

1．包定义

包定义使用 CREATE PACKAGE 语句，其语法结构如下：

```
CREATE [OR REPLACE] PACKAGE package_name
{IS | AS}
[package_specification;]
END [package_name];
```

其语法解析如下。

❑ package_name：表示创建的包名。

❑ package_specification：用于列出用户可以使用的公共存储过程、函数、类型和对象。

【例 9-22】　创建包 t_package，在该包的定义中列出一个存储过程 append_proc 和一个函数 appedn_fun。

```
--包定义
SQL> CREATE OR REPLACE PACKAGE t_package
```

```
 2  IS
 3      PROCEDURE append_proc(t varchar2,a out varchar2); --定义过程
 4     PROCEDURE append_proc(t number,a out varchar2);     --过程的重载
 5    FUNCTION append_fun(t varchar2) return varchar2;      --定义函数
 6  END;
 7   /
```

程序包已创建。

上述例子中，在创建包 t_package 时，只列出存储过程 append_proc 和函数 append_fun 的声明部分，而不包含它们的实际代码，其实际代码应该在包体中给出。

2. 创建包体

包体是独立于包头的另外的数据库对象，也就是说，在编写整个存储包时，虽然我们将包头和包体写在一个文件（一个程序）中并在 SQL>下进行解释生成包程序，但是经过 Oracle 的 PL/SQL 解释的程序会被分成包的头部、包的体部及存储过程、函数部分。当我们查询数据库字典时，可以看到 Oracle 数据库是将包头和包体分开的。包体的创建语法如下：

```
CREATE [OR REPLACE] PACKAGE BODY package_name
{IS | AS}
package_body;
END [package_name];
```

【例 9-23】 创建上例包 t_package 中的包体，在该包体中需实现存储过程 append_proc 和函数 append_fun 的实际代码，还可以包含其他私有项目。

```
SQL>create or replace package body t_package  --包主体
 2  IS
 3   v_t varchar2(30);      --私有成员函数
 4  FUNCTION private_fun(t varchar2) RETURN varchar2 IS  --实现函数
 5   BEGIN
 6    v_t := t||'hello';
 7    RETURN v_t;
 8   END;
 9  PROCEDURE append_proc(t varchar2,a out varchar2) is   --实现过程
10   BEGIN
11    a := t||'hello';
12   END;
13   PROCEDURE append_proc(t number,a out varchar2) is   - -过程的重载
14    BEGIN
15    a := t||'hello';
16  END;
17  FUNCTION append_fun(t varchar2)    --实现函数
18    RETURN varchar2 is
19   BEGIN
20     v_t := t||'hello';
21     RETURN v_t;
22   END;
23  END;
```

程序包体已创建。

9.4.2　包的开发步骤

与开发存储过程类似，包的开发需要以下几个步骤：
- ❏ 将每个存储过程调试正确；
- ❏ 用文本编辑软件将各个存储过程和函数集成在一起；
- ❏ 按照包的定义要求将集成的文本的前面加上包头；
- ❏ 按照包的定义要求将集成的文本的前面加上包体；
- ❏ 使用 SQLPLUS 或开发工具进行调试。

9.4.3　删除程序包

对那些不再需要的包，只要具有 DROP ANY PROCEDURE 权限，就可以删除它们。
我们可以用 DROP PACKAGE 命令对不需要的包进行删除，语法如下：

```
DROP  PACKAGE package_name;
```

9.4.4　包的管理

当开发人员已经将包创建在数据库中之后，就开始面临对包的管理的问题。由于包的源代码是存放在 Oracle 的数据字典里，不像在文件系统下直接可以浏览和复制等那样方便，所以包的管理对 DBA 来说更具挑战性。

与 Oracle 系统的包有关的数据字典有：DBA_SOURCE 和 DBA_ERRORS。

1. DBA_SOURCE数据字典

DBA_SOURCE 数据字典存放有整个 Oracle 系统的所有包、存储过程和函数的源代码。它的列名及说明如表 9-2 所示。

表 9-2　DBA_SOURCE数据字典

列　　名	数 据 类 型	是 否 空	说　　明
Owner	Varchar2(30)	Not null	对象的主人
Name	Varchar2(30)	Not null	对象名称
Type	Varchar2(12)		对象类型，可以是 PROCEDURE、FUNCTION、PACKAGE、TYPE、TYPE BODY 或 PACKAGE BODY
Line	Number	Not null	行号
text	Varchar2(4000)		源代码

2. DBA_ERRORS数据字典

DBA_ERRORS 存放所有对象的错误列表。编程人员和 DBA 可以从中查看错误的对象名及错误内容。它的列说明如表 9-3 所示。

表 9-3 DBA_ERRORS数据字典

列 名	数据类型	是否空	说 明
Owner	Varchar2(30)	Not null	对象的主人
Name	Varchar2(30)	Not null	对象名称
Type	Varchar2(12)		对象类型，可以是 PROCEDURE、FUNCTION、PACKAGE、TYPE、TYPE BODY 或 PACKAGE BODY
sequence	number	Not null	顺序号
Line	Number	Not null	行号
position	number	Not null	错误在行中的位置（列）
text	Varchar2(4000)		错误代码

9.5 实 例 分 析

1. 存储过程实例

现假设存在两张表，一张是学生成绩表（student），字段包括：stdId、math、article、language、music、sport、total、average 和 step。

另一张是学生课外成绩表（out_school），字段包括：stdId、parctice 和 comment 。

【例 9-24】 通过存储过程自动计算出每位学生的总成绩和平均成绩，同时，如果学生在课外课程中获得的评价为 A ，就在总成绩上加 20 分。

```
SQL >CREATE OR REPLACE PROCEDURE autocomputer(step IN number)
  2  IS
  3 rsCursor SYS_REFCURSOR;
  4 commentArray myPackage.myArray;
  5 math number;
  6 article number;
  7 language number;
  8 music number;
  9 sport number;
 10 total number;
 11 average number;
 12 stdId varchar(30);
 13 record myPackage.stdInfo;
 14 i number;
 15 BEGIN
 16  i := 1;
 17  get_comment(commentArray); -- 调用存储过程获取学生课外评分信息
 18 OPEN rsCursor FOR SELECT stdId,math,article,language,music,sport
 19   FROM student t WHERE t.step = step;
 20 LOOP
 21 FETCH rsCursor into stdId,math,article,language,music,sport;
 22 EXITT WHEN rsCursor%NOTFOUND;
 23   total := math + article + language + music + sport;
 24 FOR i IN 1..commentArray.count LOOP
 25  record := commentArray(i);
 26  IF stdId = record.stdId THEN
 27   BEGIN
 28     IF record.comment = &apos;A&apos; THEN
 29      BEGIN
```

```
30         total := total + 20;
31           GO TO next; -- 使用 go to 跳出 for 循环
32        END;
33      END IF;
34    END;
35  END IF;
36 END LOOP;
37    average := total / 5;
38 UPDATE student t SET t.total=total AND t.average = average
39 WHERE t.stdId = stdId;
40 end LOOP;
41 end;
42 end autocomputer;
```

下面是取得学生评价信息的存储过程。

```
SQL>CREATE OR REPLACE PROCEDURE
 2     get_comment(commentArray out myPackage.myArray)
 3  IS
 4    rs SYS_REFCURSOR;
 5    record myPackage.stdInfo;
 6    stdId varchar(30);
 7    comment varchar(1);
 8    i number;
 9  BEGIN
10    OPEN rs FOR SELECT stdId,comment FROM out_school;
11    i := 1;
12 LOOP
13    FETCH rs INTO stdId,comment;
14    EXIT WHEN rs%NOTFOUND;
15     record.stdId := stdId;
16      record.comment := comment;
17    recommentArray(i) := record;
18     i:=i + 1;
19  END LOOP;
20END get_comment;
```

下面定义数组类型 myArray。

```
SQL> create or replace package myPackage IS BEGIN
 2    TYPE stdInfo is record(stdId varchar(30),comment varchar(1));
 3    TYPE myArray is table of stdInfo index by binary_integer;
 4    END myPackage;
```

2. 触发器应用实例

在实际应用中，几乎数据库中的每个表都有主键列，这些主键列的赋值方式都应该是使用序列，而由于一个序列不能应用于多个表，否则会出现跳号情况。这就会导致每个表都对应一个序列，在向不同的表中添加数据时，用户需要弄清对应表的序列号。

【例 9-25】 创建一个序列号和触发器，自动为主键列赋值。

首先，要创建一张 example 表。

```
SQL> CREATE TABLE example(
 2     ID Number(4) NOT NULL PRIMARY KEY,
 3     NAME VARCHAR(25),
 4     PHONE VARCHAR(10),
 5     ADDRESS VARCHAR(50)
 6  );
```

```
 7   /
```
表已创建。

然后，需要创建一个自定义的序列（sequence）。

```
SQL>CREATE SEQUENCE emp_sequence
 2   INCREMENT BY 1 -- 每次加几个
 3   START WITH 1 -- 从 1 开始计数
 4   NOMAXVALUE -- 不设置最大值
 5   NOCYCLE -- 一直累加，不循环
 6   NOCACHE;-- 不创建缓冲区
```

最后，创建一个为主键列自动赋值的触发器。

```
SQL>CREATE TRIGGER autoid BEFORE
 2   INSERT ON example FOR EACH ROW WHEN (new.id is null)
 3   BEGIN
 4     SELECT emp_sequence.nextval INTO: new.id FROM dual;
 5   END;
 6   /
```
触发器已创建。

下面，可以测试触发器的执行结果。

```
SQL>INSERT  INTO  example(Name,phone,address)  Values('Funson','56789888',
'NanJing');
已创建 1 行。

SQL>SELECT *  FROM example WHERE phone= '56789888';

  ID     NAME         PHNOE           ADDRESS
 ------  ---------   -----------    --------------
   8     Funson       56789888         NanJing
```

【例 9-26】　创建触发器，它将映射 scott.emp 表中每个部门的总人数和总工资。

```
--创建映射表
SQL> CREATE TABLE dept_sal AS
 2    SELECT deptno,COUNT(empno) AS total_emp,SUM(sal)
 3    AS total_sal FROM scott.emp GROUP BY deptno;
 4    DESC dept_sal;
 5    /
表已创建。

SQL> CREATE OR REPLACE TRIGGER emp_info   --创建触发器
 2     AFTER INSERT OR UPDATE OR DELETE
 3     ON scott.emp   DECLARE CURSOR cur_emp
 4   IS
 5    SELECT deptno,COUNT(empno) AS total_emp,SUM(sal)
 6      AS total_sal FROM emp GROUP BY deptno;
 7   BEGIN
 8     DELETE dept_sal;   --触发时首先删除映射表信息
 9     FOR v_emp IN cur_emp LOOP
10     DBMS_OUTPUT.PUT_LINE(v_emp.deptno || v_emp.total_emp || v_emp.total_sal);
11       INSERT INTO dept_sal VALUES(v_emp.deptno,v_emp.total_emp,v_emp.total_sal);
12     END LOOP;
13   END;
14   /
```

```
--对 emp 表进行 DML 操作
SQL> INSERT INTO emp(empno,deptno,sal) VALUES('123','10',10000);
已插入 1 条记录。

--查询执行结果
SQL>SELECT * FROM dept_sal;  DELETE EMP WHERE empno=123;
…
SQL> SELECT * FROM dept_sal;
…
```

3．程序包实例

【例 9-27】　给定 Oracle 数据库中的 scott.emp 和 scott.dept 表，完成以下操作。

由于 Oracle 存储过程没有返回值，它的所有返回值都是通过 out 参数来替代的，列表同样也不例外，但由于是集合，所以不能用一般的参数，必须要用 package 了，所以要分两部分。

（1）建一个程序包。如下：

```
SQL>CREATE OR REPLACE PACKAGE testpackage  AS
  2   TYPE Test_CURSOR IS REF CURSOR;
  3 END testpackage;
```

（2）建立存储过程，存储过程为：

```
SQL>CREATE OR REPLACE PROCEDURE testp (p_CURSOR out
  2 TESTPACKAGE Test_CURSOR) IS
  3 BEGIN
  4  OPEN p_CURSOR FOR SELECT * FROM scott.emp;
  5 END testp;
```

可以看到，它是把游标（可以理解为一个指针）作为一个 out 参数来返回值的。

（3）在 Java 里调用时就用下面的代码：

```
package com.fw.src;
import java.sql.*;
import java.io.OutputStream;
import java.io.Writer;
import java.sql.PreparedStatement;
import java.sql.ResultSet;
import oracle.jdbc.driver. *;
 public class TestProcedure {
  public TestProcedure () {
  }
  public static void main(String[] args ){
   String driver = "oracle.jdbc.driver.OracleDriver";
   String strUrl = "jdbc:oracle:thin:@127.0.0.1:1521:nuist";
   Statement stmt = null;
   ResultSet rs = null;
   Connection conn = null;

   try {
     Class.forName(driver);
     conn =  DriverManager.getConnection(strUrl, "fw", "123");

     CallableStatement proc = null;
     proc = conn.prepareCall("{ call fw.testp(?) }");
     proc.registerOutParameter(1,oracle.jdbc.OracleTypes.CURSOR);
```

```
    proc.execute();
    rs = (ResultSet)proc.getObject(1);

    while(rs.next())
    {
        System.out.println("<tr><td>" + rs.getString(1) +
"</td><td>"+rs.getString(2)+"</td></tr>");
    }
}
catch (SQLException ex2) {
    ex2.printStackTrace();
}
catch (Exception ex2) {
    ex2.printStackTrace();
}
finally{
    try {
        if(rs != null){
            rs.close();
            if(stmt!=null){
                stmt.close();
            }
            if(conn!=null){
                conn.close();
            }
        }
    }
    catch (SQLException ex1) {
    }
}
}
}
```

在这里要注意，在执行前一定要先把 Oracle 的 class12.jar 或 ojdbc6.jar 驱动包放到 CLASSPATH 路径中，否则会报错。

9.6　本 章 小 结

本章主要介绍了 PL/SQL 程序块的高级使用，首先介绍了存储过程的创建和管理，以及带参数的存储过程的使用；进一步介绍了不带返回值的函数的创建与使用过程；然后，介绍了触发器的类型、作用以及创建和管理过程；最后，对程序包的创建和使用也进行了阐述。另外，结合应用实例来分析了上述高级 PL/SQL 程序块的实践应用知识，以提高解决实际问题的能力。

9.7　习题与实践练习

一、填空题

1. 存储过程是一个命名的程序块，包括_____、_____和_____三部分。

2．创建存储过程需要使用 CREATE PROCEDURE 语句，调用存储过程可以使用_____或 EXECUTE 命令。

3．修改存储过程是在创建存储过程的语句中添加_____选项。

4．存储过程的 3 种参数模式，分别是 IN、_____和_____。

5．删除存储过程需要用户事先具有_____系统权限。

6．Oracle 中触发器主要有_____、_____、系统触发器和_____。

7．如果要创建行级触发器，则应该在创建触发器的语句中使用_____子句。

8．创建包定义需要使用 CREATE PACKAGE 语句，创建包体需要使用_____语句。

二、选择题

1．以下哪种程序单元 必须返回数据？（　　　）
　　A．函数　　　　　　B．存储过程　　　　　C．触发器　　　　　　　D．包

2．当建立存储过程时，以下哪个关键字用来定义输出参数？（　　　）
　　A．IN　　　　　　　B．PROCEDURE　　　　C．OUT　　　　　　　　D．FUNCTION

3．下列哪个语句可以在 SQL *Plus 中直接调用一个存储过程？（　　　）
　　A．RETURN　　　　 B．EXEC　　　　　　　C．SET　　　　　　　　D．IN

4．函数头部的 RETURN 语句的作用是什么？（　　　）
　　A．声明返回的数据类型　　　　　　　　　B．调用函数
　　C．调用过程　　　　　　　　　　　　　　D．函数头不能使用 RETURN 语句

5．下面对 BEFORE 触发器与 INSTEAD OF 触发器叙述正确的是（　　　）。
　　A．BEFORE 触发器在触发事件执行之前被触发，触发事件本身将不会被执行
　　B．BEFORE 触发器在触发事件执行之前被触发，触发事件本身仍然被执行
　　C．INSTEAD OF 触发器在触发事件执行之时被触发，触发事件本身将不会再执行
　　D．INSTEAD OF 触发器在触发事件执行之时被触发，触发事件本身仍然被执行

6．下面关于:NEW 与:OLD 的理解正确的是（　　　）。
　　A．:NEW 与：OLD 可分别用于获取新的数据与旧的数据
　　B．:NEW 与：OLD 可以用于 INSERT、UPDATE 和 DALETE 触发器中
　　C．INSERT 触发器中只能使用：NEW
　　D．UPDATE 触发器中只能使用：NEW

7．修改触发器应该使用下列哪种语句?（　　　）
　　A．ALTER TRIGGER 语句
　　B．DROP TRIGGER 语句
　　C．CREATE TRIGGER 语句
　　D．CREATE OR REPLACE TROGGER 语句

8．如果在包规范 mypackage 中没有声明某个过程 myprocedure，而在创建包体时包含该子过程，那么对该过程叙述正确的是（　　　）。
　　A．包体将无法创建成功，因为在包体中含有包规范中没有声明的元素
　　B．该过程影响包体创建，它属于包的私有元素
　　C．可以通过 mypackage.myprodure 调用该过程
　　D．无法在包外使用该过程

三、简答题

1．什么是存储过程，什么命令可以用来创建一个存储过程？
2．触发器可执行什么功能，表级的触发器有哪几种类型？
3．简述 INSTEAD OF 触发器的作用。
4．简述程序包的概念和创建语句。

四、编程题

1．根据以下要求编写存储过程：输入部门编号，输出 scott.emp 表中该部门的所有员工的编号、姓名和岗位信息。
2．创建一个触发器，在更新表 scott.emp 之前触发，目的是不允许在周末修改表。

五、上机操作题

1．完成本章存储过程、函数、触发器和包的应用示例。
2．完成本章综合实例的操作。

第 10 章　Oracle 安全性管理

随着网络和信息化的飞速发展，企业对信息系统的依赖日益加深，对信息安全的重视也在日益增强。数据库的安全性管理是信息系统安全性防范的重中之重。Oracle 数据库的安全性管理是指，使只拥有相应权限的用户才可以访问数据库中的相应对象，执行相关对象的相应合法操作。在建立应用系统的各种对象（包括表、视图和索引等）前，就得先确定各个对象与用户的关系。也就是说，哪些用户需要建立，哪些用户都充当什么样的角色，他们应该有多大权限等。为了实现上述安全性，Oracle 采用了用户、角色、概要文件和审计等策略来保障系统的安全性。下面介绍常用系统安全管理方面的内容。

本章要点：

❑ 理解 Oracle 数据库安全性管理基本概念；

❑ 掌握用户的创建与管理；

❑ 了解用户配置文件的作用；

❑ 掌握系统权限和对象权限的应用；

❑ 理解用户自定义角色的创建与管理；

❑ 理解数据库概要文件的应用。

10.1　用　　户

用户，也称为账号，它是 Oracle 使用者的身份证明，使用者只有输入正确的用户名和口令进行登录，才可以打开数据库进行操作。而且根据用户权限的不同，允许访问的对象和执行的操作也是不一样的。在 Oracle 中，最外层的安全性措施就是让用户标识自己的名字，然后由系统进行审核。只有正确的用户标识和口令才能登录到数据库。

10.1.1　创建用户

Oracle 数据库自带了许多用户，如 system、scott 和 sys 用户等，也允许数据库管理员创建用户。合理的用户和权限管理对于数据库系统的高效、安全、可靠非常关键。Oracle 在用户及权限管理上有许多新的概念和特性。

🔔说明：对用户及权限的管理需要进入 SQL*Plus 交互工具。每一个 SQL 语句后要以分号 ";" 结束。退出交互工具的命令为：quit 。SQL 命令语句及可选项不区分大小写，本文中出现大写的地方是强调作用。需要在 system 用户模式下进行用户的创建和管理操作。

　　使用 OEM 企业管理器方式创建用户比较简单，下面我们主要介绍通过 SQL*Plus 交互方式创建和管理用户。

　　创建用户需要使用 CREATE USER 语句，其语法如下：

```
CREATE USER username IDENTIFIED BY password
 Or IDENTIFIED EXETERNALLY
 Or IDENTIFIED GLOBALLY AS 'CN=user'
[DEAFULT TABLESPACE tablespace ]
[TEMPORARY TABLESPACE tablespace]
[QUOTA [integer K[M]][UNLIMITED] ON tablespace
[, QUOTA [integer K[M]][UNLIMITED] ON tablespace
[PROFILES profile_name]
[PASSWORD EXPIRE]
[ACCOUNT LOCK or ACCOUNT UNLOCK];
```

　　其语法说明如下。

- ❏ username：创建的用户名。
- ❏ IDENTIFIED BY password：为用户指定口令。
- ❏ IDENTIFIED BY EXETERNALLY：用户名在操作系统下验证，这个用户名必须与操作系统中所定义的用户相同。
- ❏ IDENTIFIED GLOBALLY AS 'CN=user'：用户名是由 Oracle 安全域中心服务器来验证，CN 名字标识用户的外部名。
- ❏ [DEAFULT TABLESPACE tablespace]：设定默认的表空间
- ❏ [TEMPORARY TABLESPACE tablespace]：设置默认的临时表空间。
- ❏ [QUOTA [integer K[M]][UNLIMITED] ON tablespace：为用户设置在某表空间上允许使用 k[m]字节数。
- ❏ [PROFILES profile_name]：为用户指定概要文件的名字，用于限制用户对系统资源的使用和执行口令的管理等。不使用此语句则采用默认的概要文件 DEFAULT。
- ❏ [PASSWORD EXPIRE]：立即将口令设成过期状态，用户在登录进入前必须修改口令。
- ❏ [ACCOUNT LOCK or ACCOUNT UNLOCK]：用户的初始状态为锁定（LOCK）或解锁（UNLOCK），默认为 UNLOCK 状态，即不被加锁。

　　【例 10-1】通过 SQL*Plus 方式创建用户 funson，注意创建用户需要具有 CREATE USER 权限，需以特权用户 system 账号登录创建。创建过程如下：

```
SQL> CONNECT system/system
已连接。
SQL>CREATE USER funson
2  identified by 123456
3  default  tablespace users
4  temporary tablespace  temp
5  quota 10M on users
6  profile newprofile;
用户已创建。
```

10.1.2　管理用户

　　对创建好的用户，还可以进行修改、删除和管理用户会话等操作。

1．修改用户

对创建好的用户可以使用 ALTER USER 语句进行修改，包括：口令字、默认表空间、临时表空间、表空间限量、profile 和默认角色等。

ALTER USER 语句语法如下：

```
ALTER USER username IDENTIFIED BY password
  Or IDENTIFIED EXETERNALLY
  Or IDENTIFIED GLOBALLY AS 'CN=user'
[DEAFULT TABLESPACE tablespace ]
[TEMPORARY TABLESPACE tablespace]
[QUOTA [integer K[M]][UNLIMITED] ON tablespace
[, QUOTA [integer K[M]][UNLIMITED] ON tablespace
[PROFILES profile_name]
[PASSWORD EXPIRE]
[ACCOUNT LOCK or ACCOUNT UNLOCK]
[DEFAULT ROLE role[,role]
  or [DEFAULT ROLE ALL [EXEPT role[,role]]]or[DEFAULT ROLE NOTE];
```

【例 10-2】 比如用户 funson 使用的资源超出限额的话，就出现如下提示：

```
ORA-01536:SPACE QUOTA EXCEEDED FOR TABLESPACE 'USERS'
```

这时需要对该用户增加资源限额，需要在 system 用户模式下操作：

```
SQL> ALTER USER funson QUOTA 20M ON SYSTEM;
```

【例 10-3】 在 system 用户模式下修改用户 scott 的状态为 LOCK 状态，然后尝试用 scott 账户连接数据库，如下：

```
SQL> ALTER USER scott  ACCOUNT LOCK ;
用户已更改。
SQL> CONNECT scott/scott;
ERROR:
ORA-28000: the account is locked
```

2．删除用户

对于不再需要的用户，可以用 DROP USER 来将不要的用户从数据库系统中删除。以释放出磁盘空间。DROP USER 语句的语法如下：

```
DROP USER user [CASCADE]
```

如果加 CASCADE 则连同用户的对象一起删除；若不使用 CASCADE 选项，则必须在该用户的所有实体都删除之后，才能删除该用户。使用 CASCADE 后，则不论用户实体有多大，都一并删除。

【例 10-4】 在 system 用户模式下删除 zhao 用户，如下：

```
SQL>drop user zhao cascade;
```

⚠提示：不要轻易使用 DROP USER 命令。只有在确认某个用户没有保留时才使用该命令。

3．管理用户会话

为了解当前数据库中的用户会话信息，保证数据库的安全运行，Oracle 提供了一系列相关的数据字典对用户会话进行监视。在需要的时候，数据库管理员可以即时终止用户的会话。

（1）监视用户会话信息

通过 V$SESSION 动态视图，可以查询所有 Oracle 用户会话信息。

【例 10-5】　查询动态视图 V$SESSION 中的部分信息，如下：

```
SQL> select sid, serial#,username, machine, status,logon_time
  2  from v$session where username username is not null;
     SID   SERIAL# USERNAME MACHINE    STATUS     LOGON_TIME
     ----- -------- -------- --------  --------  - ----------------
     166    1508   SYSTEM    FUNSON    INACTIVE   02-8 月-13
```

其中，sid 与 serial#用于唯一标识一个会话信息；username 表示用户；machine 表示用户登录时所使用的计算机名；status 表示该用户的活动状态；logon_time 表示用户上次连接数据库的时间。

（2）终止用户会话

数据库管理员可以在需要时候使用 ALTER SYSTEM 语句终止用户的会话。通过分组，统计每个不同的用户或主机打开的 Oracle 用户会话总数：

```
SQL> select username,machine,count(*) from v$session group by username,
machine;
```

然后，根据 SID 和 SERIAL#可以选择需要终止的用户会话。

【例 10-6】　终止 sid 128，serial#为 1366 的会话，语句如下：

```
SQL> ALTER SYSTEM KILL SESSION '128 , 1366' immediate;
```

10.2　权限管理

创建一个新用户后，该用户还无法操作数据库，还需要为该用户授予相关的权限。权限是用户对数据库中一项功能的执行权力。Oracle 的权限包括系统权限和数据库对象权限两类，采用非集中的授权机制，即数据库管理员（Database　Administrator，简称 DBA）负责授予与回收系统权限，每个用户授予与回收自己创建的数据库对象的权限。

10.2.1　权限概述

为了管理复杂系统的不同用户，Oracle 系统提供了角色和权限。权限可以使用户能访问对象或执行程序。而角色是一组权限的集合，同样，角色被授予用户后，用户也具有某些权限。Oracle 允许重复授权，即将某一权限多次授予同一用户。Oracle 也允许无效回收，即用户没有某种权限，但回收此权限的操作仍算是成功的。

Oracle 的安全机制，是由系统权限、对象权限和角色权限这三级体系结构组成的。如

表 10-1 所示。

表 10-1　Oracle安全机制

权 限 类 型	说　　明
系统权限	是指对数据库系统及数据结构的操作权，例如创建/删除用户、表、同义词和索引等等
对象权限	是指用户对数据的操作权，如查询、更新、插入、删除和完整性约束等等
角色权限	是把几个相关的权限组成角色，角色之间可以进一步组合而成为一棵层次树，以对应于现实世界中的行政职位。角色权限除了限制操作权、控制权外，还能限制执行某些应用程序的权限

系统权限是指用户在整个数据库中执行某种操作时需要获得的权限，如连接数据库、创建用户等系统权限。而对象权限是指用户对数据库中某个对象操作时需要的权限，主要针对数据库中的表、视图和存储过程等数据对象。这样的安全控制体系，使得整个系统的管理人员及程序开发人员能控制系统命令的运行、数据的操作及应用程序的执行。

在 Oracle 中与权限有关的另一个概念是角色，使用角色为用户分配权限则比较简单、快捷。角色本质上就是一个或多个权限的集合体，将具有相同权限的用户归为同一个角色，这些用户就拥有了该角色中的所有权限，这样可以大大简化权限的分配操作。

10.2.2　系统权限管理

系统权限是指对整个 Oracle 系统的操作权限，如连接数据库、创建与管理表或视图等。系统权限一般由数据库管理员授予用户，并允许用户将被授予的系统权限再授予其他用户。

1．Oracle中系统权限分类

Oracle 提供了 80 多种系统权限，其中包括创建会话、创建表、创建视图、创建用户、删除表、删除用户、授予任何角色、锁定任何表、限制会话、修改任何索引、修改系统、修改表空间、备份任何表和审计任何数据库对象等。DBA 在创建一个用户时需要将其中的一些权限授予该用户。通过数据字典 SYSTEM_PRIVILEGE_MAP 可以查看 Oracle 中的系统权限，其中常用的系统权限如表 10-2 所示。

表 10-2　Oracle中常用系统权限

类型/系统权限	说　　明
CREATE [ANY] CLUSTER	群集权限：在自己的方案中创建、更改和删除群集
ALTER DATABASE	运行 ALTER DATABASE 语句，更改数据库的配置
AUDIT ANY	运行 AUDIT 和 NOAUDIT 语句，对任何方案的对象进行审计
ALTER ANY INDEX	在任何方案中更改索引
CREATE [ANY] PROCEDURE	在任何方案中创建过程、函数和包
CREATE PROFILE	创建概要文件
ALTER PROFILE	更改概要文件
DROP PROFILE	删除概要文件
CREATE ROLE	创建角色
ALTER ANY ROLE	更改任何角色
DROP ANY ROLE	删除任何角色
GRANT ANY ROLE	将用户授予任何角色。注意：没有对应的 REVOKE ANY ROLE 权限

续表

类型/系统权限	说　　明
CREATE ROLLBACK SEGMENT	创建回退段。注意：没有对撤销段的权限
CREATE[ANY] SEQUENCE	在任何方案中创建序列
CREATE SESSION	创建会话，登录进入（连接到）数据库
CREATE [ANY] SYNONYM	在任何方案中创建专用同义词
CREATE[ANY] TABLE	在任何方案中创建表
ALTER ANY-TABLE	在任何方案中更改表
DROP ANY TABLE	在任何方案中删除表
COMMENT ANY TABLE	在任何方案中为任何表、视图或者列添加注释
SELECT ANY TABLE	在任何方案中选择任何表中的记录
INSERT ANY TABLE	在任何方案中向任何表插入新记录
UPDATE ANY TABLE	在任何方案中更改任何表中的记录
DELETE ANY TABLE	在任何方案中删除任何表中的记录
LOCK ANY TABLE	在任何方案中锁定任何表
CREATE TABLESPACE	创建表空间
ALTER TABLESPACE	更改表空间
CREATE USER	创建用户
CREATE [ANY] VIEW	在任何方案中创建视图
CREATE [ANY] TRIGGER	在任何方案中创建触发器
GRANT ANY PRIVILEGE	授予任何系统权限。 注意：没有对应的 REVOKE ANY PRIVILEGE
SELECT ANY DICTIONARY	允许从 sys 用户所拥有的数据字典表中进行选择

△说明：大多数权限相似，例如创建与管理过程等，这里不一一列举。

2. 系统权限的授权

可以使用 GRANT 语句将权限或角色授予某个用户或角色。GRANT 的语法如下：

```
GRANT system_privilege [,system_privilege]  TO user[, …] | role[, …] | PUBLIC
[WITH ADMIN OPTION];
```

其语法说明如下。

❑ system_privilege：表示系统权限，例如 CREATE TABLE，多个权限间用逗号隔开。

❑ role：也可以将权限授予某些角色。

❑ user：被授予的用户。可以是多个用户。

❑ PUBLIC：表示 Oracle 系统的所有用户。

❑ WITH ADMIN OPTION：如果指定此选项，则被授予权限的用户可以将该权限再授予其他用户。

【例 10-7】 为用户 Scott 创建并使用系统权限 Create TableSpace。

```
SQL> CONNECT system/system
已连接。
SQL> Grant Create TableSpace To scott WITH ADMIN OPTION;
授权成功。
```

现在，scott 用户就可以创建表空间，并在数据库中创建表空间了，如下：

```
SQL> conn scott/tiger;
已连接。
SQL> Select * From USER_SYS_PRIVS;
SQL> Create TableSpace test10
2   DataFile 'E:\OracleTableSpace\test10.DBF'
  3  Size 2M;
表空间已创建。
```

现在，可以查看创建的表空间 TEST10 情况，如下：

```
SQL> conn system/welcome;
已连接。
SQL> Select * From V$TableSpace;
    TS# NAME                    INC BIG LA
----- ----------------- ----------- --- -----
      0 SYSTEM                   YES NO  YES
      1 UNDOTBS                  YES NO  YES
      2 SYSAUX                   YES NO  YES
      4 USERS                    YES NO  YES
      3 TEMP                     YES NO  YES
      5 EXAMPLE                  YES NO  YES
      6 TEST10                   YES NO  YES
```

3．系统权限的回收

当某个用户不再需要系统权限时，可以使用 REVOKE 语句从用户或角色中回收某些权限。另外，系统权限无级联关系。比如，用户 A 授予用户 B 权限，用户 B 授予用户 C 权限，如果 A 收回了 B 的权限，C 的权限则不受影响。系统权限可以跨用户回收，即 A 可以直接收回 C 用户的权限。

REVOKE 的语法如下：

```
REVOKE system_privilege [,system_privilege] | role user[, …] | role[, …]
| PUBLIC ;
```

该命令可以同时回收多个用户的多个系统权限。

【例 10-8】　以 system 用户连接数据库，回收 wang 和 sun 的 CREATE SESSION 系统权限。

```
SQL> CONNECT system/system
已连接。
SQL> revoke create session from wang,sun;
```

10.2.3　对象权限管理

Oracle 对象权限是指用户在某个方案（schema）上进行操作的权限，比如对某个表或视图对象执行 INSERT、DELETE、UPDATE 和 SELECT 操作时，都需要获得相应的权限，Oracle 才允许用户执行。Oracle 对象权限是 Oracle 数据库权限管理的重要组成部分。

1．对象权限分类

Oracle 对象权限就是指在表、视图、序列、过程、函数或包等对象上执行特殊动作的权利。有 9 种不同类型的权限可以授予给用户或角色。Oracle 中常见对象权限如表 10-3 所示。

表 10-3　Oracle常见对象权限

权限	ALTER	DELETE	EXECUTE	INDEX	INSERT	READ	REFERENCE	SELECT	UPDATE
Directory						√			
Function			√						
Procedure			√						
Package			√						
DB Object			√						
Library			√						
Operation			√						
Sequence	√								
Table	√	√		√	√		√	√	√
Type			√						
View			√		√			√	√

在 Oracle 中，可以授权的数据库对象包括表、视图、序列、索引和函数等，其中用得最多，也是最重要的就是创建数据库基本表。

对于基本表，Oracle 支持 3 个级别的安全性：表级、行级和列级。

（1）表级安全性

表的创建者或 DBA 可以把表级的权限授予其他用户，表级的权限包括：

❑ INSERT：插入数据记录；

❑ ALTER：修改表的定义；

❑ DELETE：删除数据记录；

❑ INDEX：在表上建立索引；

❑ SELECT：查找表中的数据；

❑ UPDATE：修改表中的数据；

❑ ALL：包括以上所有的操作。

表级的授权是使用 GRANT 和 REVOKE 语句来实现的。

（2）行级安全性

Oracle 行级的安全性由视图实现。用视图来定义表的水平子集，限定用户在视图上的操作，从而为表的行级提供保护。视图上的授权与回收和表级的授权与回收完全相同。

例如：只允许用户 USER_6 查看 STUDENT 表中计软院学生的数据，则首先创建计软院学生视图 CS_STU，然后将视图的 SELECT 权限授予 USER_6 用户。

（3）列级安全性

Oracle 列级的安全性可以像行级一样由视图实现，实现方法和行级的相同，也可以直接在基本表上定义。

直接在基本表上定义和回收列级权限也是使用 GRANT 和 REVOKE 语句。

在 Oracle 中，表、行、列三级对象是一个自上而下的层次结构，其上一级对象的授权制约下一级对象的授权。例如当某一个用户拥有了对某个表的 UPDATE 权限，即相对于在表的所有列都拥有了 UPDATE 权限。

Oracle 对数据库对象的权限采用分散控制方法，允许具有 WITH GRANT OPTION 的用户把相应权限或其子集传递授予其他用户，但不允许循环授权，即被授权者不能把权限再授回给授权者或其祖先，如图 10-1 所示。

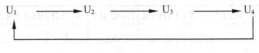

图 10-1 权限传递图

Oracle 把所有权限的信息记录在数据字典中。当用户进行数据库操作时，数据库首先根据字典中的权限信息，检查操作的合法性。在 Oracle 中，安全性检查是任何数据库操作的第一步。

2．对象权限的授予

对象权限的授予同样要使用 GRANT 语句，其语法如下：

```
GRANT object_privilege[, …] | ALL column ON schema.object
TO user[, …] | role[, …] | PUBLIC [WITH GRANT OPTION] ;
```

其语法说明如下。

- ❑ object_privilege：对象的权限，可以是 ALTER、ELETE、EXECUTE、INDEX 或 INSERT EFERENCES，SELECT，UPDATE。
- ❑ ALL：使用 ALL 关键字，可以授予对象上所有的权限。
- ❑ schema：用户模式。
- ❑ object：对象名称。
- ❑ WITH GRANT OPTION：允许用户将该对象权限授予其他用户。与授予系统权限的 WITH ADMIN OPTION 子句类似。

【例 10-9】 将 scott.emp 表的 select 和 update 权限授予新用户 fang 和 wang。

方式 1：以 system 用户登录，行授权操作。

```
SQL> conn system/system;
SQL> CONNECT system/system
已连接。
SQL> grant select ,update on scott.emp To fang,wang;
授权成功。
```

方式 2：以 scott 用户登录，行授权操作。

```
SQL> conn scott/tiger;
已连接。
SQL> grant select ,update on emp To fang,wang;
授权成功。
```

方式 3：先将权限授予 fang，再由 fang 用户转授于 wang。

```
SQL> conn wang/wang123;
已连接。
SQL> select * from scott.emp;
错误:表或视图不存在。
SQL> conn scott/tiger;
```

```
已连接。
SQL> Grant Select,update On emp To fang WITH GRANT OPTION;
授权成功。
SQL> conn fang/fang123;
已连接。
SQL> Grant Select,update On scott.emp To wang;
授权成功。
SQL>select * from scott.emp;
```

3．对象权限的回收

若不再允许用户操作某个数据库对象，那么应该将分配给该用户的权限回收，其格式如下：

```
REREVOKE object_privilege[,…]　 | ALL ON schema.object FROM user[,…] | role[,…]
PUBLIC;
```

注意：与回收系统权限不同的是，在回收某用户的对象权限时，如果该用户将权限授予了其他用户，则其他用户的相应权限也将被回收。

回收权限的用户不一定必须是授予权限的用户，可以是任一具有 DBA 角色的用户；也可以是该数据库对象的所有者；还可以是对该权限具有 WITH GRANT OPTION 选项的用户。

【例 10-10】　按照上述【例 10-9】中的第三种方式先给用户 fang 授权，然后 fang 再给 wang 继续授权，那么如果将 fang 的权限回收，根据对象权限的级联特性，wang 的权限也将一同被回收，如下所示。

```
SQL> conn system/system;
已连接。
SQL> revoke select on scott.emp from fang;
回收成功。
SQL> conn wang/wang123;
已连接。
SQL> select * from scott.emp;
第 1 行出现错误：
ORA-01031:权限不足。
```

从上述语句的执行结果可以看出，在回收 fang 的 SELECT 权限后，由他分配给 wang 的 SELECT 权限也一并被回收，从而验证了对象权限在回收时的级联特性。

10.2.4　安全新特性

数据库的安全问题是各位 DBA 最关心的问题。Oracle 11g 新的安全特性主要是集中在数据加密、压缩和重复数据删除方面。下面介绍一下 Oracle 11g 透明数据加密安全特性问题，希望大家学习过后，能更加理解 Oracle 的安全特性。

大对象（Large Object，即 LOB）存储能力升级的关键原因是在 Oracle 11g 中数据安全需求越来越高，Oracle 11g 数据库进一步增强了无与伦比的安全性，进一步增强了 Oracle 透明数据加密功能，将这种功能扩展到了卷级加密之外。Oracle 数据库 11g 还具有表空间加密功能，可用来加密整个表、索引和所存储的其他数据。存储在数据库中的大型对象也可以加密。

1．开启透明数据加密

在开始使用透明数据加密特性之前，需要在数据库中进行相应设置，在 Oracle 11g 数据库中这个设置非常简单明了，因为现在只需要在数据库的网络配置文件中添加合适的配置目录即可，在之前的 Oracle 版本中，最简单的方法就是通过 Oracle Wallet Manager utility 设置这个 wallet 文件。

首先需要修改 SQLNET.ORA 网络配置文件添加相应内容，以便在指定的目录中创建默认的 TDE PKI 密钥文件 ewallet.p12，然后使用 ALTER SYSTEM SET ENCRYPTION KEY 命令打开这个 wallet 并开启加密特性。

【例 10-11】 开启透明数据加密，在 SQLNET.ORA 网络配置文件中添加参数设置开启 Oracle 11g 数据库的透明数据加密功能。

```
ENCRYPTION_WALLET_LOCATION =
(SOURCE=
(METHOD=FILE)
(METHOD_DATA=
(DIRECTORY=/u01/app/oracle/admin/orcl/wallet))
```

然后，打开 wallet 并设置加密密钥激活 Oracle 11g 的加密功能。

```
SQL> ALTER SYSTEM SET ENCRYPTION KEY IDENTIFIED BY "r3aL1y!T16ht";
SQL> ALTER SYSTEM SET ENCRYPTION WALLET OPEN IDENTIFIED BY "r3aL1y!T16ht";
```

2．控制 SecureFile 加密

完成 TDE 设置后，再开启 SecureFile LOB 加密相对就简单了，和在 Oracle 表中开启其他类型的加密很类似，ENCRYPT 告诉 Oracle 在现有 SecureFile LOB 上应用 TDE 加密，也可以通过 DECRYPT 告诉 Oracle 从 SecureFile LOB 上移除加密特性。

3．改变 SecureFile 加密算法或加密密钥

和其他 Oracle 数据类型一样，ALTER TABLE REKEY 命令可以用来修改当前的加密算法，如将默认的加密算法 AES192 改为 AES256，TDE PKI 密钥发生变化的话，REKEY 命令也可以用于重新加密现有的 SecureFile LOB。Oracle 将会在块级进行加密，确保重新加密执行得更有效。

但请注意在相同的分区下对应的 SecureFile LOB 段只能够被修改为启用或禁用加密，如 LOB 段不能被 REKEY，这是因为 Oracle 11g 在相同的 LOB 分区内对所有 SecureFile LOB 使用了相同的加密算法。

【例 10-12】 对已有的 SecureFile LOB 应用透明数据加密。

应用默认的加密给单个 SecureFile LOB：

```
SQL> ALTER TABLE trbtkt.secure_tickets
2  MODIFY (document CLOB ENCRYPT);
```

应用非默认的 AES 256 位加密算法给单个 SecureFile LOB：

```
SQL> ALTER TABLE trbtkt.secure_tickets
2 MODIFY (scrnimg CLOB ENCRYPT USING 'AES256');
```

为单个 SecureFile LOB rekey 加密：

```
SQL> ALTER TABLE trbtkt.secure_tickets
2 MODIFY (scrnimg CLOB REKEY USING 'AES192');
```

将加密应用给一个分区段：

```
SQL> ALTER TABLE trbtkt.secure_tickets
2 MODIFY PARTITION sts_open (LOB(document) (ENCRYPT));
```

从单个 SecureFile LOB 中移除加密：

```
SQL> ALTER TABLE trbtkt.secure_tickets
2 MODIFY (scrnimg CLOB DECRYPT);
```

4．加密表空间

Oracle 11g 现在可以加密整个表空间了。表空间加密仍然是在块级实现的，但遗憾的是它不能在现有的表空间上执行，因此 Oracle DBA 必须在一开始创建表空间的时候就启用加密，然后 Oracle DBA 就可以使用 ALTER TABLE MOVE 命令来将表移动到加密表空间中。与此类似，已有的索引也可以通过重新创建命令 ALTER INDEX REBUILD ONLINE，直接迁移到加密表空间中去。

和加密列一样，在创建加密表空间之前，数据库加密 wallet 必须先打开才行，通过 CREATE TABLESPACE 命令中新的 ENCRYPTION 指令，新的表空间将会自动应用指定的加密算法到所有存储在其内部的对象。默认采用的是 AES 128 位加密算法，但可以应用任意一个标准的加密算法（3DES168、AES128、AES192 和 AES256 之一），如果不出什么问题的话，一个加密表空间可以传输到一个不同的 Oracle 11g 数据库中，只要源和目标数据库服务器使用了相同的 endianness，并共享了相同的加密 wallet 即可。

但注意临时表空间和 UNDO 表空间不能使用这类加密算法，同样，扩展表源数据和扩展 LOB（如 BFILE）也不能加密。最后，由于加密密钥是在表级应用的，因此无法为加密表空间内的加密对象执行全局 rekey，但在初始化加密表空间时可以使用这个方法来执行一次 rekey 操作。

为了说明加密表空间的特性，下面介绍一个加密表空间 Newtablespace 存储敏感信息的例子，采用了 AES 256 位加密算法。

【例 10-13】　创建一个加密表空间存储敏感信息。

```
DROP TABLESPACE patimages INCLUDING CONTENTS AND DATAFILES;
CREATE TABLESPACE patimages
DATAFILE '/u01/app/oracle/oradata/orcl/Newtablespace.dbf'
SIZE 64M REUSE
EXTENT MANAGEMENT LOCAL
UNIFORM SIZE 1M
SEGMENT SPACE MANAGEMENT AUTO
ENCRYPTION USING 'AES256'
DEFAULT STORAGE (ENCRYPT);
```

10.3　角　色　管　理

数据库中的权限较多，为了方便对用户权限的管理，Oracle 数据库允许将一组相关权限授予某个角色，然后将这个角色授予需要的用户，拥有该角色的用户将拥有该角色包含的所有权限。

10.3.1　角色概述

Oracle 支持角色的概念。所谓角色就是一组系统权限的集合，目的在于简化对权限的管理。Oracle 除允许 DBA 定义角色以外，还提供了预定义的角色，系统预定义角色是在数据库系统安装后系统自动创建的一些常用角色，如 CONNECT、RESOURCE 和 DBA。

- ❑ 具有 CONNECT 角色的用户可以登录到数据库，执行查询语句和操作。即可以执行 ALTER、TABLE、CREATE、VIEW、CREATE、INDEX、DROP、TABLE、GRANT、REVOKE、INSERT、SELECT、UPDATE 和 DELECT 等操作。
- ❑ 具有 RESOURCE 角色的用户可以创建表，即执行 CREAT　TABLE 操作。创建表的用户将拥有对该表所有的权限。
- ❑ DBA 角色可以执行某些授权命令、创建表，以及对任何表的数据进行操纵。它包括了前面两种角色的操作，还有一些管理操作。DBA 角色拥有最高级别的权限。

🔊说明：一般情况下，普通用户应该授予 CONNECT 和 RESOURCE 角色。对于 DBA 管理用户应该授予 CONNECT、RESOURCE 和 DBA 角色。

【例 10-14】 DBA 建立了一个 USER_1 用户以后，欲将 CONNECT 角色所能执行的操作授予 USER_1，则可以通过下面这条语句实现。

```
SQL> GRANT  CONNECT  TO USER_1;
```

这样就更加简洁地实现了对用户的授权操作。

10.3.2　用户自定义角色

当系统预定义角色不能满足实际要求时，用户可以根据业务需要自己创建具有某些权限的角色，然后为角色授权，最后再将角色分配给用户。给角色授权的 GRANT 语句在前面介绍过。通过 GRANT 语句可以对角色授各种权限，如用户对象的访问权、系统权限等。如果用户具有 DBA 权限的话，则用户有 GRANT ANY PRIVILEGE 系统权限。可以对角色授予各种权限。

1．创建角色

创建语法格式：

```
CREATE  ROLE  role_name [NOT IDENTIFIED | IDENTIFIED BY password];
```

语法说明如下。

❑ role_name：创建的角色名。

❑ NOT IDENTIFIED | IDENTIFIED BY password：可以为角色设置口令。默认情况下建立的角色没有 password 或者其他的识别。

【例 10-15】　创建用户角色 testrole，并为该角色设置口令为 test123。

```
SQL>conn system/system
已连接。
SQL> Create  Role  testrole  Identified  By  test123
角色已创建。
```

2．为角色授权和回收权限

新创建的角色还不具有任何权限，可以使用 GRANT 语句向该角色授予权限，使用 REVOKE 语句回收该角色的授予权限。其语法形式与向用户授予权限基本相同，具体语法参见 10.2 节的内容，这里不再赘述。

【例 10-16】　为上例中创建的角色 testrole 授予 scott.emp 表上的 SELECT、UPDATE 和 INSERT 对象权限。

```
SQL>conn scott/tiger
已连接。
SQL> grant select,update,insert on emp To testrole ;
授权成功。
```

3．为用户授予角色

如果角色创建完毕并且已经给角色授予了相应的权限，用户就可以将角色授予给用户了。这样的操作完成后，被授角色的用户就有了相应的权限。只要操作者具有 GRANT ANY PRIVILEGE 系统权限就可通过 GRANT 语句对用户授予各种权限。

【例 10-17】　创建新用户 tom，并将连接数据库所必需的 CREATE SESSION 权限和上例自定义角色 testrole 授予该用户。

```
SQL> conn system/system
已连接。
SQL> create user tom identified by 123456;
用户已创建。
SQL> grant CREATE SESSION , testrole To tom ;
授权成功。
```

10.3.3　管理用户角色

对角色的管理主要包括设置角色的口令、为角色添加或减少权限、禁用与启用角色、删除角色。同样，为角色添加或减少权限分别使用前面介绍的 GRANT 和 REVOKE 语句。

1．设置角色的口令

使用 ALTER USER 语句可以重新设置角色口令，包括删除口令、添加口令和修改口令，其语句格式如下：

```
ALTER ROLE role_name Not Identified | IDENTIFIED BY newPassword;;
```

2．禁用与启用角色

数据库 DBA 可以通过禁用与启用角色，来控制所有拥有该角色的用户的相关权限的使用。角色被禁用后，拥有该角色的用户不再具有该角色的权限。不过用户也可以自己启用该角色，此时，如果该角色设置有口令，则需要提供用户口令。

禁用与启用角色需要使用 SET ROLE 语句，其语法如下：

```
SET ROLE {
  role_name [IDENTIFIED BY Password] [,…]
  | All [Except role_name [,…]] | NONE} ;
```

语法说明如下。

❑ IDENTIFIED BY：启用角色时，为角色提供口令。

❑ ALL：启用所有角色。要求所有角色都不能有口令。

❑ EXCEPT：启用除某些角色以外的所有角色。

❑ NONE：禁用所有角色。

【例 10-18】 在 system 用户模式下禁用 testrole 角色。

```
SQL> conn system/system
已连接。
SQL> set role all except testrole ;
 角色集
```

3．删除角色

删除角色需要使用 DROP ROLE 语句，其语法格式如下：

```
DROP ROLE role_name;
```

【例 10-19】 综合示例：创建新用户 Test_10 和表空间 Tablespace_10，熟练掌握上述权限和角色相关语句的操作。

```
SQL> Drop user Test_10;
SQL> Drop tablespace Tablespace_10;
SQL> Drop Role roleA, roleB;

---连接管理员用户
SQL> conn system/system;

--创建表空间 Tablespace_10
SQL> Create TableSpace Tablespace_10
2   DataFile 'E:\OracleTableSpace\ Tablespace_10.dbf'
 3   Size 2M;

  --创建用户 test_1 和 test_2
SQL> Create User test_1
  2  Identified by "123"
  3  Default TableSpace Tablespace_10;

SQL> Create User test_2
  2  Identified by  "abc"
  3  Default TableSpace Tablespace_10;
```

```
  --连接用户 test_1
SQL> conn test_1/123;
  /*ERROR: user QFStest_1 lacks CREATE SESSION privilege; logon denied*/

 --创建角色
SQL> Create Role  roleA ;
  --授权给角色 Create  Session
SQL> Grant Create  Session  To  roleA;
  --授予角色给用户 test_1
SQL> Grant  roleA  To  test_1;
  --连接用户 test_1 和 test_2
SQL> conn test_1/123;
  /*Connected.*/
SQL> conn test_2/abc;
  /*ERROR: user QFStest_2 lacks CREATE SESSION privilege; logon denied*/
  --授予角色给用户 test_2
SQL> conn system/system;
SQL> Grant roleA TO test_2;
  --连接用户 test_2
SQL> conn test_2/abc;
  /*Connected.*/
  --创建角色 roleB
SQL> conn system/welcome;
SQL> Create Role roleB;
  --授予角色权限：scott.emp 表对象的 select 权限
SQL> Grant   Select  On scott.emp  To  roleB;
  --授予 roleB 角色给用户 test_1
SQL> Grant  roleB To test_1;
  --连接用户 test_1 查询 scott.emp 表数据
SQL> conn test_1/123;
SQL> select * from scott.emp;
  --连接用户 test_2 查询 scott.emp 表数据
SQL> conn test_2/abc;
SQL> select * from scott.emp;
  /* EROOR: table or view does not exist*/
  --授予 roleB 角色给用户 test_2
SQL> conn system/system;
SQL> Grant  roleB To  test_2;
  --连接用户 test_2 查询 scott.emp 表数据
SQL> conn test_2/abc;
SQL> select * from scott.emp;

  --删除角色 roleB
SQL> Drop Role roleB;
  --查询 scott.emp 表数据
SQL> conn test_1/123;
SQL> select * from scott.emp;
  /*EROOR: table or view does not exist*/
SQL> conn test_2/abc;
SQL> select * from scott.emp;
  /* EROOR: table or view does not exist*/

  --删除角色 roleA
SQL> Drop Role roleA;
  --连接用户 test_1 和 test_2
SQL> conn test_1/123;
```

```
   /*ERROR: user QFStest_1 lacks CREATE SESSION privilege; logon denied*/
SQL> conn test_2/abc;
   /*ERROR: user QFStest_2 lacks CREATE SESSION privilege; logon denied*/

  --删除用户 test_1 和 test_2
SQL> Drop User  test_1;
SQL> Drop User  test_2;
  --删除表空间 ts5_11;
SQL> Drop  tableSpace Tablespace_10;
```

10.4　概要文件和数据字典视图

概要文件（PROFILE），又被称作是资源文件或配置文件，它是 Oracle 为了对用户能够合理地分配和使用系统资源进行限制的文件。当 DBA 在创建一个用户的时候，Oracle 会自动地为该用户创建一个相关联的默认概要文件。概要文件中包含一组约束条件和配置项，它可以限制允许用户使用的资源。在安装数据库时，Oracle 自动创建名为 DEFAULT 的资源配置文件，如果在创建用户时没有为用户指定配置文件，则 Oracle 会为该用户指定配置文件为 DEFAULT。

1．概要文件内容

❑ 密码的管理：密码有效期、密码复杂度验证、密码使用历史和账号锁定。
❑ 资源的管理：CPU 时间、空闲时间、连接时间、可以使用的内存空间以及允许并发会话数。

2．概要文件作用

❑ 限制用户进行一些过于消耗资源的操作。
❑ 当用户发呆时间太长，确保用户能释放数据库资源，断开连接。
❑ 使同一类用户都使用相同的资源限制。
❑ 能够很容易地给用户定义资源限制。
❑ 对用户密码进行管理。

3．概要文件特点

❑ 概要文件的指定不会影响到当前的会话，即当前会话仍然可以使用旧的资源限制。
❑ 概要文件只能指定给用户，而不能指定给角色。
❑ 如果创建用户的时候没有指定概要文件，Oracle 将自动为它指定这个默认概要文件。

Oracle 可以在两个层次上限制用户对系统资源的使用，一种是在会话级上，另一种是在调用级上。在会话级上，如果用户在一个会话时间段内超过了资源限制参数的最大值，Oracle 将停止当前的操作，回退未提交的事务，并断开连接；若在调用级上，如果用户在一条 SQL 语句执行中超过了资源参数的限制，Oracle 将终止并回退该语句的执行，但当前事务中已执行的所有语句不受影响，且用户会话仍然连接。

10.4.1　创建概要文件

使用 CREATE PROFILE 语句在数据库中创建概要文件，其语法格式如下：

```
CREATE PROFILE profile_name LIMIT
resource_parameters | password_parameters;
```

其语法说明如下。

❑ profile_name：创建的概要文件名称。

❑ resource_parameters：对一个用户指定资源限制的参数。

❑ Password_parameters：口令参数。

1．resource_parameters部分主要包括的参数

会话级资源限制参数主要如下。

❑ CPU_PER_SESSION：该参数限制每个会话所能使用的 CPU 时间，参数是一个整数，单位为百分之一秒。

❑ SESSIONS_PER_USER：该参数限制每个用户所允许建立的最大并发会话数目，达到这个数目后，用户不能再建立任何连接。

❑ CONNECT_TIME：该参数限制每个会话能连接到数据库的最长时间，达到这个时间限制后会话将自动断开，以分钟为单位。

❑ IDLE_TIME：限制每个会话所允许的最大连续空闲时间。

❑ LOGICAL_READS_PER_SESSION：该参数限制每个会话所能读取的数据块数目，包括从内存和硬盘读取。

❑ PRIVATE_SGA：在共享服务器操作模式下，Oracle 为每个会话分配的私有 SQL 区的大小。

调用级资源限制参数主要如下。

❑ CPU_PER_CALL：该参数限制每条 SQL 语句所能使用的 CPU 时间，单位为百分之一秒。

❑ LOGICAL_READS_PER_CALL：该参数限制每条 SQL 语句所能读取的数据块数目。

2．password_parameters部分主要包括的参数

❑ FAILED_LOGIN_ATTEMPTS：指定允许的输入错误密码的次数，如果超过该次数，用户账号被自动锁定。

❑ PASSWORD_LOCK_TIME：指定由于密码输入错误而被锁定后，持续保持锁定状态的时间（以天为单位）。

❑ PASSWORD_LIFE_TIME：指定同一个密码可以持续使用的时间，如果过期没有修改密码将失效。

❑ PASSWORD_GRACE_TIME：指定用户密码过期时间的提示时间，如果到这个限制之前用户没有改密码，Oracle 将对他提出警告，在 PASSWORD_LIFE_TIME 时

间之前，用户有机会修改密码。

- ❑ PASSWORD_REUSE_TIME：指定用户在能够重复使用一个密码之前必须经过的天数。
- ❑ PASSWORD_REUSE_MAX：指定用户在能够重复使用一个密码之前必须对密码进行修改的次数。
- ❑ PASSWORD_VERIFY_FUNCTION：该参数指定用于验证用户密码复杂度的函数。Oracle 的一个内置脚本中提供了一个默认函数可以用于验证用户密码的复杂度。
- ❑ 补充：以上参数，除了 PASSWORD_VERIFY_FUNCTION 外，其他参数的取值都为数值、UNLIMITED（无限制）或 DEFAULT（系统默认值）。

【例 10-20】　使用 DBA 身份创建一个 TEST 概要文件。

```
SQL>CREATE PROFILE  TEST
2.     LIMIT
3.     CPU_PER_SESSION  1000
4.     CPU_PER_CALL  6000
5.     CONNECT_TIME  60
6.     IDLE_TIME  15
7.     SESSIONS_PER_USER  1
8.     LOGICAL_READS_PER_SESSION  1000
9.     LOGICAL_READS_PER_CALL  1000
10.    PRIVATE_SGA  4K
11.    COMPOSITE_LIMIT  1000000
12.    FAILED_LOGIN_ATTEMPTS  3
13.    PASSWORD_LOCK_TIME  10
14.    PASSWORD_GRACE_TIME  30
15.    PASSWORD_LIFE_TIME  30
概要文件创建。
```

上述创建的概要文件解释如下。

（1）创建一个名为 TEST 的概要文件。

（2）关键字 LIMIT（限制）。

（3）CPU_PER_SESSION 表示占用 CPU 时间（以会话为基准），这里是任意一个会话所消耗的 CPU 时间量（时间量为 1/100 秒）。

（4）CPU_PER_CALL 表示占用 CPU 时间（以调用 SQL 语句为基准），这里是任意一个会话中的任意一个单独数据库调用所消耗的 CPU 时间量（时间量为 1/100 秒）。

（5）CONNECT_TIME 表示允许连接时间，任意一个会话连接时间限定在指定的时间内（单位为分钟）。

（6）IDLE_TIME 表示允许空闲的时间，即任意一个会话被允许的空闲时间（单位为分钟）。

（7）SESSIONS_PER_USER 表示用户最大并行会话数（指定用户的会话数量）。

（8）LOGICAL_READS_PER_SESSION 读取数/会话，即一个会话允许读写的逻辑块的数量限制（单位为块）。

（9）LOGICAL_READS_PER_CALL 读取数/调用，即一次调用的 SQL 期间允许读写的逻辑块的数量限制（单位为块）。

（10）PRIVATE_SGA 表示专用 sga（单位可以指定为 K 或 M）。

（11）COMPOSITE_LIMIT 表示组合限制，一个基于前面的限制的复合限制，包括：

CPU_PER_SESSION、CONNECT_TIME、LOGICAL_READS_PER_SESSION 和 PRIVATE_SGA（单位为服务单元）。

（12）FAILED_LOGIN_ATTEMPTS 表示登录失败几次后将用户锁定（单位为次）。

（13）PASSWORD_LOCK_TIME 表示如果超过 FAILED_LOGIN_ATTEMPTS 设置值，一个账号将被锁定的天数（单位为天）。

（14）PASSWORD_GRACE_TIME 表示密码超过有效期后多少天被锁定，在这个期间内，允许修改密码（单位为天）。

（15）PASSWORD_LIFE_TIME 表示一个用户密码的有效期（单位为天）。

10.4.2　管理概要文件

数据库概要文件创建完成后，可以将其分配给用户使用，也可以对其执行查看、修改或删除操作。

1．分配概要文件

❑ 在创建用户时指定概要文件：

```
CREATE USER username PROFILE profile_name    IDENTIFIED by password;
```

❑ 在修改用户时指定概要文件：

```
ALTER USER username PROFILE profilename;
```

2．修改概要文件

ALTER PROFILE profile_name limit…参数与上面的一样，某个参数没有写时，会为该资源参数分配默认值即 DEFAULT。

3．删除概要文件

使用语句为：

```
DROP PROFILE profilename [cascade];
```

其中 cascade 表示在删除该概要文件的同时，从用户中收回该概要文件，并且 Oracle会自动把默认的概要文件 DEFAULT 分配给该用户。如果已经将概要文件分配给用户，但在删除时没有使用 cascade，则删除失败。

4．查看概要文件的信息

管理员可通过 OEM 图形化工具查看概要文件的信息，也可以从以下视图中查看。

❑ dba_profiles：描述了所有概要文件的基本信息。

❑ user-password-limits：描述了在概要文件中的口令管理策略（主要对分配该概要文件的用户而言）。

❑ user-resource-limits：描述了资源限制参数信息。

❑ dba_users：描述了数据库中用户的信息，包括为用户分配的概要文件。

【例 10-21】　从 dba_progiles 视图中查看概要文件的信息。

```
SQL> select * from dba_profiles;
PROFILE               RESOURCE_NAME           RESOURCE    LIMIT
----------------      ------------------------  ----------  --------
DEFAULT               COMPOSITE_LIMIT         KERNEL      UNLIMITED
TEST                  COMPOSITE_LIMIT         KERNEL      DEFAULT
DEFAULT               FAILED_LOGIN_ATTEMPTS   PASSWORD    UNLIMITED
TEST                   FAILED_LOGIN_ATTEMPTS   PASSWORD    DEFAULT
DEFAULT               SESSIONS_PER_USER       KERNEL      UNLIMITED
TEST                  SESSIONS_PER_USER       KERNEL      3
DEFAULT               PASSWORD_LIFE_TIME      PASSWORD    UNLIMITED
......
```

【例 10-22】　查询当前用户的口令管理参数。

```
SQL>select * from user_password_limits;
RESOURCE_NAME                        LIMIT
------------------------------       -----------------------------
FAILED_LOGIN_ATTEMPTS                UNLIMITED
PASSWORD_LIFE_TIME                   UNLIMITED
PASSWORD_REUSE_TIME                  UNLIMITED
......
```

【例 10-23】　通过 dba_users 数据字典获取某个用户的概要文件。

```
SQL> select profile from dba_users where username='SCOTT';
PROFILE
------------------------------
DEFAULT
已选择 1 行
```

10.4.3　数据字典视图

无论对数据库管理员或是一般的用户，对 Oracle 有关数据字典的了解程度是衡量是否真正掌握 Oracle 核心的关键。如果你了解了基本的 Oracle 数据字典，对于各种系统的信息查询将大有好处。下面给出与安全管理有关的数据字典的简单介绍。

当 Oracle 数据库系统启动后，数据字典总是可用，它驻留在 SYSTEM 表空间中。数据字典包含视图集，在许多情况下，每一个视图集有 3 种视图包含有类似信息，彼此以前缀相区别，前缀分别为 USER、ALL 和 DBA。

与用户、角色和权限有关的数据字典主要如下。

❑ USER_ROLE_PRIVS：用户角色及相关信息。

❑ DBA_USERS：实例中有效的用户及相应信息。

❑ V$SESSION：实例中会话的信息。

❑ DBA_ROLES：实例中已经创建的角色的信息。

❑ ROLE_TAB_PRIVS：授予角色的对象权限。

❑ ROLE_ROLE_PRIVS：授予另一角色的角色。

❑ ROLE_SYS_PRIVS：授予角色的系统权限。

❑ DBA_ROLE_PRIVS：授予用户和角色的角色。

❑ SESSION_ROLES：用户可用的角色的信息。

【例 10-24】　查看当前已经创建了多少用户和用户默认的表空间。

```
SQL> set line 120
SQL> col username for a26
SQL> col default_tablespace for a20
SQL> select username,DEFAULT_TABLESPACE,created from dba_users;
USERNAME                     DEFAULT_TABLESPACE   CREATED
---------------------------- -------------------- ----------
SYS                          SYSTEM               05-12 月-12
SYSTEM                       TOOLS                05-12 月-12
OUTLN                        SYSTEM               05-12 月-12
DBSNMP                       SYSTEM               05-12 月-12
AURORA$JIS$UTILITY$          SYSTEM               05-12 月-12
OSE$HTTP$ADMIN               SYSTEM               05-12 月-12
AURORA$ORB$UNAUTHENTICATED   SYSTEM               05-12 月-12
ORDSYS                       SYSTEM               05-12 月-12
ORDPLUGINS                   SYSTEM               05-12 月-12
MDSYS                        SYSTEM               05-12 月-12
ZHAO                         USERS                07-12 月-12
SCOTT                        USERS                08-2 月 -13
已选择 12 行。
```

【例 10-25】　查看当前已经创建了多少角色。

```
SQL> select * from dba_roles;
ROLE                         PASSWORD
---------------------------- -------------
CONNECT
RESOURCE
DBA
SELECT_CATALOG_ROLE
EXECUTE_CATALOG_ROLE
DELETE_CATALOG_ROLE
EXP_FULL_DATABASE
IMP_FULL_DATABASE
RECOVERY_CATALOG_OWNER
AQ_ADMINISTRATOR_ROLE
AQ_USER_ROLE

ROLE                         PASSWORD
---------------------------- -------------
SNMPAGENT
OEM_MONITOR
HS_ADMIN_ROLE
JAVAUSERPRIV
JAVAIDPRIV
JAVASYSPRIV
JAVADEBUGPRIV
JAVA_ADMIN
JAVA_DEPLOY
TIMESERIES_DEVELOPER
TIMESERIES_DBA
已选择 22 行。
```

10.5　审　　计

为了能够跟踪对数据库的访问，及时发现对数据库的非法访问和修改，需要对访问数据库的一些重要事件进行记录，利用这些记录可以协助维护数据库的完整性，还可以帮助事后发现是哪一个用户在什么时间影响过哪些值。如果这个用户是一个黑客，审计日志可以记录黑客访问数据库敏感数据的踪迹和攻击敏感数据的步骤。

审计（Audit）用于监视用户所执行的数据库操作，并且 Oracle 会将审计跟踪结果存放到 OS 文件（默认位置为$ORACLE_BASE/admin/$ORACLE_SID/adump/）或数据库（存储在 system 表空间中的 SYS.AUD$表中，可通过视图 dba_audit_trail 查看）中。在 Oracle 11g 中默认启用审计选项，AUDIT_TRAIL 参数的默认值为 DB，而在 Oracle 10g 中该参数默认值为 none，即不启用审计。不管你是否打开数据库的审计功能，以下这些操作系统会强制记录：用管理员权限连接 Instance；启动数据库；关闭数据库。

在 Oracle 中，审计分为用户级审计和系统级审计。用户级审计是任何 Oracle 用户可设置的审计，主要是用户针对自己创建的数据库表或视图进行审计，记录所有用户对这些表或视图的一切成功或不成功的访问要求，以及各种类型的 SQL 操作。

系统级的审计职能由 DBA 设置，用以监控成功或失败的登录请求、检测 GRANT 和 REVOKE 操作以及其他数据库级权限下的操作。

下面介绍一些和审计有关的几个主要参数。

```
SQL>show parameter audit
audit_file_dest
audit_sys_operations
audit_trail
```

其中，audit_sys_operations 参数值如下：

默认为 false。当设置为 true 时，所有 sys 用户（包括以 sysdba,sysoper 身份登录的用户）的操作都会被记录，audit trail 不会写在 aud$表中。如果数据库还未启动，则 aud$不可用，那么像 conn /as sysdba 这样的连接信息只能记录在其他地方。如果是 Windows 平台，audti trail 会记录在 Windows 的事件管理器中。如果是 Linux/Unix 平台，则会记录在 audit_file_dest 参数指定的文件中。

audit_trail 参数值介绍如下。

❏ None：不做审计。

❏ DB：是默认值，将 audit trail 记录在数据库的审计相关表中，如 aud$，审计的结果只有连接信息。

❏ DB,Extended：这样审计结果里面除了连接信息还包含了当时执行的具体语句。

❏ OS：将 audit trail 记录在操作系统文件中，文件名由 audit_file_dest 参数指定。

❏ XML：10g 版本里新增的。

❏ Audit_sys_operations：默认为 false，当设置为 true 时，所有 sys 用户（包括以 sysdba、sysoper 身份登录的用户）的操作都会被记录，audit trail 不会写在 aud$表中，这个很好理解，如果数据库还未启动 aud$不可用，那么像 conn /as sysdba 这样的连接信息，只能记录在其他地方。如果是 Windows 平台，audti trail 会记录在 Windows 的事件管理中，如果是 Linux/Unix 平台则会记录在 audit_file_dest 参数指定的文件中。

10.5.1　审计启用与关闭

在 Oracle 11g 中，审计功能（AUDIT_TRAIL）是默认开启的。而以前的版本中，审计功能默认是关闭的。

因为如果开启了审计功能，那么，数据库会增加很多的消耗，会降低业务性能，因此，如果不是很必要，在安装好数据库后，可适当选择关闭数据库审计功能。

1．开启数据库审计

（1）Oracle 11g 以后版本中不允许动态修改初始化参数，如需要修改参数文件，将 audit_trail 参数值修改为 db、db、extended、os 和 xml 其中一个。

（2）Oracle 11g 以前的版本，可以动态修改初始化参数，如：

```
SQL> ALTER SYSTEM SET audit_trail=db,extended SCOP=SPFILE;
```

2．开启管理用户的审计

```
SQL> Alter system set audit_sys_operations=TRUE scope=spfile;
```

3．关闭审计

Oracle 11g 中，将对应审计语句的 audit 改为 noautdit，如 audit session whenever successful 对应的取消审计语句为 noaudit session whenever successful；或者，修改参数文件 audit_trail 中的参数为 none，这样就不会做任何审计相关的操作。

```
SQL> Alter system set audit_trail='none';
```

10.5.2　登录审计

Oracle 中可以按照如下方式对用户登录失败进行审计：

（1）确认 sys.aud$ 是否存在？

```
SQL> desc sys.aud$
```

（2）观察 user$表中 lcount 为非 0 的用户，如果包含被锁账户，则可以判定很有可能是该用户登录尝试失败过多造成了账户被锁：

```
SQL> select name,lcount from sys.user$;
```

（3）修改 audit 参数 audit_trail=none

```
SQL> alter system set audit_trail=db scope=spfile;
```

重启数据库，参数生效。

（4）开启登录失败审计：

```
SQL> AUDIT SESSION WHENEVER NOT SUCCESSFUL;
```

（5）登录失败尝试。

```
SQL> sqlplus w/错误密码
```

（6）检查审计记录

```
SQL> select * from sys.aud$;
```

里面有会话基本信息和机器名、用户名等。

（7）解锁用户

```
SQL> alter user atest account unlock;
```

解除由于密码连续错误而锁定用户：

```
SQL> alter profile default limit failed_login_attempts unlimited;
```

10.5.3　语句审计

所有类型的审计都使用 audit 命令来打开，使用 noaudit 命令来关闭审计。对于语句审计，audit 命令的格式如下所示：

```
AUDIT sql_statement_clause BY {SESSION | ACCESS}
WHENEVER [NOT] SUCCESSFUL;
```

其中 sql_statement_clause 包含很多条不同的信息，例如希望审计 SQL 语句类型以及审计某个用户。此外，希望在每次动作发生时都对其进行审计（by access）或者只审计一次（by session），默认是 by session。有时希望审计成功的动作：没有生成错误消息的语句。对于这些语句，添加 whenever successful。而有时只关心使用审计语句的命令是否失败，失败原因是权限不够、表空间溢出还是语法错误。对于这些情况，使用 whenever not successful。

对于大多数类别的审计方法，如果确实希望审计所有类型的表访问或某个用户的任何权限，则可以指定 all，而不是单个的语句类型或对象。

【例 10-26】　按常规方式审计成功的和不成功的登录。

```
SQL> audit session whenever successful;
审计成功。
SQL> audit session whenever not successful;
审计成功。
```

10.5.4　对象审计

审计对各种模式对象的访问看起来类似于语句审计，其语句格式如下：

```
AUDIT schema_object_clause BY {SESSION | ACCESS}
WHENEVER [NOT] SUCCESSFUL;
```

schema_object_clause 指定对象访问的类型以及访问的对象。可以审计特定对象上 14 种不同的操作类型，表 10-4 中列出了这些操作。

表 10-4　对象审计选项

对 象 选 项	说　　　明
ALTER	改变表、序列或物化视图
AUDIT	审计任何对象上的命令

续表

对 象 选 项	说　　明
COMMENT	添加注释到表、视图或物化视图
DELETE	从表、视图或物化视图中删除行
EXECUTE	执行过程、函数或程序包
FLASHBACK	执行表或视图上的闪回操作
GRANT	授予任何类型对象上的权限
INDEX	创建表或物化视图上的索引
INSERT	将行插入表、视图或物化视图中
LOCK	锁定表、视图或物化视图
READ	对 DIRECTORY 对象的内容执行读操作
RENAME	重命名表、视图或过程
SELECT	从表、视图、序列或物化视图中选择行
UPDATE	更新表、视图或物化视图

10.5.5　权限审计

审计系统权限具有与语句审计相同的基本语法，但审计系统权限是在 sql_statement_clause 中，而不是在语句中，指定系统权限。

例如，可能希望将 ALTER TABLESPACE 权限授予所有的 DBA，但希望在发生这种情况时生成审计记录。启用对这种权限的审计的命令看起来类似于语句审计：

```
SQL> audit alter tablespace by access whenever successful;
审计成功。
```

每次成功使用 ALTER TABLESPACE 权限时，都会将一行内容添加到 SYS.AUD$。

使用 SYSDBA 和 SYSOPER 权限，或者以 SYS 用户连接到数据库的系统管理员，可以利用特殊的审计。为了启用这种额外的审计级别，可以设置初始参数 AUDIT_SYS_OPERATIONS 为 TRUE。这种审计记录发送到与操作系统审计记录相同的位置。因此，这个位置是和操作系统相关的。当使用其中一种权限时执行的所有 SQL 语句，以及作为用户 SYS 执行的任何 SQL 语句，都会发送到操作系统审计位置。

10.6　实例分析

随着各类信息系统的广泛应用，保护个人身份信息、知识产权、财务数据及其他敏感信息的安全是所有组织的首要任务。大学、医疗保健组织和零售商拥有大量的敏感数据，这些数据包括身份证号码、个人健康信息、信用卡号等等；不仅仅是这些企业、组织，还有更多其他部门也具有同样重要的问题亟待解决。

事实上，收集和传输敏感数据的数量一直在显著地增加，并且，随着各种组织努力提高效率、消费者日益接纳基于互联网的电子商务，这一数量还将继续增加。

同时，对于那些企图实施身份盗窃及其他类型欺诈活动的犯罪分子来说，敏感数据的价值也在不断增加。过去四年中所报告的数据侵犯的数量在持续增加，造成的损失达数千万美元。因此，已经制定了许多隐私侵犯通知法，这些法律要求利用加密技术提供对敏感数据的防御盾牌。

Oracle 11g 的新功能 Advanced Security 提供了透明的、基于标准的安全性，它通过静止数据加密、网络加密和强身份验证服务对数据提供保护。

10.6.1　Oracle 透明数据加密（TDE）

Oracle Advanced Security 透明数据加密（TDE）提供了业界最先进的数据库加密解决方案。TDE 自动对 Oracle 数据库写入到存储的数据进行加密，并在请求用户通过了 Oracle 数据库的身份验证，并通过了由 Oracle Database Vault、Oracle Label Security 和其他虚拟专用数据库执行的所有访问控制检查后再自动解密这些数据。数据库备份的数据仍然是加密数据，这就为备份介质提供了保护。对于逻辑备用数据库和物理备用数据库均可以配置 TDE，从而为高可用性体系结构中的敏感数据提供全面保护。如图 10-2 所示。

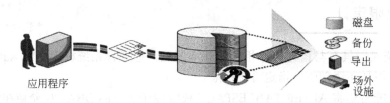

图 10-2　Oracle Advanced Security 透明数据加密

Oracle Advanced Security TDE 既可以对像信用卡号和社会保险号这样的个别应用程序表列进行加密，也可以加密整个表空间。TDE 表空间加密无需识别和加密个别列，因此实现了更加高效的性能。升级到 Oracle Database 11g 的用户都可以使用新的 TDE 表空间加密功能来保护整个应用程序。存储在被加密表空间中的所有数据都将自动加密。备份数据库时，加密的文件在目标介质上仍保持其加密状态，这样，即使备份介质丢失或被盗，仍然能保护其上的信息不会外泄。TDE 表空间加密可以无缝地与 Oracle Streams、Oracle Compression 和 Oracle Exadata Smart Scans 协同工作。由于压缩而实现的存储节省将维持不变，因为压缩过程完成后才对数据进行加密。

10.6.2　实施表空间级透明数据加密

1. 配置TDE环境

❏ 创建存放 wallet 的目录，例如：/etc/ORCLE/WALLETS/orcl。
❏ 修改配置文件$ORACLE_HOME/network/sqlnet.ora，指定 wallet 文件位置：

```
ENCRYPTION_WALLET_LOCATION =
  (SOURCE = (METHOD = FILE)
(METHOD_DATA =
    (DIRECTORY = /etc/ORACLE/WALLETS/orcl)))
```

❏ 用 SQL*Plus 命令创建 wallet 和 master key：

```
SQL> alter system set encryption key identified by "<password>";
```

2．创建加密表空间

```
CREATE TABLESPACE encryptedtbs
DATAFILE  '/u01/app/oracle/oradata/d1v11201/encryptedtbs01.dbf' SIZE 100M
ENCRYPTION USING  'AES256'  --指定算法
DEFAULT STORAGE(ENCRYPT);  --加密的表空间
```

3．加密数据

❑ 保证 wallet 是打开的。

❑ 直接将需要加密的表移动到加密的表空间，系统自动完成加密，例如：

```
SQL> ALTER table tde_table1 move tablespace encryptedtbs;
```

❑ 索引需要重建，例如：

```
SQL> ALTER table tde_table1_index1 rebuild tablespace encryptedtbs;
```

❑ 将表从加密的表空间 move 移到普通表空间，就完成了解密。

10.6.3　某教务管理系统的安全性设计

某高校教育教务管理信息系统围绕学生流程进行管理，主要有新生注册、学籍管理、依据教学计划开课要求、考务管理、排课管理、成绩管理、毕业论文管理和毕业生管理等流程。

下面简要介绍系统中为保障数据库安全所采取的措施和方法。

因高校教务管理系统功能主要有两大类：一是校园网内部信息处理，二是对外的信息查询和信息发布。其中主要功能在校园网内部使用，集中在内部的数据处理和交换上，能否保证数据库系统的安全性是指保护系统中数据，以避免数据被有意或无意地泄漏、丢失以及破坏性的改变，亦即系统本身能自动抵御来自外部和内部威胁的能力。经分析得出，可能出现的安全威胁主要有如下几种。

（1）数据库系统硬件环境的安全威胁：包括各种自然灾害导致的信息丢失、存储介质的故障、辐射造成的信息泄漏等。

（2）数据库系统设计方面的安全威胁：包括数据库逻辑结构设计上的不合理造成的数据冗余，进而破坏数据的完整性、一致性和可靠性。

（3）数据库管理方面的安全威胁：包括缺乏有效的数据库安全防护手段和策略，对用户的访问控制设置不合理，没有采用冗余、带纠错的数据库存储管理技术和备份措施等。

（4）数据库信息交换和数据通信的安全威胁：包括对通信信息的监听、窃取；对数据库信息的篡改、伪造等。

（5）操作系统和软件平台的安全威胁：包括 Oracle 数据库运行平台本身的安全漏洞、病毒等对数据库安全的威胁。

（6）应用程序开发者的安全威胁：应用程序开发者是要特殊权限完成自己工作的数据用户，包括应用程序开发的环境、权限等。

结合 Oracle 数据库安全技术，我们为本系统设计了以下安全机制。

1．数据库的数据加密

基于 Oracle 的高校教育教务管理系统可以在 3 个不同层次实现对数据库数据的加密，这 3 个层次分别是 OS 层、DBMS 内核层和 DBMS 外层：

- 在 OS 层加密：在 OS 层无法辨认数据库文件中的数据关系，从而无法产生合理的密钥，对密钥合理的管理和使用也很难。所以，对大型数据库来说，在 OS 层对数据库文件进行加密很难实现。
- 在 DBMS 内核层实现加密：这种加密是指数据在物理存取之前完成加/解密工作。这种加密方式的优点是加密功能强，并且加密功能几乎不会影响 DBMS 的功能，可以实现加密功能与数据库管理系统之间的无缝耦合。其缺点是加密运算在服务器端进行，加重了服务器的负载，而且 DBMS 和加密器之间的接口需要 DBMS 开发商的支持。
- 在 DBMS 外层实现加密：比较实际的做法是将数据库加密系统做成 DBMS 的一个外层工具，根据加密要求自动完成对数据库数据的加/解密处理。采用这种加密方式进行加密，加/解密运算可在客户端进行，它的优点是不会加重数据库服务器的负载且可以实现网上传输的加密，缺点是加密功能受到一些限制，与数据库管理系统之间的耦合性稍差。

2．数据库的备份

数据库的备份是主要的数据保护措施。当计算机的软硬件发生故障时，利用备份进行数据库恢复，以恢复破坏的数据库文件、控制文件或其他文件。

关于 Oracle 数据库的备份，有 3 种标准办法：导出/导入（Export/ Import）、冷备份和热备份。导出/导入是一种逻辑备份，冷备份和热备份是物理备份。详细内容可以参见本书第 11 章介绍。

3．触发器的使用

在 Oracle 中表定义时，可以通过声明的方法实现简单的列完整性、实体完整性和参照完整性等静态的约束。但是，对于数据的动态约束只能用触发器来实现，触发器是保证数据库完整性和一致性的有效工具。通过触发器的应用可避免因主表的删、改而造成相关子表的不对应问题。如某处工作人员的主表中的信息已变更，与此人相关子表中的对应记录的一个或多个数据记录也应同时变更，否则这些记录将造成数据的不一致。利用触发器实现表中序号列的自动不间断编码，对有关学籍、毕业证号等进行连续编号，防止人为更改编号。

4．Oracle数据库的角色管理

这是保护数据库系统安全的重要手段之一。它通过建立不同的用户组和用户口令验证，可以有效地防止非法的 Oracle 用户进入数据库系统，造成不必要的麻烦和损坏；另外在 Oracle 数据库中，可以通过授权来对 Oracle 用户的操作进行限制，即允许一些用户可以对 Oracle 服务器进行访问，也就是说对整个数据库具有读写的权利，而大多数用户只能在同组内进行读写或对整个数据库只具有读的权利。在此，特别强调对 SYS 和 SYSTEM 两个特殊账户的保密管理。

为了保护 Oracle 服务器的安全，应保证$ORACL E_HOME/ bin 目录下的所有内容的所有权为 Oracle 用户所有。为了加强数据库在网络中的安全性，对于远程用户，应使用加密方式通过密码来访问数据库,加强网络上的 DBA 权限控制,如拒绝远程的 DBA 访问等。
Oracle 数据库系统在利用角色管理数据库安全性方面采取的基本措施如下。

❑ 通过验证用户名称和口令,防止非 Oracle 用户注册到 Oracle 数据库,对数据库进行非法存取操作。采用用户两级登录的机制。授予用户对数据库实体的存取执行权限,阻止用户访问非授权数据。

❑ 为每个数据库的不同应用建立相应的数据库账号,它具有对系统应用的所有数据库实体进行操作的全部权限。同时,为所有系统操作人员创建一个应用系统账号,应用系统账号使用特殊的用户名。授予用户一定的权限,限制用户操纵数据库的权力。

❑ 使用 Oracle 对用户的审计跟踪功能。可以记录所有数据库用户对数据库访问的历史记录。DBA 可以根据日志分析是否存在什么问题和风险,从而作出相应的预防和补救。最重要的是,有了审计就可以在数据库发生被破坏、丢失或泄密等情况下,可能通过查看审计记录分析出问题的原因、时间、访问过的机器和用户,从而追查出事故的责任。

❑ 采用视图机制,限制存取基表的行和列集合。利用视图,可将用户分成组,只向用户提供有关的数据,而自动地过滤掉用户无关的保密数据。

5. 使用防火墙

本系统计算机网络将系统的网络与 Internet 外网通过硬件和软件两级防火墙进行有效隔离。硬件防火墙由路由器担任,负责对恶意 IP 地址发来的 IP 包进行过滤。软件防火墙(应用网关)将由专门配置的一台代理服务器担任,它使得外部只能看到防火墙的 IP 地址,而不能绕过代理服务器看到企业内部网络的其他 IP 地址。此外,还给代理服务器配置一个与系统内部网络的其他 IP 地址不同的 IP 地址分组,这样就能更好地隐藏系统内部网络的其他 IP 地址,提高系统安全性。

10.7　本章小结

本章介绍了用户的创建与管理,用户概要文件的定义、权限以及角色的创建与管理,最后还介绍了审核功能。通过本章学习,我们了解到 Oracle 的安全措施主要有 3 个方面,一是用户标识和鉴定;二是授权和检查机制;三是审计技术(是否使用审计技术可由用户灵活选择);除此之外,Oracle 还允许用户通过触发器灵活定义自己的安全性措施。后续章节将介绍触发器的使用。

10.8　习题与实践练习

一、填空题

1. 创建用户时,要求创建者具有_____系统权限。

2. 向用户授予系统权限时,使用_____选项表示该用户可以将此系统权限再授予其他用户。向用户授予对象权限时，使用_____选项表示该用户可以将此对此权限再授予其他用户。

3．Oracle 数据库中的权限主要有_____和_____两类。

4．_____是具有名称的一组相关权限的组合。

5．一个用户想要在其他模式创建表，则该用户至少需要具有_____系统权限。

6．禁用与启用角色应该使用_____语句。

二、选择题

1．如果某个用户具有 scott.emp 表上的 SELECT 与 UPDATE 权限，则下面对该用户所能执行的操作叙述正确的是（　　　）。

    A．该用户能查询 scott.emp 表中的记录

    B．该用户能修改 scott.emp 表中的记录

    C．该用户能删除 scott.emp 表中的记录

    D．该用户无法执行任何操作

2．下面对系统权限与对象权限的叙述正确的是（　　　）。

    A．系统权限时针对某个数据库对象的操作权限，对象权限不与数据库中的具体对象相关联

    B．系统权限和对象权限都是针对某个数据库对象操作的权限

    C．系统权限与对象都不与数据库中的具体对象相关联

    D．系统权限不与数据库中的具体对象相关联，对象权限是针对某个数据库对象操作的权限

3．启用所有角色应该使用下面哪条语句？（　　　）。

    A．ALTER ROLE ALL　ENABLE

    B．ALTER ROLE ALL

    C．SET ROLL ALL ENABLE

    D．SER ROLE ALL

4．在用户配置文件中不能限定如下哪个资源？（　　　）

    A．单个用户的会话数　　　　　B．数据库的会话数

    C．用户的密码有效期　　　　　D．用户的空闲时长

5．如果用户 user 创建了数据库对象，删除该用户需要使用下列哪条语句？（　　　）

    A．DROP USER user1;

    B．DROP USER user1 CASCADE;

    C．DELETE USER user1;

    D．DELETE USER user1 CASCADE;

6．修改用户时，用户的什么属性不能修改？（　　　）

    A．名称　　　　　B．密码　　　C．表空间　　　　D．临时表空间

三、简答题

1．简述系统权限与对象权限的区别。

2．简述权限与角色的关系，以及使用角色有哪些好处？

3. 简述使用 WITH ADMIN OPTION 选项与使用 WITH GRANT OPTION 选项的区别。

4. 在一个学生管理系统中，教师 teacher01 可以查询学生（student 表）的所有信息，并可以修改学生成绩（score 列）。学生 student01 可以查看学生信息。主任 director01 可以添加和删除学生。请问该如何为 teacher01、student01 和 director01 授予相应的权限。

5. 什么是用户概要文件？其作用是什么？

6. 什么是系统权限和对象权限？分别如何设置？

7. 什么是审计？审计的作用是什么？

四、上机操作题

1. 完成本章系统权限的授予与回收操作练习。

2. 完成本章角色创建与授予操作练习。

3. 完成本章概要文件的创建与分配操作练习。

第 11 章　数据库备份和恢复

数据库的备份与恢复技术是指为了防止数据库受损或受损后进行数据库重建的各种策略步骤和方法。对于数据库管理员来说，数据库的备份与恢复都是其日常管理和维护工作中重要的职责。当数据库系统遇到意外断电、用户操作失误、磁盘损坏等可能造成数据文件的丢失或破坏的情况，数据库管理员必须尽快从数据备份中恢复数据，将系统损失减少到最小，保证用户的正常使用。Oracle 系统提供了完善的备份与恢复机制，保证系统的安全性和可靠性。本章将具体学习 Oracle 数据库备份与恢复的策略及常用方法。

本章要点：
- ❏　理解备份与恢复的概念；
- ❏　掌握数据库备份与恢复的种类和策略；
- ❏　掌握数据库脱机冷备份和联机热备份方法；
- ❏　熟练掌握数据库的导入与导出操作。

11.1　备份和恢复概述

从计算机系统问世以来就有备份的概念。在计算机系统的日常应用中，已经出现了许多备份策略与技术，如 RAID 技术、双机热备、集群技术、容灾备份等。有时候，系统的硬件备份的确能解决数据库备份的问题，如磁盘介质的损坏，可以从镜像上做简单的恢复或切换机器。但是，对硬件的备份是需要付出昂贵代价的。为了更好地实现数据库的备份与恢复工作，Oracle 提供了恢复管理器（Recovery Manager，RMAN）。RMAN 是一个可以用来备份、恢复和还原数据库的应用程序，是随 Oracle 服务器软件一同安装的 Oracle 工具软件，通过执行相应的 RMAN 命令可以实现备份与恢复操作。

11.1.1　数据库备份概述

所谓备份，就是把数据库复制到转储设备的过程。其中转储设备是指用于放置数据库拷贝的磁带或磁盘。而存放于转储设备中的数据库拷贝则称为原数据库的备份或转储。如图 11-1 所示。

Oracle 备份数据库时，主要备份数据库中的各类物理文件，如数据文件、控制文件、服务器参数文件（SPFILES）和归档日志文件。数据文件中存放了系统和用户的数据，主要指表空间中包含的各个物理文件；控制文件中包含了维护和验证数据库完整性的必要信息，它向 Oracle 指明了数据文件和重做日志文件的列表，以及数据库名称、数据库创建的时间戳等。在数据库启动时，Oracle 会读取控制文件中的内容以验证数据库的状态和结构。

控制文件在数据库使用过程中由 Oracle 自动维护，该类文件很重要，因此对它的备份一般要求在不同的物理磁盘上进行。如果丢失或损坏控制文件，用户也可以手工创建；参数文件中包含了对 Oracle 数据库及其实例的性能和功能的参数设置，另外还记录了控制文件和归档日志文件的一些信息，它是数据库启动时首先被读取的文件；归档日志文件是重做日志文件的备份，用于执行数据库的恢复。

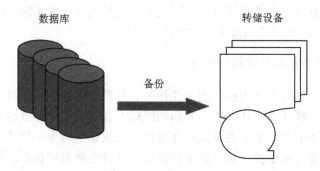

图 11-1　数据库备份

11.1.2　数据库备份的种类

Oracle 提供了多种备份方法，根据不同需求可以选择相应的最佳备份方法。常用备份方法主要以下几种。

1．物理备份与逻辑备份

物理备份是将实际组成数据库的操作系统文件从一处复制到另一处的备份过程，通常是从磁盘到磁带。可以使用 Oracle 的恢复管理器（Recovery Manager，RMAN）或操作系统命令进行数据库的物理备份。物理备份包括冷备份（脱机备份）和热备份（联机备份）。逻辑备份是利用 SQL 语言从数据库中抽取数据并存于二进制文件的过程，具体是指利用 EXPORT 和 IMPORT 命令对数据库对象（如用户、表、存储过程等）进行导出和导入的工作。业务数据库采用逻辑备份方式，此方法不需要数据库运行在归档模式下，操作简单，而且不需要额外的存储设备。Oracle 提供的逻辑备份工具是 EXP。数据库逻辑备份是物理备份的补充。

2．一致性备份和不一致性备份

根据在物理备份时数据库的状态，可以将备份分为一致性备份（Consistent backup）和不一致性备份（Inconsistent backup）两种。

一致性备份是指备份过程中没有数据被修改。当数据库的所有可读写的数据库文件和控制文件具有相同的系统改变号（SCN），并且数据文件不包含当前 SCN 之外的任何改变。在做数据库检查时，Oracle 使所有的控制文件和数据文件一致。对于只读表空间和脱机的表空间，Oracle 也认为它们是一致的。使数据库处于一致状态的唯一方法是数据库正常关闭（用 Shutdown normal 或 Shutdown immediate 命令关闭）。

不一致备份是指备份过程中仍有数据被修改，并且保存在归档的重做日志文件中。当数据库的可读写的数据库文件和控制文件的系统改变号（SCN）在不一致条件下的备份。对于一个 7×24 工作的数据库来说，由于不可能关机，而数据库数据是不断改变的，因此只能进行不一致备份。在 SCN 号不一致的条件下，数据库必须通过应用重做日志使 SCN 一致的情况下才能启动。因此，如果进行不一致备份，数据库必须设为归档状态，并对重做日志归档才有意义。在以下条件下的备份是不一致性备份：

数据库处于打开状态；数据库处于关闭状态，但是用非正常手段关闭的。例如，数据库是通过 shutdown abort 或机器掉电等等方法关闭的。

3．全数据库备份和部分数据库备份

全数据库备份是将数据库内的控制文件和所有数据文件备份。全数据库备份不要求数据库必须工作在归档模式下，在归档和非归档模式下都可以进行全数据库备份，只是方法不同。而归档模式下的全数据库备份又分为两种：一致备份和不一致备份。全数据库备份一般适用于对数据非常重要的场合，如银行需经常进行全数据库备份，甚至是异地多点全数据库备份。

部分数据库备份是指备份数据库的一部分，如表空间、数据文件、控制文件等。其中对表空间的备份就是对其包含的数据文件的备份。部分数据库备份有时也称为增量备份（Incremental）和累积备份（Cumulative），只备份更新部分的内容，这样大大减少了备份的存储空间和时间。

4．联机备份和脱机备份

联机备份（Online Backup）指在数据库打开状态下进行的备份，只能运行在归档模式下。使用联机备份时要避免出现数据裂块。数据裂块是指当联机备份数据库时，Oracle 可能正在更新某个数据库块中的数据，这时有可能导致该数据块中一部分是旧数据，一部分是新数据。

脱机备份（Offline Backup）是指在数据文件或表空间脱机后进行的备份。

5．不同工具的备份

按照备份时采用的工具，可以分为 EXP/IMP 备份、OS 拷贝、RMAN 和第三方工具等，如 VERITAS。

11.1.3　数据库备份的保留策略

数据库备份中的保留策略（Retention Policy）包括基于备份冗余的策略和基于恢复时间窗的策略。

1．基于备份冗余的策略

基于备份冗余的策略是指一个要保留的备份文件个数，当备份达到一定个数时开始删除前面多余的备份。基于冗余数量实质上是某个数据文件以各种形式（包括备份集和镜像复制）存在的备份的数量。如果某个数据文件的冗余备份数量超出了指定数量，RMAN 将废弃最旧的备份。

同样，基于数量的备份保留策略也是通过 CONFIGURE 命令设置，例如：

```
RMAN> CONFIGURE RETENTION POLICY TO REDUNDANCY n;
n=大于 0 的正整数。
```

DBA 也可以通过下列命令设置成不采用任何备份保留策略：

```
RMAN> CONFIGURE RETENTION POLICY TO NONE;
```

如果不设置任何备份保留策略，使用 REPORT OBSOLETE 和 DELETE OBSOLETE 命令时也不会有任何匹配的记录，不过 REPORT OBSOLETE 和 DELETE OBSOLETE 命令也支持 REDUNDANCY 和 RECOVERY WINDOW 参数，参数值的对应规则与 CONFIGURE 命令配置备份保留策略完全相同。因此如果你决定将显示和删除过期的命令写在脚本中定期执行的话，不通过备份保留策略，而是直接通过 REPORT 和 DELETE 命令本身，实现这一点也是可行的。

2．基于恢复时间窗的策略

基于恢复时间窗的策略是指保留的备份 必须可以恢复到用户指定的一段时间内的任意时间点。如保留策略指定为 7 天，那么必须保留备份，使数据库可以恢复到从今天往前的 7 天内的任何时间点。至于被保留的备份文件，这是和用户所选择的备份策略相关的。

11.1.4　数据库恢复概述

当我们使用一个数据库时，总希望数据库的内容是可靠的、正确的，但由于计算机系统的故障（硬件故障、软件故障、网络故障、进程故障和系统故障）影响数据库系统的操作，影响数据库中数据的正确性，甚至破坏数据库，使数据库中全部或部分数据丢失。因此当发生上述故障后，希望能重构这个完整的数据库，该处理称为数据库恢复。恢复过程大致可以分为复原（Restore）与恢复（Recover）过程。

数据库恢复就是当数据库发生故障后，利用已备份的数据文件或控制文件重新建立一个完整的数据库，把数据库由存在故障的状态转变为无故障状态的过程。数据库恢复的类型主要如下。

1．根据出现故障的原因

（1）实例恢复。这种恢复是 Oracle 实例出现失败后，Oracle 自动进行的恢复。

（2）介质恢复。这种恢复是当存放数据库的介质出现故障时所做的恢复。

装载（Restore）物理备份与恢复（Recover）物理备份是介质恢复的手段。装载是将备份复制到磁盘，恢复是利用重做日志（物理备份的一部分）修改复制到磁盘的数据文件（物理备份的另一部分），从而恢复数据库的过程。

2．根据数据库的恢复程度

（1）完全恢复。将数据库恢复到数据库失败时的状态。这种恢复是通过装载数据库备份和应用全部的重做日志做到的。

（2）不完全恢复。将数据库恢复到数据库失败前的某一时刻数据库的状态。这种恢复是通过装载数据库备份和应用部分的重做日志做到的。进行不完全恢复后必须在启动数据库时用 reset logs 选项重设联机重做日志。

3．Oracle数据库的恢复过程

Oracle 数据库恢复过程分两步进行，首先将存放在重做日志文件中的所有重做运用到数据文件，然后对重做中所有未提交的事务进行回滚，这样所有数据就恢复到发生灾难的那一时刻了。数据库的恢复只能在发生故障之前的数据文件上运用重做，将其恢复到发生故障的时刻，而不能将数据文件反向回滚到之前的某一个时刻。

例如，在上午 10:00，由于磁盘损坏导致数据库中止使用。现在使用两种方法进行数据库的恢复，第一种方法使数据库可以正常使用，且使恢复后与损坏时（10:00）数据库中的数据相同，那么第一种恢复方法就属于完全恢复类型；第二种方法能使数据库正常使用，但只能使恢复后与损坏前（例如 9:00）数据库中的数据相同，没能恢复数据库到失败时（10:00）数据库的状态，那么第二种恢复方法就属于不完全恢复类型。 事实上，如果数据库备份是一致性的备份，则装载后的数据库即可使用，从而也可以不用重做日志恢复到数据库备份时的点。这也是一种不完全恢复。

Oracle 数据库的恢复过程如图 11-2 所示。

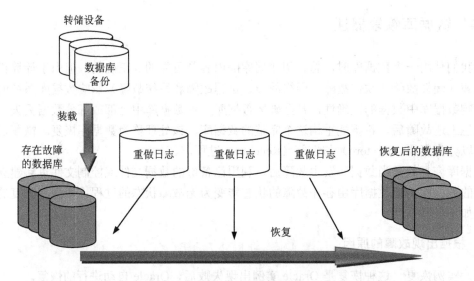

图 11-2　Oracle 数据库的恢复过程

11.1.5　备份与恢复的关系

备份一个 Oracle 数据库，类似于买医疗保险——在遇到疾病之前不会意识到它的重要性，获得保险金的数量取决于保险单的种类。同理，随着制作备份的种类和频繁程度的不同，数据库发生故障后其恢复的可行性、难度与所花费的时间也不同。

数据库故障是指数据库运行过程中影响数据库正常使用的特殊事件。数据库故障有许多类型，最严重的是介质失败（如磁盘损坏），这种故障如不能恢复将导致数据库中数据的丢失。数据库故障类型主要有：语句失败、用户进程失败、实例失败、用户或应用错误操作（这类错误可能是意外地删除了表中的数据等错误操作）、介质失败（如硬盘失败，硬盘中的数据丢失）、自然灾害（如地震、洪水等）。由于故障类型的不同，恢复数据库的方法也不同。通过装载备份来恢复数据库既是常用的恢复手段，也是恢复介质失败故障的主要方法。

作为 DBA，有责任从以下 3 个方面维护数据库的可恢复性：

❑ 使数据库的失效次数减到最少，从而使数据库保持最大的可用性；

❑ 当数据库不可避免地失效后，要使恢复时间减到最少，从而使恢复的效率达到最高；

❑ 当数据库失效后，要确保尽量少的数据丢失或根本不丢失，从而使数据具有最大的可恢复性。

作为 DBA，首先需要了解企业是如何使用数据库系统的，以及企业对数据库的可用性、恢复性能和数据的可恢复性以及恢复时间的要求。然后，DBA 需要使企业的管理人员了解维护这样的数据库的可用性的代价有多大。做到这点的最好方法是评估恢复需要的花费，以及丢失数据给企业带来的损失。

在代价被评估后，就可以进行备份与恢复的讨论了。此时，要定义数据库总体的可用性需求，并根据各项工作对数据库可用性的影响程度来定义工作重点的次序。例如，如果数据库需要 7×24 的可用性，那么其重要性就高于其他任何工作，其他任何需要关机才能做的工作就不能做。

另外，数据库变化的情况也是备份与恢复策略需要考虑的一个因素。例如，如果数据不断改变，有新数据或数据文件加入，或表结构有大的变化，则应该经常备份；反之，如果数据是静态的或只读的，则备份一次即可。无论如何，应遵从这样一个原则，如果怀疑数据库的可恢复性，就应该备份。

灾难恢复的最重要步骤是设计充足频率的硬盘备份过程。备份过程应该满足系统要求的可恢复性。例如，如果数据库可有较长的关机时间，则可以每周进行一次冷备份，并归档重做日志；但是，如果数据库只有极少的关机时间，则只能从硬件的角度来考虑备份与恢复的问题，例如使用硬盘镜像或双机系统。选择备份策略的依据是：丢失数据的代价与确保数据不丢失的代价之比。

企业都在想办法降低维护成本，现实的方案才可能被采用。只要仔细计划，并想办法达到数据库可用性的底线，花少量的钱进行成功的备份与恢复也是可能的。

DBA 还应以服务协议的形式制订一个可恢复性与可用性的标准文件。该文件应成为讨论 DBA 服务，以及服务是否能达到预期标准的依据。这样做可使所有相关人员对同样的预期有潜在的危机感。

11.2　物理备份与恢复

物理备份又分冷备份和热备份两种。它涉及到组成数据库的文件，但不考虑其逻辑内容。物理备份与逻辑备份有本质的区别。逻辑备份是提取数据库中的数据进行备份，而物理备份是复制整个数据文件进行备份。

11.2.1　冷备份与恢复

冷备份又称脱机备份，是将数据库正常关闭的情况下，备份数据库中所有的关键文件，包括数据文件、控制文件、联机重做日志文件，将它们复制到其他位置。此时，系统会提供给用户一个完整的数据库。

1. 冷备份的内容

冷备份时可以将数据库使用的每个文件都备份下来，这些文件包括：

- 所有控制文件（文件扩展名为.CTL，默认路径 Oracle\oradata\oradb）；
- 所有数据文件（文件扩展名为.DBF，默认路径 Oracle\oradata\oradb）；
- 所有联机 REDO LOG 日志文件的（文件形式为 REDO*.*，默认路径 Oracle\oradat\oradb）；
- 初始化文件 INIT.ORA（可选，默认路径 Oracle\admin\oradb\spfile）。

冷备份的具有以下特点。

（1）冷备份的优点。对于备份 Oracle 信息而言，冷备份是最快和最安全的方法。其主要优点有：

- 只复制物理文件，是非常快速的备份方法。
- 恢复操作简单，简单复制即可，容易恢复到某个时间点上。
- 与数据库归档模式相结合可以使数据库恢复得更好。
- 维护量少，而且安全性高。

（2）冷备份的缺点。冷备份也有其不足之处，主要体现下以下几方面。

- 必须在数据库关闭状态下才能进行，在冷备份过程中，数据库必须备份而不能做其他工作。
- 单独使用冷备份，只能提供到"某一时间点上"的恢复。
- 若磁盘空间有限，冷备份只能将备份数据复制到磁带等其他外部存储设备上，速度会很慢。
- 冷备份不能按表或按用户恢复。

2. 冷备份与恢复的方法

（1）使用操作系统命令。在 Oracle 数据库中，通过 RMAN 工具可以直接使用操作系统命令 COPY 将数据备份到磁盘或磁带上，在需要时，可以通过 RMAN 的 RESTORE 命令将备份的文件进行恢复。

（2）使用 SQL*PLus 命令。也可以在 SQL*PLus 中进行冷备份，相应语句如下。

备份（关闭数据库后）：

```
SQLDBA>! cp 或 SQLDBA>! Tar cvf /dev /rmd/0/wwwdg/oracle;
```

恢复（启动数据库后）：

```
SQLDBA>! recover datafile " D:\d1\oradata\ backup1.dbf";
```

这里 backup1.dbf 为需要恢复的数据库。

11.2.2 热备份与恢复

热备份又称联机备份，是在数据库打开状态下进行的备份操作。执行热备份的前提是：数据库运行在可归档日志模式。该操作必须以 DBA 角色重启数据库进入 MOUNT 状态，然后执行 ALTER DATABASE 命令修改数据库的归档模式。适用于 24×7 不间断运行的关键应用系统。

热备份不必备份联机日志，必须在归档方式下操作。由于热备份需要消耗较多的系统资源，如大量的存储空间，因此 DBA 应安排在数据库不使用或使用率较低的情况下进行。

1．热备份的特点

（1）热备份的优点。
- 备份时数据库可以是打开的。
- 热备份可以用来进行点恢复。
- 初始化参数文件、归档日志在数据库正常运行时是关闭的，可用操作系统命令复制。
- 可以对几乎所有的数据库实体进行恢复。
- 恢复速度快，大多数情况下在数据库工作时就可以完成恢复。

（2）热备份的缺点。
- 不能出错，否则后果严重。
- 若热备份不成功，所得结果不可用于时间点的恢复。
- 因难于维护，必须仔细、小心，不允许有失败。

2．热备份的方法

可以使用 SQL*Plus 程序和 OEM 中的备份向导两种方法进行热备份。在进行热备份之前，应将数据库置为归档模式。该操作系统必须以 DBA 的角色重启数据库进入 MOUNT 状态，然后再执行 ALTER DATABASE 命令修改数据库的归档模式。在设置完数据库归档模式后，再将数据库打开，将数据库置为备份模式，这样数据库文件头在备份期间不会改变。

使用 SQL*Plus 语句的备份过程如下。

（1）查看数据库是否已经启动归档日志。

```
SQL> ARCHIVE log list;
```

如果归档日志模式没有启动，则打开数据库的归档日志模式，先使用 SHUTDOWN IMMEDIATE 命令关闭数据库，然后启动数据库。

```
SQL> STARTUP MOUNT;
ORACLE 例程已经启动。
```

（2）修改数据库的归档日志模式。

```
SQL> ALTER database archivelog;
```

数据库已更改。

（3）将数据库置为备份模式。

```
SQL> ALTER database open;
数据库已更改。
SQL> ALTER database BEGIN BACKUP;
数据库已更改。
```

（4）将数据文件、控制文件、表空间文件等复制到另一个目录进行备份。备份完成后，结束数据库的备份状态。

```
SQL> ALTER database BACKUP CONTROFILE to 'D:\backup\controlbak.ctl';
数据库已更改。
SQL> ALTER database END BACKUP;
数据库已更改。
SQL> ALTER SYSTEM ARCHIVE LOG CURRENT;
系统已更改。
```

3．热备份的恢复方法

热备份恢复方法如下：

（1）使出现问题的表空间处于脱机状态。

```
SQL> ALTER database datafile
    'C:\oracle\oradata\oracl\test1.dbf';
数据库已更改。
```

（2）将原先备份的表空间文件复现到其原来所在的目录，并覆盖原有文件。

（3）使用 RECOVER 命令进行介质恢复，恢复 test 表空间。

```
SQL> RECOVER database datafile
    'C:\oracle\oradata\oracl\test1.dbf';
数据库已更改。
```

（4）将表空间恢复为联机状态。

```
SQL> ALTER database datafile
    'C:\oracle\oradata\oracl\test1.dbf ONLINE';
数据库已更改。
```

至此，表空间数据库恢复完成。

11.2.3　几种非完全恢复方法

不管是部分数据丢失还是整个数据库丢失，前面介绍的都是理想状态下完全的数据恢复，但实际上有时恢复过程并不成功，只能恢复部分内容，因此下面有必要介绍一下实际可能发生的不完全恢复情况。不完全恢复是指当数据库出现介质失败或用户误操作时，使用已备份数据文件、归档日志和重做日志将数据库恢复到备份点与失败点之间的某个时刻的状态。

不完全恢复有以下 3 种类型：基于时间的恢复、基于撤销（CANCEL）的恢复和基于 SCN 的恢复。

1. 基于时间的恢复

使用基于时间的恢复可以把数据库恢复到错误发生前的某一时间的状态。对于某些误操作，如删除了一个数据表，可以在备用恢复环境上恢复到表的删除时间之前，然后把该表导出到正式环境，避免一个人为的错误。采用此方法时，Oracle 会自动回滚一直到指定的时间点结束，具体步骤如下。

（1）记录下发生错误的日期和时间：HOST DATE 和 HOST TIME（记录下误操作之前的时间，以便以后好还原到该时刻）。

（2）当遇到数据库错误时，首先使用 SHUTDOWN IMMEDIATE 命令关闭数据库（为防止不完全恢复失败，备份当前所有的数据文件、控制文件和重做日志）。

（3）使用 STARTUP MOUNT 启动数据库。

（4）把数据文件副本复制回来（确保备份文件的时间点在恢复时间点之前）。

```
SQL> SELECT FILE#,TO_CHAR(TIME,'yyyy-mm-dd hh24:mi:ss') from v$recover_file;
```

通过该语句可看出备份文件是否在要恢复的时间点之前。

（5）使用 RECOVER 命令对数据库进行基于时间的恢复。

```
SQL> RECOVER database until time '2013-11-16 16:56:24' ;
SQL>ALTER database open resetlogs;
```

以 resetlogs 打开数据库之后，会重新建立重做日志，清空原有日志的所有内容，并将日志序列号复位为 1（可以查看日志：archive log list）。

【例 11-1】　创建一个测试表进行基于时间的恢复。

（1）连接数据库，创建测试表并插入记录。

```
SQL> connect internal/password as sysdba;
已连接。
SQL> create table test(a int);
表已创建。
SQL> insert into test values(1);
插入 1 行。
SQL> commit;
提交完成。
```

（2）备份数据库，这里最好备份所有的数据文件，包括临时数据文件。

```
SQL> @hotbak.sql 或在 DOS 下 svrmgrl @hotbak.sql
```

或冷备份也可以。

（3）删除测试表，假定删除前的时间为 T1，在删除之前，为便于测试，继续插入数据并应用到归档。

```
SQL> insert into test values(2);
  插入 1 行。
SQL> commit;
  提交完成。
SQL> select * from test;
                      A
---------------------------------------
                      1
```

```
                                    2
SQL> alter system switch logfile;
  语句处理完成。
SQL> alter system switch logfile;
  语句处理完成。
SQL> select to_char(sysdate,'yyyy-mm-dd hh24:mi:ss') from dual;
  --------------------
  2013-11-21 14:43:01
SQL> drop table test;
  表已删除。
```

（4）准备恢复到时间点 T1，找回删除的表，先关闭数据库。

```
SQL> shutdown immediate;
  数据库关闭。
  数据库已卸除。
  Oracle 实例关闭。
```

（5）复制刚才备份的所有数据文件回来。

```
C:/>copy D:/DATABAK/*.DBF D:/Oracle/oradata/TEST/
```

（6）启动到 mount 下。

```
SQL> startup mount;
  Oracle 实例启动。
  System Global Area 总计: 102020364 bytes。
  Fixed Size                    70924 bytes
  Variable Size              85487616 bytes
  Database Buffers           16384000 bytes
  Redo Buffers                  77824 bytes
  数据库装载。
```

（7）开始不完全恢复数据库到 T1 时间。

```
SQL> recover database until time '2013-11-21:14:43:01';
  ORA-00279: change 30944 generated at 11/21/2013 14:40:06 needed for thread 1
  ORA-00289: suggestion : D:/Oracle/ORADATA/TEST/ARCHIVE/TESTT001S00191.ARC
  ORA-00280: change 30944 for thread 1 is in sequence #191
  Specify log: {<ret></ret>=suggested | filename | AUTO | CANCEL}
  自动日志应用。
  介质恢复完成。
```

（8）打开数据库，检查数据。

```
SQL> alter database open resetlogs;
  数据库更改。
 SQL> select * from test;
                              A
  -----------------------------------------
                              1
                              2
```

实例说明如下。

❏ 不完全恢复最好备份所有的数据，冷备份亦可，因为恢复过程是从备份点往后恢
复的，如果因为其中一个数据文件的时间戳（SCN）大于要恢复的时间点，那么
恢复都是不可能成功的。

- 不完全恢复有 3 种方式，过程都一样，仅仅是 RECOVER 命令有所不一样，这里用基于时间的恢复作为示例。
- 不完全恢复之后，都必须用 resetlogs 的方式打开数据库，建议马上再做一次全备份，因为 resetlogs 之后再用以前的备份恢复就很难了。
- 以上是在删除之前获得时间，但是实际应用中，很难知道删除之前的实际时间，但可以采用大致时间即可，或可以采用分析日志文件（logmnr），取得精确的需要恢复的时间。
- 一般都是在测试机备用机器上采用这种不完全恢复，恢复之后导出/导入被误删的表回原系统。

2. 基于撤销（CANCEL）的恢复

基于撤销（CANCEL）恢复，可以把数据库恢复到错误发生前的某一状态。在某种情况，不完全介质恢复必须被控制，DBA 可撤销在指定点的操作。基于撤销的恢复在一个或多个日志组（在线的或归档的）已被介质故障所破坏，不能在恢复过程时使用，所以介质恢复必须控制在使用最近的、未损的日志组于数据文件后中止恢复操作。具体步骤如下。

（1）当遇到数据库错误时，首先使用 SHUTDONW IMMEDIATE 命令关闭数据库，然后将备份的数据复制到相应的目录中。

（2）使用 STARTUP MOUNT 命令启动数据库。

（3）使用 RECOVER 命令对数据库进行基于 CANCEL 的恢复。

```
SQL> RECOVER DATABASE UNTIL CANCEL;
```

（4）恢复完成后，使用 resetlogs 模式启动数据库。

```
SQL> ALTER DATABASE open resetlogs;
```

3. 基于SCN的恢复

使用基于 SCN 的恢复，可以把数据库恢复到错误发生前的某一个事务前的状态。采用此方式时，Oracle 会执行恢复进程，直到恢复到指定的事务前时结束，具体步骤如下。

（1）当遇到数据库错误时，首先使用 SHUTDONW IMMEDIATE 命令关闭数据库，然后将备份的数据复制到相应的目录中。

（2）使用 STARTUP MOUNT 命令启动数据库。

（3）确保备份文件的 SCN 小于要恢复到的 SCN 值，使用 RECOVER 命令对数据库进行基于 SCN 的恢复。

```
SQL> select file#,change# from v$recover_file;
SQL> RECOVER DATABASE UNTIL change 486058;
```

（4）恢复完成后，使用 resetlogs 模式启动数据库。

```
SQL> ALTER database open resetlogs;
```

（5）可以通过查看日志文件来验证恢复结果。

```
SQL>SELECT group#,sequence#,first_change# from v$log;
SQL> SELECT  name,sequence#,first_change#,next_change# from v$archived_log;
```

11.3 逻辑备份与恢复

逻辑备份与恢复又称为导出/导入，导出是数据库的逻辑备份，导入是数据库的逻辑恢复。可以将 Oracle 中的数据移出/移入数据库。这些数据的读取与其物理位置无关。导出文件为二进制文件，导入时先读取导出的转储二进制文件，再恢复数据库。

与物理备份相比，虽然逻辑备份不够全面，但是对于 DBA 来说，很多情况下，往往较多使用逻辑备份仅用来恢复一个表，在模式之间转移数据和对象或通过移植将数据库升级版本。

11.3.1 逻辑备份与恢复概述

导入/导出是 Oracle 幸存的最古老的两个命令行工具了，其实 EXP/IMP 不是一种好的备份方式，正确的说法是，EXP/IMP 只能是一个好的转储工具，特别是在小型数据库的转储、表空间的迁移、表的抽取、检测逻辑和物理冲突等中有不小的功劳。当然，我们也可以把它作为小型数据库的物理备份后的一个逻辑辅助备份，也是不错的建议。

对于越来越大的数据库，特别是 TB 级数据库和越来越多数据仓库的出现，EXP/IMP 越来越力不从心了，这个时候，数据库的备份都转向了 RMAN 和第三方工具。为了方便早期 Oracle 版本用户，下面我们还是简要介绍一下 EXP/IMP 的使用。

11.3.2 EXP/IMP 导出/导入

1. EXP导出

EXP 是 EXPORT 的英文缩写，表示从数据库中导出数据。IMP 是 IMPORT 的英文缩写，表示将数据导入到数据库中。Oracle 支持 3 种方式的导出/导入操作：

- ❏ 表方式（T 方式）：是指导出/导入一个指定的基本表，包括表的定义、表中的数据，以及在表上建立的索引、约束等。
- ❏ 用户方式（U 方式）：是指导出/导入属于一个用户的所有对象，包括表、视图、存储过程和序列等。
- ❏ 全库方式（FULL 方式）：是指导出/导入数据库中的所有对象。

EXP 导出数据的语法格式如下：

```
EXP  parameter_name=value
Or EXP parameter_name=(value1,value2……)
```

【例 11-2】以 DBA 用户身份导出整个数据库，将 FULL 参数设置为 y，并设置导出文件为 D:\Oraclebak\2013_10_07_full.dmp，日志文件为 D:\Oraclebak\2013_10_07_full.log，其余参数为默认值。

```
C:> EXP userid=system/system direct=y full=y
   File=D:\Oraclebak\2013_10_07_full.dmp
Log=D:\Oraclebak\2013_10_07_full.log
```

以 scott 用户的身份导出表 emp 中工资大于 4000 的数据。

```
C:> EXP userid=scott/tiger tables=emp query=\"where sal>4000\"
  File=D:\Oraclebak\2013_10_07_emp.dmp
  Log= D:\Oraclebak\2013_10_07_emp.log
  Statistics=none
```

2．IMP导入

Oracle 的导出导入是一个很常用的迁移工具。在 Oracle 10g 中，Oracle 推出了数据泵（expdp/impdp），它可以通过使用并行，从而在效率上要比 EXP/IMP 高。

在 Oracle 10g 和 11g 的官方文档里没有搜到有关 EXP/IMP 的说明，在 9i 里找到了相关的使用说明。

【例 11-3】　以 DBA 用户的身份导入整个数据库。

```
C:>IMP userid=scott/tiger@abc ignore=y full=y file=d:\2013_10_07_full.dmp
```

【例 11-4】　以 DBA 用户的身份将 scott 用户的 emp 表及其数据导入到 hr 用户中。

```
C:>IMP userid=system/tiger@abc ignore=y full=y file=d:\2013_10_07_scott.dmp
  formuser=scott  touser=hr  tables=emp
```

注意：导入导出操作结尾无分号，一般在 DOS 或 Linux 环境下操作。如果目的地有相同表，则导入不成功。导出其他方案的表时，该用户需具有 EXP_FULL_DATABASE 或 DBA 角色。

11.3.3　数据泵（Data Pump）

Oracle 10g 开始引入了最新的数据泵（Data Pump）技术来支持逻辑备份和恢复，使用数据泵中的 Data Pump Export（数据泵导出）应用程序，使 DBA 或开发人员可以对数据和数据库元数据执行不同形式的逻辑备份。这些实用程序包括数据泵导出程序（EXPDP）和数据泵导入程序（IMPDP）。

1．数据泵的作用

Data Pump 工具的作用如下：
- ❑ 实现逻辑备份和逻辑恢复。
- ❑ 在数据库用户之间移动对象。
- ❑ 在数据库之间移动对象。
- ❑ 实现表空间搬移。

2．数据泵导出导入与传统导出导入的区别

在 Oracle 10g 之前，传统的导出和导入分别使用 EXP 工具和 IMP 工具。从 Oracle 10g 开始，不仅保留了原有的 EXP 和 IMP 工具，还提供了数据泵导出导入工具 EXPDP 和 IMPDP。使用 EXPDP 和 IMPDP 时应该注意的事项如下：
- ❑ EXP 和 IMP 是客户端工具程序，它们既可以在可以客户端使用，也可以在服务端

使用。

- □ EXPDP 和 IMPDP 是服务端的工具程序，它们只能在 Oracle 服务端使用，不能在客户端使用。
- □ IMP 只适用于 EXP 导出文件，不适用于 EXPDP 导出文件；IMPDP 只适用于 EXPDP 导出文件，而不适用于 EXP 导出文件。
- □ 数据泵导出包括导出表、导出方案、导出表空间和导出数据库 4 种方式。

△注意：Data Pump 导出/导入所得到的文件与传统的 Export/Import 应用程序的文件不兼容。

3. 使用Data Pump Import导出数据

使用 Data Pump Import 应用程序，将数据和元数据转存到转储文件集的一组操作系统文件中。在操作系统命令行中使用 EXPDP 命令来启动 Data Pump Import 工具。

EXPDP 命令行选项，可通过 EXPDP help=y 查看：

```
C:\>EXPDP help=y
Export: Release 11g.2.0.1.0- Production on 星期一, 07 10 月, 2013 17:54:49
Copyright (c) 1996,2009,Oracle. All rights reserved.
```

数据泵导出实用程序提供了一种在 Oracle 数据库之间传输数据对象的机制。该实用程序可以使用以下命令进行调用：

```
C:> EXPDP scott/tigerDIRECTORY=dmpdir DUMPFILE=scott.dmp
```

还可以控制导出的运行方式。具体方法是：在 EXPDP 命令后输入各种参数。要指定各参数，要使用关键字，其格式如下：

```
EXPDP  KEYWORD=value 或 KEYWORD=(value1,value2,...,valueN)
```

使用 EXPDP 命令可以带有参数，如下所示。

（1）ATTACH

该选项用于在客户会话与已存在导出作业之间建立关联。语法如下：

```
ATTACH=[schema_name.]job_name
```

Schema_name 用于指定方案名，job_name 用于指定导出作业名。注意，如果使用 ATTACH 选项，在命令行除了连接字符串和 ATTACH 选项外，不能指定任何其他选项，示例如下：

```
C:>EXPDP scott/tiger ATTACH=scott.export_job
```

（2）CONTENT

该选项用于指定要导出的内容，默认值为 ALL。

```
CONTENT={ALL | DATA_ONLY | METADATA_ONLY}
```

设置 CONTENT 为 ALL 时，将导出对象定义及其所有数据。为 DATA_ONLY 时，只导出对象数据，为 METADATA_ONLY 时，只导出对象定义。

```
C:>Expdp scott/tiger DIRECTORY=dump DUMPFILE=a.dump
```

```
CONTENT=METADATA_ONLY
```

（3）DIRECTORY

指定转储文件和日志文件所在的目录。

```
DIRECTORY=directory_object
```

Directory_object 用于指定目录对象名称。需要注意，目录对象是使用 CREATE DIRECTORY 语句建立的对象，而不是 OS 目录。

```
C:>Expdp scott/tiger DIRECTORY=dump DUMPFILE=a.dump
```

建立目录：

```
CREATE DIRECTORY dump as 'd:dump';
```

查询创建了哪些子目录：

```
SQL>SELECT * FROM dba_directories;
```

（4）DUMPFILE

用于指定转储文件的名称，默认名称为 expdat.dmp。

```
DUMPFILE=[directory_object:]file_name [,…]
```

Directory_object 用于指定目录对象名，file_name 用于指定转储文件名。需要注意，如果不指定 directory_object，导出工具会自动使用 DIRECTORY 选项指定的目录对象。

```
C:> Expdp scott/tiger DIRECTORY=dump1 DUMPFILE=dump2:a.dmp
```

（5）ESTIMATE

指定估算被导出表所占用磁盘空间的方法，默认值是 BLOCKS。

```
EXTIMATE={BLOCKS | STATISTICS}
```

设置为 BLOCKS 时，Oracle 会按照目标对象所占用的数据块个数乘以数据块尺寸估算对象占用的空间，设置为 STATISTICS 时，根据最近统计值估算对象占用空间。

```
C:> Expdp scott/tiger TABLES=emp ESTIMATE=STATISTICS
DIRECTORY=dump DUMPFILE=a.dump
```

（6）EXTIMATE_ONLY

指定是否只估算导出作业所占用的磁盘空间，默认值为 N。

```
EXTIMATE_ONLY={Y | N}
```

设置为 Y 时，导出作业只估算对象所占用的磁盘空间，而不会执行导出作业；为 N 时，不仅估算对象所占用的磁盘空间，还会执行导出操作。

```
C:> Expdp scott/tiger ESTIMATE_ONLY=y NOLOGFILE=y
```

（7）EXCLUDE

该选项用于指定执行操作时释放要排除的对象类型或相关对象。

```
EXCLUDE=object_type [:name_clause] [,…]
```

Object_type 用于指定要排除的对象类型，name_clause 用于指定要排除的具体对象。

EXCLUDE 和 INCLUDE 不能同时使用。

```
C:> Expdp scott/tiger DIRECTORY=dump DUMPFILE=a.dup EXCLUDE=VIEW
```

（8）FILESIZE

指定导出文件的最大尺寸，默认为 0（表示文件尺寸没有限制）。

（9）FLASHBACK_SCN

指定导出特定 SCN 时刻的表数据。

```
FLASHBACK_SCN=scn_value
```

Scn_value 用于标识 SCN 值。FLASHBACK_SCN 和 FLASHBACK_TIME 不能同时使用。

```
C:> Expdp scott/tiger DIRECTORY=dump DUMPFILE=a.dmp
FLASHBACK_SCN=358523
```

（10）FLASHBACK_TIME

指定导出特定时间点的表数据。

```
FLASHBACK_TIME="TO_TIMESTAMP(time_value)"
C:>Expdp scott/tiger DIRECTORY=dump DUMPFILE=a.dmp FLASHBACK_TIME=
"TO_TIMESTAMP('25-08-2013 14:35:00','DD-MM-YYYY HH24:MI:SS')"
```

（11）FULL

指定数据库模式导出，默认为 N。

```
FULL={Y | N}
```

为 Y 时，标识执行数据库导出。

（12）HELP

指定是否显示 EXPDP 命令行选项的帮助信息，默认为 N。

当设置为 Y 时，会显示导出选项的帮助信息。

```
C:> Expdp  help=y
```

（13）INCLUDE

指定导出时要包含的对象类型及相关对象。

```
INCLUDE = object_type[:name_clause] [,… ]
```

（14）JOB_NAME

指定要导出作业的名称，默认为 SYS_XXX。

```
JOB_NAME=jobname_string
```

（15）LOGFILE

指定导出日志文件的名称，默认名称为 export.log。

```
LOGFILE=[directory_object:]file_name
```

Directory_object 用于指定目录对象名称，file_name 用于指定导出日志文件名。如果不指定 directory_object，导出作用会自动使用 DIRECTORY 的相应选项值。

```
Expdp scott/tiger DIRECTORY=dump DUMPFILE=a.dmp logfile=a.log
```

（16）NETWORK_LINK

指定数据库链名，如果要将远程数据库对象导出到本地例程的转储文件中，必须设置该选项。

（17）NOLOGFILE

该选项用于指定禁止生成导出日志文件，默认值为 N。

（18）PARALLEL

指定执行导出操作的并行进程个数，默认值为 1。

（19）PARFILE

指定导出参数文件的名称。

```
PARFILE=[directory_path] file_name
```

（20）QUERY

用于指定过滤导出数据的 where 条件。

```
QUERY=[schema.] [table_name:] query_clause
```

Schema 用于指定方案名，table_name 用于指定表名，query_clause 用于指定条件限制子句。QUERY 选项不能与 CONNECT=METADATA_ONLY、EXTIMATE_ONLY 和 TRANSPORT_TABLESPACES 等选项同时使用。

```
C: > Expdp scott/tiger directory=dump dumpfiel=a.dmp
Tables=emp query='WHERE deptno=20'
```

（21）SCHEMAS

该方案用于指定执行方案模式导出，默认为当前用户方案。

（22）STATUS

指定显示导出作业进程的详细状态，默认值为 0。

（23）TABLES

指定表模式导出。

```
TABLES= [schema_name.]table_name[:partition_name][,…]
```

Schema_name 用于指定方案名，table_name 用于指定导出的表名，partition_name 用于指定要导出的分区名。

（24）TABLESPACES

指定要导出的表空间列表。

（25）TRANSPORT_FULL_CHECK

该选项用于指定被搬移表空间和未搬移表空间关联关系的检查方式，默认为 N。

当设置为 Y 时，导出作业会检查表空间直接的完整关联关系，如果表空间所在表空间或其索引所在的表空间只有一个表空间被搬移，将显示错误信息；当设置为 N 时，导出作业只检查单端依赖，如果搬移索引所在表空间，但未搬移表所在表空间，将显示出错信息，如果搬移表所在表空间，未搬移索引所在表空间，则不会显示错误信息。

（26）TRANSPORT_TABLESPACES

指定执行表空间模式导出。

（27）VERSION

指定被导出对象的数据库版本，默认值为 COMPATIBLE。

```
VERSION={COMPATIBLE | LATEST | version_string}
```

为 COMPATIBLE 时，会根据初始化参数 COMPATIBLE 生成对象元数据；为 LATEST 时，会根据数据库的实际版本生成对象元数据。version_string 为用于指定数据库版本的字符串。

4．使用Data Pump Import导入数据

Oracle 数据泵导入应用程序（IMPDP）在使用方面类似于传统的 IMP 应用程序。在操作系统命令中通过使用 IMPDP 命令来启动 Data Pump Import 导入工具。

IMPDP 命令行选项与 EXPDP 有很多相同之处，不同之处如下。

（1）REMAP_DATAFILE

该选项用于将源数据文件名转变为目标数据文件名，在不同平台之间搬移表空间时可能需要该选项。

```
REMAP_DATAFIEL=source_datafie:target_datafile
```

（2）REMAP_SCHEMA

该选项用于将源方案的所有对象装载到目标方案中。

```
REMAP_SCHEMA=source_schema:target_schema
```

（3）REMAP_TABLESPACE

将源表空间的所有对象导入到目标表空间中。

```
REMAP_TABLESPACE=source_tablespace:target:tablespace
```

（4）REUSE_DATAFILES

该选项指定建立表空间时是否覆盖已存在的数据文件，默认为 N。

```
REUSE_DATAFIELS={Y | N}
```

（5）SKIP_UNUSABLE_INDEXES

指定导入是否跳过不可使用的索引，默认为 N。

（6）SQLFILE

指定将导入要指定的索引 DDL 操作写入到 SQL 脚本中。

```
SQLFILE=[directory_object:]file_name
C:> Impdp scott/tiger DIRECTORY=dump DUMPFILE=tab.dmp SQLFILE=a.sql
```

（7）STREAMS_CONFIGURATION

指定是否导入流元数据（Stream Matadata），默认值为 Y。

（8）TABLE_EXISTS_ACTION

该选项用于指定当表已经存在时导入作业要执行的操作，默认为 SKIP。

```
TABBLE_EXISTS_ACTION={SKIP | APPEND | TRUNCATE | REPLACE }
```

当设置该选项为 SKIP 时，导入作业会跳过已存在表处理下一个对象；当设置为

APPEND 时，会追加数据；为 TRUNCATE 时，导入作业会截断表，然后为其追加新数据；当设置为 REPLACE 时，导入作业会删除已存在表，重建表并追加数据。注意：TRUNCATE 选项不适用于簇表和 NETWORK_LINK 选项。

（9）TRANSFORM

该选项用于指定是否修改建立对象的 DDL 语句。

```
TRANSFORM=transform_name:value[:object_type]
```

Transform_name 用于指定转换名，其中 SEGMENT_ATTRIBUTES 用于标识段属性（物理属性、存储属性、表空间和日志等信息），STORAGE 用于标识段存储属性，VALUE 用于指定是否包含段属性或段存储属性，object_type 用于指定对象类型。

```
C:> Impdp scott/tiger directory=dump dumpfile=tab.dmp
Transform=segment_attributes:n:table
```

（10）TRANSPORT_DATAFILES

该选项用于指定搬移空间时要被导入到目标数据库的数据文件。

```
TRANSPORT_DATAFILE=datafile_name
```

Datafile_name 用于指定被复制到目标数据库的数据文件。

```
C:> Impdp system/manager DIRECTORY=dump DUMPFILE=tts.dmp
TRANSPORT_DATAFILES='/user01/data/tbs1.f'
```

【例 11-5】　导入表。

```
E:\> Impdp scott/tiger DIRECTORY=dump_dir DUMPFILE=tab.dmp
TABLES=dept,emp
E:\> Impdp system/manage DIRECTORY=dump_dir DUMPFILE=tab.dmp
TABLES=scott.dept,scott.emp REMAP_SCHEMA=SCOTT:SYSTEM
```

第一种方法表示将 DEPT 和 EMP 表导入到 SCOTT 方案中，第二种方法表示将 DEPT 和 EMP 表导入到 SYSTEM 方案中。

注意：如果要将表导入到其他方案中，必须指定 REMAP_SCHEMA 选项。

【例 11-6】　导入方案。

```
E:\>Impdp scott/tiger DIRECTORY=dump_dir DUMPFILE=schema.dmp
SCHEMAS=scott
E:\>Impdp system/manager DIRECTORY=dump_dir DUMPFILE=schema.dmp
SCHEMAS=scott REMAP_SCHEMA=scott:system
```

【例 11-7】　导入表空间。

```
E:\> Impdp system/manager DIRECTORY=dump_dir DUMPFILE=tablespace.dmp
TABLESPACES=user01
```

【例 11-8】　导入数据库。

```
E:\> Impdp system/manager DIRECTORY=dump_dir DUMPFILE=full.dmp FULL=y
```

11.3.4　恢复管理器（RMAN）

为了更好地实现数据库的备份和恢复工作，Oracle 提供了恢复管理器（Recovery

Manager，简称 RMAN）。RMAN 是一个能在所有操作系统备份、恢复和还原数据库的应用工具，可以进行联机备份，而且备份与恢复方法将比 OS 备份更简单可靠。通过执行相应的 RMAN 命令可以实现备份与恢复操作。

1．RMAN简介

RMAN 能够提供 DBA 针对企业数据库备份与恢复操作的集中控制。RMAN 可以将备份记录保存在恢复目录中，Oracle 服务器保持对备份的跟踪。实际的物理备份拷贝将被存储在指定的存储系统上。通过 RMAN 工具，可以启动操作系统将数据备份到磁盘或磁带上，在需要时，可以通过 RMAN 工具恢复所备份的文件。

RMAN 能自动执行许多管理功能和职责。备份能发生在多级上：数据库、表空间或数据文件。数据文件能够被特指为基于用户定义的备份。使用 RMAN 可以减少 DBA 对数据库进行备份与恢复时产生的错误，提高备份与恢复的效率。RMAN 主要有两个接口：命令行解释（CLI）接口和 OEM 图形用户接口（GUI）。CLI 接口是一个与 SQL*Plus 相似的应用，能够用交互或非交互的方式执行。

RMAN 的功能如图 11-3 所示。

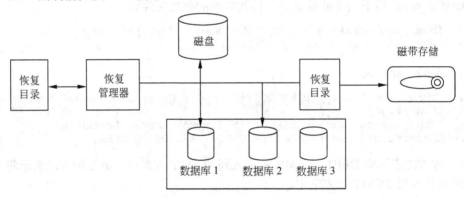

图 11-3　RMAN 的功能图

2．RMAN的特点

（1）跳过未使用的数据块

当备份一个 RMAN 备份集时，RMAN 不会备份从未被写入的数据块。而传统的备份方法无法知道已经使用了哪些数据块。

（2）备份压缩

RMAN 使用一种 Oracle 特有的二进制压缩模式来节省备份设备上的空间。尽管传统的备份方法也可以使用操作系统的压缩技术，但 RMAN 使用的压缩算法是定制的，能够最大程度地压缩数据块中的一些典型的数据，还可以压缩空块。

（3）执行增量备份

如果不使用增量备份，那么每次 RMAN 都备份已使用块；如果使用增量备份，那么每次都备份上次备份以来变化的数据块，这样可以节省大量的磁盘空间、I/O 时间、CPU 时间和备份时间。

（4）块级别的恢复

RMAN 支持块级别的恢复，只需要还原或修复标识为损坏的少量数据块，实现真正的增量备份。

（5）备份与恢复自动管理

备份与恢复过程可以自动管理，在备份与恢复期间，RMAN 检查损坏的数据块，并在警告日志、跟踪文件和其他数据字典视图中报告损坏的情况。

🔔提示：在某些情况下，前述传统的备份方法可能优于 RMAN。例如，RMAN 不支持口令文件和其他非数据块文件的备份。

3．RMAN组件

RMAN 是一个以客户端方式运行的备份与恢复工具。最简单的 RMAN 可以只包括两个组件——RMAN 命令执行器和目标数据库。通常包括以下组件。

（1）RMAN 命令执行器

RMAN 命令执行器用来对 RMAN 应用程序进行访问，允许 DBA 输入执行备份和恢复操作的命令，通过命令行或者图形用户界面与 RMAN 进行交互。

（2）目录数据库

目标数据库就是要执行备份、转储和恢复操作的数据库。RMAN 使用目标数据库的控制文件来收集关于数据库的有关信息，并且存储相关的 RMAN 操作信息。此外，实际的备份、恢复以及恢复操作也是由目标数据库中的进程来执行。

（3）RMAN 恢复目录

恢复目录是 RMAN 在数据库上建立的一种存储对象，由 RMAN 自动维护。使用 RMAN 执行备份和恢复操作时，RMAN 将从目标数据库的控制文件中自动获取信息，包括数据库结构、归档日志和数据文件备份信息等，这些信息都将被存储到恢复目录之中。

（4）RMAN 资料备份库

在使用 RMAN 进行备份与恢复操作时，需要使用到管理信息和数据，称为 RMAN 资料备份库。资料备份库包括以下内容：备份集（一次备份的集合）、备份段（一个备份集由若干个备份段组成，每个备份段是一个单独的输出文件）、镜像拷贝（直接 copy 独立文件）、目标数据库结构和配置设置。

（5）恢复目录数据库

用来保存 RMAN 恢复目录的数据库，它是一个独立于目标数据库的 Oracle 数据库。RMAN 通常在一个恢复目录中自动保存备份信息，简化并自动化数据库的备份和恢复操作。恢复目录是一组数据库表和视图。

4．RMAN操作

恢复目录是由 RMAN 使用和维护，用来存储备份信息的一种存储对象。通过恢复目录，RMAN 可以从目标数据库的控制文件中获取信息，以维护备份信息。

（1）创建恢复目录

创建恢复目录的具体步骤如下。

❑ 首先确定数据库处于归档模式，如果当前模式显示为非归档模式，则需要根据前述章节的命令修改为归档模式。查看当前模式的命令如下：

```
SQL> CONNECT sys/admin  AS  SYSDBA;
已连接。
SQL> ARCHIVE LOG LIST;
数据库日志模式                 存档模式
自动存档                       启用
存档终点                       USER_DB_RECOVERY_FILE_DEST
最早的联机日志序列             69
下一个存档日志序列             71
当前日志序列                   71
```

❑ 在目录数据库中创建恢复目录所用的表空间和 RMAN 备份用户并授权。

```
SQL> CREATE TABLESPACE rmans_ts
2   DATAFILE 'E:\ORACLE\RMANS\rmans_ts.dbf' SIZE 10M
3   AUTOEXTEND ON NEXT 5M
4   EXTENT MANAGEMENT LOCAL;
表空间已创建。
SQL> CREATE USER rman1 IDENTIFIED BY rman1
2    DEFAULT TABLESPACE rmans_ts;
用户已创建。
SQL>GRANT CONNECT, RESOURCE, RECOVERY_CATALOG_OWNER TO rman1;
  授权成功。
```

❑ 在目录数据库中创建恢复目录。首先需要启动 RMAN 工具，并使用 RMAN 用户登录，来创建恢复目录。

```
C:\> RMAN
恢复管理器: Release 11.2.0.1- Production on 星期五 12 月 13 日  11:08:29  2013
Copyright © 1996,2009,Oracle. All rights reserved.
RMAN> CONNECT CATALOG rman1/rman1;
连接到恢复目录数据库。
RMAN> CREATE CATALOG;
恢复目录已创建。
```

如果想要删除恢复目录，则可以用 DROP 命令删除：

```
RMAN> DROP CATALOG;
```

（2）连接到目标数据库

使用无恢复目录的 RMAN 连接到目标数据库时，可以使用以下几种连接方式。

❑ 使用 RMAN TARGET 语句：

```
C:\> RMAN TARGET/
恢复管理器: Release 11.2.0.1 -Production on 星期六 12 月 14  16:08:22 2013
Copyright © 1996,2009,Oracle. All rights reserved.
连接到目标数据库: ORCL (DBID=1666688669)
```

❑ 使用 RMAN NOCATALOG 语句：

```
C:\> RMAN NOCATALOG
恢复管理器: Release 11.2.0.1 -Production on 星期六 12 月 14  16:09:20 2013
Copyright © 1996,2009,Oracle. All rights reserved.
RMAN>
```

连接到有恢复目录的 RMAN 连接到目标数据库时，则使用如下方式。

```
C:\> RMAN TARGET  sys/sys CATALOG rman1/rman1
恢复管理器: Release 11.2.0.1 -Production on 星期六 12 月 14  16:15:58 2013
Copyright © 1996,2009,Oracle. All rights reserved.
连接到目标数据库: ORCL (DBID=1666688669)
```

🔔提示：如果 RMAN 用户与目标数据库不在同一个数据库上，则必须在 TARGET 选项后
使用 "@database_name"，例如：RMAN TARGET sys/sys@mydabase CATALOG
rman1/rman1。

（3）RMAN 备份

在使用 RMAN 进行备份时，可以进行的备份类型包括：完全备份（Full Backup）、增量备份（Incremental Backup）和镜像复制等。在实现备份时，可以使用 Backup 或 Copyto命令。

```
RMAN>RUN{
2> allocate channel cha1 type disk;
3> backup
4> format '/u01/rmanbak/full_%t'
5> tag full-backup format "E:\bakcup\db_t%t%p"   //标签可以顺便起，没关系
6> database;
7> release channel cha1;
8>}
```

这个 RUN 中有 3 条命令，分别用分号来进行分割。

Format 格式如下。

%c：备份片的拷贝数（从 1 开始编号）；

%d：数据库名称；

%D：位于该月中的天数（DD）；

%M：位于该年中的月份（MM）；

%F：一个基于 DBID 唯一的名称，这个格式的形式为 c-xxx-YYYYMMDD-QQ，其中xxx 为该数据库的 DBID，YYYYMMDD 为日期，QQ 是一个 1～256 的序列；

%n：数据库名称，并且会在右侧用 x 字符进行填充，使其保持长度为 8；

%u：是一个由备份集编号和建立时间压缩后组成的 8 字符名称。利用%u 可以为每个备份集产生一个唯一的名称；

%p：表示备份集中的备份片的编号，从 1 开始编号；

%U：是%u_%p_%c 的简写形式，利用它可以为每一个备份片段（即磁盘文件）生成一个唯一的名称，这是最常用的命名方式；

%t：备份集时间戳；

%T：年月日格式（YYYYMMDD）；

channel 的概念：一个 channel 是 RMAN 与目标数据库之间的一个连接，allocate channel命令在目标数据库启动一个服务器进程，同时必须定义服务器进程执行备份和恢复操作。

🔔提示：在 RMAN 中，可以将需执行的 SQL 语句放在一个 RUN{}语句中进行执行，类似
批处理命令方式。可使用#标识的注释语句。RUN{}语句中各个执行语句结束时
都必须带有分别。

（4）RMAN 恢复。

使用 RMAN 实现正确的备份后，如果数据库文件出现介质错误，可以使用 RMAN，通过不同的恢复模式，将系统恢复到某个正常运行状态。

❑ 完全恢复。

方法 1：从最近的备份集恢复整个数据库，数据库会自动运行 redo 和 archive 日志（完全恢复）：

```
SQL>shutdown immediate
SQL>startup mount
RMAN>restore database;
RMAN>recover database;
RMAN>sql 'alter database open';
```

方法 2：从 tag 恢复整个数据库，数据库也会运行 redo 和 archive 日志（完全恢复），结果与上面的脚本一样。

首先，查看标签：

```
RMAN> list backupset summary;
Key      TY LV S Device Type Completion Time #Pieces #Copies Compressed Tag
------   ------ - -------- ---- ---------- ---- --------
25       B  A  A DISK     25-JUL-13      1    1    NO   TAG20130725T104634
28       B  0  A DISK     25-JUL-13      1    1    NO   TAG20130725T104645
29       B  A  A DISK     25-JUL-13      1    1    NO   TAG20130725T104711
30       B  F  A DISK     25-JUL-13      1    1    NO   TAG20130725T104713
31       B  A  A DISK     25-JUL-13      1    1    NO   TAG20130725T105333
32       B  A  A DISK     25-JUL-13      1    1    NO   TAG20130725T105350
33       B  1  A DISK     25-JUL-13      1    1    NO   TAG20130725T105353
34       B  A  A DISK     25-JUL-13      1    1    NO   TAG20130725T105408
35       B  F  A DISK     25-JUL-13      1    1    NO   TAG20130725T105411
36       B  A  A DISK     25-JUL-13      1    1    NO   TAG20130725T111403
37       B  1  A DISK     25-JUL-13      1    1    NO   TAG20130725T111405
```

然后，还原数据库：

```
SQL>shutdown immediate;
SQL>startup mount;
RMAN>restore database from tag TAG20130725T104645;
RMAN> recover database from tag TAG20130725T104645;
RMAN> alter database open;
```

❑ 不完全恢复。

```
SQL>shutdown immediate;
SQL>startup mount;
RMAN>restore database from tag TAG20110725T104645;
RMAN>recover database until time "to_date('2011-08-04 15:37:25','yyyy/mm/
dd hh24:mi:ss')";
RMAN>alter database open resetlogs;
```

❑ 关键表空间恢复（system / undotbs1 / sysaux）。

```
SQL>shutdown abort
SQL>startup mount
RMAN>restore tablespace 名字;
RMAN>recover tablespace 名字;
RMAN>sql 'alter database open';
```

❑ 非关键表空间恢复（example / users）。

```
select * from v$datafile_header; 表空间与数据文件对应关系
SQL>alter database datafile 数字 offline;
RMAN>restore tablespace 名字;
RMAN>recover tablespace 名字;
SQL>alter database datafile 数字 online;
```

❑ 退出 RMAN 客户端。

当使用完 RMAN 时，有必要退出 RMAN 客户端。RMAN 提供了两个命令：quit 和 exit。使用这些命令可返回到 OS 提示符状态。RMAN 也允许使用 host 命令返回到 OS。

```
RMAN> host;
Microsoft Windows 7 [Version 7.1.2600]
(C) Copyright 1999-2013 Microsoft Corp.
C:\>exit
主机命令完成。
RMAN> exit
恢复管理器完成。
```

📢小结：（1）RMAN 也可以实现单个表空间或数据文件的恢复，恢复过程可以在
　　　　　mount 下或 open 方式下进行，如果在 open 方式下恢复，可以减少 down
　　　　　机时间。
　　　　（2）如果损坏的是一个数据文件，建议 offline 并在 open 方式下恢复。
　　　　（3）只要有备份与归档存在，RMAN 也可以实现数据库的完全恢复（不丢失
　　　　　数据）。
　　　　（4）RMAN 的备份与恢复命令相对比较简单并可靠，建议有条件的话，都采用
　　　　　RMAN 进行数据库的备份。

11.4　案 例 分 析

某大型连锁超市系统，其系统每天工作（无休息日）。但相对而言，每周一顾客采购量较少，而双休日业务较繁忙。系统数据库要求每日都要进行备份。在制订其备份恢复方案时，可以将完全导出放在星期一进行，累计导出放在星期五进行。

DBA 可以制定一个备份日程表，用数据导出的 3 个不同方式合理高效地完成。数据库的备份任务可以如表 11-1 所示的安排进行。

表 11-1　数据库备份安排表

备　份　日　程	数据导出方式
星期一	完全导出（A）
星期二	增量导出（B）
星期三	增量导出（C）
星期四	增量导出（D）
星期五	累计导出（E）
星期六	增量导出（F）
星期日	增量导出（G）

如果在星期日数据库遭到意外破坏，数据库管理员可以按下列步骤来恢复数据库。

（1）用命令 CREATE DATABASE 重新生成数据库结构。

（2）创建一个足够大的附加回滚段。

（3）完全增量导入 A：

```
IMP system/system inctype=RESTORE FULL=y FILE=A;
```

（4）累计增量导入 E：

```
IMP system/system inctype=RESTORE FULL=y FILE=E;
```

（5）最近增量导入 F：

```
IMP system/system inctype=RESTORE FULL=y FILE=F;
```

11.5　本章小结

Oracle 系统提供了完善的备份与恢复机制，保证系统的安全性和可靠性。本章具体学习了 Oracle 数据库备份与恢复的策略及常用方法。

本章介绍了逻辑备份与恢复以及物理备份与恢复的概念和方法，然后阐述了早期常用的 EXP/IMP 导出/导入逻辑工具的使用，进一步介绍了数据泵、RMAN 等目前 Oracle 主流备份与恢复工具的使用。

11.6　习题与实践练习

一、填空题

1．对创建的 RMAN 用户必须授予＿＿＿＿＿＿＿权限，然后该用户才能连接到恢复目录数据库。

2．使用 STARTUP 命令启动数据库时，添加＿＿＿＿＿选项，可以实现只启动数据库实例，不打开数据库。

3．在 RMAN 中要备份全部数据库内容，可以通过 BACKUP 命令，带有＿＿＿＿＿参数来实现。

4．当数据库处于 OPEN 状态时备份数据库文件，要求数据库处于＿＿＿＿＿＿日志操作模式。

5．Control_files 参数定义了 3 个控制文件，现在某个控制文件出现了损坏，数据库仍然＿＿＿＿正常启动。

6．当误删除了 SYSTEM 表空间的数据库文件之后，应该在＿＿＿＿＿状态下恢复该表空间。

二、选择题

1．在 RMAN 中要连接到目标数据库，可以执行下列哪些语句实现？其中 sys/sys 为系

统用户，rman1/rman1 为 RMAN 用户。（　　　）

  A．RMAN TARGET/   B．RMAN CATALOG

  C．RMAN TARGET sys/sys NOCATALOG

  D．MAN TARGET sys/sys CATALOG rman1/rman1

2．使用 RMAN 实现表空间恢复时，执行命令的顺序是（　　　）。

  A．RESTORE、RECOVER   B．RECOVER、RESTORE

  C．COPY、BACKUP   D．COPY、RECOVER

3．当执行 DROP TABLE 误操作后，可以使用以下哪些方法进行恢复？（　　　）

  A．FLASHBACK TABLE   B．数据库时间点恢复

  C．表空间时间点恢复   D．FLASHBACK　DATABASE

4．当执行了 TRUNCATE TABLE 误操作之后，可以使用以下哪些方法进行恢复？（　　　）

  A．FLASHBACK TABLE   B．数据库时间点恢复

  C．表空间时间点恢复   D．FLASHBACK DATABASE

5．当使用以下哪些备份方法时，数据库必须处于 OPEN 状态？（　　　）

  A．EXPDP   B．用户管理的备份

  C．RMAN 管理的备份   D．EXP

6．以下哪些工具可以在 Oracle 客户端使用？（　　　）

  A．EXPDP   B．IMPDP   C．EXP   D．IMP

三、简答题

1．简述数据库备份的重要性以及备份的种类。

2．当恢复数据库时，用户可以使用正在恢复的数据库吗？

3．简述冷备份、热备份的概念及区别。

4．Oracle 支持哪 3 种方式的导出/导入操作？

四、上机操作题

1．完成本章中的例题操作。

2．综合实验。

对创建的测试表空间 testspace 进行备份与恢复操作。

（1）首先使用 DBA 身份连接数据库，确定数据库处于归档模式。

（2）为表空间授予 RECOVRERY_CATALOG_OWNER 权限。语句如下：

```
SQL> GRANT RECOVERY_CATALOG_OWNER TO  testspace;
```

（3）为 RMAN 用户 rman1 创建恢复目录，语句如下：

```
C:\> RMAN
RMAN> CONNECT CATALOG testspace/123456;
RMAN> CREATE CATALOG;
```

（4）连接到恢复目录数据库，并注册数据库，语句如下：

```
C:\> RMAN  TARGET sys/sys  CATALOG testpace/123456;
```

```
RMAN> REGISTER DATABASE;
```

（5）执行 BACKUP 命令，备份 testspace 表空间，备份文件的保存路径为 E:\backup，如下：

```
RMAN> BACKUP TAB tbs_testspace FORMAT
"E:\backup\tbs_testspace_t%t_s%s"(TABLESPACE testspace);
```

（6）使用 RESTORE 命令和 RECOVER 命令，对 testspace 表空间执行恢复操作，语句如下：

```
RMAN> RESTORE TABLESPACE testspace;
RMAN> RECOVER TABLESPACE testsapce;
```

（7）验证表空间是否恢复成功。如果恢复成功，则可以对 testspace 表空间中的表进行正常操作，如进行 select 查询操作来验证。

第3篇 高级篇

第 12 章　系统性能及语句优化

一个数据库应用系统性能的好坏，很大程度上取决于数据库管理员进行的性能调优。计算机专业人员与非专业人员的区别往往也体现在这些方面。到任何时候，计算机专业人员都应该考虑系统性能问题，那种认为现在的机器已经很快了，只要考虑程序的正确性就够了的观点是非常错误甚至有害的。为了编写一个正确的并且高性能的程序并不容易。经常性的调整可以优化系统的性能，防止出现数据瓶颈，达到最佳运行状态。Oracle 作为一个高性能数据库软件，正确适当的调优可以使系统运行如虎添翼。本章将介绍 Oracle 系统性能优化、系统参数的调整和 SQL 语句优化技巧等方面内容，用户可以通过参数的调整，达到性能优化的目的，进一步提高实际项目开发经验和现实环境经常面临的系统管理问题。

本章要点：
- ❏ 理解 Oracle 系统性能概念；
- ❏ 理解 Oracle 中 SQL 语句处理过程；
- ❏ 理解共享池概念；
- ❏ 掌握 SELECT 语句优化方法；
- ❏ 掌握 WHERE 子句的优化方法；
- ❏ 掌握索引的优化方法。

12.1　Oracle 系统性能概述

随着网络应用和电子商务的不断发展，各个站点的访问量越来越大，数据库规模也随之不断地扩大，互联网上大量用户同时查询和更新数据的联机事务处理应用，使数据库系统的性能问题越来越突出。为了满足和适应不同的应用系统及不断增长的数据需求，必须通过对系统的诊断和调整提高系统的运行效率。因此，如何对数据库进行调优至关重要：如何使用有限的计算机系统资源为更多的用户服务？如何保证用户的响应速度和服务质量？这些问题都属于服务器性能优化的范畴。

Oracle 系统性能优化主要分为两部分：

一是数据库管理员通过对系统参数的调整达到优化的目的；

二是开发人员通过对应用程序的优化达到调整的目的。

实际上，为保证 Oracle 数据库运行在最佳的性能状态下，在信息系统开发之前就应该考虑数据库的优化策略。优化策略一般包括服务器操作系统参数调整、Oracle 数据库参数调整、网络性能调整、应用程序 SQL 语句分析与设计优化等几个方面，其中应用程序分析与设计是在系统开发之前完成的。

12.1.1 影响 Oracle 数据库性能要素

影响 Oracle 数据库系统性能的要素有很多，涉及服务器硬件（如 CPU、RAM、存储系统等）、网络结构（如带宽、网络配置）、操作系统（如 OS 参数配置）、数据库系统（如 Oracle 参数配置）、应用系统（如数据库设计及 SQL 编程的质量）和并发用户数等，这些都将影响系统的运行效率，具有很高的不确定性。因此，Oracle 数据库性能整体优化的目标是在现有软、硬件条件下，通过调整系统结构、调整数据库对象结构和系统资源的物理再分配来消灭系统运行瓶颈，使其达到总体性能最优的综合平衡状态。

分析评价 Oracle 数据库的性能，主要看数据库吞吐量和数据库用户响应时间两项指标。数据库吞吐量指单位时间内数据库完成的 SQL 语句数量；数据库用户响应时间指用户从提交 SQL 语句开始到最终获得返回结果所需的时间。其中数据库用户响应时间又可以分为系统服务时间和用户等待时间两项，如下列公式所示：

数据库用户响应时间＝系统服务时间+用户等待时间

由上式可知，提高用户响应时间有两个途径：一是减少系统服务时间，即提高数据库的吞吐量；二是减少用户等待时间，即减少用户访问同一数据库资源的响应时间。

综上所述，一个性能优秀的数据库应用系统需要具备下列条件：

❑ 良好的硬件配置；

❑ 正确合理的数据库及中间件参数配置；

❑ 合理的数据库设计；

❑ 良好的 SQL 编程；

❑ 运行期的性能优化。

12.1.2 Oracle SQL 语句处理过程

从以上分析可知，要提高用户响应时间，就需要了解 Oracle SQL 语句的执行过程，尽量减小执行过程中各个阶段的时间，提高 SQL 语句的执行效率。具体 SQL 语句执行过程如图 12-1 所示。

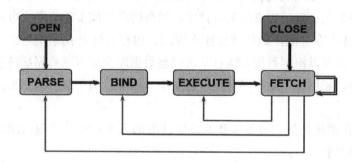

图 12-1　SQL 语句执行过程

SQL 语句主要由 4 个处理阶段组成：

1．解析（PARSE）

根据字典来检查语法、检查语义和确定用户执行语句的权限。合并（MERGE）视图定义和子查询，为语句确定最优的执行计划，在共享池中查找 SQL 语句。

2．绑定（BIND）

在语句中查找绑定变量，赋值（或重新赋值）。

3．执行（EXECUTE）

应用执行计划，执行必要的 I/O 和排序操作。Oracle 执行阶段执行的是被分析过的语句。对于 UPDATE 和 DELETE 语句，Oracle 先锁住有关的行。Oracle 还要查找数据是否在数据缓冲区里。如果不在还得从数据文件中将数据读到数据缓冲区里来。

4．提取（FETCH）

从查询结果中返回记录，必要时进行排序，使用 ARRAY FETCH 机制。如果是 SELECT 语句，还要进行检索操作。执行结束后，将数据返回给用户。

12.1.3　Oracle 数据库性能优化内容

Oracle 数据库性能优化主要包括以下内容。

1．调整数据结构的设计。软件开发人员需要考虑是否使用 Oracle 数据库的分区功能，对于经常访问的数据库表是否需要建立索引等。

2．调整应用程序结构设计。软件开发人员需要考虑应用系统使用什么样的体系结构，如 C/S 体系结构还是 B/S 体系结构。不同的应用程序体系结构要求的数据库资源是不同的。

3．优化 SQL 语句，防止访问冲突。应用程序的执行最终将归结为数据库中 SQL 的语句执行，因此 SQL 语句的执行效率将最终决定 Oracle 数据库的性能。应尽量减少磁盘 I/O 操作及等待时间。

4．减少磁盘 I/O 及等待时间。数据库管理员可以将组成同一个表空间的数据文件存放在不同的物理硬盘上，采用磁盘陈列等技术，做到硬盘之间 I/O 负载的均衡。

5．调整服务内存分配，加快数据检索速度。内存分配是在系统运行过程中优化配置的，数据库管理员可以根据数据库运行状况调整数据库全局区的数据缓冲区、日志缓冲区和共享池的大小，还可以调整程序全局区的大小。另外，为了加快数据检索速度，还需要引入索引机制。

6．调整操作系统参数。调整操作系统缓冲池的大小、每个进程所能使用的内存大小以及文件系统等参数。

注意：SGA 区不是设置得越大越好。SGA 区过大会占用操作系统使用的内存而引起虚拟内存的页面交换，这样反而会降低系统的性能。

12.2　共　享　池

这里的共享池指的是 Oracle 的 SHARED POOL。它是系统全局区（SGA）的一部分区域，该区域是专门用于存放 SQL 语句的。设置合适的共享池大小是提高性能的关键。

12.2.1　共享池工作原理

Oracle SGA 区共享池主要由库缓冲区（共享 SQL 区和 PL/SQL 区）、字典高速缓存、共享区域和结果高速缓存组成，如图 12-2 所示。它的作用是存放频繁使用的 SQL 语句，在有限的容量下，数据库系统根据一定的算法决定何时释放共享池中的 SQL；当容量不足时，释放不及时，会将命中率不频繁的、长时间不使用的 SQL 放到磁盘缓冲区中，保证共享池中的容量不被使用耗尽。共享池是最大的消耗成分，调整 SGA 区各个结构的大小，可以极大地提高系统的性能。

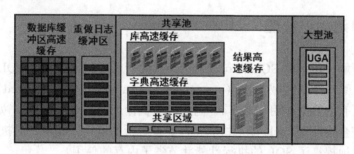

图 12-2　共享池体系结构

可以使用下列语句找出内存占用大于 100K 的 SQL 语句：

```
SQL>SELE SQL_TEXT, SHARABLE_MEM FROM V$SQL WHERE SHARABLE_MEM >
'100000' ORDER BY SHARABLE_MEM DESC;
```

然后，可以通过修改和优化 SQL，使它的执行效率提高，保证数据库中系统的性能。

一般地，共享池存放的是被解释正确之后的 SQL 语句，当数据库接到一条 SQL 语句时首先查看共享池中是否有与该条语句完全一样的语句，如果完全一样，就不用解释直接执行。如果语句类似，但稍微有点不同（如多了空格等），Oracle 就认为是不同的语句而重新解释。解释正确后就将该语句放在共享池中。那么，共享池到底能放多少语句呢？这由我们设置的共享池大小决定。一般当共享池被太多语句填满后，共享池中的对象会按照一种算法找出最近很少用（LRU）的语句。对那些很少用的语句进行作废处理，即最长时间没有被使用的语句被移出共享池。

一方面，Oracle 在处理共享池时，新进来的语句如果有足够的共享池来分配的话，系统不会出现问题。但如果共享池中碎片过多，新进来语句又很长的话，就可能出现：

```
ORA-04031:Unable to allocate x bytes of shared memory
```

这样的提示表示共享池中没有足够的空间了，这时候就需要冲洗共享池了。

1．冲洗共享池

当系统提示 ORA-04031 错误时，可以使用刷新（Flush）办法来清洗共享池。即将那些目前没有被使用的语句从共享池中清除掉。语法如下：

```
SQL>ALTER SYTEM FLUSH SHARED POOL;
```

只要具有 ALTER SYSTEM 权限就可以使用这条语句。

另外，当实例运行失败后，也可以运行上述语句对共享池进行清洗。

2．触发器与共享池

由于触发器经过解释后的 p-code 不存放在数据字典中，只存放源代码。因而当某个触发器被触发时，系统是在当时将触发器的源码从字典中调出经过编译后才放在 SQL 共享池中。当这些触发器不再被触发（使用）时就会被移出共享池。因而考虑将共享池编得简短是软件开发人员要考虑的重要因素。另外可考虑将所执行的处理放在包装的子程序中，然后从共享池中调用该包。这样共享池仅包含对于该包的调用，自然代码也小多了。

12.2.2　共享池大小管理

为了不重复解析相同的 SQL 语句，在第一次解析之后，Oracle 将 SQL 语句存放在内存中。这块位于系统全局区域 SGA（system global area）的共享池（shared buffer pool）中的内存可以被所有的数据库用户共享。 因此，当执行一个 SQL 语句时，如果它和之前的执行过的语句完全相同，Oracle 能很快获得已经被解析的语句以及最好的执行路径。Oracle 的这个功能大大地提高了 SQL 的执行性能并节省了内存的使用。

共享池大小由初始化 INITsid.ORA 文件中的 SHARED_POOL_SIZE 参数确定。安装 Oracle 完成后的默认一般都太小，Oracle 不会检测系统的物理内存的大小而自动修改该参数的值。所以估计共享池的大小就落到 DBA 的身上。

因篇幅限制，有关更详细的内容可参见有关 Oracle 系统调整官方资料。下面仅给出一些与 PL/SQL 程序优化有关的常用方法。

1．查询内置程序的大小

DBA_OBJECT_SIZE 数据字典包含了所有 PL/SQL 程序对象的大小。可以用下面语句进行查询：

```
SQL> SELECT name, type, code_size FROM dba_object_size
  2  WHERE name IN('DBMS_PIPE','STANDARD','DBMS_OUTPUT')
  3  ORDER BY name, type ;

NAME                      TYPE            CODE_SIZE
------------------------  -----------     ----------------
DBMS_OUTPUT               PACKAGE               858
DBMS_OUTPUT               PACKAGE BODY         3729
DBMS_OUTPUT               SYNONYM                 0
DBMS_PIPE                 PACKAGE              1525
DBMS_PIPE                 PACKAGE BODY         4483
DBMS_PIPE                 SYNONYM                 0
```

```
STANDARD                      PACKAGE              1773
STANDARD                      PACKAGE BODY         21982

8 rows selected.
```

2．查询会话内存的大小

可以从 v$process 和 v$session 字典中查询到特定数据库会话所使用内存的大小，这样的操作分两步。

（1）先查询会话的系统标识 SID。

```
SQL> select sid from v$process p, v$session s
  2  where p.addr=s.paddr and s.username='SYSTEM';
      SID
----------
       12
```

（2）针对特定用户，查询其所使用的内存情况。

```
SQL> select value from v$sesstat s, v$statname n
  2  where s.statistic#=n.statistic#
  3* and n.name='session uga memory max' and sid=12;
     VALUE
----------
    411036
```

这个结果反映了到目前为止的特定会话所使用的内存大小（system 用户用了 411,036 字节）。要想完整地反映系统的内存使用情况，应该在系统运行了一段时间后再运行以上查询才比较准确。这个结果值再乘以会话的数目就可得到所需共享池的大小了。

3．调整共享池大小

系统全局区（SGA）是一个分配给 Oracle，包含 Oracle 数据库实例控制信息的内存段。SGA 的大小对系统性能的影响极大，其默认参数设置只适用于配置很低的计算机，不适应所有系统现有设备的需要。这些参数若不作调整，会对系统资源造成巨大浪费。

初始化参数文件中的一些参数对 SGA 的大小有决定性的影响。参数 DB-BLOCK-BUFFERS（SGA 中存储区高速缓存的缓冲区数目），以及参数 SHARED-POOL- SIZE（分配给共享 SQL 区的字节数），是 SGA 大小的主要影响者。

DB-BLOCK-BUFFERS 参数是 SGA 大小和数据库性能的最重要的决定因素。该值较高，可以提高系统的命中率，减少 I/O。每个缓冲区的大小等于参数 DB-BLOCK-SIZE 的大小。Oracle 数据库块以字节表示大小。

使用自动共享内存管理。使用共享池指导，在数据具有可操作的历史记录时，确认使用其他诊断。如果没有任何历史记录，则使用 40% 的 SGA 大小来开始。根据需要进行监视和调整。有可用空闲内存时，请不要增加此大小。

```
SQL> SELECT * FROM V$SGASTAT
  2  WHERE NAME = 'free memory'
  3  AND POOL = 'shared pool';
```

4．调整Library Cache

库高速缓存（Library Cache）中包含私用和共享 SQL 区和 PL/SQL 区。调整 SGA 的重要问题是确保库高速缓存足够大，以使 Oracle 能在共享池中保持分析和执行语句，提高查询 V$LIBRARYCACHE 数据字典视图分析和执行效率，降低资源消耗。通过比较 Library Cache 的命中率来决定它的大小（其中，pins 表示高速缓存命中率，reloads 表示高速缓存失败）。

```
SQL>SELECT SUM(pins),SUM(reloads) FROM v$librarycache;
```

如果 sum(reload)/sum(pins)≈0，说明 Library Cache 的命中率比较合适，若大于 1，则需要增加共享池（SHARED-POOL-SIZE）的大小（在初始化参数文件中）。

5．调整数据字典高速缓存（Dictionary Cache）

数据字典高速缓存包括了有关数据库的结构、用户和实体信息等。数据字典的命中率对系统有很大的影响。命中率的计算中，getmisses 表示失败次数，gets 表示成功次数。
查询 V$ROWCACHE 表：

```
SQL>SELECT (1-(SUM(getmisses)/(SUM(gets)+SUM(getmisses))))*100
2   FROM v$rowcache;
```

如果该值>90%，说明命中率合适。否则，应增大共享池的大小。

6．调整数据库缓冲区高速缓存

Oracle 在运行期间向数据库高速缓存读写数据，高速缓存命中表示信息已在内存中，高速缓存失败意味着 Oracle 必须进行磁盘 I/O。保持高速缓存失败率最小的关键是确保高速缓存的大小。初始化参数 DB-BLOCK-BUFFERS 控制数据库缓冲区高速缓存的大小。可通过查询 V$SYSSTAT 命中率，以确定是否应当增加 DB-BLOCK-BUFFERS 的值。

```
SQL>SELECT name,value FROM V$SYSSTAT
2   WHERE name IN ('dbblock gets','consistent gets','physical reads');
```

通过查询结果：
命中率=1-physical reads/(dbblock gets+consistent gets)
如果命中率<0.6～0.7，则应增大 DB-BLOCK-BUFFERS 的值。

12.2.3　将 PL/SQL 驻留在共享池中

当使用 PL/SQL 对象时，Oracle 将其存储在 SGA 区的共享 SQL 区的库缓存内。如果用户已经把程序加载到内存，那么其他用户在执行这个程序时就感到快多了。因此将程序驻留在内存将减少在执行过程中用户的响应时间。

要想将大的 PL/SQL 对象驻留在内存中，就应该在数据块刚一开始（系统刚一启动后）时将它们加载到 SGA 中。使用 DBMS_SHARED_POOL 程序包可以将 PL/SQL 对象驻留在内存中。步骤如下。

（1）对 PL/SQL 程序包重新编译。

（2）使用 DBMS_SHARED_POOL.KEEP 将程序驻留在内存中。如：

```
SQL >alter package APPOWNER.ADD_CLIENT compile;
SQL >execute DBMS_SHARED_POOL.KEEP('APPOWNER.ADD_CLIENT','P');
```

这里 P 为程序包，如果是 C 则表示指示器。

（3）为了通过高速缓存管理标准的 Least recently used 算法把驻留的对象从 SGA 中移走，使用 DBMS_SHARED_POOL.UNKEEP 程序来完成，如：

```
$execute DBMS_SHARED_POOL.UNKEEP('APPOWNER.ADD_CLIENT');
```

（4）选择要驻留的程序包。每个数据库有两个程序包：数据库核心用的程序包（SYS 拥有）；特殊应用程序的专用程序包。

表 12-1 给出了 SYS 用户拥有的程序包。

表 12-1　要驻留的程序包

普通的应用程序	高级复制附加的程序包
DIUTIL	DBMS_DEFER
STANDARD	DBMS_REPUTIL
DIANA	DBMS_SNAPSHOT
DBMS_SYS_SQL	DBMS_REFRESH
DBMS_SQL	DBMS_DEFER_INTERNAL_SYS
DBMS_UTILITY	REP$WHAT_AM_I
DBMS_DESCRIBE	
DBMS_JOB	
DBMS_STANDARD	
DBMS_OUTPUT	
PIDL	

应首先驻留最大的程序包，为了确定次序，可从 DBA_OBJECT_SIZE 字典中查出各个程序包的大小：

```
SQL> select owner, name, type
2  source_size + code_size + parsed_size + error_size total_bytes
3  from dba_object_size
4  where type='PACKAGE_BODY' order by total_bytes desc;
```

12.3　网络配置问题

网络配置是性能调整的一项很重要的内容，而且很容易隐藏性能的瓶颈。当 SQL 语句被分析并发送给 Oracle 系统后，该语句的构成就决定了执行方案和最终的性能。SQL 语句通常是由用户端进程发给数据库系统中的影子进程。即使用户和影子进程是在同一台机器上，SQL 语句或 PL/SQL 块也必须在用户和影子进程间传送。所以，就花费大量的时间在网络上进行传送。为了减少网络通信流量，软件开发人员就应考虑网络配置优化和应用程序的调整问题（Application Tuning）。以下调优方法可供参考。

（1）配置网卡使用最快速度和有效模式。针对自动检测，大多数默认安装是 NIC，尽量调整为"全双工"和最大化传输速度。

（2）删除不需要的网络协议，只保留 TCP/IP 协议。

（3）优化网络协议绑定顺序。在每个网卡上设置主协议，典型的就是 TCP/IP 协议，在协议列表的顶端。

（4）为 Oracle 禁止或优化文件共享。理想情况下应该禁止文件共享功能来最小化安全泄露和网络交通，但如果需要使用文件和打印共享，那么就配置系统中每个网卡的"连接属性"、设置"最大化网络应用程序数据吞吐量"。

（5）使用客户端的 PL/SQL，避免不必要的重新分析（Reparsing）。如果是 PRO*或 OCI 编程，可使用数组接口（Array Interface）。

12.4　调整磁盘 I/O

磁盘 I/O 是系统性能的瓶颈，解决好磁盘 I/O，可明显提高性能。可以说，系统运行最耗时的主要发生在磁盘 I/O 阶段。I/O 瓶颈也是最容易识别的性能问题。Oracle 是一个磁盘 I/O 强烈的应用，确保适当的磁盘和文件系统配置，均衡所有可用的 I/O 操作，可以减少磁盘存取的时间。对于较小的数据库和不使用并行查询选项的那些数据库，要确保不同的数据文件和表空间跨可用的磁盘分布。

说明：跨可用的磁盘分布，指跨越几个不同地理位置的可用磁盘，也即数据文件和表空间文件等物理上装在不用磁盘上，但逻辑上是一个整体，即是在一个数据库中。

为防止 I/O 操作对应用系统性能的负面影响，Oracle 服务器、DBWR、LGWR、CKPT 以及 SMON 的特性均可对磁盘的使用进行有效地管理，并设计成减少应用对磁盘快速写的依赖来提高性能。

通过查询 V$FILESTAT 可以知道每个物理文件的使用频率（phyrds 表示每个数据文件读的次数，phywrts 表示每个数据文件写的次数）。

```
SQL>SELECT name,phyrds,phywrts FROM v$datafile df,v$filestat fs
2  WHERE df.file# =fs.file#;
```

对于使用频率较高的物理文件，具体可以参考以下几种策略。

（1）在磁盘上建立数据文件前首先运行磁盘碎片整理程序，优化磁盘读写性能。

（2）不要使用磁盘压缩功能。Oracle 数据库文件不支持磁盘压缩。

（3）不要使用磁盘加密。加密操作会降低磁盘读写速度，增加加密和解密的系统开销，如果想提高系统安全性，加密自己的数据，可以参考本书第 13 章中的加密方法。

（4）使用 RAID。将 I/O 尽可能平均分配在尽可能多的磁盘上。

（5）为表和索引建立不同的表空间。

（6）将数据文件与重做日志文件分离在不同的磁盘上。

（7）减少不经 Oracle SERVER 的磁盘 I/O。

（8）不要使用超过 70%的磁盘空间。因为剩余的磁盘空间用来存放系统临时数据和磁盘碎片整理程序的中间数据，用于数据交换，所以一般情况下，不建议使用超过 70%的磁盘空间。

12.5 调 整 竞 争

当多个进程对相同的资源发出申请时，会产生竞争，从而影响系统运行效率。

1. 修改Process参数

该参数定义可以同时连接到 Oracle 数据库的最大进程数，默认值为 50。注意，Oracle 的后台进程也包括在此数目中，建议将该值改为 200。

2. 减少调度进程的竞争

减少调度进程的竞争，通过查询 v$dispatcher 表来判定调度进程的竞争。

```
SQL>SELECT network ,sum(busy)/sum(busy)+sum(idle) FROM v$dispatcher
2  GROUP BY network;
```

如果某种协议忙的比率超过 50%，应增加 MTS-DISPATCHERS 的值。

3. 减少多线程服务进程竞争

首先查询 V$SYSSTAT 表判定是否发生多线程服务进程竞争。

```
SQL>SELECT    DECODE(totalq,0,'No    request',wait/totalq||'hunderths    of
seconds')
 2  FROM v$sysstat WHERE type='common';
```

如果共享服务进程数量已达到初始化参数文件中 MTS-MAX-SERVERS 指定的最大值，但应用运行时，平均请求等待时间仍持续增长，那么，应加大 MTS-MAX-SERVERS 的值。

4. 减少重做日志缓冲区竞争

通过查询 V$SYSSTAT 表判定 redo log 文件缓冲区是否足够。

```
SQL>SELECT name,value FROM v$sysstat
2  WHERE name='redo log space request';
```

此处 value 的值应接近于 0，否则，应增大初始化参数文件的 LOG-BUFFEQS 的值。

5. 减少回退段竞争

回退段对性能也有影响，根据事务大小情况来分配合适的回退段。

首先判定回退段的数量能否满足系统运行的需要，查询 V$WAITSTAT 表与 V$SYSSTAT 表。

```
SQL>SELECT class,count FROM v$waitstat
 2  WHERE class IN ('system undo header',system undo block',
 3  'undo header', 'undo block');
```

```
SQL>SELECT sum(value)
2  FROM v$sysstat WHERE name IN ('db block gets', 'consistent gets');
```

如果任何一个 class/sum(value)>10%，那么考虑增加回退段。回退段的数量一般按如下规律设定：

用户数	回退段个数
n<164	4
16<N<328	8
32<=n	n/4，但不超过 50。

6．减少 Free List 竞争

当多个进程同时向一个表中插入数据时，产生 Free List 竞争。

```
SQL>SELECT class,count FROM v$waitstat
2  WHERE class='free list';
3  SQL>SELECT sum(value)
4  FROM v$sysstat
5  WHERE name IN ('db block gets', 'consistent gets');
```

如果 class/sum(value)>1%，则应增加该表的 Free List 的值。

12.6　PL/SQL wrap（转换器）

对 PL/SQL 执行的源码进行编码也可以适当提高系统执行 SQL 语句的效率。当我们在进行应用系统的源码调试时，可以对过程、函数和包进行修改，也可以从 user_source 数据字典中读出源码。还可以用其他工具（如 Procedure Builder）以及其他客户端工具来阅读源码，然而，这样的情况有时是不能满足需要的，比如有的算法需要对用户保密等。在 PL/SQL 2.2 版后提供了一个 PL/SQL WRAPPER 实用程序，该实用程序将 PL/SQL 源码进行编码，使之成为客户不能阅读的十六进制格式。但数据库可以对打包的过程进行解码，并将它存储在数据库中。

12.6.1　运行 wrap 实用程序

Wrapper 是一个操作系统可执行的文件。它的命令是 wrap，命令格式为：

```
WRAP  INAME=input_file [ ONAME=output_name]
```

这里的 input_file 是包含一条 CREATE OR REPLACE 语句的名字。该文件可以是任何扩展名的文件，默认为.sql。输出文件的扩展名为.plb。

如：

```
WRAP INAME=register.sql
WRAP INAME=register
WRAP INAME=register.sql ONAME=register.plb
```

12.6.2　输入和输出文件

1．输入文件

输入文件即明文的源代码文件，默认类型为.SQL 文件，但注释除外。如：

```
CREATE [OR REPLACE]PROCEDURE
CREATE [OR REPLACE]PACKAGE
CREATE [OR REPLACE]PACKAGE BODY
CREATE [OR REPLACE]FUNCTION
```

2．输出文件

输出文件一般除了保留前面的 CREATE OR REPLACE XXXX WRAPPED 外，其余部分全部转换成十六进制的符号。并且文件类型为.PLB。PLB 文件也像原来的.SQL 文件可以装载到 Oracle 系统中。经过转换后再装入 Oracle 中，在 DBA_SOURCE（或USER_SOURCE）看到的就是经过变换了的源码。此外，这些源码比起原来的.SQL 文件来要大得多。

12.7　SQL 语句优化技巧

数据库应用程序的执行最终归结为数据库中的 SQL 语句执行，因此 SQL 语句的执行效率最终决定了 Oracle 数据库的性能。SQL 语句的执行速度可以受很多因素的影响而变化，但主要的影响因素有：驱动表、执行操作的先后顺序和索引的运用。SQL 语句的优化就是将性能较低的 SQL 语句转换成达到同样目的的性能优异的 SQL 语句。

Oracle 为了执行每条 SQL 语句，首先对该语句确定执行方案（Execution Plan）。执行方案是 Oracle 系统实际执行 SQL 语句的方法，比如确定要访问哪个索引和表，是否需要排序等。下面将具体介绍不同情况下的 SQL 语句优化技巧与原则。

12.7.1　SQL 优化的一般性原则

SQL 语言是一种灵活的语言，相同的功能可以使用不同的语句来实现，但是语句的执行效率往往很不相同。据统计约 80%的性能问题都是由不良的 SQL 语句引起的。设计和建立高质量的 SQL 语句对于系统的可扩展性和响应时间是重要和基本的工作。好的软件开发设计人员不能只单单满足功能的实现，而更要考虑系统的性能和运行效率。软件开发人员编写高质量的 SQL 语句可参考以下原则。

（1）减少服务器资源消耗（主要是磁盘 I/O）。

（2）尽量依赖 Oracle 的优化器，并为其提供条件。

（3）合适的优化索引，索引的双重效应，索引列的选择性，这对于提高查询速度来说非常重要。数据重复量大的列不要建立二叉树索引，可以采用位图索引；组合索引的列顺序尽量与查询条件列顺序保持一致；对于数据操作频繁的表，索引需要定期重建，以减少失效的索引和碎片。

（4）合理使用索引，避免大表、全表扫描（FULL TABLE SCAN），不必要的大表、全表扫描会造成不必要的 I/O 操作，而且还会拖垮整个数据库。

（5）合理使用临时表。

（6）避免写过于复杂的 SQL 语句，不一定非要一个 SQL 解决问题。尽量少嵌套子查询，这种查询会消耗大量的 CPU 资源。

（7）在不影响业务的前提下减小事务的粒度。

（8）创建表的时候，应尽量建立主键，尽量根据实际需要调整数据表的 PCTFREE 和 PCTUSED 等存储参数，优化插入、更新或删除等操作。如大数据表删除，用 TRUNCATE TABLE 代替 DELETE。

（9）SQL 语句尽量用大写。因为 Oracle 总是先解析 SQL 语句，把小写的字母转换成大写的再执行。

12.7.2　SELECT 语句中避免使用 "*"

在 SELECT 查询表的所有列时，可以使用动态 SQL 列引用 "*"，用来表示表中所有的列。这样可以降低编写 SQL 语句的难度，减少 SQL 语句的复杂性，但却降低了 SQL 语句执行的效率。因为 Oracle 在解析的过程中，会将 "*" 依次转换成所有的列名，这个工作是通过查询数据字典完成的，所以这意味着将耗费更多的时间。

通过 12.1.2 小节的学习，我们知道一般 SELECT 语句处理要经过以下步骤：

（1）建立光标。

（2）分析语句。

（3）定义输出：指定位置、类型和结果集的数据类型。

（4）绑定变量：如果查询使用变量的话，Oracle 就要知道变量的值。

（5）是否能并行运行。

（6）执行查询。

（7）检索出数据。

（8）关闭光标。

【例 12-1】使用 SET TIMING ON 语句来显示系统执行时间，然后检索 scott 用户的 emp 表，使用 "*" 来替代所有的列名，执行语句和执行时间如下：

```
SQL>SET TIMING ON
SQL>SELECT * FROM scott.emp;
已用时间：00:00:00.35
```

然后在 SELECT 子句中不使用 "*"，而使用具体的列名，对比测试语句执行时间。

```
SQL>SELECT empno,ename,job,mgr,hiredate,sal,comm.,deptno
  2  FROM scott.emp;
已用时间：00:00:00.25
```

从执行结果可以看出，不使用 "*" 而列出所有具体列名的语句执行时间减少。这是因为 Oracle 系统需要通过数据字典将语句中的 "*" 转换成 emp 表中的所有列名，然后再执行与第二次语句同样的查询操作，这自然要比直接使用列名花费更多的时间。

🔔注意：如果再次执行上述两条语句，执行的时间会减少。这是因为所执行的语句被暂时保存在共享池中，Oracle 会重用已解析过的语句的执行计划和优化方案，因此执行时间也就相应减少。

12.7.3　使用 WHERE 子句替代 HAVING 子句

在 SELECT 语句中，使用 WHERE 子句过滤行，使用 HAVING 子句过滤分组，也就是在行分组之后才执行过滤。因为行被分组需要一定的时间，所以应该尽量使用 WHERE 子句过滤行，减少分组的行数，也就减少了分组时间，从而提高了语句的执行效率。

【例 12-2】对 scott 用户的 emp 表进行操作，根据 deptno 列进行分组，分别使用 HAVING 和 WHERE 子句过滤 deptno 列的值为 10 的记录信息。

```
SQL> SELECT deptno, avg(sal) FROM scott.emp
  2 Group BY deptno HAVING deptno>10;

    DEPTNO          AVG(SAL)
-------------    ---------------
        30          1566.66667
        20          2175
已用时间：00:00:00.05

SQL> SELECT deptno, avg(sal) FROM scott.emp
  2 WHERE deptno>10 GROUP BY deptno;

    DEPTNO          AVG(SAL)
-------------    ---------------
        30          1566.66667
        20          2175
已用时间：00:00:00.01
```

12.7.4　使用表连接而不是多个查询

一般来说，从多个相关表中检索数据时，执行表连接比使用多个查询的效率更高。在执行每条查询语句时，Oracle 内部执行了许多工作——解析 SQL 语句、估算索引的利用率、绑定变量，以及读取数据块等。因此，要尽量减少访问 SQL 语句的执行次数。

尽量减小表的查询次数，主要是指可以使用一次查询获得的数据，尽量不要通过两次或多次的查询获得结果。

【例 12-3】对 scott 用户的 emp 表和 dept 表进行操作，在 SELECT 语句中嵌套子查询，获得所在 accounting 部门的所有员工信息。执行语句的过程和时间如下：

```
SQL> SELECT empno, ename,deptno FROM scott.emp
  2 WHERE deptno=(
  3   SELECT deptno FROM scott.dept WHERE dname='ACCOUNTING');
已用时间：00:00:00.07
```

然后，使用另一种查询方式，即在 SELECT 语句中使用表的连接操作。在连接时必须选择连接顺序，将行较少的表连接到后面。相应的执行语句过程和时间如下：

```
SQL> SELECT e.empno, e.ename, d.deptno FROM scott.emp e
  2  FROM scott.emp e INNER JOIN scott.dept d ON e.deptno=d.deptno
  3  WHERE d.dname='ACCOUNTING';
已用时间: 00:00:00.02
```

从查询结果可以看出，第二条语句只使用了一次查询，减少了对表的查询次数，从而执行时间比第一条语句的执行时间要少。

12.7.5　选择最有效率的表名顺序

SELECT 语句的 FROM 子句中，可以指定多个表的名称，从查询结果来说，哪个表放在前面都一样，但是如果从查询效率来考虑，表之间的顺序则非常重要。Oracle 的解析器按照从右到左的顺序处理 FROM 子句中的表名，因此 FROM 子句中写在最后的表（驱动表 Driving Table）将被最先处理。在 FROM 子句中包含多个表的情况下，你必须选择记录条数最少的表作为基础表。当 Oracle 处理多个表时，会运用排序及合并的方式连接它们。首先，扫描第一个表（FROM 子句中最后的那个表）并对记录进行排序，然后扫描第二个表（FROM 子句中最后第二个表），最后将所有从第二个表中检索出的记录与第一个表中合适记录进行合并。例如，要连接 3 个相关表 table1、table2 和 table3，假设表 table1 有 10000行记录，表 table2 有 1000 行记录，表 table3 有 100 行记录。那么首先应该将 table1 连接到table2 上，接着是 table2 连接到 table3 上。

如果有 3 个以上的表连接查询，那就需要选择交叉表（Intersection Table）作为基础表，交叉表是指那个被其他表所引用的表。

【例 12-4】 对 scott 用户的 emp 表和 dept 表进行操作，在 FORM 子句中，指定不同顺序，测试执行时间的异同。

```
SQL> SELECT e.empno, e.ename , d.deptno, d.dname
  2  FROM  scott.dept d, scott.emp e;
已用时间: 00:00:00.21
```

然后交换 scott.dept d 和 scott.emp e 表顺序。

```
SQL> SELECT e.empno, e.ename , d.deptno, d.dname
  2  FROM  scott.emp e , scott.dept d;
已用时间: 00:00:00.12
```

分析：因为 emp 表中记录数远远大于 dept 表中记录数，所以记录数较少的放在最右边先执行，则 SELECT 语句执行时间更短。

12.7.6　WHERE 子句中的连接顺序

在执行查询的 WHERE 子句中，可以指定多个检索条件。Oracle 采用自下而上（自右至左）的顺序解析 WHERE 子句，根据这个原理，表之间的连接必须写在其他 WHERE 条件之前，那些可以过滤掉最大数量记录的条件必须写在 WHERE 子句的末尾。

【例 12-5】 对 scott 用户的 emp 表进行操作，在 WHERE 子句中指定多个检索条件。

```
SQL> SELECT  *  FROM  scott.emp e;
  2  WHERE sal>1000
  3   AND  job='MANAGER'
  4   AND 10<(SELECT COUNT(*) FROM scott.emp WHERE mgr=empno);
已用时间: 00:00:00.06
```

然后改变 WHERE 子句中检索条件的顺序，如下：

```
SQL> SELECT  *  FROM  scott.emp e;
  2  WHERE 10<(SELECT COUNT(*) FROM scott.emp WHERE mgr=empno)
  3   AND sal>1000 AND job='MANAGER';
已用时间: 00:00:00.02
```

执行时间结果表明，如果将过滤掉较多数据行的条件（例如 job='MANAGER'）放在最后，可以减少语句的执行时间。

12.7.7　用 TRUNCATE 替代 DELETE

删除表中数据可以使用 DELETE 语句，也可以使用 TRUNCATE 语句。

当删除表中的记录时，在通常情况下，回滚段（Rollback Segments）用来存放可以被恢复的信息。如果没有 COMMIT 事务，Oracle 会将数据恢复到删除之前的状态，准确地说是恢复到执行删除命令之前的状况。

而当运用 TRUNCATE 时，回滚段不再存放任何可被恢复的信息。当命令运行后，数据不能被恢复。因此很少的资源被调用，执行时间也会很短。如果要删除表中所有行，建议使用 TRUNCATE 语句。

12.7.8　尽量多使用 COMMIT

当用户执行 DML 操作后，如果不使用 COMMIT 命令进行提交，则 Oracle 会在回滚段中记录 DML 操作，以便用户使用 ROLLBACK 命令对数据进行恢复。此 ROLLBACK 恢复过程需要花费系统相应的时间与空间资源。所以，在程序中尽量多使用 COMMIT 命令，这样程序的性能会得到一定提高，系统也会因为 COMMIT 所释放的以下资源而性能有所提升：

- ❑ 回滚段上用于恢复数据的信息。
- ❑ 被程序语句获得的锁。
- ❑ Redo log buffer 中的空间。
- ❑ Oracle 为管理上述 3 种资源的内部花费。

12.7.9　使用 EXISTS 替代 IN

在许多基于基础表的查询中，为了满足一个条件，往往需要对另一个表进行连接。在这种情况下，使用 EXISTS（或 NOT EXISTS）通常将提高查询的效率。IN 操作符用于检查一个值是否包含在列表中。EXISTS 与 IN 不同，EXISTS 只检查行的存在性，而 IN 检查实际的值。这样则需耗费更多执行时间。因此建议使用 EXISTS 操作符替代 IN 操作符，使用 NOT EXISTS 替代 NOT IN，来提高查询的执行效率。

【例 12-6】对 scott 用户的 emp 表和 dept 表进行操作。分别使用 IN 与 EXISTS 进行执行时间对比测试。

```
SQL> SELECT * FROM scott.emp
 2  WHERE deptno IN (
 3     SELECT deptno FROM scott.dept WHERE loc='NEW YORK');

已用时间: 00:00:00.05
```

然后使用 EXISTS 操作符替代 IN 操作符的使用，执行语句时间如下：

```
SQL> SELECT * FROM scott.emp
 2  WHERE EXISTS (
 3     SELECT 1 FROM scott.dept
 4     WHERE scott.dept.deptno=scott.emp.deptno AND loc='NEW YORK');

已用时间: 00:00:00.02
```

执行结果表明，使用 EXISTS 操作符替代 IN 操作符可以提高 SQL 语句的执行效率。

12.7.10　使用 EXISTS 替代 DISTINCT

在 SELECT 语句中，DISTINCT 关键字通常用于避免重复记录的显示；EXISTS 用于检查子查询返回的行的存在性。当提交一个包含一对多表信息（比如部门表和雇员表）的查询时，避免在 SELECT 子句中使用 DISTINCT。 为提高 SQL 语句执行效率，一般可以考虑用 EXIST 替换 DISTINCT。

【例 12-7】对 scott 用户的 dept 表和 emp 表进行操作，获得部门编号和部门名称信息，使用 DISTINCT 关键字，执行结果如下。

```
SQL> SELECT DISTINCT e.deptno, d.dname
 2  FROM scott.emp e , scott.dept d
 3  WHERE e.deptno=d.deptno;

    DEPTNO   DNAME
------------------   -----------------------
        10   ACCOUNTING
        20   RESEARCH
        30   SALES
已用时间: 00:00:00.04
```

然后改用 EXISTS 关键字执行上述同样操作，执行结果如下：

```
SQL> SELECT d.deptno, d.dname FROM scott.dept d
 2  WHERE EXISTS(
 3     SELECT 1 FROM scott.emp e WHERE e.deptno=d.deptno);

    DEPTNO   DNAME
------------------   -----------------------
        10   ACCOUNTING
        20   RESEARCH
        30   SALES
已用时间: 00:00:00.01
```

从执行时间可以看出，使用 EXISTS 关键字的查询，因为 Oracle 将在子查询的条件满足后，再返回结果，这样执行时间更少，运行效率更高。

12.7.11 使用"＞="替代"＞"或"<="替代"<"

在检索条件的子句中，经常会使用运算符"<="、"<"、">="和">"进行比较运算。很多时候，它们之间可以互换，执行结果相同。例如 deptno<=20 和 deptno<21 检索结果一样，但实际上两者运行效率却不一样，建议使用"<="或">="。

因为采用含"＝"号的运算符在检索时能直接定位到所等于的数值，而不用去比较大小，这样在查询数据量较大的情况下，SQL 语句执行的时间区别会非常明显。

【例 12-8】对 scott 用户的 deptno 表进行操作，在 WHERE 条件中分别指定 deptno>=20 和 deptno>19。执行相应语句进行测试。

```
SQL>SELECT * FROM scott.emp WHERE deptno >=20;
已用时间：00:00:00.15

SQL>SELECT * FROM EMP WHERE deptno >19;
已用时间：00:00:00.23
```

很明显第一条语句比第二条语句高效。两者的区别在于，前者 DBMS 将直接跳到第一个 deptno 等于 20 的记录而后者将首先定位到 deptno=19 的记录，并且向前扫描到第一个 deptno 大于 19 的记录，从而耗费更多运行时间。表中记录数很大的情况下，则更明显。

12.7.12 SQL 语句排序优化

前面介绍了 DISTINCT 的情况，而其他排序发生的情况还有如带 UNION、MINUS、INTERSECT、ORDER BY 和 GROUP BY 的 SQL 语句会启动 SQL 引擎，执行耗费资源的排序（SORT）功能。DISTINCT 需要一次排序操作，而其他的至少需要执行两次排序。通常，带有 UNION、MINUS 和 INTERSECT 的 SQL 语句都可以用其他方式重写。如果数据库 SORT_AREA_SIZE 调配得好，使用 UNION、MINUS 和 INTERSECT 也是可以考虑的，毕竟它们的可读性很强。

在内存中执行的排序速度要比在磁盘中执行的排序速度快 14000 倍。如果是专用连接，排序内存根据 INIT.ORA 的 SORT_AREA_SIZE 进行分配；如果是多线程服务连接，排序内存则根据 LARGE_POOL_SIZE 进行分配。

SORT_AREA_SIZE 的增大可以减少磁盘排序，但是过大将使 Oracle 性能降低，因为所用的连接会话都会分配到一个 SORT_AREA_SIZE 大小的内存，所以为了提高有限的查询速度，可能会浪费大量的内存。

增加 SORT_MULTIBLOCK_READ_COUNT 的值可以使每次读取更多的内容，减少运行次数，从而提高性能。

12.8 有效使用索引

Oracle 采用两种方式访问表中的记录。

1．全表扫描

全表扫描就是顺序地访问表中每条记录。Oracle 采用一次读入多个数据块（database block）的方式优化全表扫描。

2．通过ROWID访问表

可以采用基于 ROWID 的访问方式，提高访问表的效率，ROWID 包含了表中记录的物理位置信息。Oracle 采用索引（INDEX）实现了数据和存放数据的物理位置（ROWID）之间的联系。通常索引提供了快速访问 ROWID 的方法，因此那些基于索引列的查询就可以得到性能上的提高。

索引是表的一个概念，用来提高检索数据的效率。通常，使用索引查询数据比全表扫描要快得多。当 Oracle 查找执行查询和 UPDATE 语句的最佳路径时，Oracle 优化器将使用索引，同样在连接多个表时使用索引也可以提高效率。

虽然使用索引可以提高查询效率，但是也必须注意使用索引所付出的代价。索引需要空间来存储；需要定期维护；每当有记录增减或索引列被修改时，索引本身也会被修改。因为索引本身需额外占用一部分存储空间和索引更新操作，所以那些不必要的索引反而会影响查询效率。因此，正确地创建和使用索引是利用索引提高性能的关键。

12.8.1　创建索引的基本原则

创建索引时，需要对相应的表认真分析，主要从以下几个基本原则进行考虑：
- ❏ 对于经常以查询关键字为基础的表，该表中的数据行是均匀分布的。
- ❏ 以查询关键字为基础，表中的数据行是均匀分布的。
- ❏ 表中包含的列数相对比较少。
- ❏ 表中的大多数查询都包含相对简单的 WHERE 子句。

在创建索引时，需要认真选择表中的哪些列可以作为索引列。选择索引列有如下几个原则：
- ❏ 经常在 WHERE 子句中使用的列。
- ❏ 经常在表连接查询中用于表之间连接的列。
- ❏ 不宜将经常修改的列作为索引列。
- ❏ 不宜将经常在 WHERE 子句中使用，但与函数或操作符相结合的列作为索引列。
- ❏ 对于取值较少的列，应考虑建立位图索引，而不应该采用 B 树索引。

🔔注意：除了所查询的表没有索引，或者需要返回表中的所有行时，Oracle 会进行全表扫描以外，如果对索引列使用了函数或操作符（例如 LIKE），Oracle 同样会对全表进行扫描。

12.8.2　索引列上避免使用"非"操作符

对索引列的操作语句应该尽量避免"非"操作符的使用，例如 NOT、!=、<>、!<、!>、

NOT EXISTS、NOT IN 和 NOT LIKE 等，"非"操作符的使用会造成 Oracle 对表执行全表扫描从而影响查询效率。

> 注意：索引的作用是快速告诉用户表中有什么数据，而不能用来告诉用户表中没有什么数据。

另外使用 LIKE 操作符可以应用通配符查询，但是如果用得不好，会产生性能上的问题。如 LIKE '张%'不会被使用到索引，而 LIKE'张%'则会引用范围索引。因为第一个字符为通配符时，索引不再起作用，Oracle 执行全表扫描。

12.8.3　用 UNION 替换 OR

通常情况下，用 UNION 替换 WHERE 子句中的 OR 将会起到较好的效果。对索引列使用 OR 将造成全表扫描。注意，以上规则只针对多个索引列有效。如果有 column 没有被索引，查询效率可能会因为你没有选择 OR 而降低。在下面的例子中，LOC_ID 和 REGION 上都建有索引。

高效的 SQL 语句如：

```
SQL> SELECT deptno, name FROM scott.dept WHERE deptno='10'
  2  UNION SELECT  deptno,dname FROM scott.dept
  3  WHERE name='ACCOUNTING';
```

低效的 SQL 语句如：

```
SQL> SELECT deptno, name FROM scott.dept WHERE deptno='10'
  2  OR name='ACCOUNTING';
```

如果你坚持要用 OR，那就需要返回记录最少的索引列写在最前面。

12.8.4　避免对唯一索引列使用 NULL 值

使用 UNIQUE 关键字可以为列添加唯一索引，也就是说列的值不允许有重复值，但是，多个 NULL 值却可以同时存在，因为 Oracle 认为两个空值是不相等的。

向包含唯一索引的表中添加数据时，可以添加无数条 NULL 值的记录，但是由于这些记录都是空值，所以在索引中并不存在这些记录。因此，在 WHERE 子句中使用 IS NULL 或 IS NOT NULL，对唯一索引列进行空值比较时，Oracle 将停止使用该列上的唯一索引，导致 Oracle 进行全表扫描。

> 注意：列中包含 NULL 值的行都不会被包含在索引中，复合索引中只要有一列含有 NULL 值，那么这一列对于此复合索引就是无效的。所以设计数据库时尽量不要让字段的默认值为 NULL。

12.8.5　选择复合索引主列

索引不仅可以基于单独的列，还可以基于多个列，在多个列上创建的索引叫复合索引。

创建复合索引时，不可避免地要面对多个列的前后顺序，这个顺序并不是随意的，它会影响索引的使用效率。

创建复合索引时，应该按照如下规则：

□　选择经常在 WHERE 子句中使用、并且由 AND 操作符连接的列作为复合索引列。

□　选择 WHERE 子句中使用频率相对较高的列排在最前面，或者根据需要为其他列创建单独的索引。

【例 12-9】 为 scott.emp 表中的 deptno 列和 sal 列创建复合索引 deptno_sal_index。

```
SQL> CREATE INDEX deptno_sal_index ON scott.emp (deptno, sal);
```

使用所创建的复合索引 deptno_sal_index 时，WHERE 子句中列的顺序，应该尽量与复合索引中列的顺序保持一致，如下面的两条 SELECT 语句：

```
SQL> SELECT empno,ename,sal ,deptno FROM scott.emp
  2 WHERE deptno >10  AND  sal>2000;

SQL> SELECT empno,ename,sal ,deptno FROM scott.emp
  2 WHERE sal >2000  AND  deptno>10;
```

上述两条 SELECT 语句仅仅在 WHERE 子句中指定的列的顺序不同，这并不会影响查询结果，但是却会影响查询效率。合理的查询语句应该是上述第一条 SELECT 语句，也就是保持 WHERE 子句中列的顺序与复合索引中列的顺序一致。

☐注意：只有当复合索引中的第一列被 WHERE 子句使用时，Oracle 才会使用该复合索引。例如，如果在 WHERE 子句中只使用 sal 列，则 Oracle 不会使用上面创建的复合索引 deptno_sal_index。

12.8.6　监视索引是否被使用

因为不必要的索引会对表的查询效率起负作用，所以在实际应用中应该经常会检查索引是否被使用，这需要用到索引的监视功能。

监视索引后，可以通过数据字典视图来了解索引的使用状态，如果确定索引不再需要使用，可以删除该索引。

【例 12-10】 使用 ALTER INDEX 语句，指定 MONITORING USAGE 子句，监视前面创建的 deptno_sal_index 索引。

```
SQL> ALTER INDEX deptno_sal_index MONITORING USAGE;
索引已更改。
```

通过 v$object_usage 视图，查看 deptno_sal_index 索引的使用状态，如下：

```
SQL> SELECT table_name, index_name, monitoring
  2 FROM  v$object_usage;

TABLE_NAME              INDEX_NAME              MON
----------------------- ----------------------- -----------
EMP                     DEPTNO_SAL_INDEX  YES
```

其中，TABLE_NAME 字段描述索引所在表；INDEX_NAME 字段描述索引名称；

MONITORING 字段表示索引是否处于激活状态，值为 YES 表示处于激活状态。

处于激活状态的索引会影响对表的检索，如果确定索引不再需要使用，可以删除该索引。如下：

```
SQL> drop index name_score_index;
```

索引已删除。

12.9 Oracle 索引优化存在的问题

Oracle 索引机制虽然对提高查询性能，减少磁盘 I/O，优化数据表的查询有很大帮助，但有时使用不当仍然会存在一些数据表明明创建了索引，但实际查询过程似乎没用到创建的索引，从而导致查询过程耗时过长，占用资源巨大等问题。可以参考以下可能原因。

（1）确定数据库运行优化模式。相应的参数是：Optimizer_Mode（优化模式）。可在 svrmgrl 中运行 show parameter optimizer_mode 来查看。

（2）检查被索引的列或组合索引的首列。是否出现在 PL/SQL 语句的 WHERE 子句中，这是"执行计划"能用到相关索引的必要条件。

（3）查看连接方式。ORACLE 共有 Sort Merge Join（SMJ）、Hash Join（HJ）和 Nested Loop Join（NL）3 种连接方式。两张表连接，且内表的目标列上建有索引时，只有 Nested Loop 才能有效地利用到该索引。SMJ 连接即使相关列上建有索引，最多只能因索引的存在，避免数据排序过程。HJ 连接由于必须做 HASH 运算，索引的存在对数据查询速度几乎没有影响。

（4）连接顺序是否允许使用相关索引。假设表 emp 的 deptno 列上有索引，表 dept 的列 deptno 上无索引，WHERE 语句有 emp.deptno=dept.deptno 条件。在做 NL 连接时，emp 作为外表，先被访问，由于连接机制原因，外表的数据访问方式是全表扫描，emp.deptno 上的索引显然用不上，最多在其上做索引全扫描。

（5）是否用到系统数据字典或视图。由于系统数据字典都未被分析过，可能导致极差的"执行计划"。但是不要擅自对数据字典表做分析，否则可能导致死锁，或系统性能下降。

（6）索引列是否有函数的参数，是否存在潜在的数据类型转换。如将字符型数据与数值型数据比较，Oracle 会自动将字符型用 to_number() 函数进行转换，从而导致索引在查询时用不上。

（7）是否为表和相关的索引提供足够的统计数据。经常有增、删、改的数据表最好定期对其表和索引进行分析，可用 SQL 语句 analyze table table_name compute statistics for all indexes;。Oracle 掌握了充分反映实际的统计数据，才有可能做出正确的选择。

（8）索引列的选择性不高。假设有表 emp，共有一百万行数据，但其中的 emp.deptno 列，数据只有 4 种不同的值，如 10、20、30、40。虽然 emp 数据行有很多，Oracle 默认认定表中列的值是在所有数据行均匀分布的，也就是说每种 deptno 值各有 25 万数据行与之对应。假设 SQL 搜索条件 DEPTNO=10，利用 deptno 列上的索引进行数据搜索的效率，往往不比全表扫描高，Oracle 理所当然对索引"视而不见"，可认为该索引的选择性不高。

（9）索引列值是否可为空（NULL）。如果索引列值可以是空值，在 SQL 语句中那些需要返回 NULL 值的操作，将不会用到索引，如 COUNT（*），而是用全表扫描。这是因为索引中存储值不能为全空。

（10）是否有用到并行查询（PQO）。并行查询将不会用到索引。

（11）看 PL/SQL 语句中是否用到 bind 变量。由于数据库不知道 bind 变量具体是什么值，在做非相等连接时，如 "<"、">"、"like" 等。Oracle 将引用默认值，在某些情况下会对执行计划造成影响。

（12）如果从以上几个方面都查不出原因的话，只好采用在语句中加 hint 的方式强制 Oracle 使用最优的 "执行计划"。

12.10　常用 Oracle 数据库调优工具

常用的数据库性能优化工具有如下几种。

（1）Oracle 数据库在线数据字典。Oracle 在线数据字典反映出 Oracle 的动态运行情况，对于调整数据库性能是非常有益的。

（2）操作系统工具。例如 UNIX 操作系统的 vmstat、iostat 等命令可以查看到系统级内存和硬盘 I/O 的使用情况，这些工具对于管理员弄清系统瓶颈出现在什么地方有时候很有帮助。

（3）SQL 语言跟踪工具（SQL Trace Facility）。SQL 语言跟踪工具可以记录 SQL 语句的执行情况，管理员可以使用虚拟表来调整实例，使用 SQL 语句跟踪文件调整应用程序性能。SQL 语言跟踪工具将结果输出成一个操作系统的文件，管理员可以使用 TKPROF 工具查看这些文件。

（4）Oracle Enterprise Manage（OEM）。Oracle 图形用户管理界面，用户可以使用它方便地进行数据库管理而不必记住复杂的 Oracle 数据库管理命令。

（5）EXPLAIN PLANSQL 语言优化命令。使用 EXPLAIN PLANSQL 语言优化命令可以帮助程序员写出高效的 SQL 语句。

对于 PL/SQL 语句而言，Oracle 提供了两种有效的工具来跟踪调试 PL/SQL 语句的执行计划。

一种是 EXPLAIN TABLE 方式。用户必须首先在自己的模式（SCHEMA）下，建立 PLAN_TABLE 表，执行计划的每一步骤都将记录在该表中，建表 SQL 脚本为：

```
${ORACLE_HOME}/rdbms/admin/ utlxplan.sql
SQL>SET AUTOTRACE ON;
```

然后运行待调试的 SQL 语句。在给出查询结果后，Oracle 将显示相应的 "执行计划"，包括优化器类型、执行代价、连接方式、连接顺序、数据搜索路径以及相应的连续读、物理读等资源代价。

如果不能确定需要跟踪的具体 SQL 语句，比如某个应用使用一段时间后，响应速度忽然变慢。这时可以利用 Oracle 提供的另一个有力工具 TKPROF，对应用的执行过程全程跟踪。

要先在系统视图 V$SESSION 中，可根据 USERID 或 MACHINE，查出相应的 SID 和

SERIAL#。

以 SYS 或其他有执行 DBMS_SYSTEM 程序包的用户连接数据库，执行 EXECUTE DBMS_SYSTEM.SET_SQL_TRACE_IN_SESSION（SID，SERIAL#，TRUE）;。

然后运行应用程序,这时在服务器端,数据库参数 USER_DUMP_DEST 指示的目录下, 会生成 ora__xxxx.trc 文件，其中 xxxx 为被跟踪应用的操作系统进程号。

应用程序执行完成后，用命令 tkprof 对该文件进行分析。命令示例：tkprof tracefile outputfile explain=userid/password。在操作系统 Oracle 用户下，输入 tkprof，会有详细的命令帮助。分析后的输出文件 outputfile 中，有每一条 PL/SQL 语句的"执行计划"、CPU 占用、物理读次数、逻辑读次数以及执行时长等重要信息。根据输出文件的信息，我们可以很快发现应用中哪条 PL/SQL 语句是问题的症结所在。

12.11　案　例　分　析

下面以某银行校园卡缴费系统为例，说明 SQL 语句优化系统查询性能的作用。

在校园卡缴费的测试过程中，发现成功缴费时间很长，大约需要75 秒左右。原因分析: 在做校园卡缴费的时候，首先是从数据库中查询到需要缴费的费项，然后再对该费项进行缴费，缴费成功后修改相应的状态。交易完成后，查看日志，发现下面的查询语句执行时间很长，在数据库中执行时间大约 74.52 秒，可见几乎所有的时间都花在查询上。

```
SQL> SELECT b.stu_id, b.term_id, b.cost_code
  2    FROM bib_booking_student_info a, bib_booking_fee_info b
  3    WHERE a.busi_id = b.busi_id
  4    and a.corp_id = b.corp_id  and a.term_id = b.term_id
  5    and a.stu_id = b.stu_id  and b.stu_stat = '0'
  6    and a.busi_id = '100106' and a.corp_id = 'E000000051'
  7    and a.term_id = '0106' and a.stu_id = '59000021';

已用时间: 00:00:74.52
```

解决办法：根据本章所述 SQL 优化原则和方法，优化此 SQL 语句，下面是优化后的 SQL 语句。

```
SQL> SELECT b.stu_id, b.term_id, b.cost_code
  2    FROM bib_booking_fee_info b  WHERE b.stu_stat = '0'
  3    and exists( select 1 from bib_booking_student_info a WHERE
  4    a.corp_id = b.corp_id  and a.term_id = b.term_id
  5    and a.stu_id = b.stu_id and a.busi_id = b.busi_id
  6    and a.busi_id = '100106' and a.corp_id = 'E000000051'
  7    and a.term_id = '0106' and a.stu_id = '59000021' );

已用时间: 00:00:00.22
```

此语句执行时间只有 0.22 秒，比上一个 SQL 语句要快了很多。

总结：在类似于这种先查询再缴费（改变字段状态）的交易中，执行查询时间的多少直接影响到此交易的性能。假如只是做插入，不做查询的交易，这种交易一般都很快，有查询，然后再缴费（改变字段状态）的交易，如果响应时间很慢，那就需要在查询 SQL 语句上进行优化了。

12.12　本章小结

本书第 8 章介绍了 PL/SQL 的性能优化方法，而本章则着重介绍了 Oracle 中系统性能优化的基本概念，分析了不同情况下 SQL 语句的优化方式和技巧；为了进一步提高系统检索数据的效率，还引入了索引的概念，介绍了索引创建的基本原则和使用方法；还介绍了 Oracle 常用系统调优工具；最后通过一个实际案例的应用来学习 Oracle 系统性能调优问题。SQL 语句的优化就是将低质量的 SQL 语句，转换成达到同样目的的高质量 SQL 语句过程。

12.13　习题与实践练习

一、填空题

1．在查询语句的 SELECT 子句中，尽量避免使用_____来表示全部的列名。

2．在 SELECT 语句中，使用 WHERE 子句过滤行，使用 HAVING 子句过滤分组，应该尽量使用_____过滤行，这样避免了花费时间去分组要过滤的行。

3．IN 操作符用于检索一个值是否包含在列表中，EXISTS 只检查行的存在性。因此建议使用_____来替代 IN 操作符的使用。

4．索引不仅仅可以基于单独的列，还可以基于多个列，在多个列上创建的索引叫_____。

5．使用 ALTER INDEX 语句，指定_____子句，可以用来监视所创建的索引。

6．当在 SQL 语句中连接多个表时，请使用表的_____来提高 SQL 语句的执行效率。

7．SQL 语句中命令和关键词尽量用_____来提高执行效率。

8．用_____替代>可以提高 SQL 语句的执行效率。

二、选择题

1．删除表中的数据可以使用 DELETE 语句，也可以使用 TRUNCATE 语句。如果确定要删除表中的所有行，建议使用（　　　）。

　　A．DELETE 语句　B．TRUNCATE 语句　C．DROP 语句　　D．COMMIT 语句

2．在表连接时必须选择最佳连接顺序，例如要连接 3 个相关表（T1、T2、T3），假设表 T1 有 100 行记录，表 T2 有 1000 行记录，表 T3 有 10000 行记录。那么表的连接顺序应该是（　　　）。

　　A．首先应该将 T2 连接到 T1 上，接着是 T2 连接到 T3 上

　　B．首先应该将 T1 连接到 T2 上，接着是 T2 连接到 T3 上

　　C．首先应该将 T3 连接到 T2 上，接着是 T2 连接到 T1 上

　　D．首先应该将 T1 连接到 T3 上，接着是 T3 连接到 T2 上

3．使用表的连接查询时，建议选择（　　　）作为驱动表，也就是将它作为 FROM 子句中的最后一个表。

A．记录行数最少的表　　　　　　B．记录行数最多的表

C．记录列数最少的表　　　　　　D．记录列数最多的表

4．使用 LIKE 操作符应用员工姓名查询时，下列哪个选项可以引用索引？（　　）

A．LIKE '%A%'　　　B．LIKE '%A'　　C．LIKE '_A%'　　　D．LIKE 'A%'

三、简答题

1．影响 Oracle 数据库性能的因素主要有哪些？

2．在执行连接查询时，FROM 和 WHERE 子句中，对表的连接顺序有什么要求？

3．简述创建索引时的一些基本原则。

4．简述创建索引时，选择索引列的几个原则。

5．Oracle 索引优化可能存在的问题有哪些？

6．Oracle 优化工具有哪些？

四、上机操作题

1．根据本章内容完成共享池大小管理的操作。

2．测试并验证采用不同 SQL 语句查询的效果。

第 13 章　Oracle 数据挖掘技术

随着企业业务的不断发展和信息技术的广泛应用，企业每天都将有海量的数据需要进行分析和处理，传统数据处理工具已经远远不能满足日益增长的经济发展需要，迫使人们不断寻找新的工具，来对企业的运营规律进行探索，为商业决策提供有价值的信息，使企业获得利润。数据是企业的宝贵财富，而对企业第一手数据进行有效利用和处理，迫切需求的有力工具就是数据挖掘。对于企业而言，数据挖掘有助于发现业务的趋势，揭示已知的事实，预测未知的结果。从这个意义上讲，知识是力量，数据挖掘是财富。而作为企业应用最广泛的 Oracle 数据库中嵌入了数据挖掘功能，它使企业能够自动快速提取隐含的模式和商机，减少风险，并构建高级商务智能应用程序。数据分析人员可以帮助企业做出预测、产生新的发现并更好地应用现有数据。软件开发人员则可以快速地自动完成对新商务智能（预测、模式和发现）的提取和分发，并应于到企业新的信息系统中。

本章为适应企业应用 Oracle 最新需求，阐述 Oracle 数据挖掘帮助企业发现数据中的模式，发现隐藏的商机，从而基于可靠信息做出预测和决策。

本章要点：

❑ 理解 Oracle 数据挖掘概念；
❑ 掌握 Oracle 数据挖掘使用方式；
❑ 了解 Oracle 数据挖掘特点；
❑ 掌握 Oracle 数据挖掘功能的安装；
❑ 掌握 Oracle 数据挖掘应用。

13.1　Oracle 数据挖掘（ODM）技术简介

Oracle 数据挖掘（Oracle Data Mining，简称 ODM）所提供的数据挖掘功能嵌入在 Oracle 数据库中，它使应用程序开发人员和数据分析人员能够挖掘数据、查找隐藏的模式，拥有洞察力，并构建高级商务智能应用程序，提高系统运行性能。

13.1.1　数据挖掘概述

数据挖掘（Data Mining，简称 DM）一般指从大量数据中挖掘出隐含的、未知的并有潜在价值的信息的非平凡过程。数据挖掘是一种决策支持过程，是利用各种分析工具在海量数据中高度自动化发现模型和数据之间的关系，做出归纳性推理，从中挖掘出潜在的模式的过程。这些模型和关系可以帮助决策者调整市场策略，减少风险，做出正确的决策。

Gartner Group 提出："数据挖掘是通过仔细分析大量数据来揭示有意义的新的关系、

模式和趋势的过程。它使用机器学习、模式认知技术、统计技术和数学技术。"

简而言之，数据挖掘的目的就是从大量的原始数据中"淘金"，就是从数据中获取知识的过程。

总之，由于企业内产生了大量的业务数据，这些数据和由此产生的信息是企业的财富，它如实记录了企业运作的状况。通过数据挖掘分析，能帮助企业发现业务的趋势，揭示已知的事实，预测未知的结果。数据挖掘已成为信息时代企业保持竞争力的必要方法。为此，数据挖掘又称为数据库中的知识发现（Knowledge Discover in Database，简称 KDD）。

13.1.2　Oracle 数据挖掘概述

Oracle 数据挖掘（ODM）是一种数据库内的数据挖掘和预测分析引擎，能在 Oracle 基础访问数据上建立和使用预测分析模型。

Oracle 数据挖掘（ODM）仍然是一种表面上通过 SQL 和 PL-SQL APIs，并在数据库内执行的"数据库之外"的解决方案。它具有常用数据挖掘算法和统计功能，并且在数据内完成建模和分析。Oracle 整合了文本挖掘功能，以便文本挖掘算法能方便使用这些功能。另外，因为 Oracle 数据挖掘 （ODM）挖掘星形模式的数据，它可以处理属性的无限输入、交易数据和非结构化的数据，诸如 CLOBs、表或视图。Oracle 数据挖掘（ODM）是 Oracle 数据库企业版（EE）的收费选件。使用 ODM，数据挖掘和计分函数驻留在 Oracle 数据库本地，即数据和数据挖掘活动永远不离开数据库。ODM 在 Oracle 数据库中嵌入了分类、回归、关联和集群模型，以及特征选择、特性提取以及序列匹配和比对等算法。

一般可以通过 Java 和 PL/SQL 应用程序程序员接口（API）以及数据挖掘客户端，访问 ODM 模型构建和模型评价函数。这使 Oracle 能够为数据分析人员和应用程序开发人员将数据挖掘与数据库应用程序进行无缝集成提供基础架构。

13.1.3　Oracle 数据挖掘特点

Oracle 数据挖掘功能可以最大限度地提高可扩展性，使系统资源得到有效使用。其数据挖掘功能在 Oracle 数据库中提供了以下诸多优点。

（1）无须移动和数据格式转换。目前有些数据挖掘产品需要不断从企业的数据库中将数据导出，并转化为一个专门的格式存储和挖掘。而对于 Oracle 数据挖掘，并不需要数据的移动或格式转换。这使得整个数据挖掘过程简单、方便，节省时间。

（2）安全性。企业的数据是由 Oracle 数据库的专门安全保护机制负责。针对不同需要的数据挖掘过程，需要相应的数据库权限。只有具有适当权限的用户才能得到（或申请）数据挖掘模型。

（3）数据准备和管理。大多数的数据必须被净化、过滤、归一化、采样和转换，以各种方式才能挖掘。大约 80%在数据挖掘项目中的工作需要准备特定数据。Oracle 数据挖掘可以自动完成数据准备管理的关键步骤。此外，Oracle 数据库提供了广泛的管理工具来准备和管理数据。

（4）易于数据刷新。在 Oracle 数据库的挖掘过程中随时访问刷新的数据。在 Oracle 数据挖掘的结果基础上，可以很容易地呈现当前数据，从而最大限度地提高其时效性和针对性。

（5）Oracle 数据库分析。Oracle 数据库提供了许多先进的功能分析和商业智能。可以很容易地集成 Oracle 数据挖掘与其他的分析功能的数据库，如统计分析和 OLAP。

（6）Oracle 技术集。可以在 Oracle 一个较大的业务框架技术范围内整合数据挖掘智能或科学研究等各个方面。

（7）域环境。数据挖掘模型都必须建立、测试、验证、管理和部署在其相应的应用程序域环境。数据挖掘的结果可能需要进行处理后，作为特定领域的一部分计算（例如，计算估计的风险和响应概率），然后保存到永久存储库或数据仓库。使用 Oracle 数据，可以在相同的环境中完成数据挖掘过程。

（8）应用程序编程接口。提供 PL/ SQL、Java API 和 SQL 语言多种方式直接访问到 Oracle 数据挖掘功能库。

13.1.4　ODM 使用方式

Oracle 通过两种兼容的 API 访问数据库中的数据挖掘功能。分别是 ODM Java API 和 ODM DBMS_DM PL/SQL API。

1. ODM JAVA API

应用程序开发人员可以使用 ODM 的 Java API 来利用 ODM 和 Oracle 数据库的特性、可伸缩性和安全性，以便构建高级 BI 应用程序。ODM 的 Java API 所提供的对数据挖掘函数的编程控制能力使开发人员能够自动执行数据准备、模型构建和模型计分操作。对于模型构建，ODM Java API 支持"挖掘函数"的概念（例如，分类、关联或集群等）和可选的"挖掘算法设置"。Oracle 数据挖掘为所有算法设置都提供了合适的默认值。

ODM Java API 支持与 Web 和 J2EE 应用程序的紧密集成，并确保跨平台的可移植性。与试图将数据挖掘工具转换为数据挖掘应用程序相比，ODM Java API 使 Oracle 数据挖掘成为开发基于 Java 的数据挖掘应用程序的首选平台。

Oracle 的市场营销联机应用程序集成 ODM，以实现自动的商业活动客户目标选定。

Java 数据挖掘（JDM）是新兴的数据挖掘标准，它作为一项 Java 规范请求（JSR）符合 Sun 的 Java Community Process 的要求。很多公司在认识到定义和集成数据挖掘对基于 Java 标准的需求后都纷纷加入了 Oracle（JSR-073 规范领导者）。JDM 利用几个不断发展的数据挖掘标准，包括对 Object Management Group 的公用仓库元数据、Data Mining Group 的预测性挖掘标记语言（PMML）和国际标准组织的用于数据挖掘的 SQL/MM。当 ODM 发布时，它将遵守 JSR 标准。

因为 J Cells 目前最适合访问 Java API，所以需要以可直接从 Java 对其进行访问的方式打包 PL/SQL API。两个主要的 Oracle 数据挖掘概念是设置和模型。设置概念基本围绕带有两列（setting_name 和 setting_value）的设置表构建；其中 setting_name 是挖掘算法使用的属性名，而 setting_value 是与该属性相对应的值。

DBMS_DATA_MINING 程序包括 CREATE_MODEL 和 APPLY。CREATE_MODEL 过程根据设置表（作为过程的参数之一提供）中的值为给定挖掘函数和数据集创建挖掘模型。该过程简单且易于使用。实际上，由用户创建模型、选择使用的挖掘函数、包含要使用的数据的表、需要建模的列和提供设置表结构。该方法的优点在于所有不同算法都可以用类似方法调用。每种算法的微调都整合至设置表中。但在很多情况下，各种设置系数可由算法本身自动决定。设置表中条目的复杂性根据用户的专业技术背景和算法有所不同。许多专业用户可能希望手动设置所有可能的系数，而多数人更想系统自动给出适用的设置。Oracle 提供了一个要用作设置键的常量列表，如表 13-1 所示。

表 13-1　algo_name（算法名）设置键的值

值	算 法 说 明
algo_adaptive_bayes_network	Adaptive Bayes network 算法（分类）
algo_ai_mdl	最短描述长度算法（属性重要性）
algo_apriori_association_rules	Apriori 算法（关联）
algo_decision_tree	决策树算法（分类）
algo_kmeans	k-means 算法（集群）
algo_naive_bayes	Naive Bayes 算法（分类）
algo_nonnegative_matrix_factor	非负矩阵因式分解算法（特性选择）
algo_o_cluster	O-Cluster 算法（集群）
algo_support_vector_machines	支持向量机算法（分类或回归）

Oracle 的算法名（algo_name）设置键的常量值如表 13-1 所示。对于其中的每一个值，使用了可能键和值的不同集等。作为 Oracle 数据库中创建的挖掘模型，DBMS_DATA_MINING.APPLY 过程用于将该模型应用到新数据集。而且，这是一个易于使用的过程，要求只输入挖掘模型名、包含新数据集的表名、用于识别新数据集中行的列以及结果数据集名。Java 类 OracleMiningModel（below）在调用预测、评分或 apply 方法时，都会利用该 APPLY 过程。此外，DBMS_DATA_MINING 程序包包含若干根据类型将各个模型详细信息作为结果集或以 XML 格式返回的函数。这些细节函数也可通过使用 OracleMiningModel 类的实例（代表数据库中的不同模型）进行访问。

2．ODM DBMS_DM PL/SQL API

应用程序开发人员可以使用 ODM 的 PL/SQL API，通过使用一组可以在 PL/SQL 程序块调用的 SQL 基元来创建高级 BI 应用程序。ODM 的 PL/SQL API 提供了一种大多数 Oracle 服务器开发人员和数据库管理员（DBA）所熟悉的语言和开发方法。

PL/SQL API 通过两个包提供给用户：

❑ DBMS_DM；

❑ DMBS_DM_TRANSFORM。

ODM 的 PL/SQL API 支持接收器工作特性（ROC）计算，通过尽量减小误确认率和误报错率来帮助用户选择模型。

PL/SQL API 支持跨用户模式或数据库实例，以原生格式导出和导入所有受支持的模型。这样就可以建立从分析和开发环境到生产环境的"生产化"数据挖掘模型。

Oracle 数据挖掘是为 Oracle 客户构建高级商务智能应用程序的完美平台。ODM 的 Java 和 PL/SQL API 非常适合开发可利用 Oracle 数据库功能和体系结构的 BI 应用程序。而且，因为数据永远不离开数据库，因此 ODM 应用程序是快速和安全的。通过 Oracle JDeveloper 和其他集成开发环境（IDE），那些使用 ODM 客户端的数据分析人员可以快速构建数据挖掘模型，这些模型可以迅速开发成完整的数据挖掘应用程序。

Oracle JDeveloper 支持 ODM 应用程序的开发和部署。ODM 使公司能够在将发现新的商务智能集成到业务的应用程序中实现"生产化"，ODM 可以使用在下列业务应用中。

- ❑ 客户关系管理系统（CRM）和呼叫中心；
- ❑ 企业资源规划（ERP）；
- ❑ Web 门户；
- ❑ 无线应用程序。

3．常用数据挖掘算法

Oracle 数据挖掘可以为多种数据挖掘算法提供支持，这些算法包括：
- ❑ 属性重要性；
- ❑ 分类和回归；
- ❑ 集群；
- ❑ 关联；
- ❑ 特性提取；
- ❑ 文本挖掘；
- ❑ 序列匹配和比对－BLAST。

4．属性重要性

企业每天都面临大量数据需要处理。在数据处理过程中因条件限制，一般需要减少处理的数据量，即通常所说的降维处理，并把重点放在"热点"即关键属性问题上。Oracle 数据挖掘的属性重要性特征允许用户按属性的相对重要性或对指定（目标）域的影响来对属性排序。典型的 ODM 属性重要性应用程序可以将 650 个客户属性减少到最影响客户忠诚度的 10～25 个属性，这样大大减小了处理的数量和维度，提高运行的效率。

13.2　Oracle 数据挖掘功能安装

下面结合 Oracle 11g 和 SQL Developer 3.2 开发工具，具体介绍 Oracle 数据挖掘功能的安装与使用过程。

13.2.1　ODM 安装要求

1．ODM使用主要满足的3个条件

- ❑ 安装 Oracle Database 12c 或 Oracle Database 11g　Release 2 软件；
- ❑ 安装 SQL Developer 客户端开发工具；
- ❑ 安装 Data Miner Repository 库（需安装在 Oracle 数据库中）。

2．安装步骤

按照以下步骤完成 ODM 安装。

（1）安装 Oracle 数据库 12C 或 Oracle 数据库 11g 第 2 版。

要使用 Oracle 数据挖掘，必须连接到 Oracle 数据库，满足下列要求：

- ❑ 安装 Oracle 数据挖掘的选项。安装时自动安装 Oracle 数据库企业版的 Oracle 数据挖掘。
- ❑ 安装 Oracle Text。当安装 Oracle 数据库企业版时，自动安装 Oracle Text。
- ❑ 安装 Oracle XML DB。安装 Oracle 数据库企业版时自动安装 Oracle XML DB。

（2）安装 SQL Developer 的客户端。

（3）安装后，显示 Oracle 示例数据挖掘库"设置 Oracle 数据挖掘"。此时，安装数据挖掘库。

13.2.2　ODM 安装过程

1．概述

Oracle SQL Developer 3.0 以上版本中提供了 Oracle 数据挖掘的图形用户界面（GUI）。为了使用 Oracle 数据挖掘 GUI 执行数据挖掘，必须完成以下 3 个设置任务：

（1）创建一个用于数据挖掘的数据库用户账户。

（2）授予该用户具有连接数据权限。

（3）安装 Oracle Data Miner 库。

2．安装过程

首先需要创建一个数据挖掘的用户账户如 dmuser。

然后通过一个 Oracle 数据库客户端的软件 SQL Developer 执行一系列操作。创建数据挖掘用户时以 sys 管理员身份连接到 Oracle 数据库，然后创建使用该连接的数据挖掘用户。具体操作过程如下。

（1）打开 SQL 开发人员目录，双击 sqldeveloper.exe（在 SQL Developer 中的解压缩目录中）。例如，双击 C:\ SQLDev \ sqldeveloper.exe，如图 13-1 所示。

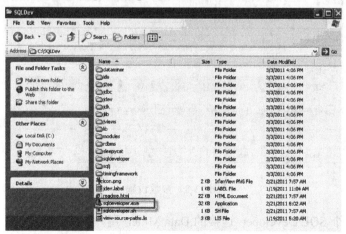

图 13-1　Sqldeveloper 启动

（2）在 SQL Developer 中连接"选项卡"，用鼠标右键单击"连接"，并从弹出的菜单中选择"新建连接"，如图 13-2 所示。

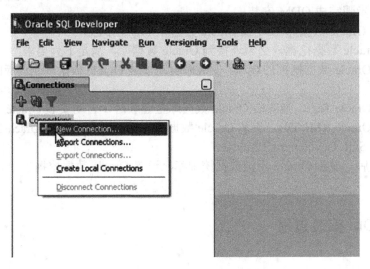

图 13-2　建立数据库连接

（3）在弹出的对话框中输入下列参数，如图 13-3 所示。

```
Connection Name: admin
Username: sys
Password: 输入 Sys 账号口令
Connection Type: Basic
Role: SYSDBA
Hostname: 主机名（localhost 为本机主机名）
Port: 输入连接端口值（默认值为 1521）
SID: 数据 SID 值（默认安装 SID 值为 orcl）
```

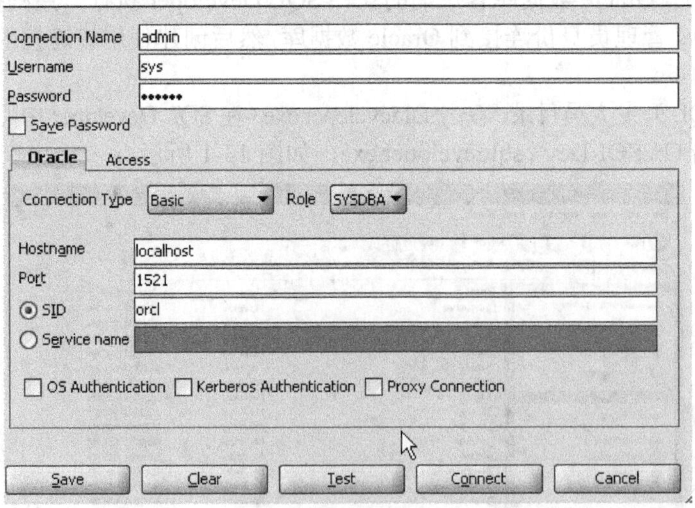

图 13-3　参数设置

（4）创建一个 SQL Developer 连接的 Data Miner 用户。

可以在 Oracle 中创建此连接用户，或者通过使用 SQL Developer 中的"连接"标签或

"数据挖掘"标签完成创建。

  创建一个连接的数据挖掘用户，按照下列步骤操作：

  在弹出的对话框中输入以下参数值，如图 13-4 所示。

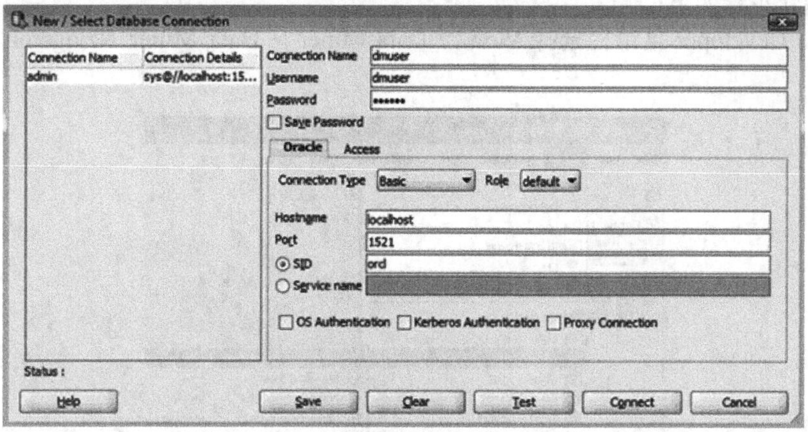

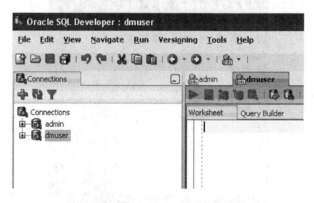

图 13-4 数据挖掘用户创建

```
Connection Name: dmuser
Username: dmuser
Password: 123456
Connection Type: Basic
Role: default
Host Name: 主机名（localhost 为本机主机名）
Port: 输入连接端口值（缺省值为 1521）
SID: 数据 SID 值（缺省安装 SID 值为 orcl）
```

这样在左侧连接窗口显示 SQL Developer 的"连接"选项卡显示两个用户连接，如图 13-5 所示。

图 13-5 创建 dmuser 用户连接状态

注意：当激活连接 SQL Developer 中的"连接"选项卡，SQL Developer 的工作表窗口会自动打开该用户的。

（5）安装数据挖掘库。

现在已经创建了数据挖掘用户（dmuser）账户，并为该用户创建了一个 SQL Developer

连接。然后，需要自动安装数据挖掘库。

操作过程只需单击 Oracle "数据挖掘" 选项卡（类似于 SQL Developer 中 "连接" 选项卡），然后从 "数据挖掘" 选项卡选择 dmuser 连接用户。

具体操作步骤如下：

从 SQL Developer 菜单栏选择 View > Data Miner > Data Miner Navigator，如图 13-6 所示。

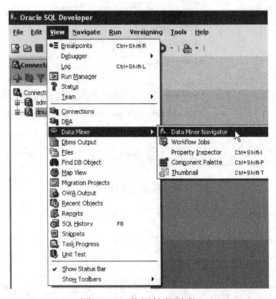

图 13-6　数据挖掘连接

单击 "数据挖掘" 选项后，左下方连接栏出现 SQL Developer 中的 "连接" 项，如图 13-7 所示。

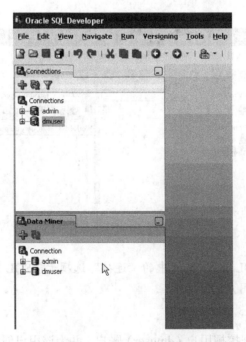

图 13-7　Dmuser 数据挖掘连接

然后开始安装数据挖掘库。

双击 dmuser（而不是管理员用户），结果弹出窗口显示"没有在数据库中安装数据挖掘库，是否要安装数据挖掘库？"如图 13-8 所示。

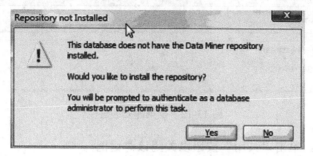

图 13-8　数据挖掘库安装提示

单击"是"按钮以启动安装过程。在"连接信息"对话框中输入 SYS 管理员密码，如图 13-9 所示。

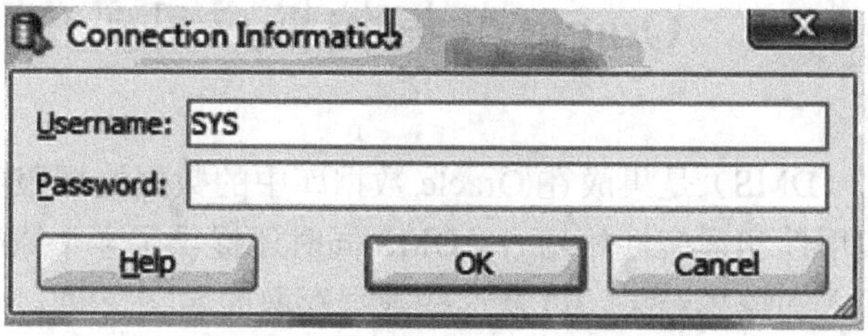

图 13-9　连接信息对话框

单击"确定"按钮继续，在库安装设置对话框中选择数据挖掘库账户 ODMRSYS 的默认表空间为 USERS，临时表空间为 TEMP，如图 13-10 所示。

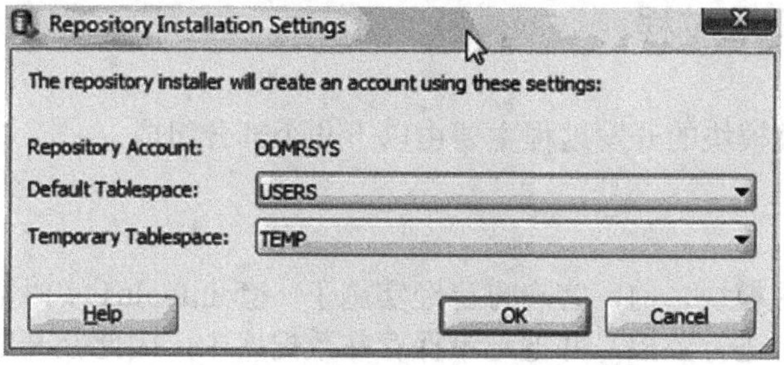

图 13-10　数据挖掘库安装设置

然后出现安装数据挖掘库对话框，如图 13-11 所示。预选"安装演示数据"选项（用于后续 Oracle 数据挖掘演示用数据）。

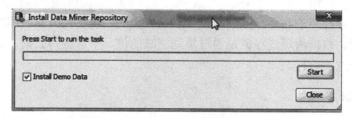

图 13-11　安装挖掘库

单击“开始”按钮，则开始安装数据挖掘库。安装远程数据库大约需要 10 分钟，安装本地数据库大约需要 2 分钟的。滚动条提供了安装过程的可视化进度，如图 13-12 所示。

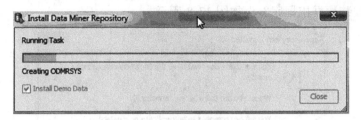

图 13-12　挖掘库安装进度

当安装完成后，单击“关闭”按钮以关闭该对话框。

现在已经准备好执行数据挖掘与 dmuser 账户。接下来就可以使用 Oracle 的数据挖掘功能了。

13.3　Oracle 数据挖掘应用实例

数据挖掘服务器（DMS）是集成在 Oracle 数据库中的数据挖掘服务器功能模块，因此可以与 RDBMS 的实用性和适应性相结合。DMS 同时还提供了一个原数据（metadata）库，其中包括了挖掘的输入和挖掘结果，以及这些数据存取的名字空间。

通过对 DMS 的设定，可以根据用户的需要提供不同的挖掘模式，如聚类分析、分类、关联规则分析、属性权重模型分析等。同时也可以对各种挖掘模式所使用的算法进行定义，如在聚类分析中可以使用 O-cluster 和 K-means 算法。

13.3.1　ODM 开发过程

Oracle 数据挖掘模块的开发过程主要由以下几个部分组成。

1．数据提取

在开发数据挖掘模块之前，客户方已经实施了一套 infoplus 实时数据库系统，对生产设备的监控点的状态进行监控，并把记录保存在数据库中，因此在开发数据挖掘模块的时候根据需要通过该软件提供的 JDBC-ODBC 接口，从实时数据库的历史记录中提取出所需的数据。

2．数据清理

不完整的、含噪声的和不一致的数据是目前大型的、现实世界数据库或者数据仓库中存在的共同问题。数据清理过程就是通过填写空缺的值，平滑噪声数据，识别、删除孤立点，并解决不一致的数据。

3．数据转换

数据转换是将数据转换成适合于机器挖掘的格式。Oracle Data Mining 关联规则模块所采用的算法是传统的 Apriori 算法，是对 Oracle 关系数据库中一张二进制表进行处理，在其中寻找出频繁项集，并最终产生出满足设定的阀值的强关联规则。因此，在数据转换的过程中，根据所取控制点数据与该点的极限值（最大值 σmax、最小值 σmin 和最大的增量斜率的绝对值 kmax）进行比较，从而以二进制数据显示出该点在该时刻所处的状态，并把所有的经过处理、转换的控制点数据存储在 Oracle 关系表中。

4．数据挖掘

在应用 ODM 的过程中，首先根据已经进行的工作对挖掘所需的模式、算法、数据规格等进行定义，构建数据挖掘模型。

（1）连接数据挖掘服务器（DMS）。

（2）对输入的数据进行描述，主要是针对输入数据的组织形式和规格进行描述的。

（3）对使用的数据挖掘模型和算法进行定义，用户可以通过 Jsp 页面与 JavaBean 连接 ODM API，对相关的参数进行设定，如最小支持度、最小置信度以及最大关联长度等。

（4）构建数据挖掘模型。

在模型构建完成之后，即可以把模型提交给数据挖掘服务器进行处理。在数据挖掘服务器进行处理的过程中，可以通过调用数据挖掘任务模块来显示当前 DMS 所处状态。在 DMS 处理完成之后会显示 Success 状态。

13.3.2　ODM 开发案例

Oracle 数据挖掘支持监督（supervised）和无监督（unsupervised）学习的数据挖掘。监督数据挖掘根据历史数据预测目标值。而无监督数据挖掘用于发现未知领域或不确定目标。

1．ODM函数

用于监督的函数有：

❑ Classification；

❑ Regression；

❑ Attribute Importance。

用于无监督的函数有：

❑ Clustering；

❑ Association；

❑ Feature Extraction；

❑ Anomaly Detection (one-class classification)。

2．开发实例

本小节通过创建一个新的数据挖掘项目来学习 ODM 的使用。可以利用现有的数据挖掘用户进行连接。

注意：各版本的 SQL Developer 窗口的布局和内容可能与下面介绍的例子有所不同。

（1）要创建一个新的项目，选择"数据挖掘"选项卡，然后执行以下步骤：

选择 Data Miner 标签，然后连接上述创建的 dmuser 连接，如图 13-13 所示。

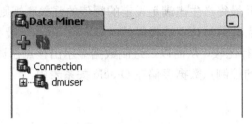

图 13-13　Dmuser 连接

（2）双击 dmuser 连接，然后选择新建项目 New Project 选项，如图 13-14 所示。

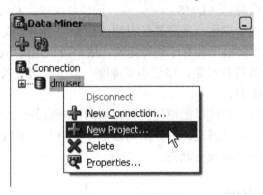

图 13-14　新建项目

（3）在 Create Project 创建项目窗口中，输入 High Value 作为项目名称，然后单击 OK 按钮，如图 13-15 所示。

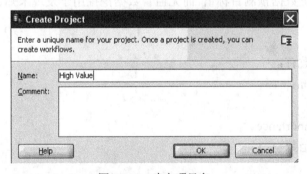

图 13-15　建立项目名

然后在新项目列表中出现新建项目连接节点 High Value，如图 13-16 所示。

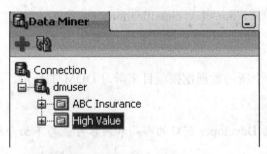

图 13-16　新建 High Value 项目

（4）构建和运行一个分类模型。

在这部分内容中，将介绍如何构建模型和预测基于性别的客户汇总数据。因此，需要指定一个分类模型。默认情况下，Oracle 数据挖掘中选择一个分类模型支持的所有算法。

这里，我们定义使用一个分类节点算法模型。然后，运行分类节点，以创建该模型。

首先，单击模型在组件面板中显示的可用列表，如图 13-17 所示。

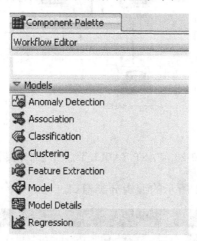

图 13-17　模型列表

（5）然后，将分类节点从右侧模型面板中拖到左侧工作流程窗口中，如图 13-18 所示。

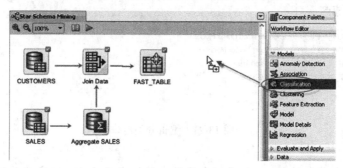

图 13-18　运行分类节点

（6）节点拖放到工作流程窗口后，等待一会，一个"生成类"节点出现在工作流程中，如图 13-19 所示。

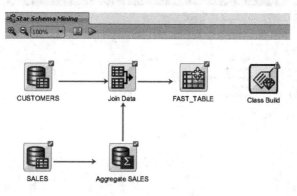

图 13-19　生成类节点

（7）然后指定一个或多个属性的分类器构建过程，如图 13-20 所示。下一步连接的数据源节点 FAST_TABLE 使用上述相同的方法建立分类节点。

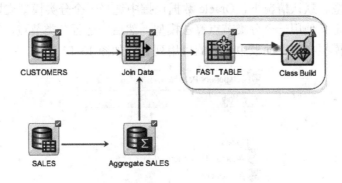

图 13-20　FAST_TABLE 节点上建立分类节点

（8）接着出现如图 13-21 所示的编辑分类窗口。

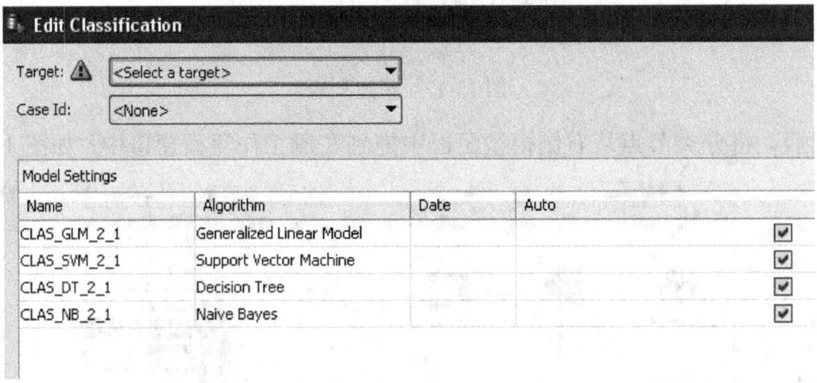

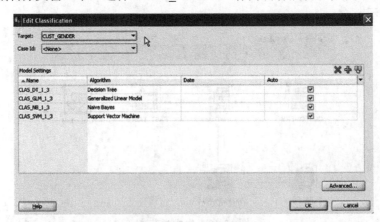

图 13-21　编辑分类窗口

注意：如果一个黄色的"！"指示灯会显示在目标字段旁边，这意味着必须选择该属性。

（9）在编辑分类窗口中，选择 CUST_GENDER 作为目标属性，如图 13-22 所示。

图 13-22　目标属性选择

注意：虽然上述操作不是必须的，可以定义一个案例 ID 来唯一确定每个记录。这样会造成该选项未定义。如前所述，所有 4 个分类建模算法是默认选中的。除非事先指定，否则，它们将被自动运行。或者，可以修改每个算法的具体设置，使用其中高级选项按钮来完成。

单击高级编辑分类窗口显示"高级设置"窗口的底部，如图 13-23 所示。

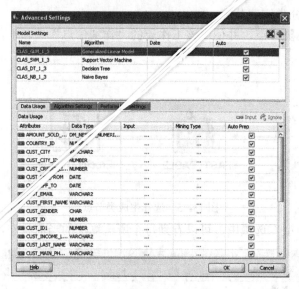

图 13-23　高级设置功能

注意："高级设置"窗口中可以指定数据的使用（Data Usage）、算法设置（Algorithm Setting）和性能设置（Performance Settings）3 个分类选项。还可以选择（取消）该窗口中的任意算法。

（10）本例选择支持向量机（Support Vector Machine，SVM）算法，并单击"算法设置"选项卡。然后，在内核功能选项，改变线性系统确定的设置，如图 13-24 所示。

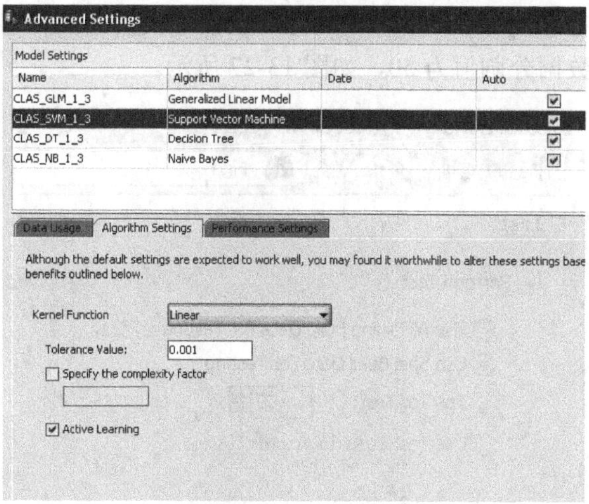

图 13-24　算法设置

🔔**注意**：需要更改此支持向量机（SVM）算法线性系统测定值的设定值，以确保用户模型的透明度。透明度是指模型的能力模式传达给用户的逻辑或理由。

可以随意查看任意每种算法的选项内容，但是不要修改算法的其他默认设置。当查看完内容后，可以单击"确定"按钮保存 SVM 算法设置，并关闭"高级设置"窗口。最后，在"编辑分类"窗口中单击"确定"按钮保存更改。

（11）准备运行分类构建节点。

首先，选择生成类节点，并使用该工作流的"详细信息"选项卡，更改名称、性别预测，如图 13-25 所示。

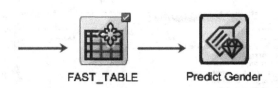

图 13-25　选择生成类节点

在"属性检查模型"选项中，可以看到每个所选算法的当前状态，如图 13-26 所示。

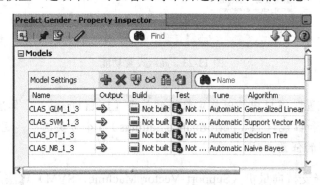

图 13-26　属性检查选项内容

在所建模型中，在 Property Inspector 属性库页面中找到 Perform Test 项的 Split for test 测试选项，改变测试数据分割值为 50，如图 13-27 所示。

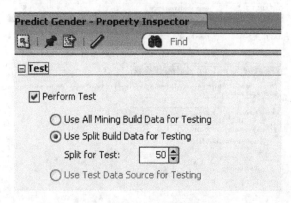

图 13-27　测试数据分割值设置

　　使用此设置表明，Oracle 数据挖掘中的数据样本分割生成的建模数据和测试数据在50/50 比例。

　　（12）现在可以构建数据模型。右键单击该 Predict Gender node 预测性别节点，并从弹出的快捷菜单中选择 RUN 命令。运行之前会出现一个绿色的齿轮图标表示服务器进程运行节点上的边界，通过"工作流程作业"选项可以查看当前模型作业的构建状态。当构建完成后，状态栏会显示一个绿色的对勾。

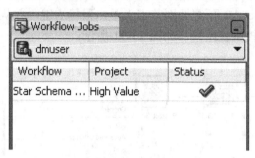

图 13-28　工作流作业构建

　　这时，在工作流程窗格中可以看到构建完成节点的边界从一个绿色的齿轮转动状态转变成一个绿色的对勾，表示构建完成，如图 13-29 所示。

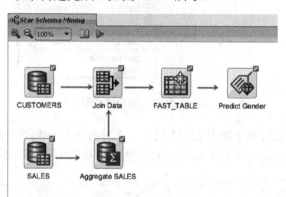

图 13-29　构建结点的边界

　　一旦构建过程完成后，就可以看到出现几条有关建立使用 Property Inspectory 属性库的信息。例如，选择预测性别工作流程中的节点，然后在属性检查器中选择"模型"选项卡，如图 13-30 所示。

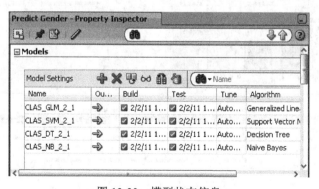

图 13-30　模型状态信息

从图 13-30 中可以看出所有 4 个模型都已经成功创建。性别属性都具有相同的目标（CUST_GENDER），但它们使用了不同的分类算法。而源数据根据前述 50/50 比例被自动分为测试数据和模型建立数据。

（13）预览模型。当执行性别预测结束，表明已建成并测试了 4 种分类模式。然后，我们可以查看和比较不同模型结果。通过查看某一个数据模型，可以看到作为分析所用汇总的销售数据和客户的人口统计数据是如何联系在一起的。这里，还可以看到相对业绩的分类模型。在 Predict Gender 预测性别节点上单击鼠标右键，并从弹出的快捷菜单中选择 Compare Test Results 比较试验结果，如图 13-31 所示。

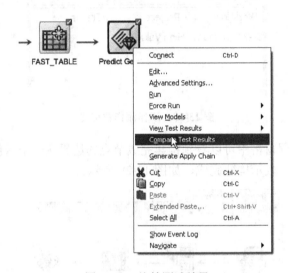

图 13-31　比较测试结果

查看比较预测结果情况，如图 13-32 所示。在打开的 Gender 性别显示选项窗口中，可以查看到一个可视化比较的 4 款车型对应不同性别选择的结果，采用不同颜色表示。

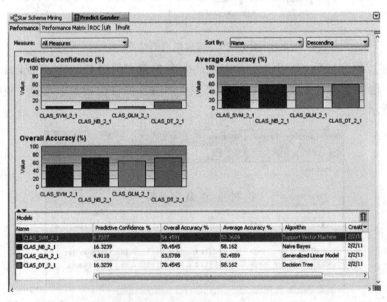

图 13-32　性别选项比较结果

如前所述，样本数据集挖掘本身没有准备，但是数据挖掘服务器还创建指定的模型，并在生成汇总数据的基础上预测。

在比较测试结果输出方面，应注意以下几点。

❑ 柱状图的颜色，看到的可能与这个例子中所示有所不同。

❑ 比较结果包括 5 个选项卡：**Performance、Performance Matrix、ROC、Lift 和 Profit**。

❑ **Performance** 性能选项提供了每个模型预测的可信度、平均准确度和命中率的数字与图形显示信息。

❑ **Performance** 性能选项似乎表明，朴素贝叶斯（**NB**）和决策树（**DT**）算法提供更高的可信度和准确性结果。

如果选择 Performance Matrix 性能矩阵标签，则会出现如图 13-33 所示的结果。

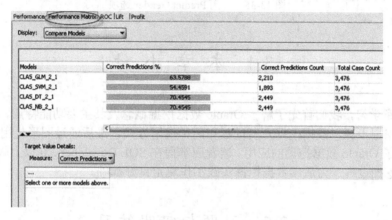

图 13-33　Performance Matrix 结果

从图中性能矩阵显示结果表明，采用 **NB** 和 **DT** 预测模型比其他模型有较高的正确预测百分比，预测比一般都在 70％以上。同样，由于数据是简单的，而不是为数据挖掘准备，测试结果只为类模型输出作为一个例证。

如果想进一步比较 **NB** 和 **DT** 算法模型的细节内容，则可以选择 **DT** 模型查看目标值内容，查看"目标值"每个模型 CUST_GENDER 的属性，如图 13-34 所示。

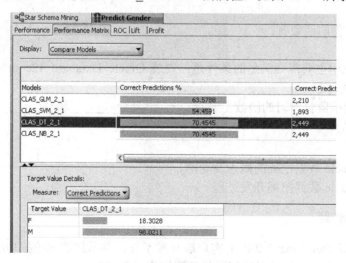

图 13-34　算法模型细节内容

从图 13-34 可以看出，采用 DT 模型表明，98％的男性和 18.3％的女性为客户正确的预测结果。然后选择 NB 模型。NB 模型表明与完全相同的 DT 模型的正确预测比例均为 704545。关闭 Predict Gender 预测性别选项，如图 13-35 所示，最后关闭 Star Schema Ming 星型架构数据挖掘工作流程页面。

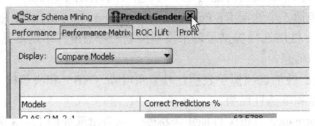

图 13-35　关闭 Predict Gender 选项

13.4　本 章 小 结

通过本章学习，我们首先了解了 Oracle 数据挖掘概念及其主要功能特点。然后掌握了 ODM 数据挖掘步骤、数据挖掘开发过程和两种使用方式。最后通过图形化用户界面实例进一步学习了 Oracle 数据挖掘的应用。读者应掌握在 SQL Developer 3.0 以上版本中，如何进行 ODM 挖掘过程，为后续数据挖掘实践工作奠定良好基础。

13.5　习题与实践练习

一、填空题

1. ＿＿＿＿＿＿（Data Mining，简称 DM）：一般指从大量数据中挖掘出＿＿＿＿＿＿、＿＿＿＿＿＿并有潜在价值的信息的非平凡过程。

2．Oracle 通过两种兼容的 API 访问数据库中的数据挖掘功能。分别是＿＿和＿＿＿＿＿＿。

3. 用于无监督的函数有：＿＿＿＿＿＿、＿＿＿＿＿＿、＿＿＿＿＿＿和 Anomaly Detection（one-class classification）。

4．ODM 使用主要需要满足的条件是：安装 Oracle Database 12c or Oracle Database 11g Release 2 软件、＿＿＿＿＿＿、＿＿＿＿＿＿。

5．ODM 用于监督学习的函数主要有＿＿＿＿＿＿、＿＿＿＿＿＿和＿＿＿＿＿＿。

二、简答题

1. 简述 Oracle 数据挖掘的概念及功能。
2. 简述 Oracle 数据挖掘开发过程。

三、上机操作题

1. 安装 SQL Developer 3.0 以上客户端开发工具，并添加数据挖掘功能。
2. 完成本章中的分类模型的创建与预测挖掘过程。

第 14 章　数据库应用综合实例

Oracle 数据库在众多领域都有广泛的应用，基于 C/S 或 B/S 结构的网络应用系统是其应用的主要类型。而和 Oracle 结合应用的多为 JavaEE 平台。本章介绍一个基于 JavaEE 的医药管理系统的实例。该系统使用 Oracle 数据库作为后台数据库，使用 JavaEE 中的 Struts 和 Hibernate 框架技术进行开发。Web 应用程序通过 Hibernate 的 JDBC 数据库访问技术对数据库进行连接、数据查询、修改和更新等操作。开发工具选用当前最流行的 Java 平台 IDE 开发工具 MyEclipse 10.0。

随着计算机网络技术和数据库技术的迅猛发展，在以往依靠人工为主的医药管理方面，已逐步转变成以计算机信息管理系统为主的医药管理，从根本上改变了医药管理的传统模式，凭借省时、省力、低误差等优点，节省了人力资源，提高了工作效率。

本章要点：

❑ 医药管理系统的功能概述；
❑ 熟练掌握系统数据库功能模块的设计；
❑ 熟练掌握数据库系统的功能实现；
❑ 掌握查询模块的实现；
❑ 掌握修改、删除模块的实现。

14.1　系　统　设　计

在医院、药店的日常医药管理中，面对众多的药品和各种需求的顾客，每天都会产生大量的医药数据使用信息。早期采用传统的手工方式来处理这些信息，操作比较繁琐，且效率低下。此时，一套合理、有效、实用的医药管理系统就显得十分必要。利用其提供的药品查询、统计功能，可以进行高效的管理，更好地为顾客服务。通过对医药超市的实地考察，从经营者和消费者的角度出发，以高效管理、快速满足消费者为原则。

14.1.1　系统功能概述

本系统开发的总体任务是建立一个基于 Web 的医药管理系统，为使用者提供一个网上发布、查询和管理药品的平台。根据医药超市的管理要求，本系统功能目标如下：

❑ 灵活的人机交互界面，操作简单方便、界面简洁美观。
❑ 系统提供中、英文语言，实现国际化。
❑ 药品分类管理，并提供类别统计功能。
❑ 实现各种查询，如条件查询、模糊查询等。

□　提供创建管理员账户及修改口令功能。

□　可对系统销售信息进行统计分析。

□　系统运行稳定、安全可靠。

14.1.2　系统功能模块设计

根据系统的设计思想，医药管理系统划分为四大功能模块，分别为：基础信息管理、进货/需求管理、药品销售管理和系统管理，系统功能模块如图 14-1 所示。

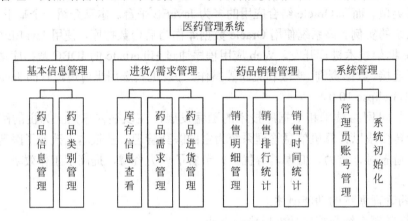

图 14-1　医药管理系统功能模块图

14.2　数据库设计

数据库在一个信息管理系统中占有非常重要的地位，数据库设计（Database Design）是指根据用户的需求，在某一具体的数据库管理系统上，设计数据库的结构和建立数据库的过程。数据库结构设计的好坏直接影响系统执行的效率和系统的可维护性。合理的数据库结构可设计高数据存取的效率、有效降低数据冗余、增强数据的共享性和一致性。

数据库的生命周期主要分为四个阶段：需求分析、逻辑设计、物理设计和实现维护。设计数据库系统时应该了解用户各个方面的需求，包括现有的以及将来可能增加的需求。数据库设计一般包括如下步骤：

□　数据库需求分析；

□　数据库字典设计；

□　数据库逻辑结构设计。

14.2.1　数据库需求分析

用户的数据处理主要体现在各种信息的输入、保存、查询、修改和删除等操作上，这就要求数据库结构能充分满足各种信息处理的要求。

针对本实例特点，经认真调查分析，得到系统的业务流程，如图 14-2 所示。

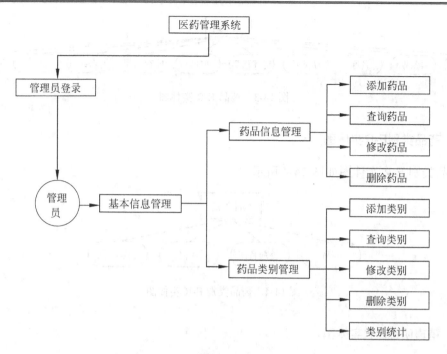

图 14-2　医药管理系统业务流程图

　　根据医药管理系统的特点，设计该系统需要的表空间、用户和表信息。本系统所创建的表空间是 medicinemanager_tbs，创建的用户是 mmu。

　　使用 mmu 用户连接数据库，如下：

```
C:\> CONNECT mmu/medicineuser
已连接。
```

　　通过分析医药管理需求和系统业务流程，设计数据库集和数据项如下。

　　药品表信息：数据项为药品编码、名称、出厂地址、描述信息、单价、库存数量、需求数量、图片和所属类别。

　　药品类别表信息：数据项为类别名称、描述信息和创建时间。

　　销售明细表：数据项为药品名称、销售单价、销售数量、销售时间、药品 id 和用户 id。

　　用户表信息：数据项为用户名、密码和创建时间。

　　有了上面的数据结构、数据项和对业务处理的了解，下面就可以将以上信息录入到数据库中。

14.2.2　数据库逻辑结构设计

　　我们将上一小节规划出的药品、药品类别、销售明细和用户 4 个实体，用 E-R 图的方式描述如下。

1．药品E-R实体图

　　药品 E-R 实体图如图 14-3 所示。

图 14-3　药品 E-R 实体图

2. 药品类别E-R实体图

药品类别 E-R 实体图如图 14-4 所示。

图 14-4　药品类别 E-R 实体图

3. 销售明细E-R实体图

销售明细 E-R 实体图如图 14-5 所示。

图 14-5　销售明细 E-R 实体图

4. 用户E-R实体图

用户 E-R 实体图如图 14-6 所示。

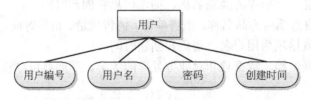

图 14-6　用户 E-R 实体图

然后，把各实体转化为关系表，再根据实体间的联系定义表中的主键，最后得到此系统中数据库各个表的设计情况，如表 14-1～表 14-4 所示。

表 14-1　药品表[Medicine]

字　段	数据类型	能否为空	自增	默认值	备　注
id	NUMBER(8)	√	√	NULL	主键
medNo	VARCHAR2(20)	√			药品编码

续表

字　　段	数据类型	能否为空	自增	默认值	备　　注
name	VARCHAR2(50)	√			名称
factoryAdd	VARCHAR2(200)			NULL	出厂地址
description	VARCHAR2(1000)			NULL	描述信息
price	NUMBER(7,2)	√			单价
medCount	NUMBER(10)			NULL	库存数量
reqCount	NUMBER(10)			NULL	需求数量
photoPath	VARCHAR2(255)			NULL	图片
categoryId	NUMBER(8)			NULL	所属类别

表 14-2　药品类别表[category]

字　　段	数据类型	能否为空	自增	默认值	备　　注
id	NUMBER(8)	√	√	NULL	主键
name	VARCHAR2(100)	√			类别名称
description	VARCHAR2(1000)			NULL	描述信息
createTime	DATE			NULL	创建时间

表 14-3　销售明细表[sellDetail]

字　　段	数据类型	能否为空	自增	默认值	备　　注
id	NUMBER(8)	√	√	NULL	主键
sellName	VARCHAR2(200)	√			药品名称
sellPrice	NUMBER(7,2)	√			销售单价
sellCount	NUMBER(10)	√			销售数量
sellTime	DATE	√			销售时间
medid	NUMBER(8)			NULL	药品 id
userid	NUMBER(8)			NULL	用户 id

表 14-4　用户表[user]

字　　段	数据类型	能否为空	自增	默认值	备　　注
id	NUMBER(8)	√	√	NULL	主键
username	VARCHAR2(50)	√			用户名
password	VARCHAR2(50)	√			密码
createTime	DATE			NULL	创建时间

14.3　数据库实现

　　数据库的逻辑结构设计完毕，下面需要在 Oracle 数据库系统中实现其逻辑结构，创建 mmu 用户方案，并在该用户方案下创建表、约束以及其他数据库对象，如视图、存储过程、触发器等。

14.3.1 创建 mmu 用户

1. 以系统用户system登录

```
C:\> CONNETC system/system;
已连接。
```

2. 创建mmu用户

```
SQL>CREATE USER mmu IDENTIFIED BY medicineuser;
用户已创建。
```

3. 为该用户授予相应权限

```
SQL>GRANT CREATE SESSION,RESOURCE,CREATE VIEW TO mmu;
授权成功。
```

4. 以新用户mmu登录，连接数据库准备执行后面操作

```
SQL> CONNETC mmu / medicineuser;
已连接。
```

14.3.2 创建表、序列和约束

1. 创建数据库表

（1）创建表 medicine（药品表）：

```
SQL>CREATE TABLE medicine(
2    id NUMBER(8) PRIMARYKEY,
3    medNo VARCHAR2(20) NOT NULL,
4    name VARCHAR2(50) NOT NULL,
5    factoryAdd VARCHAR2(200),
6    description VARCHAR2(1000),
7    price NUMBER(7,2) NOTNULL,
8    medCount  NUMBER(10),
9    reqCount  NUMBER(10),
10   photoPath VARCHAR2(255),
11   categoryID NUMBER(8) );

表已创建。
```

（2）创建表 category（药品类别表）：

```
SQL>CREATE TABLE category (
2    id NUMBER(8) PRIMARYKEY,
3    name VARCHAR2(50) NOT NULL,
4    description VARCHAR2(1000),
5    createTime Date);

表已创建。
```

（3）创建表 sellDetail（销售明细表）：

```
SQL>CREATE TABLE sellDetail (
2   id NUMBER(8) PRIMARYKEY,
3   sellName VARCHAR2(200) NOT NULL,
4   sellPrice  NUMBER(7,2) NOT NULL,
5   sellCount NUMBER(10),
6   sellTime  Date,
7   medid  NUMBER(8),
8   userid  NUMBER(8));

表已创建。
```

（4）创建表 user（用户表）：

```
SQL>CREATE TABLE user (
2   id NUMBER(8) PRIMARYKEY,
3   username VARCHAR2(50) NOT NULL,
4   password VARCHAR2(50) NOT NULL,
5   createTime Date);

表已创建。
```

2．创建序列和自增触发器

为上述表分别创建序列和触发器来实现主键自增。其他表的序列和触发器类似 medicine 表，下面以其中创建序列 medicine_seq 和触发器 tr_medicine 实现 medicine 表的主键自增为例，创建过程如下：

```
SQL>CREATE SEQUENCE medicine_seq
2   MINVALUE 1  MAXVALUE 99999999
3   INCREMENT BY 1
4    START WITH 1
5   NOCYCLE NOORDER  NOCACHE;

序列已创建。

SQL>CREATE TRIGGER tr_medicine
2   BEFORE INSERT ON medicine
3   FOR EACH ROW
4   BEGIN
5   SELECT medicine_seq.nextval INTO :NEW.id FROM dual;
6   END;
7   /

触发器已创建。
```

3．创建存储过程

（1）创建向表 medicine 中插入数据的存储过程：

```
SQL>CREATE OR REPLACE PROCEDURE insert_medicine
2   ( id NUMBER,,
3   medNo VARCHAR2,
4   name VARCHAR2,
5   factoryAdd VARCHAR2,
6   description VARCHAR2,
7   price NUMBER,
8   medCount  NUMBER,
```

```
9   reqCount  NUMBER,
10  photoPath VARCHAR2,
11  categoryID NUMBER )
12  AS
13  BEGIN
14   INSERT INTO medicine values
15   (medNo, name, factoryAdd, description, price, medCount,
16   reqCount, photoPath, categoryID);
17  END insert_medicine;
```

过程已创建。

（2）创建修改 medicine 表数据的存储过程：

```
SQL>CREATE OR REPLACE PROCEDURE update_medicine
2   (uid NUMBER,,
3   umedNo VARCHAR2,
4   uname VARCHAR2,
5   ufactoryAdd VARCHAR2,
6   udescription VARCHAR2,
7   uprice NUMBER,
8   umedCount  NUMBER,
9   ureqCount  NUMBER,
10  uphotoPath VARCHAR2,
11  ucategoryID NUMBER )
12  AS
13  BEGIN
14   UPDATE medicine SET id=uid,
15   medNo=umedNo, name=uname,
16   factoryAdd=ufactoryAdd, description=udescription,
17   price=uprice, medCount=umedCount,
18   reqCount=ureqCoun, photoPath=uphotoPath,
19   categoryID=ucategoryID;
20  END update_medicine;
21  /
```

过程已创建。

（3）创建删除 medicine 表数据的存储过程：

```
SQL>CREATE OR REPLACE PROCEDURE delete_medicine
2   ( uid NUMBER)
3   AS
4   BEGIN
5   DELETE FROM medicine WHERE id=uid;
6   END delete_medicine;
```

过程已创建。

14.4　系统功能设计

后台数据库的基本结构已经创建完成，下面介绍系统功能结构设计内容。

14.4.1　逻辑分层结构设计

医药管理系统由 4 层结构组成，并遵循 MVC 结构进行设计。4 层结构分别为表示层、业务逻辑层、持久层与数据库层，如图 14-7 所示。

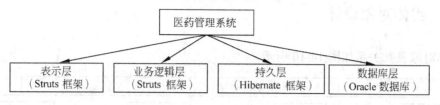

图 14-7　系统逻辑分层

其中，表示层与业务逻辑层均由 Struts 框架组成，表示层用于提供程序与用户交互的页面，项目中主要通过 JSP、ActionForm 及 Struts 标签库进行展现；业务逻辑层用于处理程序中的各种业务逻辑，项目中通过 Struts 框架的中央控制器及 Action 对象对业务请求进行处理；持久层由 Hibernate 框架组成，负责应用程序与关系型数据库之间的操作；数据库层为应用程序所使用的数据库，本系统使用的是 Oracle 数据库。对于 4 层结构的具体实现如图 14-8 所示。

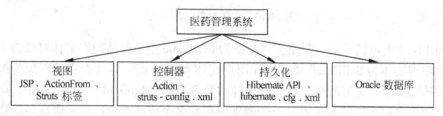

图 14-8　逻辑分层具体实现

14.4.2　系统文件组织结构

在 MyEclipse 开发工具中创建 Web 应用 MedicineManager，在该应用的 WEB-INF/lib 文件夹下，添加 Oracle 的 JAR 驱动包；在 src 目录下新建 util 包、dao 包、persistence 包和 struts 包，分别用来存放连接数据库的类、数据库操作类、持久层框架类和 struts 框架类。文件组织结构如图 14-9 所示。

图 14-9　医药管理系统的文件组织结构

14.4.3　实体对象设计

实体对象及其关系如图 14-10 所示。

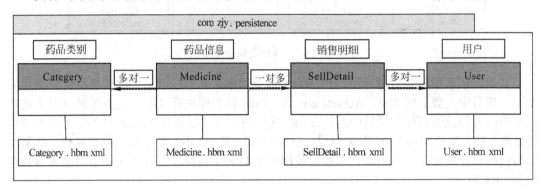

图 14-10　实体对象及其关系

从图 14-10 中可以看到，药品实体对象为 Medicine 类，药品类别实体对象为 Gategory 类，销售明细实体为 SellDetail 类，操作用户实体为 User 类，这 4 个实体对象为医药管理系统中的核心实体，它们所对应的映射文件均为"类名+.hbm.xml"文件。其中，药品信息与药品类别为多对一的关联关系，一个类别中包含多个药品对象；药品信息与销售明细为一对多的关联关系，多个销售明细对应一个药品对象；销售明细与用户之间为多对多的关联关系，多个销售明细信息对应多个操作用户。

14.4.4　定义 ActionForm

ActionForm 是简单的 JavaBean，主要用来保存用户所输入的表单数据，Action 要获取这些数据需要通过 ActionForm 对象进行传递。ActionForm 对表单的数据进行了封装，在 JSP 页面与 Action 对象中提供了交互访问的方法。在使用过程中，可通过继承 org.apache.struts.action.ActionForm 对象来创建需要的 ActionForm 对象，项目中所涉及的 ActionForm 对象如图 14-11 所示。

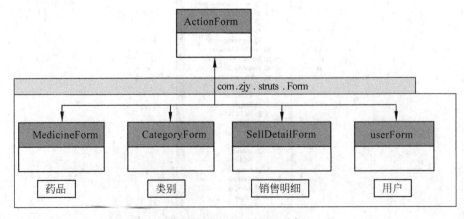

图 14-11　ActionForm 对象

14.4.5　持久层结构设计

持久层结构通过 Hibernate 框架进行设计。由于 Hibernate 对不同对象的增、删、改、查操作具有一定的共性，如添加数据使用 save()方法、删除数据使用 delete()方法等。项目中这些具有共性的操作被抽取出来，封装成一个类，其他数据库操作对象可继承此类来拥有这些方法，从而减少程序中的多余代码。

SupperDao 类为所有数据库操作对象的父类，在此类中定义了对数据库进行操作的常用方法，具体方法及说明如表 14-5 所示。

表 14-5　数据库类方法表

方　　法	说　　明
save()	用于保存一个对象
saveOrUpdate()	用于保存或更新一个对象
delete(Object obj)	用于删除一个对象，入口参数为 Object 类型
findByHQL()	通过 HQL 语句查询数据，入口参数为 String 类型的 HQL 语句
deleteByHQL()	通过 HQL 语句删除数据，入口参数为 String 类型的 HQL 语句
uniqueResult()	单值检索数据，入口参数 hql 为 HQL 查询语句、where 为查询条件
findPaging()	分页查询数据，入口参数 hql 为 HQL 查询语句、offset 为结果集的起始位置、length 为返回集的条目数、where 为查询条件

这些方法均为数据库操作的常用方法，所以将其封装在单独的一个类中，对于各个对象的数据库相关操作，可通过继承此类来获取这些常用方法。其子类对象有 CategoryDao 类、MedicineDao 类、SellDao 类和 UserDao 类，其功能说明如下。

❑ CategoryDao 类：药品类别数据库操作对象，用于封装与药品类别相关的数据库操作方法。

❑ MedicineDao 类：药品信息数据库操作对象，用于封装与药品信息相关的数据库操作方法。

❑ SellDao 类：药品销售数据库操作对象，用于封装与药品销售相关的数据库操作方法。

❑ UserDao 类：用户数据库操作对象，用于封装与管理员及系统相关的数据库操作方法。

14.4.6　业务层结构设计

业务层结构主要通过 Struts 框架进行设计，由 Struts 的中央控制器对各种操作请求进行控制，并通过相应的 Action 对其进行业务处理。

Action、DispatchAction 与 LookUpDispatchAction 为 Struts 封装的 Action 对象，具有不同的特点及作用，项目中通过继承这几个对象实现对不同业务请求的处理。除了这 3 个对象外，其余的 Action 对象均为自定义的 Action 对象。

在这些自定义的 Action 对象中，LanguageAction 与 LoginAction 用于处理国际化语言及用户登录操作。由于二者不涉及过多的业务逻辑，因此它们都直接继承于 Action 对象。

　　BaseAction 对象与 DeleteAction 对象为重要的 Action 对象，二者都继承了 DispatchAction 对象。项目中封装这两个对象的目的在于简化程序中的业务逻辑、提高程序的安全性。在这两个对象中均对用户的登录身份作出了严格的验证，其子类对象通过继承不必再考虑用户登录的安全问题，而更专注于业务逻辑，同时通过继承还可以减少程序的代码量。其中 BaseAction 对象的子类及作用如表 14-6 所示。

表 14-6　BaseAction对象的子类及其作用

子　　类	作　　用
SellAction	封装药品销售的相关操作，处理封装药品销售请求
SystemAction	封装系统相关操作，处理系统级的请求
CategoryAction	封装药品类别相关操作，处理药品类别相关请求
MedicineAction	封装药品信息相关操作，处理封装药品信息的相关请求
RequireAction	封装药品需求及库存相关操作，处理药品需求相关请求

　　DeleteAction 对象继承了 LookUpDispatchAction 对象，此类通过重写 getKeyMethodMap()方法对数据进行批量删除操作，其子类对象及作用如表 14-7 所示。

表 14-7　DeleteAction对象的子类及其作用

子　　类	作　　用
DeleteMedicineAction	封装药品信息删除操作，用于批量删除药品信息
DeleteReqMedAction	封装药品需求信息删除操作，用于批量删除药品需求信息

14.4.7　页面结构设计

　　医药管理系统的页面结构采用框架进行设计，通过 HTML 语言中的<frameset>标签及<frame>标签，将页面分成 3 个部分，分别为页面头部、页面导航及内容页面，如图 14-12 所示。

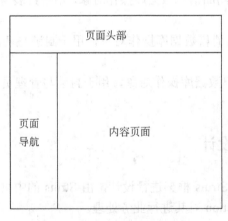

图 14-12　页面布局

　　此种布局方式将每一个页面单独置于一个框架之中，其中"页面头部"与"页面导航"在登录之后是固定不变的，对于用户的操作将在"内容页面"显示结果。使用这种方式的优点有：

（1）避免了 JSP 页面中大量引用<include>动作标签。

（2）避免浏览器反复加载"页面头部"及"页面导航"等同样的内容，加快浏览器读取速度。

14.5　系统功能实现

下面将使用 MyEclipse 10.0 开发工具实现医药管理系统应用程序的开发，软件运行环境为 JDK1.7+Tomcat 7.0，其运行平台为 Windows 7 操作系统和 IE 7.0 浏览器。因 Java 程序的跨平台性，当然本系统也可容易地移植到 Linux 平台运行。

14.5.1　创建 Web 项目——MedicineManager

启动 MyEclipse 10.0 后，单击 File→New→Web Project 菜单，将该项目命名为 MedicineManager，如图 14-13 所示。

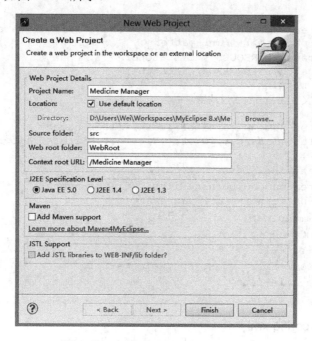

图 14-13　新建项目 MedicineManager

14.5.2　配置文件

1．配置web.xml

web.xml 文件是 Web 项目的配置文件，在医药管理系统中，此文件需要配置 Struts 框架、JFreeChart 组件和过滤器等信息。

```
…
<servlet-mapping>
        <servlet-name>action</servlet-name>
        <url-pattern>*.do</url-pattern>
    </servlet-mapping>
    <!-- JfreeChart 配置 -->
    <servlet>
        <servlet-name>DisplayChart</servlet-name>
        <servlet-class>org.jfree.chart.servlet.DisplayChart</servlet-class>
    </servlet>
    <servlet-mapping>
        <servlet-name>DisplayChart</servlet-name>
        <url-pattern>/DisplayChart</url-pattern>
    </servlet-mapping>
    <!-- 字符编码过滤器 -->
    <filter>
        <filter-name>CharacterEncodingFilter</filter-name>
        <filter-class>com.fw.util.CharacterEncodingFilter</filter-class>
        <init-param>
            <param-name>encoding</param-name>
            <param-value>GBK</param-value>
        </init-param>
    </filter>
    <filter-mapping>
        <filter-name>CharacterEncodingFilter</filter-name>
        <url-pattern>/*</url-pattern>
        <dispatcher>REQUEST</dispatcher>
        <dispatcher>FORWARD</dispatcher>
    </filter-mapping>
    <!-- 自定义 Hibernate 过滤器 -->
    <filter>
        <filter-name>HibernateFilter</filter-name>
        <filter-class>com.fw.util.HibernateFilter</filter-class>
    </filter>
    <filter-mapping>
        <filter-name>HibernateFilter</filter-name>
        <url-pattern>/*</url-pattern>
    </filter-mapping>
    <!-- 首页文件 -->
    <welcome-file-list>
        <welcome-file>index.jsp</welcome-file>
    </welcome-file-list>
</web-app>
```

2．配置struts-config.xml

Struts 框架实现了 MVC 模式，web.xml 和 struts-config.xml 文件是其两个重要的配置文件，其中 web.xml 文件实现了 Struts 的初始化加载，而 struts-config.xml 是它的核心配置文件。struts-config.xml 所做的工作比较多，包括 ActionForm 对象的定义、用户请求和 Action之间的映射、异常处理等重要的配置。

```
…
<struts-config>
  <!-- 注册 ActionForm -->
  <form-beans>
    <form-bean name="userForm" type="com..struts.form.UserForm"/>
    <form-bean name="medForm" type="com..struts.form.MedicineForm"/>
```

```xml
    <form-bean name="categoryForm" type="com..struts.form.CategoryForm"/>
    <form-bean name="sellDetailForm" type="com..struts.form.
    SellDetailForm"/>
  </form-beans>
<global-exceptions />
<!-- 全局跳转 -->
<global-forwards>
    <forward name="login" path="/login.jsp" redirect="true"/>
    <forward name="buy" path="/sell/sell.do?command=add"/>
    <forward name="error" path="/error.jsp"/>
    <forward name="manage" path="/manager.jsp"/>
</global-forwards>
<action-mappings>
    <!-- 用户登录 -->
    <action path="/login"
          type="com..struts.action.LoginAction"
          name="userForm"
          scope="request">
      <forward name="loginFail" path="/login.jsp"/>
    </action>
    <!-- 语言选择 -->
    <action path="/language"
          type="com..struts.action.LanguageAction"
          scope="request" />
    <!-- 类别 -->
    <action path="/baseData/category"
          type="com..struts.action.CategoryAction"
          name="categoryForm"
          scope="request"
          parameter="command">
      <forward name="paging" path="/baseData/category.do?
      command=paging" />
      <forward name="findAllSuccess" path="/baseData/category_list.jsp"
/>
      <forward name="edit" path="/baseData/category_add.jsp" />
      <forward name="categoryGraph" path="/baseData/category_graph.jsp"
/>
    </action>
    <!-- 药品 -->
    <action path="/baseData/med"
          type="com..struts.action.MedicineAction"
          name="medForm"
          scope="request"
          parameter="command">
      <forward name="addSuccess" path="/baseData/med.do?command=paging"
/>
      <forward name="findAllSuccess" path="/baseData/med_list.jsp" />
      <forward name="view" path="/baseData/med_view.jsp" />
      <forward name="add" path="/baseData/med_add.jsp" />
      <forward name="medUpdate" path="/baseData/med_update.jsp" />
      <forward name="medSave" path="/baseData/med_save.jsp" />
      <forward name="canSellMeds" path="/baseData/med_sell.jsp" />
    </action>
    <!-- 删除药品信息 -->
    <action path="/baseData/deleteMedicineAction"
          type="com..struts.action.DeleteMedicineAction"
          parameter="command">
      <forward name="findAllSuccess" path="/baseData/med.do?command=
      paging" />
    </action>
```

```
    <!-- 药品需求 -->
    <action path="/require/require"
            type="com..struts.action.RequireAction"
            name="medForm"
            scope="request"
            parameter="command">
        <forward name="addSuccess" path="/require/require.do?command=
        paging" />
        <forward name="findAllSuccess" path="/require/req_list.jsp" />
        <forward name="medUpdate" path="/require/req_update.jsp" />
        <forward name="medSave" path="/require/req_save.jsp" />
        <forward name="add" path="/require/req_add.jsp" />
        <forward name="view" path="/baseData/med_view.jsp" />
    </action>
…
```

3．配置hibernate.cfg.xml

hibernate.cfg.xml 文件是 Hibernate 的配置文件。在项目中，此文件配置了数据库的方言、数据库连接信息、自动建表属性和打印 SQL 语句等属性。

```
<hibernate-configuration>
<session-factory>
    <!-- Hibernate 方言 -->
    <property
    name="dialect">org.hibernate.dialect.Oracle9Dialect</property>
    <!-- 数据库连接 -->
    <property
    name="connection.url">jdbc:oracle:thin:@nuist:1521:orcl</property>
    <!-- 用户名 -->
    <property name="connection.username">mmu</property>
    <!-- 密码 -->
    <property name="connection.password"> medicineuser</property>
    <!-- 驱动 -->
    <property
    name="connection.driver_class">oracle.jdbc.OracleDriver</property>
    <!-- 自动建表 -->
    <property name="hibernate.hbm2ddl.auto">update</property>
    <!-- 显示 SQL 语句 -->
    <property name="show_sql">true</property>
    <!-- 映射文件 -->
    <property name="myeclipse.connection.profile">fw</property>
    <mapping resource="com//persistence/Medicine.hbm.xml" />
    <mapping resource="com//persistence/Category.hbm.xml" />
    <mapping resource="com//persistence/SellDetail.hbm.xml" />
    <mapping resource="com//persistence/User.hbm.xml" />
</session-factory>
</hibernate-configuration>
```

14.5.3　实体及映射

1．药品实体映射

药品实体对象的持久化类为 Medicine 类，此类封装了药品的相关属性并提供相应的 getXXX()与 setXXX()方法。

（代码位置：MedicineManage\src\com\fw\persistence\Medicine.java）

药品对象与药品类别对象为多对一的关联关系，所以在 Medicine 类中加入了药品类别属性 category，其关联关系通过映射文件 Medicine.hbm.xml 进行映射。

```xml
<hibernate-mapping package="com.fw.persistence">
    <class name="Medicine" table="tb_medicine">
        <!-- 主键 -->
        <id name="id">
            <generator class="native"/>
        </id>
        <property name="medNo" length="100" not-null="true" unique=
"true"/>
        <property name="name" not-null="true" length="200" />
        <property name="factoryAdd" length="200"/>
        <property name="description" type="text"/>
        <property name="price" not-null="true"/>
        <property name="medCount"/>
        <property name="reqCount"/>
        <property name="photoPath"/>
        <!-- 与药品类别的多对一关系 -->
        <many-to-one name="category" column="categoryId" cascade=
"save-update"/>
    </class>
</hibernate-mapping>
```

映射文件 Medicine.hbm.xml 将实体对象 Medicine 映射为 tb_medicine 表，主键的生成策略采用自动生成方式。此映射文件中，对于数据表的部分字段还通过 not-null、length 和 unique 等属性映射字段的属性，其中 not-null 用于映射字段的非空属性、length 用于映射字段的长度、unique 用于映射字段是否唯一。

2．药品类别实体映射

药品类别实体用于封装药品类别属性信息，其持久化类为 Category 类，与药品对象存在一对多的关联关系。

（代码位置：MedicineManage\src\com\fw\persistence\Category.java）

药品对象与药品类别对象为多对一的关联关系，但从药品类别一端来看，药品类别对象与药品对象又是一对多的关系，所以程序中采用了多对一双向关联进行映射。药品类别实体对象的映射文件为 Category.hbm.xml。

（代码位置：MedicineManage\src\com\fw\persistence\Category.hbm.xml）

Category 类所映射的数据表为 tb_category，其中<set>标签用于映射药品类别实体与药品实体间的一对多关联关系，此种映射方式将在药品数据库表中添加 categoryId 字段。

3．销售明细实体映射

销售明细用于描述药品销售时的具体情况，如销售时间、销售人员、销售数量等。这些信息十分重要，需要记录到数据库中，实例中将其封装在 SellDetail 类。

（代码位置：MedicineManage\src\com\fw\persistence\SellDetail.java）

为了方便查看销售明细的总额信息，在 SellDetail 类中加入了 sellTotal 属性，此属性并不进行数据表的映射，它只有一个与之对应的 get()方法，在此方法中通过单价与数量的运算对 sellTotal 进行赋值，并将其返回。

销售明细实体的映射文件为 SellDetail.hbm.xml，此映射文件中映射了两个多对一的关联关系，分别为与药品对象的多对一关系及与操作用户间的多对一关系。

（代码位置：MedicineManage\src\com\fw\persistence\SellDetail.hbm.xml）

销售明细实体映射的数据表为 tb_selldetail。在映射文件 SellDetail.hbm.xml 中，通过两个<many-to-one>标签分别映射与药品对象及操作用户的多对一关联关系，并设置了级联操作类型为 save-update。

4．用户实体映射

在医药管理系统中，用户实体用于封装管理员的基本信息，如登录的用户名、密码等属性，其类名为 User。

（代码位置：MedicineManage\src\com\fw\persistence\User.java）

User 类中属性相对较少，其映射过程也相对简单。其映射文件为 User.hbm.xml。

（代码位置：MedicineManage\src\com\fw\persistence\User.hbm.xml）

14.5.4　公共类设计

1．Hibernate过滤器

在没有使用 Spring 管理 Hibernate 的情况下，对 Hibernate 的管理仍然存在一定的难度，特别是在 J2EE 开发中，线程安全、SessionFactory 对象、Session 对象、Hibernate 缓存及延迟加载等是程序设计中的难题，管理不当将会对程序造成极为严重的影响。在医药管理系统中，将 SessionFactory 对象、Session 对象置于过滤器中，由过滤器对其进行管理，从而解决了这些问题。

在 Web 项目中，以普通方式使用 Hibernate 将无法解决 Hibernate 延迟加载。当有一个业务请求查询数据时，首先要开启 Session 对象，然后 Hibernate 对数据进行查询，再关闭 Session 对象，最后通过 JSP 页面来显示数据。在这一过程中，如果查询数据时使用了延迟加载，当 JSP 页面显示数据信息时，Hibernate 将抛出异常信息，因为这时 Session 已经关闭，Hibernate 不能再对数据进行操作。

通过过滤器管理 Hibernate 的 Session 对象则可以避免此问题。

在 Web 容器启动时，过滤器被初始化，它将执行 init()方法，在后续的操作中不会再次被执行；而当容器关闭时，过滤器将执行 destroy()方法。这两个方法恰好符合 SessionFactory 对象的生命周期，在运行期间只执行一次操作，可用于实例化及销毁 SessionFactory 对象。对于 Session 对象的关闭操作，可以在业务逻辑处理结束后、response 请求转发到 View 层（JSP 页面）之前进行。项目将封装在 HibernateFilter 类中，此类继承了 Filter 类，它是一个过滤器。

（代码位置：MedicineManage\src\com\fw\util\HibernateFilter.java）

为了保证线程的安全性，项目中将 Session 对象存放于 ThreadLocal 对象中，当用到一个 Session 对象时，首先从 ThreadLocal 中获取，在无法获取的情况下才会开启一个新的 Session 对象。同时，为了保证 Session 对象能在 response 请求转发到 View 层之前被关闭，项目中使用了 try…finally 语句对 Session 进行关闭。

2. SuperDao类

SuperDao 类为项目中所有数据库操作类的父类，此类中封装了数据库操作的常用方法。在此类中，由于 Hibernate 对数据的操作都需要用到 Session 接口，类中定义了一个 protected 类型的 Session 对象，为其子类提供方便。

save()方法及 saveOrUpdate()方法都用于保存一个对象，其入口参数均为 Object 类型。其中 saveOrUpdate()方法比 save()方法更智能一些，可以根据实体对象中的标识值来判断保存还是更新操作。SuperDao 类中使用这两个方法对实体对象进行保存及更新操作。

（代码位置：MedicineManage\src\com\fw\dao\SuperDao.java）

删除操作的方法为 delete()，入口参数为 Object 类型，此方法通过 Session 接口的 delete() 方法进行实现。

SuperDao 类为项目中所有数据库操作类的父类，在设计时应当考虑全面。Hibernate 的 HQL 查询语言提供了更为灵活的查询方式，在这个超类之中应该加入 HQL 的操作方法，其中 findByHQL()方法用于根据指定的 HQL 查询语句查询结果集，deleteByHQL()方法用于根据指定的 HQL 查询语句进行删除操作。

Hibernate 单值检索在查询后返回单个对象，当返回的结果包含多条数据时，Hibernate 将抛出异常。此种操作可用于查询单条数据，如聚合函数 count()等。在 SuperDao 类中，单值检索的方法为 uniqueResult()。

此方法的入口参数为 HQL 查询语句及查询条件，其中查询条件为 Object[]数组类型，用于装载查询语句中的参数。

分页查询在程序开发中经常看到，不但方便查看，还可以减少结果集的返回数量，提高数据访问效率。使用 Hibernate 的分页查询方法极为简单，只需要传入几个参数即可，但在 SuperDao 类中对其进行了扩展，加入了 HQL 语句的动态赋值，其方法名为 findPaging()。

此方法的入口参数有 4 个，其中参数 hql 为 HQL 查询语句，它允许传入参数中带有占位符 "？" 的 HQL 语句；参数 offset 为查询结果集对象的起始位置；参数 length 为查询结果的偏移量，也就是返回数据的条目数；参数 where 为查询条件，属于 Object[]数据类型，用于装载 HQL 语句中的参数。通过上述这几个参数基本可以满足项目中所有的分页查询，当然遇到特殊情况时，可以通过子类对象重写此方法。

3. BaseAction类

BaseAction 类是业务层，有一个超类对象，它继承了 Struts 的 DispatchAction 类，同时还为子类对象提供了公用方法。此类首先定义了 3 个 protected 类型的分量，分别用于设置每页的记录数、本地语言信息及国际化消息资源。

（代码位置：MedicineManage\src\com\fw\action\BaseAction.java）

Struts 的 DispatchAction 类继承了 Action 类，此类在处理请求时首先要执行 execute()

方法，然后通过控制器再转发到相应的方法进行业务处理。根据这一分析，可以在 execute() 方法中对用户的身份作出验证。

如果对系统中涉及的 Action 均编写一个验证方法，则程序代码的重复性太高，不能体现出面向对象的设计模式，所以需要将其单独封装在 BaseAction 类中，此类通过重写 Action 类的 execute() 方法对用户身份进行验证。

由于分页查询的应用比较多，所以在业务层将其封装在 BaseAction 类中，通过 getPage() 方法进行实现，子类对象可以通过继承来获取此方法。getPage() 方法返回一个 Map 集合对象，该集合用于装载结果集及分页条。其中，结果集对象为一页中的所有数据集合，它是一个 List 对象；分页条为分页查询后在 JSP 页面所显示的分页信息，如记录数、页码、上一页及下一页的超链接等，它是一个 String 类型的字符串。

getPage() 方法的入口参数有 4 个，其中参数 hql 为分页查询的 HQL 语句，此语句不可以包括 select 子句，它从 from 子句开始，可以传入带有占位符的 HQL，但需要通过查询条件参数 where 传递占位符的值，当 HQL 语句没有参数时，where 参数可以设置为 null；参数 recPerPage 为每一页的记录数；currPage 为当前的页码；action 为分页所请求的 Action 地址。getPage() 方法提供这些参数的目的在于提高程序代码的重用性，因为在医药管理系统中，通过这些参数，getPage() 方法已满足所有的分页查询，用到分页查询的地方都调用了此方法。此外，在其他项目中此方法的重用价值也是非常高的。

4．DeleteAction类

公共类 DeleteAction 主要用于对项目中 LookUpDispatchAction 的请求进行处理。它继承了 LookUpDispatchAction 类，重写了 execute() 方法对用户的身份作出验证，当用户身份验证失败时将进行错误处理；同时，此类还重写了 LookUpDispatchAction 类中的 getKeyMethodMap() 方法，添加了两个按钮对象的 key。

（代码位置：MedicineManage\src\com\fw\action\DeleteAction.java）

5．字符串工具类

在一个 Web 项目中，字符串是经常被操作的对象。为了简化程序的代码及提高程序的可读性，对于经常用到的字符串处理方法，可以封装在一个字符串工具类中对其进行操作。

在医药管理系统中，封装了一个名为 StringUtil 的字符串工具类，用于对字符的特殊处理。此类中均为静态方法。

（代码位置：MedicineManage\src\com\fw\util\StringUtil.java）

在 HQL 语句中，arr2Str() 方法用于将数组转换为字符串，可以将 JSP 表单传递 id 值转换为此种方法；encodeURL() 方法可对字符串进行 URL 编码，主要用于对含有中文的超链接进行处理；encodeZh() 方法用于对字符中的中文乱码进行处理。

14.5.5　系统登录模块设计

系统登录是一个对用户身份验证的过程，只有登录成功的用户才可以对系统进行操作，否则不能对系统进行管理维护。

1．查询用户

创建名为 **UserDao** 的类，封装对用户及系统级的数据操作。在此类中编写 login()方法，用于根据用户名及密码查询用户对象。

```java
// 代码位置：MedicineManage\src\com\fw\dao\UserDao.java
…
public User login(String userName, String password)
{
    User user = null;
    try
    {
        session = HibernateFilter.getSession(); // 获取 Session 对象
        session.beginTransaction(); // 开启事务
        // HQL 查询语句
        String hql = "from User u where u.username=? and u.password=?";
        Query query = session.createQuery(hql) // 创建 Query 对象
                .setParameter(0, userName)// 动态赋值
                .setParameter(1, password);// 动态赋值
        user = (User) query.uniqueResult(); // 返回 User 对象
        session.getTransaction().commit(); // 提交事务
    } catch (Exception e)
    {
        e.printStackTrace(); // 打印异常信息
        session.getTransaction().rollback(); // 回滚事务
    }
    return user;
}

// 根据 id 查询用户
public User loadUser(int id)
{
    User user = null;
    try
    {
        session = HibernateFilter.getSession(); // 获取 Session 对象
        session.beginTransaction(); // 开启事务
        // 根据 id 加载用户
        user = (User) session.load(User.class, new Integer(id));
        session.getTransaction().commit(); // 提交事务
    } catch (Exception e)
    {
        e.printStackTrace(); // 打印异常信息
        session.getTransaction().rollback(); // 回滚事务
    }
    return user;
}
```

在用户的登录过程中，需要判断数据库用户对象是否存在，当用户提交登录信息时，调用此方法可返回查询后的用户对象，如果查询不到将返回 null 值。

2．登录请求

用户登录请求由 LoginAction 类进行处理，此类继承了 Action 对象，它重写 execute()方法对用户登录请求进行验证。

（代码位置：MedicineManage\src\com\fw\action\LoginAction.java）

UserForm 对象为用户 ActionForm 对象，Struts 自动将 JSP 页面表单信息封装在此对象中，所以可以直接获取 ActionForm 对象中的属性信息。LoginAction 类通过 UserForm 中的用户名及密码属性，调用 UserDao 对象中的 login()方法对用户信息进行查询，如果数据库中存在与之匹配的数据，则登录成功，否则登录失败。

3．登录页面

在 Web 文件夹的根目录中创建 login.jsp 文件，即系统中的用户登录页面，在其中放置用户登录的表单。

（代码位置：MedicineManage\WebRoot\login.jsp）

在此页面中，首先通过<login:notEmpty>标签判断是否存在 error 值（代表错误信息），如果存在即表示用户登录发生错误，将在登录页面显示错误信息。Login.jsp 页面运行结果如图 14-14 所示。

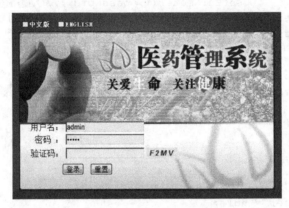

图 14-14　登录界面

14.5.6　药品类别信息管理

药品超市经营的药品众多，为方便查看和统计，需要对其进行分类。药品类别信息管理模块主要是对药品类别信息进行统一管理，其中包括对药品类别的添加、查看和统计等操作。

1．药品类别持久层设计

CategoryDao 类是药品类别的数据库操作类，它继承了 SupperDao 类，提供对药品类别的数据库操作方法。其中 loadGategory()方法用于查询指定 id 的药品类别信息，其入口参数为 int 型药品 id。

```
// 代码位置：MedicineManage\src\com\fw\dao\CategoryDao.java
public class CategoryDao extends SupperDao
{
    // 根据 id 查询类别
```

```
    public Category loadCategory(int id)
    {
        Category c = null;
        try
        {
            session = HibernateFilter.getSession();
            session.beginTransaction(); // 开启事务
            c = (Category) session.load(Category.class, new Integer(id));//
加载类别信息
            session.getTransaction().commit(); // 提交
        } catch (Exception e)
        {
            e.printStackTrace();
            session.getTransaction().rollback(); // 回滚
        }
        return c;
    }

    //查询所有类别
    public List findAllCategory()
    {
        List list = null;
        try
        {
            session = HibernateFilter.getSession();
            session.beginTransaction();
            list = session.createQuery("from Category c").list();// 创建
Query 对象
            session.getTransaction().commit();
        }
        catch (Exception e)
        {
            e.printStackTrace();
            session.getTransaction().rollback();
        }
        return list;
    }

//统计药品类别及数量
    public List findCategoryAndCount()
    {
        List list = null;
        try
        {
            session = HibernateFilter.getSession();
            session.beginTransaction();
            String hql = "select c.name,count(*) from Medicine m join
m.category c group by c";// 内连接查询语句
            list = session.createQuery(hql).list();
            session.getTransaction().commit();
        } catch (Exception e)
        {
            e.printStackTrace();
            session.getTransaction().rollback();
        }
        return list;
    }
}
```

在添加药品信息时，需要添加与之对应的类别信息，所以还需要提供一个查询所有药品类别信息的方法——findAllGategory()。

为方便药品类别数据的统计，项目中对药品类别中药品的数量进行统计的操作被定义在 findCategoryAndCount() 方法中，由 HQL 语句的内连接查询来实现。findCategoryAndCount()方法中的 hql 属性为内连接查询语句，可对药品数量按药品类别进行分组统计，查询后返回其结果集对象。

2. 药品类别的添加

药品类别的添加是指将药品类别信息写入数据库，实现过程如下。

（1）类别添加、修改请求处理

项目中将药品类别的相关请求封装在 CategoryAction 类中，此类继承了 BaseAction 对象，所以在对类别信息进行处理时，不必考虑用户是否登录的安全问题。此类中处理添加类别信息请求的方法为 add()，由于 CategoryAction 类是一个 DispatchAction 对象，所以当请求的参数为 add 时，将用此方法进行处理。

（代码位置：MedicineManage\src\com\fw\action\CategoryAction.java）

此方法调用了 CategoryDao 对象的 saveOrUpdate()方法，所以药品类别信息的添加与修改操作均可通过此方法来实现；当所传递的 CategoryForm 对象含有 id 值时，则进行修改操作。

（2）类别添加页面

类别添加页面即 category_add.jsp 文件，此页面中主要放置了类别添加的表单。

（代码位置：MedicineManage\WebRoot\basedata\category_add.jsp）

此页面中使用 Struts 的<html:hidden>标签设置药品类别的 id 值，如果此属性不为空，则意味着操作为修改操作。类别添加页面运行结果如图 14-15 所示。

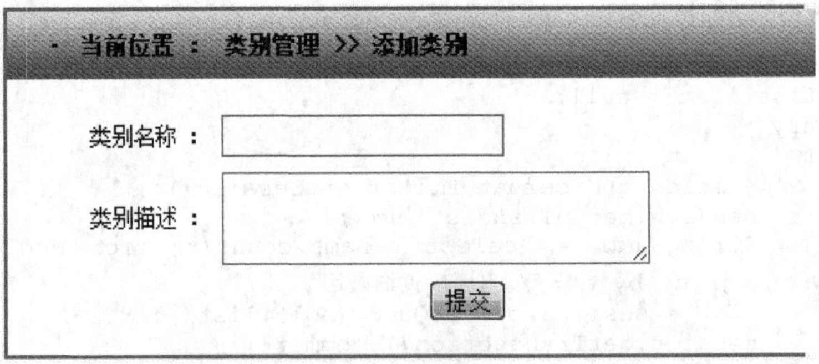

图 14-15　添加类别界面

3. 分页查看类别信息

在添加药品信息后，系统将跳转到类别信息列表页面。在此页面中将对类别信息进行分页显示，此外还提供了药品类别修改与删除的超链接，如图 14-16 所示。

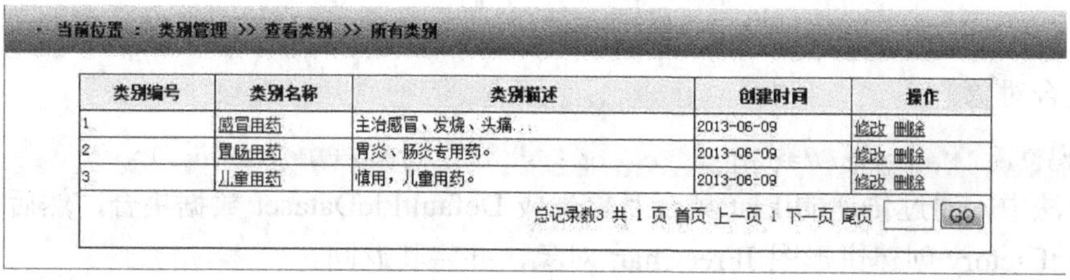

类别编号	类别名称	类别描述	创建时间	操作
1	感冒用药	主治感冒、发烧、头痛...	2013-06-09	修改 删除
2	胃肠用药	胃炎、肠炎专用药。	2013-06-09	修改 删除
3	儿童用药	慎用，儿童用药。	2013-06-09	修改 删除

总记录数3 共 1 页 首页 上一页 1 下一页 尾页 ☐ GO

图 14-16 所有类别界面

4．查询与删除请求处理

在 GategoryAction 类中，药品类别信息的分页查询方法为 paging()，由于此类继承于 BaseAction 类，所以调用父类中的 getPage()方法就可以实现。它将返回结果集与分页条对象。

（代码位置：MedicineManage\src\com\fw\action\CategoryAction.java）

在此方法中，currPage 属性为请求的页码；action 对象为 JSP 页面所请求的 action 地址；hql 为查询语句，由于它不含有占位符参数，所以 getPage()方法的条件参数设置为 null。

5．类别信息列表页面

category_list.jsp 是类别信息列表页面，在此页面中使用 Struts 的标签对药品类别信息进行迭代输出。

（代码位置：MedicineManage\WebRoot\basedata\category_list.jsp）

category_list.jsp 页面中的"修改"与"删除"超链接使用 Struts 的<html:link>标签进行设置，此标签的功能十分强大，它可以设置超链接中的参数。项目中使用的 paramName 属性用于设置所迭代的对象，paramId 属性用于设置参数的名称，paramProperty 属性用于设置参数值，href 属性用于指定链接地址。

6．类别的修改与删除

在 GategoryAction 类中，类别的修改与删除相对简单一些，其中处理删除类别请求的方法为 delete()，可根据指定的药品类别 id 删除药品类别对象。处理修改类别信息请求的方法为 edit()，此方法通过类别 id 加载药品类别对象，将类别信息保存到 GategoryForm 对象中，最后转发到编辑页面。此方法在加载类别信息后，会将页面转到类别添加页面，因为类别添加请求处理的方法调用了 Hibernate 的 saveOrUpdate()方法，所以会对其进行自动更新。

7．药品类别统计

为了方便查看与管理药品统计信息，项目中使用了报表组建 JFreeChart 对药品分类进行统计。其实现过程如下。

（1）JFreeChart 工具类

创建名为 ChartUtil 的类（一个自定义的制图工具类），用于生成制图对象 JFreeChart。

其中 categoryChart()方法用于生成药品类别统计的饼形图对象，其入口参数为装载结果集的 List 集合对象。

（代码位置：MedicineManage\src\com\fw\util\ChartUtil.java）

此方法中，通过传递的 List 集合对象生成 DefaultPieDataset 数据集合，然后使用制图工厂 ChartFactory 创建饼形图 JFreeChart 对象，并将其返回。

（2）Action 请求处理

药品类别统计请求由 CategoryAction 类的 findCategoryAndCound()方法进行处理，此方法首先通过 CategoryDao 对象统计药品类别信息，获取结果集对象后，通过 ChartUtil 类的 categoryChart()方法生成制图对象，最后将生成的图片路径放置到 request 中。

（代码位置：MedicineManage\src\com\fw\action\CategoryAction.java）

（3）显示报表

药品类别统计信息通过 category_graph.jsp 页面进行显示，此页面通过<bean:write>标签获取所生成图片的路径。

（代码位置：MedicineManage\WebRoot\basedata\category_graph.jsp）

为避免指针错误，category_graph.jsp 页面使用<logic:notEmpty>标签判断所生成的图片路径是否存在，其运行结果如图 14-17 所示。

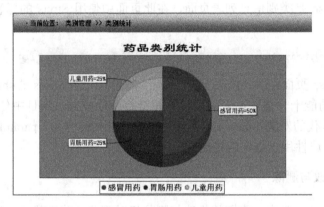

图 14-17　类别统计页面

14.5.7　药品信息管理

药品信息管理主要是对药品基本信息的维护，其中包括对药品信息的添加、删除和查询等操作。

1. 药品对象持久层设计

MedicineDao 类是药品对象的数据库操作类，它继承了 SupperDao 类。此类主要包含 3 个方法，分别为 loadMedicine()、loadMedicineAndCategory()和 findMedicineByMedNo()。其中，loadMedicine()方法与 findMedicineByMedNo()方法用于根据药品 id 及药品编码查询药品信息；loadMedicineAndCategory()方法用于查询药品信息与药品类别信息。

loadMedicineAndCategory()方法是用内连接对药品信息表与药品类别表进行联合查询,可以减少 SQL 语句的数量。

（代码位置：MedicineManage\src\com\fw\dao\MedicineDao.java）

药品实体与药品类别实体存在多对一的关联关系,当同时查看药品信息与药品类别信息时,Hibernate 将发出两条 SQL 语句,分别为查询药品信息的 SQL 语句与查询药品类别的 SQL 语句,所以项目中采用内连接将药品信息与药品类别信息一次加载出来,减少了 SQL 语句,提高了数据库的性能。

2．药品信息的添加与查询

药品编码是药品对象的一个标识,当添加一个药品信息时,需要判断此药品是否已经在数据库中存在,如果存在则只需要更新药品的数量即可。

（1）药品添加的请求处理

药品管理的 Action 类为 MedicineAction,它继承了 BaseAction 类,是一个 DispatchAction 对象。此类的 findMedicineByMedNo()方法用于根据药品编码查询药品信息是否存在,当所添加的药品编码存在时,将跳转到更新页面,否则跳转到药品添加页面。

（代码位置：MedicineManage\src\com\fw\action\MedicineAction.java）

MedicineAction 类的 add()方法用于添加或修改药品信息。此方法所做的工作比较多,包含了判断药品信息是否存在、图片上传、保存药品以及更新药品等操作。此方法调用了 MedicineDao 类中的 saveOrUpdate()方法,因此适用于药品对象的添加与修改操作。其中上传文件的命名采用日期时间格式,为防止重复实例中加入了时间毫秒；上传的文件保存在 Web 目录的 upload 文件夹中。

（2）药品添加页面

药品添加有 3 个页面,其中 med_add.jsp 页面提供输入药品编号表单；当添加的药品信息在数据库中不存在时,将通过 med_save.jsp 录入药品的详细信息；当所添加的药品信息存在于数据库中时,将通过 med_update.jsp 页面更新药品数量,如图 14-18 所示。

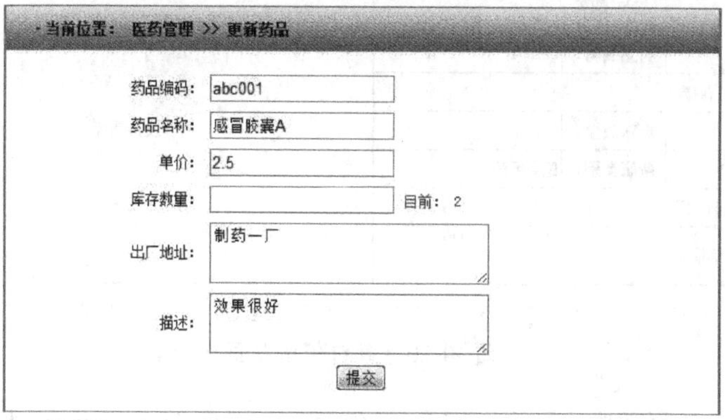

图 14-18　更新药品页面

（3）分页查看所有药品

在添加药品信息后,请求转发到查看所有药品信息,对所有药品信息进行分页显示。

此操作通过 MedicineAction 类的 paging()方法进行处理。

（代码位置：MedicineManage\src\com\fw\action\MedicineAction.java）

此方法通过调用 MedicineAction 类继承的 getPage()方法进行分页查询，在查询后分别将结果集与分页条放置到 request 中，并转发到 med_list.jsp 页面进行显示，如图 14-19 所示。

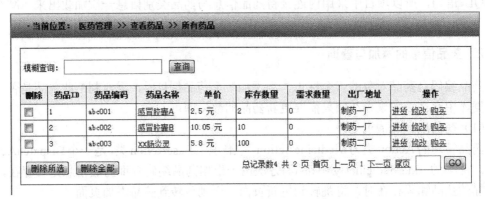

图 14-19　所有药品界面

（4）查看药品详细信息

在药品类别中提供了查看药品详细信息的超链接，此链接作用于药品名称上，单击此链接将进入药品查看请求中，该请求由 MedicineAction 类的 view()方法进行处理。

（代码位置：MedicineManage\src\com\fw\action\MedicineAction.java）

在 view()方法中，首先通过传递的药品 id 值查询药品对象，然后将查询到的药品信息放置于 request 对象中，转发到 med_view.jsp 页面进行显示，如图 14-20 所示。

当前位置：　医药管理 >> 查看药品			
	修改 购买		
ID:	1	药品编码:	abc001
药品名称:	感冒胶囊A		
库存数量:	2	需求数量:	0
单价:	2.5	所属类别:	感冒用药
出厂地址:	制药一厂		
描述:	效果很好		

图 14-20　查看药品界面

在 med_view.jsp 页面中，通过<logic:empty>标签及<logic:notEmpty>标签对药品图片是否存在进行逻辑判断，当药品图片存在时，通过<bean:write>标签输出图片路径，否则输出提示信息。

（代码位置：MedicineManage\WebRoot\basedata\med_view.jsp）

（5）模糊查询药品

为方便用户查询药品，药品信息管理模块还提供了药品的模糊查询功能，即根据用户所输入的关键字信息，对药品名称、药品描述等多个药品属性进行模糊匹配，并分页显示模糊查询后的结果集。

药品模糊查询通过 MedicineAction 类的 blurQuery()方法进行处理。此方法根据提交的关键词 keyWord 组合 HQL 语句，调用 getPage()方法获取查询后的结果信息对象与分页条对象。

（代码位置：MedicineManage\src\com\fw\action\MedicineAction.java）

HQL 的模糊查询使用 like 作为关键字，此方法分别对药品名称、药品编码、出厂地址及药品描述进行了模糊匹配。

药品模糊查询页面为 med_list.jsp，此页面包含输入药品信息的表单。

（代码位置：MedicineManage\WebRoot\basedata\med_list.jsp）

为简化程序中的代码，此表单并没有使用 Struts 标签中的 for 表单，而采用了普通的<form>标签进行定义。此段代码在项目中是一段可以重用的代码，涉及到模糊查询时可通过更改表单中的 action 来实现。

当在此表单中输入模糊的关键词时，单击"查询"按钮，系统将进行模糊查询。例如，查询的关键词为"感冒"，其查询结果如图 14-21 所示。

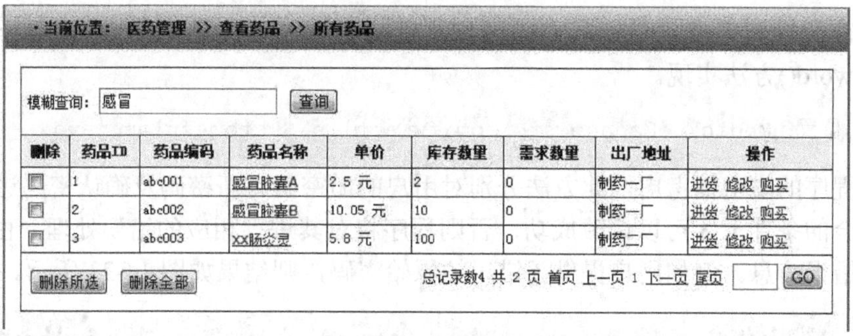

图 14-21　模糊查询

（6）高级查询

使用模糊查询返回的数据结果集可能比较繁杂，不方便查找某一确切的药品。此时高级查询便派上了用场，此查询可以根据药品的多个属性信息来查询一个确切的药品对象，例如输入一个药品的名称、药品编码及其他属性，可进行更为具体的查询。

项目中通过 MedicineAction 类的 query()方法对高级查询请求进行处理，此方法通过MedicineForm 对象构造查询条件，并调用 getPage()方法对查询后的结果集进行分页显示。

（代码位置：MedicineManage\src\com\fw\action\MedicineAction.java）

14.5.8　系统管理

系统管理模块的作用是对管理员账户进行管理及对系统进行初始化操作，在业务层与持久层分别由 SystemAction 类与 UserDao 类进行处理。

1．添加管理员

添加管理员实质就是对管理员账号信息持久化的过程。其操作比较简单，持久层可以通过 Hibernate 框架的 save()方法添加管理员用户，在业务层由 SystemAction 类的 userAdd()方法处理此请求。

（代码位置：MedicineManage\src\com\fw\action\SystemAction.java）

此方法首先验证了密码与确认密码是否相同，只有在密码与确认密码一致的情况下才可以添加管理员用户。在添加了管理员用户之后，由 user_list.jsp 页面进行显示，其效果如图 14-22 所示。

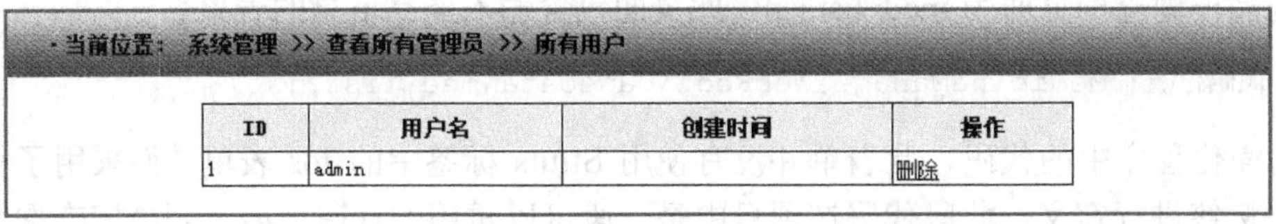

图 14-22　所有用户

2．修改密码

修改密码操作需要提供旧密码，否则不能进行修改。此请求由 SystemAction 类的 modifyPssword()方法实现。

（代码位置：MedicineManage\src\com\fw\action\SystemAction.java）

出于程序的安全性考虑，此方法分别对用户的旧密码、新密码及确认密码进行验证，只有在符合的条件下才可以修改成功，否则程序将对其进行相应的错误处理，由 error.jsp 页面输出错误信息。例如用户提供了错误的原始密码，则结果如图 14-23 所示。

・当前位置：错误

原始密码错误

返回

图 14-23　错误提示

3．系统初始化

在系统需要恢复原始状态的时候，可以通过程序提供的系统初始化操作来实现。此操作将清除数据库中所有的数据，在使用过程中要慎重。其数据库的清理操作由 UserDao 类的 initialization()方法实现。

（代码位置：MedicineManage\src\com\fw\dao\UserDao.java）

Hibernate 提供的 SchemaExport 类是一个工具类，其 create()方法用于导出表操作。项目中通过此方法进行数据的初始化操作，此过程将删除数据库中原有的数据并重新生成。

14.5.9 运行项目

MyEclipse 中要事先配置好 Tomcat 应用服务器，然后在 MyEclipse 的包资源管理器中选中 MedicineManager 项目，单击鼠标右键，在弹出的快捷菜单中选择"运行方式"＞ MyEclipse Server Application 命令，此时 MyEclipse 将对项目自动部署并运行。

在 Web 服务器启动成功后，MyEclipse 将通过内置的浏览器打开项目主页，也可以直接在浏览器地址栏中输入：http://localhost:8080/MedicineManager 登录系统，输入用户名和密码后成功进入系统，其运行结果如图 14-24 所示。

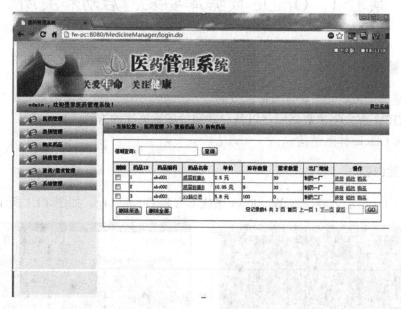

图 14-24 主界面

14.6 本 章 小 结

本章以 Oracle 为后台数据库，结合 JavaEE 中 Struts 和 Hibernate 两大框架技术，介绍了一个医药管理系统的设计与开发过程。该系统充分介绍了 Oracle 数据库技术和 JavaEE 技术的运用，使数据的管理和系统的维护更加有效和健壮。通过本章的学习，我们会对采用 Oracle 作为数据库的 J2EE 应用程序开发有了更深一层的了解，熟练掌握了 Struts 和 Hibernate 框架的运行；同时对 Java 语言连接、调用数据库也进一步加深了理解。

附录 A 实验指导与实习

实验 1 Oracle 数据库安装、启动和关闭

一、实验目的

1. 掌握 Window 系统下 Oracle 的安装。
2. 用 OEM 方式创建数据库，以及启动和关闭数据库的方法。
3. 了解 Oracle 体系结构。

二、实验内容

1. 复习 1.4 节的内容，在 Windows 系统下安装 Oracle 11g，如图 T1.1 所示。

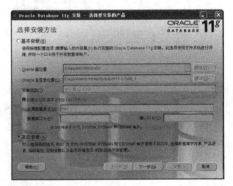

图 T1.1 装界面

2. 使用数据库配置助手（DBCA）创建数据库，如图 T1.2 所示。

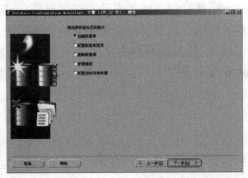

T1.2 DBCA 创建数据库界面

3．复习本书 1.4.4 小节的内容，完成 Oracle 的启动与关闭，如图 T1.3 和图 T1.4 所示。

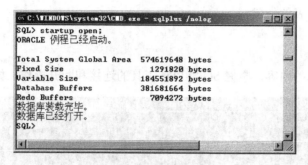

图 T1.3　Oracle 服务启动

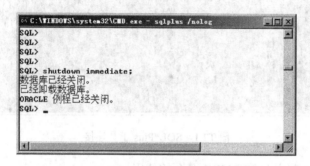

图 T1.4　Oracle 服务关闭

4．复习 2.1 节的内容，了解 Oracle 数据库体系结构。

❏ 使用数据字典 dba_data_files，查看表空间 system 所对应的数据文件的部分信息。

❏ 使用数据字典 v$controlfile，查看当前数据库的控制文件的名称及存储路径。

❏ 通过数据字典 dba_TABLEspaces，查看当前数据库的所有表空间的名称。

三、实验小结与思考

通过本次实验操作，掌握了 Oracle 数据库的创建、启动和关闭操作，并进一步了解了 Oracle 数据库的体系结构。

思考 Oracle 数据库的哪些特有体系结构设计体现其高可靠性、健壮性和安全性？

实验 2　SQL*Plus 工具使用

一、实验目的

1．了解 SQL*Plus 工具的功能。

2．掌握 SQL*Plus 连接与断开数据库的多种方式。

3．熟练掌握 DESCRIBE 命令的使用。

4．熟练掌握各种编辑命令。

5．掌握临时变量和已定义的变量的使用。

6．掌握格式化查询结果的设置。

7．掌握简单报表的创建。

二、实验内容

1．复习第 3 章的内容，掌握 SQL＊Plus 工具的连接和断开操作，如图 T2.1 所示。

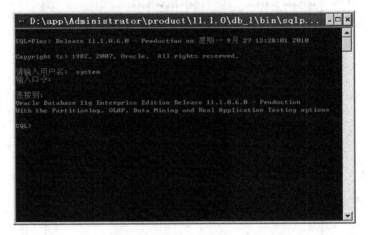

图 T2.1　SQL*Plus 工具连接

2．复习 3.5.2 小节中 DESCRIBE 命令的使用。

3．复习 3.5.4 小节中临时变量和已定义的变量的使用。

4．格式化查询结果练习。

5．简单报表的创建练习。

创建一个报表，使用前面所介绍的各种命令对输出结果进行格式化，实现对 scott 用户的 emp 表进行统计，显示各个部门的员工人数。在 E:\下创建报表文件 test.sql，其中，/* 和*/中的内容表示注释。创建报表文件后，在 SQL*Plus 中使用 START 命令运行该文件。

三、实验小结与思考

通过本次实验操作，掌握了 Oracle 中最常用的工具 SQL*Plus 的使用，能用 SQL ＊Plus 完成常用 SQL 语句操作、结果格式化和报表创建操作。

进一步思考 SQL*Plus 环境的存储，以及数据字典等功能。

实验 3　SQL 语句操作

一、实验目的

1．掌握 Oracle 数据库表与视图的基础知识。

2．掌握创建、修改、使用和删除表与视图的不同 SQL 语句操作方法。

3．了解序列和同义词的使用。

4．了解 OEM 中表的操作。

二、实验内容

1．复习第 5、6 章内容，掌握 SQL 语句的使用技巧。

2．创建一个表 person，包括字段有姓名、性别、出生日期、工作和家庭地址。

3．为表 person 增加和删除 email 列，并使用 DESC 命令查看 person 表的结构，观察是否已经为该表增加了 email 列。

4．使用 sys 的身份连接数据库，然后使用 DESC 命令分别查看数据字典 obj$和 col$的结构。

5．查询 person 表中所有列（包括 UNUSED 状态的列）的名称和序号。

6．添加和删除 NOT NULL 约束。

7．在 system 用户下为 scott.emp 表创建一个公有同义词 employee。

8．在 sys 用户下使用该同义词，查询 scott.emp 表中的数据。

9．创建序列和同义词。

10．在 OEM 管理页面下进行表的创建、查询和系统简单管理操作，如图 T3.1 所示。

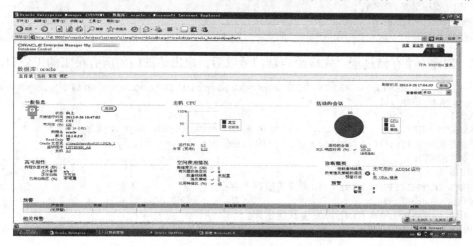

图 T3.1　OEM 管理界面

三、实验小结与思考

通过本次实验操作，掌握 Oracle 中常用 SQL 语句的使用，能在 SQL *Plus 环境中完成创建、修改、使用和删除表与视图的不同 SQL 语句操作。

进一步思考序列和同义词在实际应用开发中的应用技巧。

实验 4　PL/SQL 编程 I（存储过程和函数）

一、实验目的

1．熟悉 Oracle 的后台编程。了解 PL/SQL 程序块的结构。

2．掌握函数和存储过程的使用、创建和调用方法。

3．掌握%TYPE、%ROWTYPE 以及记录类型与表类型的使用。

4．掌握异常的处理。

二、实验内容

1．创建一个存储过程，完成给定员工号以后，删除该员工信息。

```
CREATE OR REPLACE PROCEDURE DelEmp(v_empno IN emp.empno%TYPE) AS
No_result EXCEPTION;
BEGIN
DELETE FROM emp WHERE empno=v_empno;
IF SQL%NOTFOUND THEN
RAISE no_result;
END IF;
DBMS_OUTPUT.PUT_LINE('编码为'||v_empno||'的员工已被除名!');
EXCEPTION
WHEN no_result THEN
DBMS_OUTPUT.PUT_LINE('你需要的数据不存在!');
WHEN OTHERS THEN
DBMS_OUTPUT.PUT_LINE('发生其他错误!');
END;
```

2．创建一个存储过程，完成给定部门号以后，求出该部门的所有员工的工资和。

```
CREATE OR REPLACE PROCEDURE sum_sal(deptid IN emp.deptno%TYPE,sum_salary
out NUMBER) AS
BEGIN
SELECT SUM(sal) INTO sum_salary FROM emp WHERE deptno=deptid;
DBMS_OUTPUT.PUT_LINE(deptid||'的工资和为'||sum_salary);
EXCEPTION
WHEN NO_DATA_FOUND THEN
DBMS_OUTPUT.PUT_LINE('你需要的数据不存在!');
WHEN OTHERS THEN
DBMS_OUTPUT.PUT_LINE('发生其他错误!');
END;
```

调用方法：

```
DECLARE
V_deptid NUMBER;
V_sum NUMBER;
BEGIN
v_deptid:=30;
sum_sal(v_deptid, v_sum);
DBMS_OUTPUT.PUT_LINE('30 号部门工资总和： '||v_sum);
END;
```

3．给指定的员工加薪。

```
CREATE OR REPLACE PROCEDURE mon_addsal(p_empno in emp.empno%TYPE,p_addsal
in emp.comm%TYPE) AS
no_result EXCEPTION;
BEGIN
UPDATE emp
SET comm=p_addsal
WHERE empno=p_empno;
IF SQL%NOTFOUND THEN
```

```
RAISE no_result;
END IF;
DBMS_OUTPUT.PUT_LINE(p_empno||'的本月加薪额度为'||p_addsal);
EXCEPTION
WHEN no_result THEN
DBMS_OUTPUT.PUT_LINE('该员工不存在!');
WHEN OTHERS THEN
DBMS_OUTPUT.PUT_LINE('未知错误!') ;
END;
```

4．创建一个函数，完成给定部门号以后，求出该部门的所有员工的工资和。

```
CREATE OR REPLACE FUNCTION f_sum_sal(deptid IN emp.deptno%TYPE) RETURN
NUMBER AS
v_sumsal number;
BEGIN
SELECT SUM(sal)+SUM(nvl(comm,0)) INTO v_sumsal FROM emp WHERE deptno=deptid;
--DBMS_OUTPUT.PUT_LINE(deptid||'的工资和为'||v_sumsal);
RETURN V_sumsal;
EXCEPTION
WHEN NO_DATA_FOUND THEN
DBMS_OUTPUT.PUT_LINE('你需要的数据不存在!');
WHEN OTHERS THEN
DBMS_OUTPUT.PUT_LINE('发生其他错误!');
END;
DECLARE
v_sum_sal number;
BEGIN
V_sum_sal:=f_sum_sal(20);
DBMS_OUTPUT.PUT_LINE('总工资是'||v_sum_sal);
END;
```

5．练习 PL/SQL 异常处理操作。

三、实验小结与思考

通过实验操作，熟悉 PL/SQL 语句的使用，熟练掌握 Oracle 中存储过程的创建和调用，熟练掌握函数的创建与调用，了解 PL/SQL 中异常处理操作。

思考存储过程和函数的区别和互换，以及它们的适用场合。

实验 5　PL/SQL 编程 II（触发器和包）

一、实验目的

1．理解触发器的概念、类型和作用。

2．熟练掌握各种类型的触发器创建与使用。

3．掌握程序包的创建与使用。

二、实验内容

1．复习 9.3 节的内容，利用触发器在表上执行 DML 操作。

```
SQL> CREATE OR REPLACE TRIGGER del_emp
2   BEFORE DELETE
3   ON  scott.emp
4   FOR EACH ROW
5   BEGIN
6     INSERT INTO emp_his( deptno , empno, ename , job ,mgr , sal , comm ,
hiredate )
7     VALUES ( :old.deptno, :old.empno, :old.ename , :old.job,
8               :old.mgr, :old.sal, :old.comm, :old.hiredate );
9   END del_emp;
10  /
触发器已创建。
```

2. 程序包的创建与使用。

```
--包定义
SQL> CREATE OR REPLACE PACKAGE t_package
2   IS
3       PROCEDURE append_proc(t varchar2,a out varchar2);    --定义过程
4       PROCEDURE append_proc(t number,a out varchar2);   --过程的重载
5     FUNCTION append_fun(t varchar2) return varchar2;  --定义函数
6   END;
7   /

程序包已创建。

SQL>CREATE or replace package body t_package   --包主体
2   IS
3     v_t varchar2(30);       --私有成员函数
4   FUNCTION private_fun(t varchar2) RETURN varchar2 IS  --实现函数
5     BEGIN
6      v_t := t||'hello';
7       RETURN v_t;
8     END;
9   PROCEDURE append_proc(t varchar2,a out varchar2) is    --实现过程
10    BEGIN
11     a := t||'hello';
12    END;
13   PROCEDURE append_proc(t number,a out varchar2) is    - -过程的重载
14     BEGIN
15     a := t||'hello';
16   END;
17   FUNCTION append_fun(t varchar2)     --实现函数
18    RETURN varchar2 is
19    BEGIN
20      v_t := t||'hello';
21      RETURN v_t;
22     END;
23   END;

程序包体已创建。
```

3. 完成本书 9.5 节实例分析中的练习。

```
SQL >CREATE OR REPLACE PROCEDURE autocomputer(step IN number)
2   IS
3   rsCursor SYS_REFCURSOR;
4   commentArray myPackage.myArray;
5   math number;
```

```
6  article number;
7  language number;
8  music number;
9  sport number;
10 total number;
11 average number;
12 stdId varchar(30);
13 record myPackage.stdInfo;
14 i number;
15 BEGIN
16 i := 1;
17 get_comment(commentArray); -- 调用存储过程获取学生课外评分信息
18 OPEN rsCursor FOR SELECT stdId,math,article,language,music,sport
19   FROM student t WHERE t.step = step;
20 LOOP
21 FETCH rsCursor into stdId,math,article,language,music,sport;
22 EXITT WHEN rsCursor%NOTFOUND;
23 total := math + article + language + music + sport;
24 FOR i IN 1..commentArray.count LOOP
25 record := commentArray(i);
26 IF stdId = record.stdId THEN
27 BEGIN
28   IF record.comment = &apos;A&apos; THEN
29     BEGIN
30       total := total + 20;
31       GO TO next; -- 使用 go to 跳出 for 循环
32     END;
33   END IF;
34 END;
35 END IF;
36 END LOOP;
37 average := total / 5;
38 UPDATE student t SET t.total=total AND t.average = average
39 WHERE t.stdId = stdId;
40 end LOOP;
41 end;
42 end autocomputer;
```

三、实验小结与思考

通过本次实验，具体了解触发器的概念和类型，进一步理解触发器的作用，熟练掌握各种类型的触发器以及了解程序包的创建与使用。能用触发器完成 Oracle 数据库的一些自动管理任务。

思考触发器和程序包的主要适用场合以及使用注意事项有哪些？

实验 6　Oracle 用户权限与安全

一、实验目的

1. 验证系统权限管理。
2. 熟练掌握角色的创建、授权和回收。
3. 验证概要文件管理。

二、实验内容

1．根据以下要求进行系统权限的授予与回收操作。

（1）创建用户 user1，并为它授予 CREATE TABLE 和 CREATE VIEW 系统权限以及 CONNECT 的系统角色。

（2）以 user1 用户的身份登录系统。

（3）回收 user1 的 CREATE TABLE 和 CREATE VIEW 系统权限。

2．根据以下要求进行角色的创建与授予操作。

（1）创建用户角色 myrole。

（2）为角色 myrole 分别授予 CREATE TABLE 系统权限和在 student 表中执行更新、删除和修改操作的对象权限。

（3）将角色 myrole 授予用户 user1。

3．根据以下要求进行概要文件的创建与分配操作。

（1）创建概要文件 myprofile，设置密码的有效天数为 100 天，尝试登录 3 次失败将锁定账户。

（2）把该概要文件 myprofile 分配给用户 user1。

三、实验小结与思考

通过本次实验，进一步理解权限管理的概念，掌握权限和角色的创建、授权和回收操作。能根据实际需要进行用户权限和角色的分配。

思考用户权限管理在系统安全中所起的作用。

实验 7　Oracle 数据库备份与恢复

一、实验目的

1．理解 Oracle 备份与恢复的方法与概念。

2．熟练掌握 EXP/IMP 命令进行数据库的逻辑导出/导入操作。

3．掌握数据泵和 RMAN 的备份与恢复操作。

二、实验内容

1．复习第 11 章的内容，以 scott 用户身份对其所有表进行导出/导入操作。

2．使用数据泵 EXPDP 和 IMPDP 应用程序，对 scott 用户数据进行导出/导入操作。

3．通过 RMAN 应用程序实现数据的备份与恢复。

三、实验小结

通过本次实验，理解 Oracle 物理备份、逻辑备份的原理和方法，掌握利用数据泵和 RMAN 进行备份与恢复操作。

思考备份恢复与导出/导入的区别和联系。

实验 8 综 合 实 习

一、实验目的

1. 掌握数据库系统的分析与设计方法。
2. 熟练掌握数据库设计与实现的具体方法。
3. 掌握数据库应用系统的实现过程。

二、实验内容

1. 复习第 14 章的内容，完成应用系统需求分析与设计工作。
2. 进行数据库设计。
3. 数据库实现。
4. 采用 JavaEE 平台的数据库应用系统实现。

三、实验小结与思考

通过本次实验（课程设计），对数据库应用系统的实现有个整体的把握，理解和掌握后台数据库的分析、设计与实现的整个过程，能利用一、两种编程语言实现数据库应用系统的开发。

思考 SQL 语句的优化、PL/SQL 语句的使用、触发器和包的使用。如何有效发挥应用系统的后台数据库开发效率？

附录 B　Oracle 常用语句与使用技巧

1. 如何恢复被误删的数据文件

```
Svrmgrl> ALTER databASe datafile 文件名 offline; 或重启 Oracle;
Svrmgrl>ALTER databASe CREATE datafile 原文件名 AS 新文件名;
Svrmgrl>RECOVER datafile 新文件名;
Svrmgrl>ALTER databASe datafile 新文件名 online;
Svrmgrl>ALTER databASe open;
```

2. 如何杀掉吊死session

（1）找出吊死 session：

```
SELECT sid,serial#,program,machine,lockwait FROM v$session;
```

（2）杀死 session：

```
Svrmgrl>ALTER system kill session 'init1,init2';
```

说明：其中 init1 为 sid，init2 为 serial#。

3. 如何修改字符集

以 sys 用户执行如下命令：

```
UPDATE props$ SET value$='新字符集'
    WHERE ltrim(name)='NLS_CHARACTERSET';
commit;
```

注意：如果有数据，不要修改数据集。

4. 如何追加表空间

以 SYS 用户：

```
ALTER TABLEspace 表空间 add datafile 文件名（带路径）size Xm;
```

5. 如何加大表的maxextents值

```
ALTER TABLE 表名 storage(maxextents 新值)
```

6. 如何查询无效对象

（1）以 sys 用户登录 SQL *Plus。

（2）查询无效对象：

```
SELECT   substr(object_name,1,30) object_name,object_type
FROM    user_objects
WHERE   status ='INVALID';
```

（3）恢复失效存储过程。

对于存储过程，如果存储过程或函数脚本中某个表或所调用的存储过程被 drop 或重新编译，则此存储过程可能变为 invalid。正常情况下，再次调用此存储过程时，系统会自动编译使其变为 valid，也可以手工编译：ALTER procedure 名称 compile。

7. 怎样分析SQL语句是否用到索引

Oracle 提供的策略分析器 Explain plan 能很好地分析 SQL 语句使用索引的情况，分析步骤如下。

（1）检查当前用户下是否存在策略分析表 plan_TABLE。

（2）检查表结构是否正确（建立数据库时只有 sys 用户下存在此表），若没有，需要在当前用户下建此表：

```
CREATE TABLE PLAN_TABLE
(
 STATEMENT_ID           VARCHAR2(30),
 TIMESTAMP              DATE,
 REMARKS               VARCHAR2(80),
 OPERATION             VARCHAR2(30),
 OPTIONS               VARCHAR2(30),
 OBJECT_NODE            VARCHAR2(128),
 OBJECT_OWNER           VARCHAR2(30),
 OBJECT_NAME            VARCHAR2(30),
 OBJECT_INSTANC         NUMBER(38),
 OBJECT_TYPE            VARCHAR2(30),
 OPTIMIZER             VARCHAR2(255),
 SEARCH_COLUMNS         NUMBER(38),
 ID                    NUMBER(38),
 PARENT_ID             NUMBER(38),
 POSITION              NUMBER(38),
 COST                  NUMBER(38),
 CARDINALITY           NUMBER(38),
 BYTES                 NUMBER(38),
 OTHER_TAG             VARCHAR2(255),
 OTHER                 LONG
);
```

（3）执行分析语句：

```
SQL >DELETE FROM plan_TABLE;
SQL >EXPLAIN plan for
SQL >SELECT * FROM tab WHERE tname LIKE 'T%';
SQL >SELECT object_name,options,operation FROM plan_TABLE;
```

执行完上述 3 步，可查看"SELECT * FROM tab WHERE tname LIKE 'T%'"语句 WHERE 条件是否用到索引。

8. 怎样判断是否存在回滚段竞争

（1）查询等待值。

```
SELECT  class,count
FROM   v$waitstat
WHERE  class  in  ('system  undo  header','system  undo  block','undo
header','undo block');
```

（2）将查询得出的数值与所需的回滚段数目比较。

```
SELECT sum(value) FROM v$sysstat
WHERE name in ('db_block_gets','consistent gets');
```

（3）如果任何类型的 waits 数目比现有数值高出 1%以上，则应该增加回滚段。

9．怎样手工跟踪函数/存储过程执行情况

如果有 PL/SQL 软件，可用该软件进行跟踪，本例介绍的是在无该工具的情况下，如何跟踪执行情况。

通过编写 PL/SQL 块，可以手工跟踪函数/存储过程的执行情况，例如：

```
SQL>SET  SERVEROUT ON    --设置屏幕输出
SQL>declare
    a1     integer:=1;
    a2 integer;
    a3 integer;
  begin
        a3:=testfunc(a1,a2);   --假设输入 a1，输出 a2
        dbms_output.put_line(a2);
        dbms_output.put_line(a3);
  end;
   /
```

通过执行编写的 PL/SQL 块可以查看参数显示。

10．如何更新当前数据库日志备份方式为archive

修改日志备份方式如下：

```
Svrmgrl>CONNECT internal;
Svrmgrl>STARTUP MOUNT;
Svrmgrl>ALTER DATABASE archivelog;
Svrmgrl>ALTER DATABASE open;
```

11．怎样分析Oracle故障

系统查询中断或变慢、系统挂起、系统宕机等等故障发生时，分析过程如下。

（1）分析 alert_<sid>.log 文件。

可以从该文件中分析故障发生的时间、现象日志和跟踪文件（*.trc）。比如，大事务操作造成回滚段、临时段溢出而系统短暂中断或变慢时，日志文件中会记录表空间溢出；因为某条 SQL 语句造成故障时，跟踪文件会记录语句内容。

（2）检查 init<sid>.ora。

该文件是 Oracle 启动文件，任何参数的配置错误都会造成 Oracle 不能启动，任何参数的不合理配置都可能造成系统故障。文件内容说明如下：

❑ rollback_segments= (r01,r02,r03,r04)   //系统使用的回滚段
❑ Db_block_buffer=60000   //数据块缓冲区：120M，单位：块（2048Bytes）

- ❏ Share_pool_size=30000000　//共享池：30M，单位：byte
- ❏ Processes=200　　　　　//进程数
- ❏ Log_buffer=163840　　　//日志缓冲区：160M，单位：byte（注意：必须是块 2048 的整数倍）

🔔说明：Db_block_buffer：是 SGA 的主要参数，数据存放的缓冲区。

Share_pool_size（共享池）：存放 Oracle 所有脚本，例如存储过程等等，不需要太大。

Log_buffer（日志缓冲区）：事务操作时的日志缓冲区，如果过小，一个简单的 update 操作就不能提交，造成系统短暂停顿。

rollback_segments：指定 Oracle 使用的回滚段，默认为 4 个，创建回滚段后必须修改此值，重启 Oracle，所建的回滚段才起作用。

上述参数配置只是一个参考，不能代表所有，在实际应用中，应该根据机器配置、使用业务不同而灵活配置。

12. 创建一个表引用另一个表

```
CREATE TABLE testbeifen AS SELECT * FROM test;
```

13. 查看当前用户所有表的大小

```
SELECT  Segment_Name,Sum(bytes)/1024/1024  FROM  User_Extents  GROUP  BY
Segment_Name;
```

14. 模糊查询

```
SELECT * FROM test2 WHERE PRODUCTNAME LIKE '%%';
```

15. 查某个字段是否为空

```
SELECT b.GUEST_NAME FROM dbreports a,YSKYJ_YSZK_TABLE b
WHERE a.id=b.fileid AND GUEST_CODE is null;
```

16. 查行不重复的

```
 SELECT DISTINCT job FROM emp;
```

17. 按两个字段分组查询

```
SELECT a.UNITCODE,b.PRODUCT_CODE,sum(b.ZP_QD),sum(b.ZP_ZD)
FROM DBREPORTS a,QDKU_ZP_TABLE b
WHERE a.id=b.fileid AND  a.REPORTDATE
>=TO_DATE('2014-4-1','yyyy-MM-dd')
AND a.REPORTDATE < TO_DATE('2014-5-1','yyyy-mm-dd')
AND b.PRODUCTCODE='wbl' GROUP BY a.UNITCODE , b.PRODUCT_CODE;
```

18. 按某个字段如月份进行分组查询

```
SELECT DISTINCT to_char(trunc(REPORTDATE,'MM'),'YYYY-MM')
FROM qdku_zp_TABLE ,dbreports
WHERE id=fileid AND REPORTDATE >=TO_DATE('2013-1-1','yyyy-MM-dd')
AND REPORTDATE < TO_DATE('2014-1-1','yyyy-mm-dd')
GROUP BY to_char(trunc(REPORTDATE,'MM'),'YYYY-MM');
```

19．返回当前的日期和时间

```
SELECT sysdate FROM dual;
SYSDATE
----------
15-3月 -13
```

20．Oracle11g版本中密码大小写敏感

密码大小写敏感是 Oracle 11g 数据库默认新特性，通过数据库配置助手（DBCA），在创建数据库期间允许将这个设置返回到 Oracle 11g 以前的功能。

SEC_CASE_ SENSITIVE_LOGON 初始化参数控制密码大小写是否敏感，设置为 TRUE 时，大小写敏感，设置为 FALSE 后就不区分密码大小写了。注意：密码保存是按大小写进行区分的。11g 连接到 11g：创建数据库连接时，密码必须与远程数据库用户的密码大小写一致；11g 连接到 11g 以前的数据库：创建数据库连接时用的密码大小写随意，因为远程数据库会忽略大小写的；11g 以前的数据库连接到 11g：必须将远程用户的密码全部修改为大写，只有这样才能通过 11g 以前的数据库验证。

21．Oracle 11g如何启用客户端Web管理

Oracle 11g 开始使用 dbconsole +客户端 Web 管理，开启 dbconsole 后，介绍如下处理过程：

（1）启动 dbconsole。

在 Oracle 服务器上，节点 1 或者节点 2 均可。

```
su - Oracle
```

（2）停下 dbconsole。

```
emctl stop dbconsole
Oracle Enterprise Manager 11g Database Control Release 11.1.0.7.0
Copyright (c) 1996, 2008 Oracle Corporation. All rights reserved.
https://funson:1158/em/console/aboutApplication
Stopping Oracle Enterprise Manager 11g Database Control .
 ... Stopped.
```

（3）启动 dbconsole。

```
emctl start dbconsole
Oracle Enterprise Manager 11g Database Control Release 11.1.0.7.0
Copyright (c) 1996, 2008 Oracle Corporation. All rights reserved.
```

（4）网页地址：

https://funson:1158/em/console/aboutApplication

```
Starting Oracle Enterprise Manager 11g Database Control ........... started.
-------------------------------------------------------------------
Logs are generated in directory /u01/app/Oracle/database/11.1.0/
rp3440a_ora11g1/sysman/log
```

（5）在客户端使用 IE 网页登录管理界面。

https://funson:1158/em/console/aboutApplication

建议把主机名 funson 改为 IP 地址，对应关系在 Oracle 服务器上/etc/hosts 里用如下设置。

```
USER: SYS
PASSWORD: 按规划输入
CONNECT AS: SYSDBA
```

附录 C Oracle 数据库认证考试介绍与样题

在竞争日益激烈的 IT 界，越来越多的学生意识到就业压力的巨大，各种计算机权威认证也越来越受到了广大师生的重视与青睐。Oracle 作为世界第二大软件公司，同微软、IBM、CISCO 等公司一样也有自己专门的论证考试。Oracle 的 Oracle 认证考试分为 OCA、OCP（Oracle certified professional）和 OCM 三种。下面介绍一下 Oracle 公司的官方认证考试。

甲骨文学院是甲骨文公司的教育部门。它提供三种不同等级的认证：

❑ OCA（Oracle Certified Associate），是入门级别的资格证书；

❑ OCP（Oracle Certified Professionals），是专业证书；

❑ OCM（Oracle Certified Master），是新的高级资格证书，授予拥有最高专业技术的甲骨文认证专家。

Oracle 认证考试共分为四部分，分别为（一）查看考试科目、（二）创建账户、（三）预约考试、（四）课程表格提交。 需要注意的是：参加 OCP 认证必须已经获得 OCA 认证，参加 OCM 认证必须已经获得 OCP 认证，因此，需先参加 OCA 认证考试，才能参加后续认证考试获得证书。

❑ OCA 认证只需要完成（一）查看考试科目、（二）创建账户、（三）预约考试以及通过考试即可，证书会自动寄送给您。

❑ OCP 认证则需要完成（一）查看考试科目、（二）创建账户、（三）预约考试且参加并通过考试、（四）课程表格提交，最后提交证明信，通过验证后才能收到认证证书。

Oracle 认证体系结构如附表 1 所示。

附表 1 Oracle 11g认证体系结构表

认证种类	需要参加培训的相关课程	考试代码
OCA	Oracle Database 11g: Administration Workshop I	052
OCA/或	Oracle Database 11g: SQL Fundamentals Oracle Database 11g: Program with PL/SQL Oracle Database 11g: Advanced PL/SQL Oracle Database 11g: SQL Tuning Workshop	051
OCP	Oracle Database 11g: SQL Fundamentals Oracle Database 11g: Administration Workshop I Oracle Database 11g: Administration Workshop II	051 052 053
OCM	OCP related courses and plus, Oracle Database 11g: SQL Tuning Workshop Oracle Database 11g: Security Enterprise DBA Part 1B: Backup and Recovery Oracle Database 11g: Data Guard Administration Oracle Database 11g: RAC for Administrators Oracle Database 11g: Implement Streams	Oracle Database 11g Administrator Certified Master Exam

目前 Oracle 考试版本已全部升级为 Oracle 11g 版本。

1．OCA认证介绍与样题

Oracle11g Certified Associate (OCA) Oracle 认证专员，考试成绩通过能获得 Oracle 公司为您颁发的全球认证的英文 OCA 证书。OCA 由 Oracle 公司出题。

OCA 是 Oracle 认证体系的入门认证，证明你已掌握数据库的基本知识，可以日常维护 Oracle、创建用户、分配权限；管理数据文件、管理控制文件、管理日志文件；常用的备份、恢复方法。

该证书可作为各企事业单位数据库管理人员上岗的依据，拥有 OCA 证书的人员目前已成为各 IT 公司及相关企业争相竞聘的数据库管理维护人才，OCA 是数据库维护管理人员（DBA）的初级证书。

OCA 样题如下：

QUESTION 1.

You are working on a very large database. You had performed a binary backup of the control file a month ago. After this you added a few tablespaces, and dropped a couple of tablespaces. This morning, due to hardware failure, you lost all your control files.

How would you recover the database from this situation?

A．execute the CREATE CONTROLFILE FROM BACKUP.. command

B．restore all database files from the last backup and apply redo logs till the point of failure

C．restore the binary copy of the control file to the respective location and start up the database

D．start up the database in the NOMOUNT state, generate the trace file from binary backup, and re-create the control file using the trace file and then mount and open the database

E．restore the binary copy of the control file to the correct location, start up the instance in the mount state, backup the control file to trace, shut down the instance, edit the trace file to reflect the added and removed data files, then use the script generated in the trace file to start the instance and re-create the control file

Answer: **E**

QUESTION 2.

Redo log files are not multiplexed in your database. Redo log blocks are corrupted in group 2, and archiving has stopped. All the redo logs are filled and database activity is halted. Database writer has written everything to disk. Which command would you execute to proceed further?

A．RECOVER LOGFILE BLOCK GROUP 2;

B．ALTER DATABASE DROP LOGFILE GROUP 2;

C．ALTER DATABASE CLEAR LOGFILE GROUP 2;

D．ALTER DATABASE RECOVER LOGFILE GROUP 2;

E．ALTER DATABASE CLEAR UNARCHIVED LOGFILE GROUP 2;

Answer: E

QUESTION 3.

You execute the following set of commands to create a database user and to grant the system privileges in your production environment.

SQL> CREATE USER user01

IDENTIFIED BY Oracle

DEFAULT TABLESPACE tbs1

TEMPORARY TABLESPACE temp

PROFILE default

/

SQL> GRANT create session, create table TO user01;

While executing the command to create a table, the user gets the following error message and the CREATE TABLE.. command fails.

ERROR at line 1:

ORA-01950: no privileges on tablespace

What could be the possible reason for this error message?

A. The tablespace TBS1 is full.

B. The user is not the owner of the SYSTEM tablespace.

C. The user does not have quota on the TBS1 tablespace.

D. The user does not have sufficient system privileges to create table in the TBS1 tablespace.

E. The user does not have sufficient privileges to create table on the default permanent tablespace.

Answer: **C**

QUESTION 4.

Initially, for the Automatic Workload Repository (AWR) statistics, the retention period is set to 7 days, the collection interval is set to 30 minutes and the collection level is set to Typical in your production database.

You have been using the Memory Advisor for the last three months to generate recommendations for tuning memory components. However, when you observe the Memory Advisor on a Friday, you find that the statistics are available only for two days, Thursday and Friday, of that week.

What would have caused the statistics to be removed?

A. On Wednesday, the statistics have been purged.

B. On Wednesday, the retention period has been set to zero.

C. On Wednesday, the collection interval has been set to zero.

D. On Wednesday, the collection level has been changed to All.

E. On Wednesday, the retention period has been set to one day.

F. On Wednesday, the retention period has been set to two days.

G. On Wednesday, the collection level has been changed to Typical.

H. On Wednesday, the collection interval has been set to 1440 minutes.

Answer: **F**

QUESTION 5.

You want to administer your PROD database from a remote host machine using a Web-enabled interface. Which Oracle tool would you use to accomplish this task efficiently without using command-line interfaces?

A. SQL*Plus

B. iSQL*Plus

C. Management Server

D. Management Repository

E. Oracle Enterprise Manager 10g Database Control

Answer: **E**

2．OCP 认证介绍与样题

OCP——Oracle 数据库认证专家（Oracle Certified Professional）是 Oracle 公司的 Oracle 数据库 DBA（Database Administrator 数据库管理员）认证课程，通过这个考试，说明此人可以管理大型数据库，或者能够开发可以部署到整个企业的强大应用。要成为 OCP 需要先获得 OCA（Oracle 数据库认证助理 Oracle Certified Associate）的认证，目前主要是 Oracle 11g 版本认证。

（1）目前 OCP 认证考试分为如下几种。

Database Administrator：数据库管理员考试认证，简称 DBA。数据库管理员负责对数据库进行日常的管理、备份及数据库崩溃后的恢复问题。

Database Operator：数据库操作员认证考试，简称 DBO。数据库操作员主要是基于 Windows 2003 Server 的 Oracle 11g 数据库管理，能够熟练应用 OEM 等工具完成对数据库的操作及日常的管理工作。

Database Developer：数据库开发员认证考试，简称 DEV。数据库开发员应能熟练掌握用 Developer/2003 的工具建立各种 Forms 应用程序，建立各种标准的以及自定义的报表。

Java Developer：Java 开发人员考试。

Application Consultant：Oracle 产品应用咨询顾问。

其中，Oracle DBA 是最吃香，但也是最难考的一个认证。

OCP 认证的所有考试是通过 prometric 公司组织的，具体的考试事宜请访问它的官方网站：www.prometric.com.cn。

目前 OCP 每门考试的费用为 125 美元。

（2）Oracle 数据库技术基本知识，包括以下几个主要方面：

❑ Oracle 系统结构和原理；

❑ Oracle 数据库的安装和配置；

❑ Oracle 数据库的管理；

❑ Oracle 的数据备份与恢复技术；

❑ Oracle 的性能调整；

❑ Oracle 的新产品特性（Java 支持、应用服务器、时间空间系列和文本服务等）；

❑ Oracle 的并行服务器技术；

❑ Oracle 的数据仓库技术；

❑　Oracle 的对象类型和对象-关系模型等技术。

OCP 认证考试样题：

QUESTION 1.

You observe that a database performance has degraded over a period of time. While investigating the reason, you find that the size of the database buffer cache is not large enough to cache all the needed data blocks.

Which advisory component would you refer to, in order to determine that required size of the database buffer cache?

A.　Memory Advisor

B.　Segment Advisor

C.　SQL Tuning Advisor

D.　SQL Access Advisor

E.　Automatic Database Diagnostic Monitor (ADDM)

Answer: **A**

QUESTION 2.

One of the tablespaces is read-only in your database. The loss of all control files forced you to re-create the control file.

Which operation do you need to perform after re-creating the control file and opening the database?

A.　drop and re-create the read-only tablespaces

B.　rename the read-only data files to their correct file names

C.　change the tablespace status from read/write to read-only

D.　re-create the read-only tablespace because it is automatically removed

Answer: **B**

QUESTION 3.

You are performing a block media recovery on thetools01.dbfdata file in theSALESdatabase using RMAN. Which two statements are correct in this scenario? (Choose two.)

A.　You must ensure that the SALES database is mounted or open.

B.　You must restore a backup control file to perform a block media recovery.

C.　You must take thetools01.dbfdata file offline before you start a block media recovery.

D.　You must put the database inNOARCHIVELOGmode to perform a block media recovery.

E.　You can perform only a complete media recovery of individual blocks, point-in-time recovery of individual data blocks is not supported.

Answer: A, E

QUESTION 4.

In your database, online redo log files are multiplexed and one of the members in a group is lost due to media failure?

How would you recover the lost redo log member?

A．import the database from the last export

B．restore all the members in the group from the last backup

C．drop the lost member from the database and then add a new member to the group

D．restore all the database files from the backup and then perform a complete recovery

E．restore all the database files from the backup and then perform an incomplete recovery

Answer: **C**

QUESTION 5.

You are using Oracle Database 10g. Which statement regarding an incomplete recovery is true?

A．You do not need to restore all the data files.

B．You do not need to open the database with theRESETLOGSoperation

C．You do not need to perform a full backup after theRESETLOGSoperation.

D．You do not need to recover all the data files to the same system change number (SCN).

Answer: **C**

3．OCM认证介绍与样题

Oracle Certified Master（OCM）大师认证资质是 Oracle 认证的最高级别，IT 界顶级认证之一。此认证是对技术、知识和操作技能的最高级别的认可。Oracle 认证大师是解决最困难的技术难题和最复杂的系统故障的最佳 Oracle 专家人选。资深专家级 Oracle 技能考试，通过后将成为企业内的资深专家和顾问。OCM 不但有能力处理关键业务数据库系统和应用，还能帮助客户解决所有的 Oracle 技术困难。要想获得 OCM 证书，必须先通过 OCA 和 OCP 考试，再学习两门高级技术课程，然后在 Oracle 实验室通过场景实验考试。场景实验考试的目的是测试您的实际问题分析和故障解决能力。通过这个课程使 Oracle 数据库专家掌握了大型 Oracle 数据库在 Linux/Unix 平台上的网格、集群、灾备、调优、数据仓库及安全等高级维护技术，有资格成为大型数据中心的行业权威。

目前，全球有超过 400,000 名 Oracle OCP，中国地区超过 2 万人获取 OCP 证书，但仅有几百人执有 OCM 证书。Oracle 高端人才相当奇缺，从 2013 年中国市场对于 Oracle 技术人才的需求量可以看出，一般都在 10 万人以上，而且未来对 Oracle 技术人才的需求量有进一步上升的发展趋势。

要想获得 OCM 证书，必须先通过 OCA、OCP 考试，OCA 和 OCP 考试可以在 Oracle 授权培训考试中心考试。目前国内 OCM 考试只能在北京和上海的 Oracle 实验室大学进行考试。要获取 OCP、OCM 和 OCA 认证，必须参加 Oracle 原厂培训（北京、上海、广州、武汉）或 Oracle 正式授权的 WDP 渠道的学习，才可以拿到 Oracle 认可的证书；通过 OCM 考试，Oracle 美国总部将在 2 个月内直接寄送 OCM 证书、全球唯一识别号的 OCM 卡和 OCM 大师服装等系列物品。

参 考 文 献

[1] 杨少敏，王红敏. Oracle11g 数据库应用简明教程. 北京：清华大学出版社，2010

[2] 石彦芳，李丹. Oracle 数据库应用与开发. 北京：机械工业出版社，2012

[3] 张晓林，吴斌，晁阳. Oracle 数据库开发基础教程. 北京：清华大学出版社，2009

[4] 蔡立军，瞿亮，林亚平. Oracle 9i 关系数据库实用教程. 第 2 版. 北京：中国水利水电出版社，2008

[5] 谷长勇，吴逸云，单永红等. Oracle 11g 权威指南. 第 2 版. 北京：电子工业出版社，2011

[6] 刘宪军. Oracle 11g 数据库管理员指南. 北京：机械工业出版社，2010

[7] 萧文龙，李逸婕，张雅茜. Oracle 数据库最佳入门教程. 北京：清华大学出版社，2013

[8] 孙风栋. Oracle 11g 数据库基础教程. 北京：电子工业出版社，2014

[9] 王红. Oracle 数据库应用与开发案例教程. 北京：中国水利水电出版社，2012

[10] （美国）罗尼（Kevin Loney），刘伟琴，张格仙译. Oracle Database 11g 完全参考手册. 北京：清华大学出版社，2010

[11] Ian Abramson，Michael Abbey，Michae J.Corey，Michell Malcher. Oracle Database　Beginner's Guide. USA：MCGRAW-HILL，2009

[12] Oracle Documents. http://docs.Oracle.com